国家重大土木工程施工新技术应用丛书

中央电视台
新台址主楼结构施工

张　琨　主编
王祥明　主审

中国建筑工业出版社

图书在版编目(CIP)数据

中央电视台新台址主楼结构施工/张琨主编．—北京：中国建筑工业出版社，2009
（国家重大土木工程施工新技术应用丛书）
ISBN 978-7-112-11031-5

Ⅰ．中…　Ⅱ．张…　Ⅲ．中央电视台－结构工程－工程施工－新技术应用　Ⅳ．TU745.5-39

中国版本图书馆 CIP 数据核字（2009）第 043219 号

本书以中央电视台（CCTV）新台址主楼结构施工实践为基础，全面系统地介绍这个造型新颖、体量庞大、科技含量和施工难度举世无双的工程在建造过程中所应用的各项新技术。本书整体划分为工程综述、土建结构施工和钢结构施工三大部分，各个部分均将工程实际施工中所遇到的难点以及解决方法进行了详细剖析。

本书可供建筑业技术人员、管理人员及建筑院校师生参考使用。

*　　*　　*

责任编辑：郦锁林　曾　威　张伯熙
责任设计：郑秋菊
责任校对：兰曼利　孟　楠

国家重大土木工程施工新技术应用丛书
中央电视台新台址主楼结构施工
张　琨　主编
王祥明　主审

*

中国建筑工业出版社出版、发行（北京西郊百万庄）
各地新华书店、建筑书店经销
北京华艺制版公司制版
北京云浩印刷有限责任公司印刷

*

开本：787×1092 毫米　1/16　印张：19　字数：474 千字
2009 年 6 月第一版　2009 年 6 月第一次印刷
印数：1—3000 册　定价：**55.00** 元（含光盘）
ISBN 978-7-112-11031-5
（18100）

国家重大土木工程施工新技术应用丛书

编写委员会

出版说明

近年来，随着经济持续、健康、高速的发展，我国进入了一个大规模工程建设阶段。由于国家建设发展的需要，以及在北京2008年奥运会、2010年上海世博会、2010年广州亚运会、2011年深圳世界大学生运动会等一系列重大活动的推动下，以奥运场馆、中央电视台新址、广州新电视塔、润扬大桥、东海大桥、苏通长江公路大桥、杭州湾跨海大桥为代表的重大土木工程的建设令人瞩目，这些项目无论是工程规模、工程质量，还是技术难度，都代表着当今我国及世界的先进水平，另外还有一些具有创新技术、能代表我国建筑工程技术新进展和新成就的重点大型图书馆、博物馆、轨道交通等公共建筑和市政工程，都展示着我国工程建设者的聪明智慧。为此，中国建筑工业出版社决定组织出版“国家重大土木工程施工新技术应用丛书”，该丛书将包括近年来国内一系列重大土木工程项目，这些项目中蕴涵大量创新的施工安装技术和工艺，具有极大的推广应用价值。本丛书的出版将有利于建筑施工行业整体水平的提高，并对今后的工程建设起到积极的借鉴作用，并产生良好社会和经济效益。

本丛书的出版原则是“精选＋实用”，丛书的每一分册总结一个工程，每个分册的基本框架分为两大部分：第一部分是概述，介绍工程基本情况、结构类型及设计特点，工程地质条件、施工条件，并从总体上介绍主要施工方法，技术重点、难点，技术应用效果等。第二部分是创新施工技术详解，将对施工及安装过程中的技术特点、难点，技术攻关及技术突破，绿色施工技术的应用做详细的阐述，这些精选后的实用技术将按分部工程的顺序排列。在叙述中尽量在具体工程的基础之上，将技术进一步总结浓缩，突出重点，提炼其技术精髓纳入书中，以期对其他相同类型、相似情况的工程起到更好的借鉴意义。

我们希望这套丛书的出版能够成为反映和代表目前国内先进施工技术水平的精品，为广大施工技术人员奉献一系列最有新技术代表性和实际操作性的好书，为进一步推动我国施工技术更快发展做出自己的贡献。

中国建筑工业出版社

2009年6月

《中央电视台新台址主楼结构施工》

编 写 委 员 会

顾　　问：孙文杰　易　军

策　　划：张　琨　肖　南

编　　委：王祥明　毛志兵　肖绪文　鲍广鑑　肖　南　王　宏

主　　编：张　琨

主　　审：王祥明

副 主 编：彭明祥　杨晓毅　戴立先

编写人员：陈振明　陈　韬　方　军　许立山　刘　梅　刘小刚
黄冬平　杨旭东　姜文伟　刘军进　冯水冰　欧阳超
王　建　包联进　刘学武　潘庞平　贺明玄　石荣金
周　联　史洪泉　余　渊　张　鹏　张耀林　崔振源
江少平　王立营　虞明达　费新华　陈明留

前　言

随着世界范围内建筑市场一体化进程的发展，国内外优秀建筑企业在更大范围内展开了更为激烈的市场竞争。面对挑战，企业不仅要建立健全“EPC”总承包管理模式，还要在此模式下充分发挥技术创新与创效能力，把资源最佳配置结合在工程项目上，才可真正实现质量与效益、工期与效益、成本与效益的完美统一。

中央电视台新台址工程号称“中国公共建筑‘第一单’”，也有“超级钢铁巨无霸”之称。该工程造型新颖，体量庞大，科技含量和施工难度空前，具有造型独特、结构新颖、结构变形控制要求高、钢结构量大、结构复杂、焊接难度大、设计标准高等诸多施工技术难关，工程建成后将成为国内以至国际上具有鲜明时代特色和高尚文化品位的标志性建筑。

对于中央电视台新台址这座造型独特的特大型建筑，技术管理工作已不再是简单地按照国家标准规范对技术方案实施指导，而是有了更深层次的研究和挖掘。项目技术工作中出现了大量无先例、无标准规范可依的研究课题，技术工作难度大而且标准高。鉴于中央电视台新台址项目技术难点多，在解决一些关键性技术难题的时候，技术人员本着安全可靠、经济适用、便于操作的原则，慎重制定专项施工方案，取得了一些经验和成绩。

本书在编写过程中得到中国建筑股份有限公司、中建三局建设工程股份有限公司、中建一局集团建设发展有限公司及中建国际建设有限公司技术人员的大力支持，华东建筑设计研究院汪大绥设计大师、中国钢结构协会陈禄如教授、清华大学郭彦林教授和中国建筑科学研究院王翠坤研究员等专家给予了指导和帮助，在此表示衷心的感谢。

目　录

第一章　工程综述

第二章　土建结构施工

第三章 钢结构施工

第一章　工程综述

中央电视台新台址主楼工程号称“中国公共建筑‘第一单’”，也有“超级钢铁巨无霸”之称。该工程造型新颖，体量庞大，科技含量和施工难度空前，造型独特，结构新颖，具有结构变形控制要求高、钢结构量大、结构复杂、焊接难度大、声学要求高、机电系统多、设计标准高等诸多施工技术难关，工程建成后将成为国内乃至国际上具有鲜明时代特色和高尚文化品位的标志性建筑。

第一节　工程概况

中央电视台新台址建设工程位于北京东三环中路和光华路交汇处的东北角，地处北京中央商务区（CBD）的核心地带。基地总面积 $196960m^2$，CCTV 主楼建筑面积 $472998m^2$，CCTV 主楼外形如图 1-1-1 所示。主楼包括两座双向倾斜 6°的塔楼，连接两座

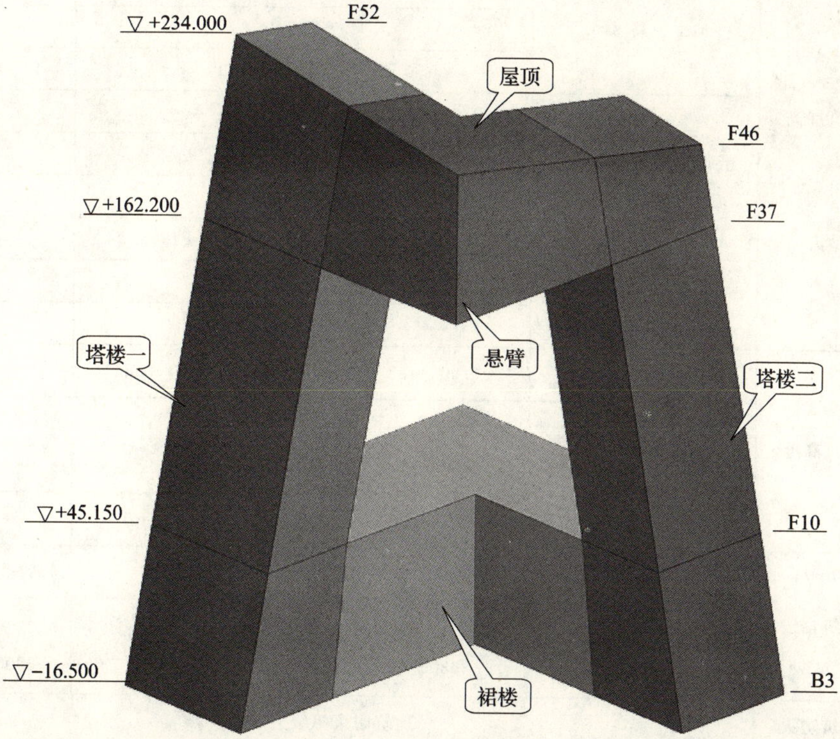

图 1-1-1　CCTV 主楼外形图

斜塔楼顶部的 F14 高的悬臂结构，以及 F9 裙楼与三层地下室。1 号塔楼 F52，屋顶最高处（停机坪）标高 237.000m；2 号塔楼 F46，屋顶最低处标高 194.000m；裙楼 F9，屋顶标高 46.450m。悬臂最大外挑距离 75.165m，悬臂底面结构标高 162.150m。

一、建筑设计简介

建筑设计概况见表 1-1-1。

建筑设计概况表 **表 1-1-1**

序号	项目	内容			
1	建筑功能	行政管理、综合办公、新闻制作与播送、节目制作、员工服务以及一系列技术功能区			
2	建筑特点	工程体量巨大，塔楼檐高 234m，且为双向倾斜悬臂结构，造型新颖独特；节目制播技术功能区内声学要求高；外幕墙不规则分格，施工难度大			
3	建筑面积	总建筑面积（m^2）	472998	占地面积（m^2）	196960
		地下建筑面积（m^2）	138198	地上建筑面积（m^2）	334800
		标准层建筑面积（m^2）		塔楼一：2400m^2，塔楼二：2080m^2	
4	建筑层数	地上	F52	地下	3 层，局部 4 层
5	建筑层高	地下层高（m）	地下一层、地下三层/地下二层		5/4.5
		塔楼一 地上层高（m）	首层		6
			F2～F9		5
			F36		6.5
			F10～F35、F36 以上		4.25
		塔楼二 地上层高（m）	首层		6
			F2、F7～F11、F20～F29		5
			F3，F5，F12，F14，F16，F18		5.5
			F4，F6，F13，F15，F17，F19		4.5
			F30/F32		10/7
			F32 以上		4.25
6	建筑高度	绝对标高（m）	±0.000＝38.900m	室内外高差（mm）	300
		基底标高（m）	－15.600～－23.500 －10.600～－10.800	最大基坑深度（m）	－27.7
		檐口标高（m）	234.000	建筑总高（m）	234
7	建筑轴线	横轴编号	P1～P25/1～10	纵轴编号	PA～PAL/A～K
		横轴距离（mm）	8400 3630～80600	纵轴距离（mm）	8400 3900～67550
8	建筑防火	建筑耐火等级为一级			
9	墙面保温	基座处墙面保温为 50mm 厚阻燃型聚苯板保温层			

续表

序号	项目	内容		
10	外装修	外墙装修	钢框玻璃幕墙体系，首层基座为浮雕预制混凝土板幕墙体系	
		门窗工程	外门窗均纳入外幕墙体系	
		屋面工程	不上人屋面	—
			上人屋面	金属保温防水板、金属格栅、营养种植土
		主入口	与整体外装修融为一体	

二、结构设计简介

结构设计概况见表 1-1-2。

结构设计概况表 **表 1-1-2**

序号	项目	内容		
1	结构形式	基础结构形式	桩筏基础	
		主体结构形式	地下部分为钢筋混凝土框－剪结构、外框筒型钢组合结构；地上部分为钢结构	
2	地下防水	混凝土自防水	地下室底板及外墙为结构自防水，防水混凝土抗渗等级 P8	
		材料防水	地下室底板及外墙外侧为 3mm＋3mm SBS 改性沥青（聚酯胎）防水卷材	
3	混凝土强度等级	基座、停车库	柱、梁、楼板、墙	C40
		裙楼	柱、梁、楼板、墙	C40
		塔楼	柱、梁、楼板、墙	C40
		塔楼、裙楼	外筒型钢混凝土组合柱柱脚	C50
			外筒型钢混凝土组合柱	C60 钢纤维
		基础筏板和桩		C40
		素混凝土垫层		C20
4	抗震等级	工程设防烈度	8 度	
		塔楼、裙房框架梁、柱及剪力墙抗震等级	一级	
		车库、基座框架梁、柱及剪力墙抗震等级	地下一层以下：三级 地下一层以上：一级	
5	钢筋类别	非预应力筋及等级	HPB 235	8
			HRB 335	12、14、16、18、20、25
			HRB 400	16、25、28、32、36、50

续表

序号	项目	内容	
6	钢筋接头形式	直螺纹	用于直径≥22mm的钢筋连接
		冷挤压	用于局部不适合用直螺纹≥22mm的钢筋连接
		搭接绑扎	用于直径<22mm的钢筋连接
		焊接	用于钢筋与钢结构构件之间连接
		钢筋连接器	用于钢筋与钢结构构件之间连接
7	结构断面尺寸	基础底板厚度（mm）	塔楼一区域：4500、6000、7000、10800； 塔楼二区域：4500、6000、10900； 塔楼外区域：800～2500
		外墙厚度（mm）	1000、800、600、400（局部为斜墙）
		内墙厚度（mm）	800、600、500、450、400、350、300、250（局部为斜墙）

三、钢结构设计简介

（一）钢结构设计概况

中央电视台新台址主楼是国内最大的单体钢结构工程，钢结构用钢量达14万t，钢结构主要分布在塔楼一、塔楼二、悬臂、裙楼四个部分，主要采用Q345、Q345GJC、Q390D、Q420D、Q460E等钢材，在结构重要部位大量采用Q390D、Q345GJC钢材，局部采用Q420D、Q460E钢材，详见表1-1-3。

钢结构设计概况表　　表1-1-3

1	主体结构类型	钢框架结构	
2	主要构件截面形式	钢柱截面形式	箱形、日字、目字形等
		钢梁截面形式	箱形、工字形等
		桁架截面形式	组合桁架
		斜撑截面形式	工字形、箱形
3	节点设置	刚性和铰接节点	
4	钢结构材质	Q345B、Q345C、Q345GJC、Q390D、Q420D、Q460E	
5	焊缝等级	一级	

（二）塔楼部分

塔楼分为塔楼一和塔楼二，两座塔楼结构相似。塔楼由核心筒、内部结构、外框筒三部分组成。塔楼内部核心筒及内柱竖直，塔楼一和塔楼二外框筒双向倾斜。塔楼一整体向东、南各倾斜6°，塔楼二整体向西、北各倾斜6°，见图1-1-2。

核心筒为钢框架体系，核心筒体横向布置有一定数量的支撑，纵向主要依靠梁柱的刚接作用抵抗弯曲。在核心筒和外框筒之间设置内柱，随着外框筒的倾斜，一侧的内柱逐渐减少，而另一侧的内柱通过转换桁架增加，见图1-1-3和图1-1-4。

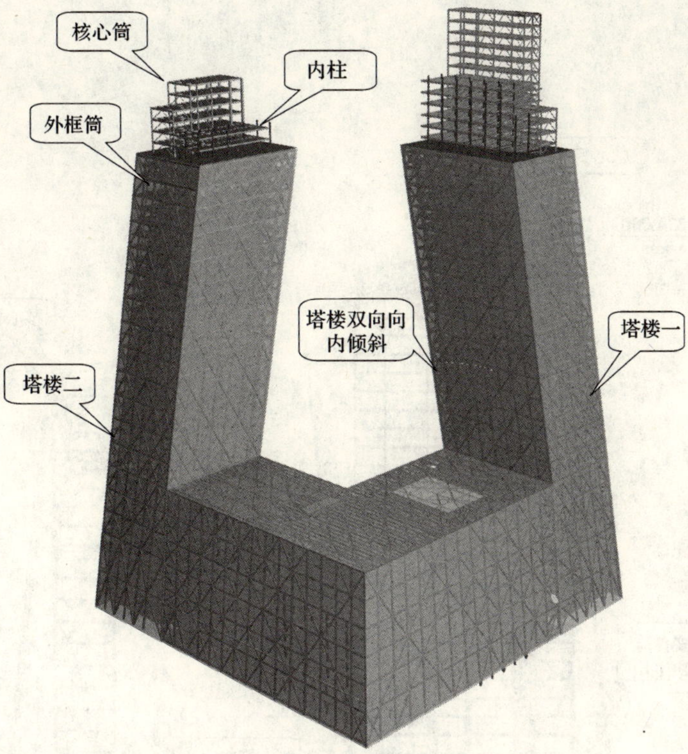

图 1-1-2　钢结构构件分布图

（三）外框筒部分

外框筒由水平边梁和双向倾斜柱、支撑形成三角形单元模块，塔楼一、塔楼二、裙楼、悬臂的外框筒与屋顶连接成整体，形成主楼的主要抗侧力结构体系。外框钢柱在两个立面都倾斜 6°，柱子是钢柱和型钢混凝土组合柱。在受力较大的部位，三角形支撑加密。外框筒每隔两层柱、边梁和支撑交于一处。外框筒立柱从地下室基础开始向上延伸，与核心筒之间用钢梁连接，连接方式为隔层分布的刚性连接和铰接连接，在外框节点处为刚性楼层，见图 1-1-5。

（四）裙楼部分

裙楼由与塔楼类似的网格状外框柱、内框柱梁和转换桁架组成，裙楼的柱由钢筋混凝土柱、钢柱和型钢混凝土组成，首层以上主要为全钢结构。裙楼地下 F3、地上 F9，平面呈“L”形。裙楼屋面与建筑顶部的斜屋顶结构，和周边框架钢支撑，共同构成整个大楼的抗侧向力结构体系。

（五）悬臂部分

塔楼一和塔楼二在 F37 以上外挑，整体形成平面为 L 形，立面为折角门式结构体系。悬臂结构从塔楼 F37 至顶层外伸，悬臂底面为水平，顶面与两座塔楼的顶面位于同一个倾斜面内。塔楼一悬臂外伸 67.165m，塔楼二悬臂外伸 75.165m，悬臂底标高 162.150m，共有 F14，悬臂宽 39.1m。悬臂部分钢结构总重量为1.8 万 t，其中 F37～F39 部分为 4395t，见图 1-1-6。

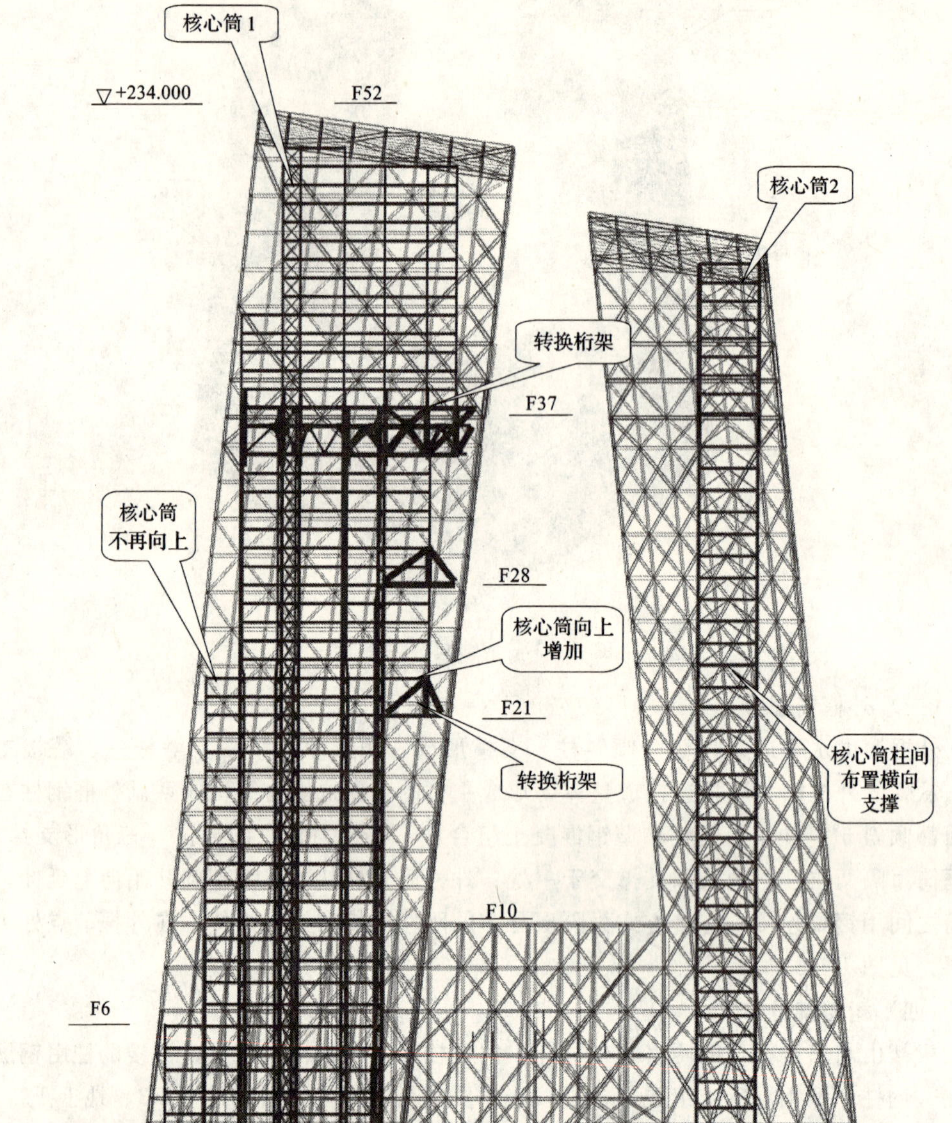
核心筒 1
▽+234.000
F52
核心筒2
转换桁架
F37
核心筒
不再向上
F28
核心筒向上
增加
F21
转换桁架
核心筒柱间
布置横向
支撑
F10
F6
▽ −16.500
B3

图 1-1-3　塔楼一立面图

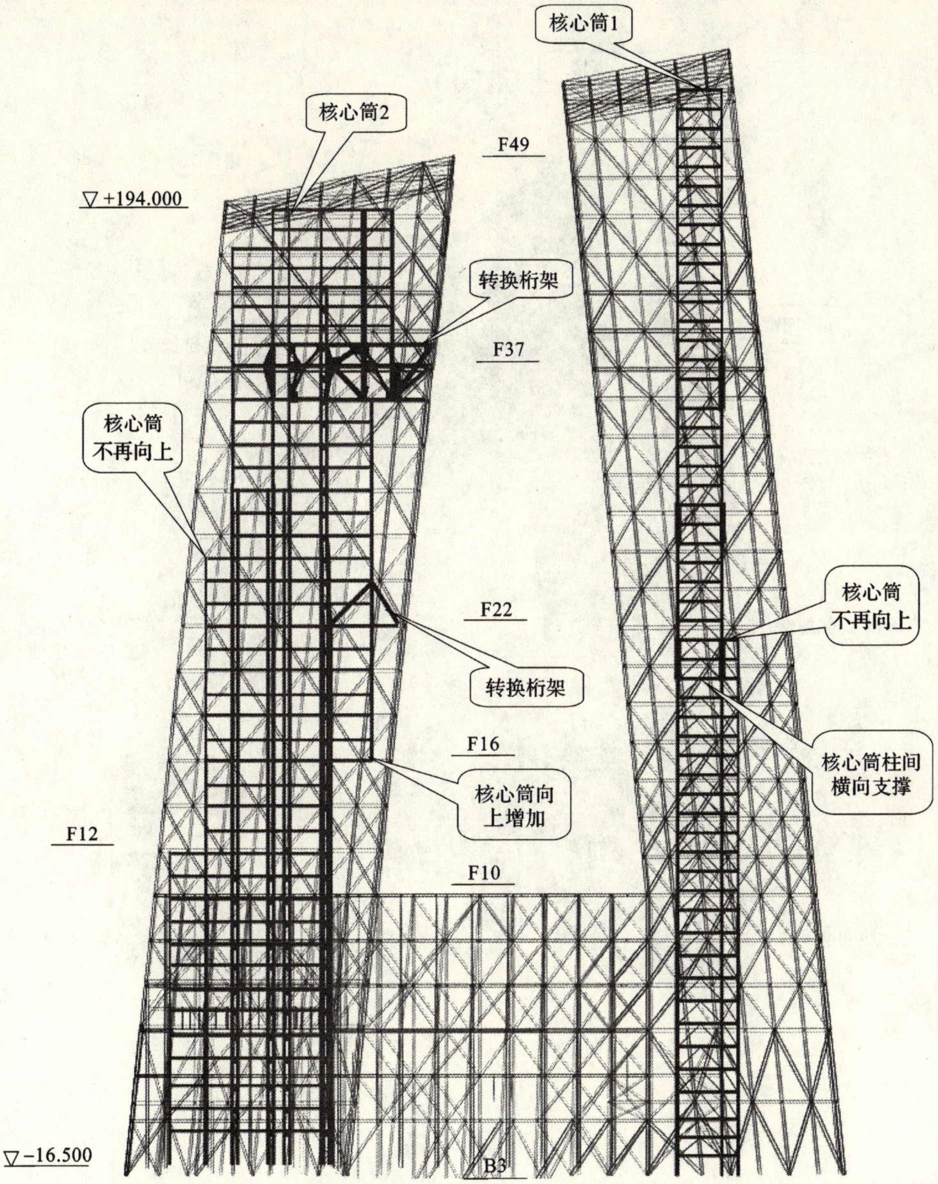
核心筒1
核心筒2
F49
▽+194.000
转换桁架
F37
核心筒
不再向上
F22
核心筒
不再向上
转换桁架
F16
核心筒柱间
横向支撑
核心筒向
上增加
F12
F10
▽-16.500
B3

图 1-1-4 塔楼二立面图

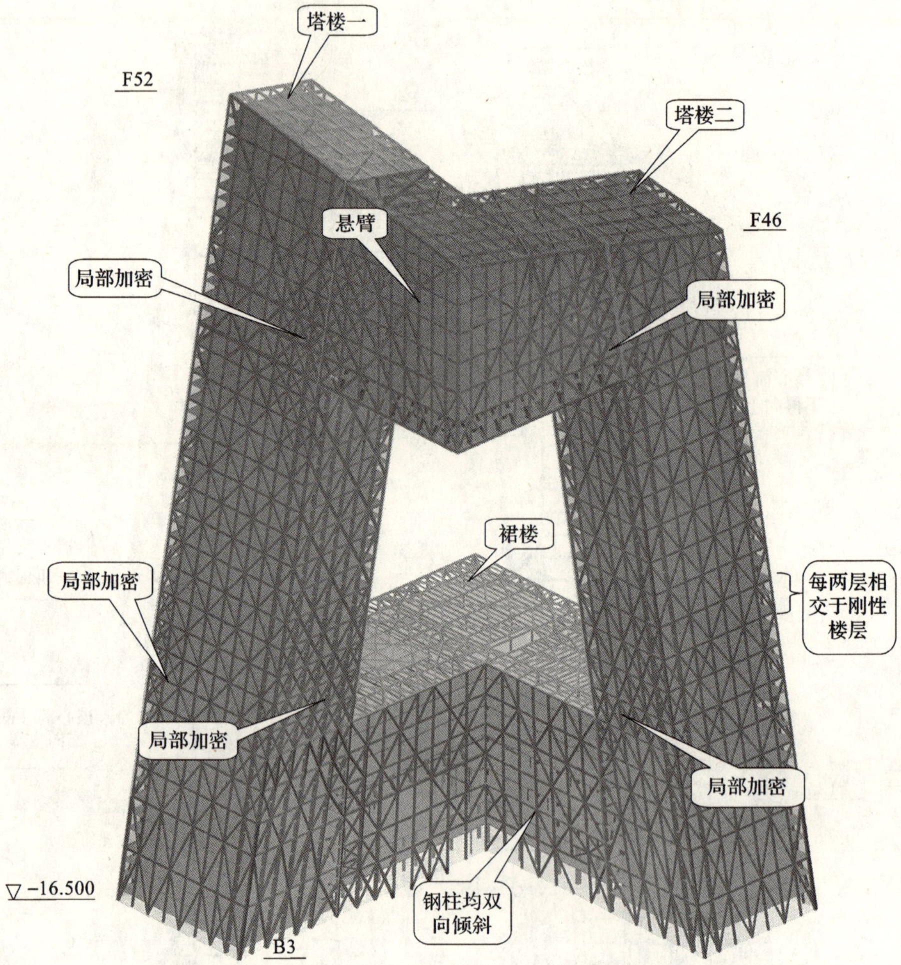

图 1-1-5 外框筒构件分布图

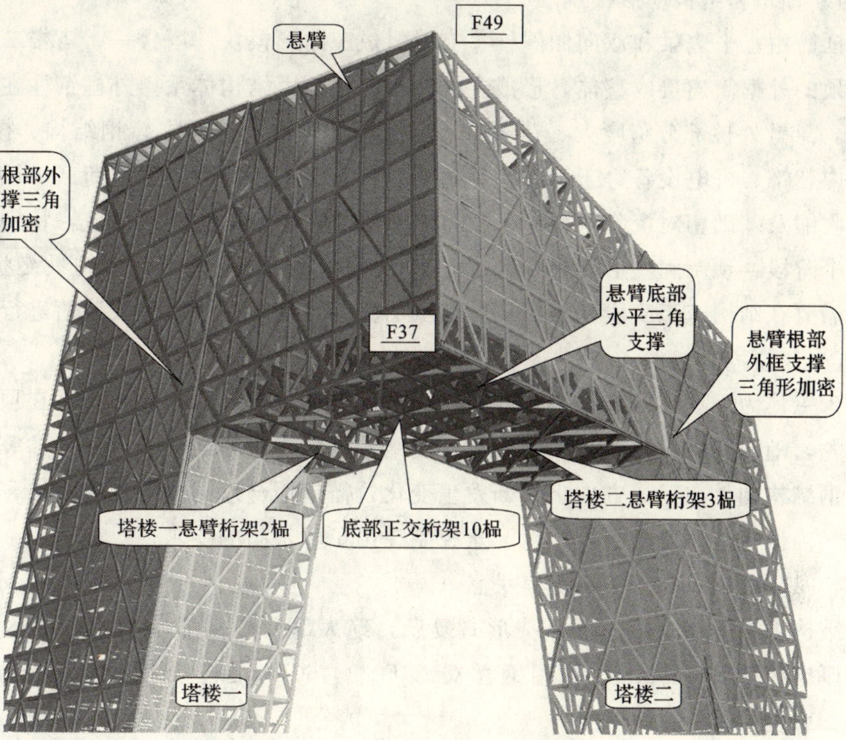

图 1-1-6　悬臂构件分布图

第二节　工程特点难点

（一）钢结构工程量大、分布范围广

主楼钢结构总重量为 14 万 t，钢构件数量 41882 件，安装过程中将使用高强度螺栓 95 万套，压型钢板 29.6 万 m^2，栓钉 148 万套，防火涂料 56.7 万 m^2。钢结构呈立体分布，地下 F3，地上 F52，水平投影面积为 162.5m×162.6m。

（二）结构倾斜，水平和垂直运输难度大

塔楼一高 234m，塔楼二高 194m，两座塔楼双向向内倾斜 6°，偏移率为 148.6/1000，钢柱从柱底到柱顶水平直线偏移达到 36.955m，塔楼二悬臂部分外伸距离为 75.165m。为了能够始终覆盖到所有钢构件并满足起重要求，起重运输设备必须采用大型设备并需空中移位。对于本工程中大量的 20t 以上的钢构件，大型塔式起重机的起重能力和提升速度是影响塔楼施工进度的重要因素。

（三）悬臂安装

塔楼一和塔楼二在 F37 开始向外悬挑，并在高空折形对接，悬臂部分的重心已超出两塔楼的外框支承点连线。

悬臂安装的重点在底部 F37～F39 转换桁架，这部分重量为 4395t，转换桁架层钢结构安装和合龙是本工程最为关键的部分。

（四）预调和结构变形控制

外框筒由水平边梁和双向倾斜柱、支撑组成三角形模块，塔楼一、塔楼二、裙楼、悬臂、屋顶的外框筒连接成整体，形成主楼的主要抗侧力结构体系。外框钢柱在两个立面都倾斜6°，悬臂外挑部分跨度大、荷载重。在施工各阶段，包括主体钢结构、楼面混凝土、幕墙、内装饰、机电设备等工程施工，随着结构自重、活荷载、温度荷载、风荷载、柱的徐变和收缩及基础相对沉降等不断变化，将对塔楼产生不同的作用效应，特别是在悬臂施工的各个阶段，预调和变形测控在整个施工中至关重要，也是保证结构最终状态的关键。另外还需要在结构施工阶段，根据实际监测的偏差对钢结构制作和安装值进行预调修正。

（五）测量控制要求

由于主体为不对称分布钢结构，外框部分大量的钢构件双向倾斜，并在顶部悬臂高空对接合龙，随着钢结构安装到每一阶段，受结构自重、风荷载、日照和温差等天气变化的影响，钢结构构件在三维方向上不断发生变化，需运用合理的测量控制方法，实时监测结构变形，确保安装预调精度，这对测量控制提出了非常高的要求。

（六）焊接工作量大、质量要求高

钢结构焊接工作量大，且结构形式复杂，绝大部分焊接部位钢板厚度达到40mm以上，最厚钢板达到135mm，使用钢材Q420D、Q460E，由于强度较高，节点结构复杂，故焊接拘束度高。

节点部位焊接量大、焊缝集中，复杂接头的焊缝金属填充量达到了节点重量的10%，控制焊接变形、消除残余应力、防止层状撕裂、冬期焊接施工是本工程钢结构焊接的重点内容。

（七）埋入式柱脚加工、吊装难度大

钢结构外框筒柱埋入式柱脚截面结构复杂，钢板厚度最厚为135mm，材质为Q390D，这在目前国内钢结构施工中是前所未有的。

在大型塔式起重机未就位的底板施工期间，有13根外框筒柱脚需埋入底板内，最重的柱脚重量达80t左右，安装、固定的难度都很大。

（八）外框筒钢柱预应力锚栓定位精度要求高，柱脚施工工序复杂

除埋入柱脚外，其他外框筒柱脚带有沉入底板内的抗剪件和埋入底板的ϕ75mm预应力锚栓，埋入底板的预应力锚栓需与外框筒柱斜度保持一致，控制为单向或双向6°倾斜。预应力锚栓的定位精度要求高，需确保在底板混凝土浇筑中对锚栓不产生扰动变形。由于外框筒柱脚带有抗剪件，底板需局部设置下沉柱孔，需待钢结构吊装完成后再进行下沉部位的钢筋绑扎和补浇混凝土。底板钢筋为HRB 400级ϕ50mm钢筋，钢筋的连接和焊接难度都很大。

与外框筒柱脚同时施工的工序有：柱脚吊装定位、下沉部位钢筋连接、补浇C50混凝土、柱底灌浆、预应力锚栓张拉、预应力锚栓套管内灌浆、柱脚外包钢筋绑扎、柱脚外包混凝土浇筑，大量的工作需土建和钢结构相互配合、穿插，工序复杂，施工管理协调难度大。

（九）HRB 400 级 50 钢筋加工

两个主塔楼底板均采用 HRB 400 级 ϕ50 钢筋作为底板受力钢筋，底铁为 F2～F7ϕ50 钢筋，上铁为 F2～F3ϕ50 钢筋。HRB 400 级 ϕ50 钢筋为国内首次使用，目前缺少相应的加工、制作设备；同时由于底板超厚，上铁每平方米重量高达 504kg（是常规底板上铁的 9 倍），因此钢筋支撑稳定性设计也非常重要。

（十）超厚大体积混凝土

主楼地下室基础筏板平均厚达 7m，最厚处达 10.9m，最大的一次浇筑混凝土方量近 4 万 m^3，在国际和国内都未有先例，底板混凝土的配合比设计、大体积混凝土施工组织与管理、混凝土的防裂控制至关重要，而且难度极大。

（十一）高强钢纤维混凝土超高泵送

本工程外筒型钢组合柱采用 C60 钢纤维混凝土，泵送高度达到 200m 以上，在目前国内外建筑领域内尚无类似工程，高强钢纤维混凝土超高泵送难度极大。

（十二）外框筒劲性柱施工

由于两座塔楼双向向内倾斜 6°，在内倾范围区域由于钢结构领先土建结构四层，在土建施工外框筒劲性柱时，无法利用塔式起重机吊运模板、操作架，同时外框筒柱带有的蝶形节点也给模板支设带来很大难度。

（十三）设备安装就位难度大

由于功能要求，主楼地上设备层需安装大量重型和超大尺寸的设备，最重达 11t，安装就位难度很大，必须与各方协调，根据现场施工条件，合理设置设备的运输路线，并需通过计算校核运输路线上结构的承载力，以确保施工顺利进行。

（十四）幕墙几何定位难

幕墙立面几何定位来自于斜交格构的钢结构节点，所以幕墙施工必须与钢结构施工协同工作，按照钢结构施工预调整方案采取相应的变形预控措施，使其在建筑完工状态的几何形状符合设计图纸要求。

（十五）安全防护要求高

大量倾斜构件在形成框架前需采用临时支撑加固措施保证其稳定。倾斜构件和悬臂部分构件为悬空安装，安全防护操作平台搭设困难，这部分的安全措施设置尤其重要。

同时由于主体的倾斜，导致现场很多情况都与常规项目不同，需设计和采取大量特殊措施，保证施工过程的安全。

第三节 四新应用

施工中推广应用了建设部“十项新技术”中全部的十项内容，被列为第五批“全国建筑业新技术应用推广示范工程”。项目部按照“结合日常工作，分阶段实施，按专业分类，及时总结”的指导原则，把示范工程、科技攻关等工作融入到日常工作之中，采取了方案编制、方案讨论会签、技术交底、专家咨询论证等多种方式，在现场实施过程中进行指导、跟踪、改进，并积累音像资料。新技术推广应用情况见表 1-3-1。

推广应用的新技术项目 **表 1-3-1**

序号	名称				应用部位	应用数量
1	地基基础和地下空间工程技术	桩基新技术	灌注桩后压浆技术		塔楼及裙房 ϕ1200 及 ϕ800 钻孔灌注桩	737 根
			水下灌注成桩技术	旋挖钻机成孔、水下灌注混凝土技术	塔楼及裙房 ϕ1200 及 ϕ800 钻孔灌注桩	737 根
				长螺旋水下灌注成桩技术	裙房、基座、大堂及车库部分 ϕ600 钻孔灌注桩	505 根
		深基坑支护及边坡防护技术			CCTV 主楼深基坑支护	土钉墙 8000m^2 护坡桩 982 根
2	高性能混凝土技术	混凝土裂缝防治技术	掺加高效膨胀剂防裂		地下一夹层、地下一层、地下室顶板、水池侧壁等	41806m^3
			掺加聚丙烯纤维防裂		地下室外墙	13929m^3
		C60 钢纤维混凝土技术			塔楼外筒型钢混凝土组合柱	10506m^3
		超高泵送混凝土技术			高度 200m 以上外框柱及组合楼板混凝土泵送	
		超厚大体积混凝土施工技术			基础底板混凝土	12 万 m^3
3	高效钢筋应用技术	HRB 400 级钢筋的应用技术			基础及主体结构	6 万 t
		粗直径钢筋直螺纹机械连接技术			直径≥22mm 的结构受力筋	56 万
4	新型模板及脚手架应用技术	早拆模板成套技术			钢筋混凝土结构楼板	9000 套
		碗扣式脚手架应用技术			钢筋混凝土结构顶板满堂红脚手架	1640t
		外挂式脚手架应用技术			塔楼外筒型钢混凝土组合柱施工用防护架	1 项
5	钢结构技术	钢结构 CAD 设计与 CAM 制造技术	主楼钢结构三维空间整体建模和计算分析		主楼钢结构（14 万 t）	1 项
			模拟主楼钢结构全过程施工阶段结构分析		主楼钢结构（14 万 t）	1 项
			主楼倾斜塔楼和大悬臂的整体预调值（预拱值）的计算		主楼钢结构（14 万 t）	1 项
			钢结构复杂节点的分析和设计		外框筒和核心筒节点	1 项
			复杂超高层建筑的钢结构深化设计技术		主楼钢结构	1 项
			超厚钢板的优化下料及计算机辅助加工		主楼钢结构	14 万 t
			斜柱钢管的相贯节点下料及计算机辅助加工		主楼顶层斜钢柱	1 项

续表

序号	名称				应用部位	应用数量
5	钢结构技术	钢结构施工安装技术	超厚钢板（最大厚度为 135mm 且有 Z35 的厚度方向要求）焊接技术		钢柱连接节点、钢柱与支撑连接节点和钢桁架节点等	1 项
			超高层筒中筒全钢结构建筑成套施工技术		主楼钢结构	14 万 t
			钢结构安装施工仿真技术	超大型构件的吊装	两塔楼和悬臂部分钢结构	1 项
				施工进度仿真模拟	主塔楼的钢结构	1 项
				结构安装的预变形技术	主塔楼和悬臂部分	1 项
				结构构件的预拼装模拟	超大型钢构件	1 项
			劲性组合结构技术	压型钢板组合楼板技术	主塔楼层板	
				钢柱与混凝土的组合结构技术	地下室部分组合柱、地上外框柱	
			预应力钢结构技术	超大直径（ϕ75mm）高强预应力锚栓（钢棒）成套施工技术	外筒所有外包式柱脚	570 套
			高强度钢材应用技术	Q460E，Q420D，Q390D（Z35 或 Z25）等高强度钢材的应用技术	外筒钢柱、钢梁和钢支撑，核心筒立柱	1 项
			钢结构的防火防腐技术		主楼塔内钢结构	14 万 t
6	安装工程应用技术	管道制作连接与安装技术			给水管道卡压连接技术	1 项
		管线布置综合平衡技术				1 项
		电缆安装成套技术			电缆敷设与冷缩、热缩电缆头制作技术	1 项
		建筑智能化系统调试技术			通信网络系统	1 项
					计算机网络系统	1 项
					建筑设备监控系统	1 项
					火灾自动报警联动系统	1 项
					安全防范系统	1 项
					综合布线系统	1 项
					智能化系统	1 项
					电源防雷与接地系统	1 项

续表

<table>
<tr><th>序号</th><th colspan="3">名称</th><th>应用部位</th><th>应用数量</th></tr>
<tr><td rowspan="2">7</td><td rowspan="2">建筑节能和环保应用技术</td><td colspan="2">轻质混凝土实心砌块防裂技术</td><td>防火隔墙、地下室设备用房、车库区域、库房区域、后勤服务用房区域等</td><td>12746m³</td></tr>
<tr><td colspan="2">预拌砂浆技术</td><td>砌筑砂浆、抹灰砂浆及地面砂浆等</td><td></td></tr>
<tr><td rowspan="5">8</td><td rowspan="5">建筑防水新技术</td><td colspan="2">SBS 改性沥青防水卷材应用技术</td><td>地下室外墙及顶板</td><td>79140m³</td></tr>
<tr><td colspan="2">三元乙丙橡胶防水卷材应用技术</td><td>地下室底板、地下室顶板及屋面</td><td>250800m³</td></tr>
<tr><td rowspan="2">建筑密封材料的应用</td><td>遇水膨胀止水带</td><td>地下室底板、外墙、部分地下室顶板等施工缝处</td><td></td></tr>
<tr><td>硅酮密封膏</td><td>玻璃密封</td><td></td></tr>
<tr><td colspan="2">刚性防水砂浆的应用</td><td>地下室外墙等处防水</td><td></td></tr>
<tr><td rowspan="7">9</td><td rowspan="7">施工过程测量技术</td><td colspan="2">施工控制网建立技术</td><td>布设满足整体工程施工测量要求的控制网</td><td>1 项</td></tr>
<tr><td colspan="2">全站仪坐标法放样技术</td><td>施工测量、定位等</td><td>1 项</td></tr>
<tr><td colspan="2">测距仪高程传递技术</td><td>施工高程传递</td><td>1 项</td></tr>
<tr><td colspan="2">深基坑工程监测和控制</td><td>基坑施工至回填土完成</td><td>1 项</td></tr>
<tr><td colspan="2">超厚大体积混凝土温度监测和控制</td><td>基础底板大体积混凝土施工</td><td>1 项</td></tr>
<tr><td colspan="2">施工过程结构受力与变形监测和控制</td><td>主楼施工</td><td>1 项</td></tr>
<tr><td colspan="2">异型幕墙变形预控制</td><td>主楼外幕墙施工</td><td>1 项</td></tr>
<tr><td rowspan="4">10</td><td rowspan="4">建筑企业管理信息化技术</td><td colspan="2">工具类技术：AutoCad、XSTEEL、ANSYS、SAP2000</td><td>整体工程</td><td>1 项</td></tr>
<tr><td colspan="2">IP 视频监控技术</td><td>整体工程</td><td>1 项</td></tr>
<tr><td colspan="2">管理信息化技术：p3e/c&EXP、协同工作平台、奇迹 2000 办公系统</td><td>整体工程</td><td>1 项</td></tr>
<tr><td colspan="2">信息标准化技术</td><td>整体工程</td><td>1 项</td></tr>
</table>

第二章　土建结构施工

第一节　超大体积混凝土底板综合施工技术

一、概况

CCTV 主楼基坑南北长 292.7m，Ⅰ～Ⅴ区底板基坑南北长 239.4m，基坑东西宽 219.7m。主楼区基底标高为－21.000～－27.400m，裙楼和基座区基底标高为－20.500～－15.600m。基底标高变化大，错台较多。底板底标高和分区平面详见图 2-1-1。

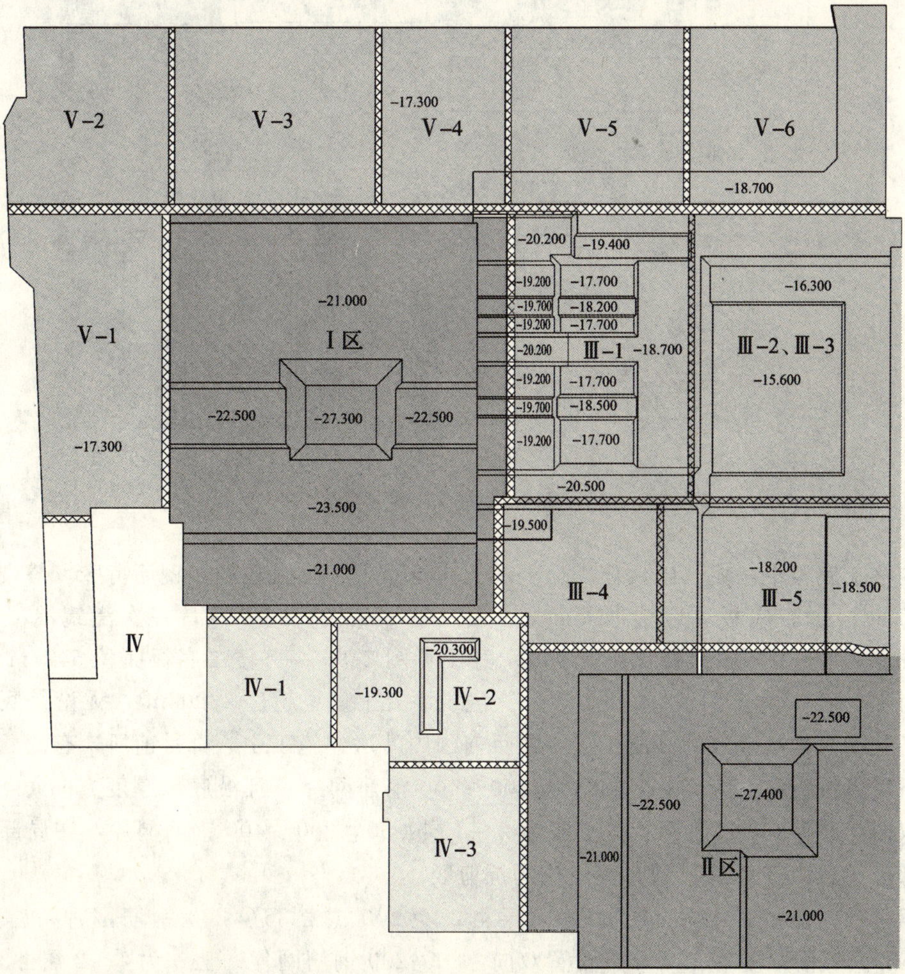

图 2-1-1　底板底标高和分区平面图

塔楼筏板伸延到塔楼的外轮廓线之外，筏板厚度为 4.5m、6.0m 和 7.0m，电梯井局部达 10.9m。塔楼筏板以外，裙房和基座处的筏板厚度为 800～2500mm。底板厚度分区平面详见图 2-1-2。

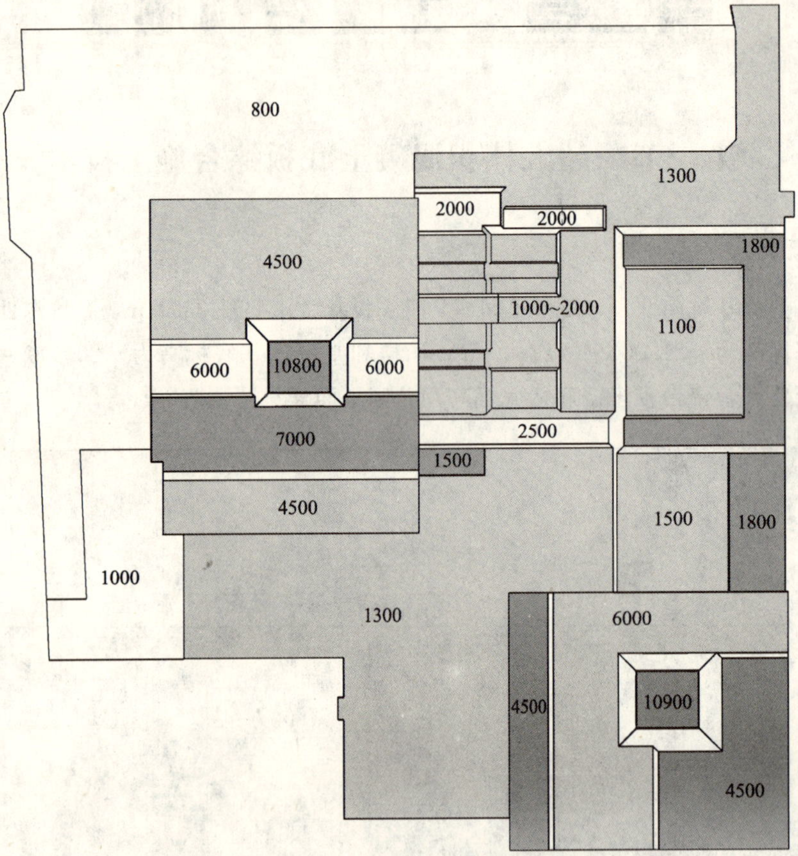

图 2-1-2　底板厚度分区平面图

在整个底板中，尤其以两座塔楼的底板体量巨大，厚度超厚，钢筋特殊。塔楼一底板面积为 6824m^2，底板厚度为 4.5m、6.0m、7.0m、10.8m 不等，一次浇筑混凝土量为 39000m^3，塔楼一基底标高及筏板厚度示意图见图 2-1-3；塔楼二底板面积 5477m^2，底板厚度为 4.5m、6.0m、10.9m 不等，一次浇筑混凝土量也超过 33000m^3。无论是底板的厚度，还是一次连续浇筑的混凝土量，在目前国内外房建施工中，都是前所未有的。

塔楼区筏板底铁为 2～7 层Φ50@200～400 钢筋网片，且沿底板厚度方向每 1500mm 设置双向Φ25@200 钢筋网片，上铁为 2～3 层Φ50@200～400 钢筋网片，在局部剪力较大的部位设置由 8Φ28 抗剪单元组成的抗剪区。

裙楼和基座处筏板底铁为 1～4 层Φ25@200 或Φ36@200 钢筋网片，厚度大于 2000mm 区域沿厚度每 1500mm 设置双向Φ20@200 钢筋网片，上铁为 1～2 层Φ25@200 或Φ36@200 钢筋网片。塔楼、裙房区域底板典型配筋平面详见图 2-1-4、图 2-1-5。

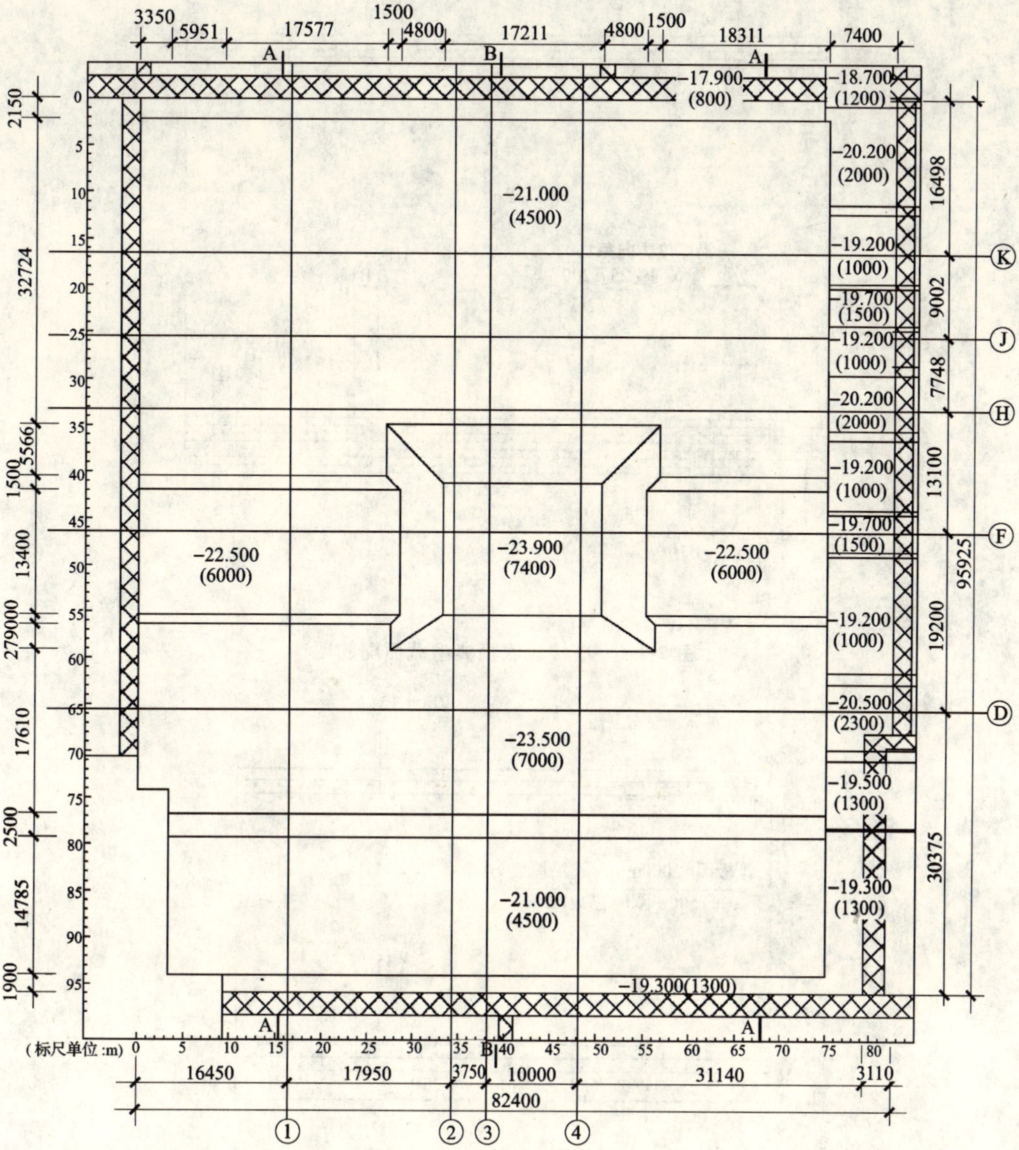

图 2-1-3　塔楼一基底标高及筏板厚度示意图

二、主楼底板钢筋支撑体系的设计与施工技术

（一）钢筋支撑体系选择

1. 裙楼、基座和北侧车库底板钢筋支撑

裙楼、基座和北侧车库区底板较薄，为了保证底板上层筋的标高准确、位置正确，厚度超过 1500mm 的区域采用∟50 角钢作为钢筋支撑，厚度在 1500mm 以下采用 A 字形钢筋马凳支撑，支撑间距为 1600mm。

钢筋绑扎过程中采用 ϕ48 钢管、立杆间距 1200mm 的脚手架作为上层钢筋的临时支撑，钢管架底部要加垫 15mm 厚木板（拆钢管临时支撑时撤除）。搭设时根据底板上层筋

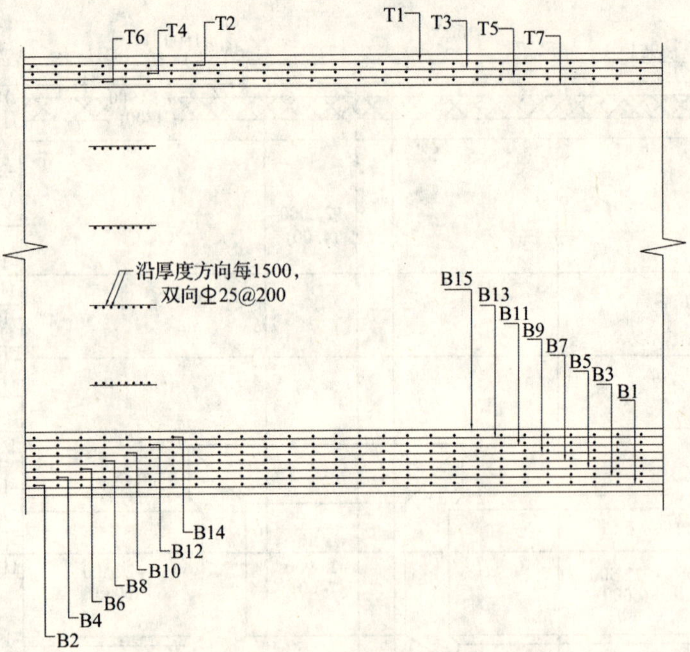

图 2-1-4 塔楼区底板典型截面配筋图

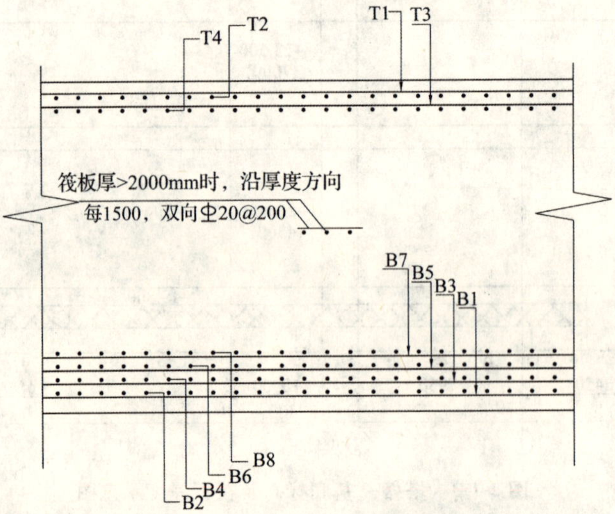

图 2-1-5 裙楼和基座区典型截面配筋图

的底标高确定脚手架的横杆上表面标高。待底板上层筋绑扎完成后，由一端逐渐拆除脚手架。将上层筋平稳落在支撑马凳筋上，然后将板筋与马凳筋绑扎牢固。

2. 塔楼区域底板钢筋支撑体系

塔楼区域底板厚度为4.500～10.900m，上铁钢筋由2～3层Φ50@200～400钢筋网片组成，每平方米面积内最大钢筋重量超过460kg。施工过程中，现场的钢筋半成品会在局部成捆堆放，大大增加了局部重量。在这样一个特殊的底板面前，常规的钢筋支撑作法已无法满足要求，为了保证塔楼底板的上层钢筋绑扎顺利施工，满足安全性要求，同时又不致造成过大的浪费，采取型钢支撑架支撑体系是合理而安全的选择。

（二）**塔楼区底板钢筋支撑体系设计**

1. 体系设计

塔楼区域底板顶典型配筋为Φ50@200双向三层布置，支撑体系中钢梁为［8，型钢柱为［10@1800，连接采用E43××型焊条的手工焊，柱底设钢垫板，柱中设止水钢板。

为了保证整体稳定性，在底层钢筋网片以上［10槽钢的底部设置一道∟75×5的连接钢梁作为底部钢筋支撑。型钢柱中部与沿底板厚度方向设置的Φ25@200构造钢筋双向双面满焊，以提高钢筋支撑的稳定性。另外，为保证钢筋支撑体系的侧向稳定，双向设置Φ14@7200的斜向拉筋。塔楼区域底板钢筋支撑详见图2-1-6。

2. 验算

考虑钢筋支撑通过与Φ25中部构造钢筋双向满焊后，钢筋支撑划分成每1.5m一个计算单元，实际计算长度变为1.5m，最不利段为底部1.5m区段（一端固定、一端自由）。取最大荷载处验算（7m厚底板，顶部三层双向）。

单根［10槽钢所承受的荷载计算：

板顶Φ50钢筋重：151.2N/m×1.8m×10×6＝16.33kN

上部水平8号槽钢自重：80.4N/m×1.8m＝0.145kN

中部构造Φ25钢筋重：38.5N/m×1.8m×10×8＝5.54kN

中部拉接Φ14钢筋自重：12.1N/m×1.8m×10×3＝0.653kN

竖向支撑10号槽钢自重：100N/m×5.5m＝0.55kN

静载合计：23.22kN

动载：$3kN/m^2 \times 1.8 \times 1.8 = 9.72kN$

施工荷载合计：1.2×23.22＋1.4×9.72＝41.47kN

结构验算：

$l=1500mm$，$i_x=3.95cm$，$i_y=1.41cm$；对Y轴为b类，对X轴为c类，$A=12.748cm^2$

抗压验算：

$\lambda_x=1500/39.5\approx38$，$\psi=0.852$

$\lambda_y=1500/14.1\approx106$，$\psi=0.517$

$\sigma_x=N/\psi A=41.47kN/(0.852\times1274.8mm^2)\approx38.18N/mm^2<f=215N/mm^2$

$\sigma_y=N/\psi A=41.47kN/(0.517\times1274.8mm^2)\approx62.92N/mm^2<f=215N/mm^2$

满足要求。

（三）**施工保证措施**

为了确保安全、减少现场焊接量，施工过程中采取了如下措施：

（1）在后台加工时将每四根槽钢柱用∟50角钢连接成钢架，∟50角钢沿钢柱高度方向每1500mm设置一道，满焊牢固。钢架焊接完成后，吊至现场焊接拼装。

（2）现场焊接拼装时，要求沿每根钢柱高度方向，每隔1500mm都要有∟50角钢的连接梁与其周围的四根钢柱相连。因为已经沿高设置了∟50的钢梁，故原设计中要求的与中间层钢筋网片的焊接可以取消。

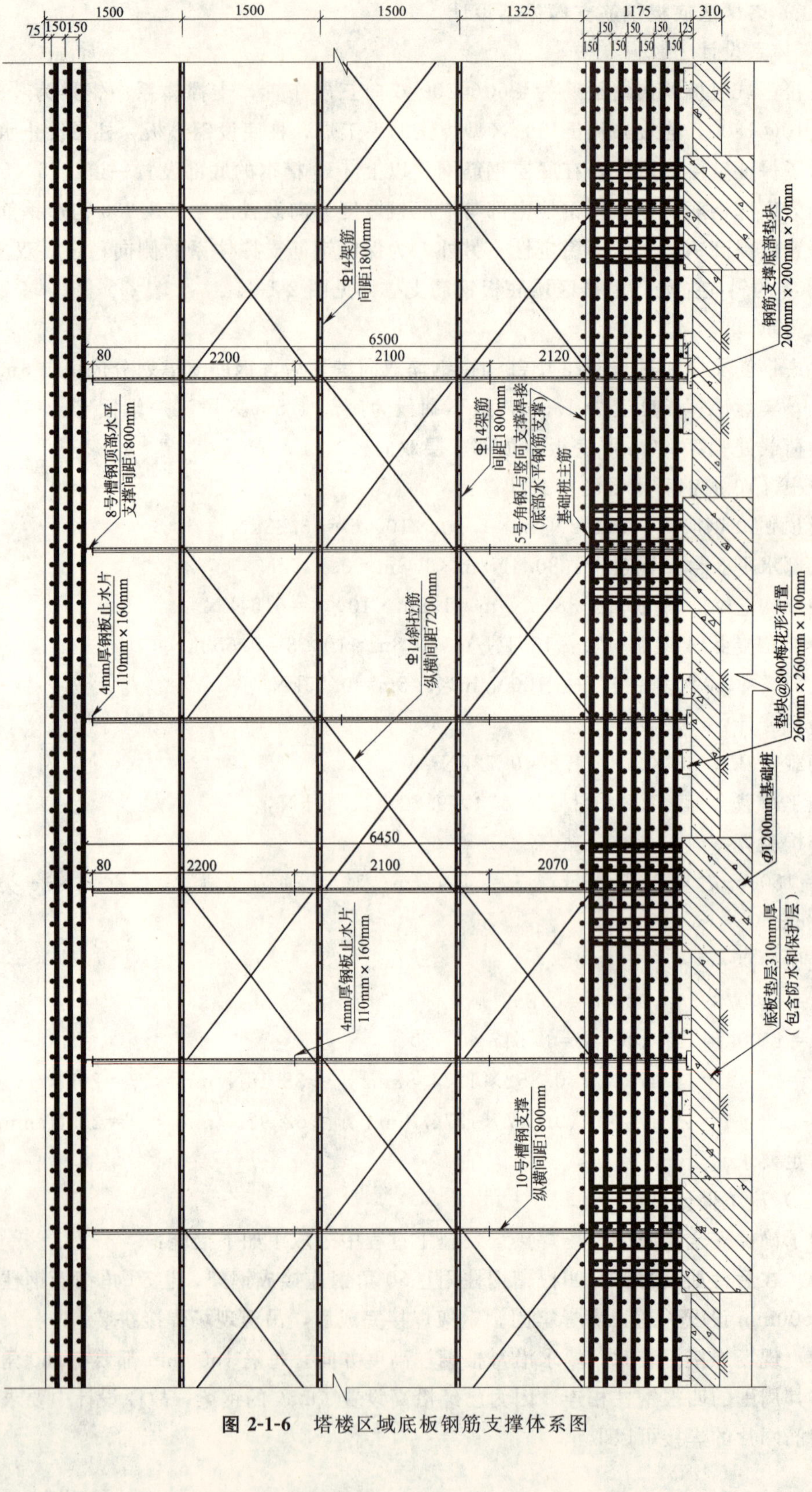

图 2-1-6　塔楼区域底板钢筋支撑体系图

(3) 底板中有13根埋入式钢柱柱脚先行吊装，还有几十根外包式钢柱脚预应力锚栓的钢结构套架，造成现场某些部位的支撑槽钢钢梁不能完全连接，并出现悬臂情况，在这些部位增加[8槽钢斜撑，保证钢梁承重能力。

(四) 实际效果

随钢筋绑扎的进行，对支撑体系进行了追踪监控，未观察到有钢柱或钢梁出现翘曲和明显变形，即便是局部施工荷载集中处，例如⌀50钢筋成捆堆放处，也未出现任何异常现象。

钢筋全部绑扎完成后，为检验混凝土浇筑过程的安全性，在浇筑开始前，又在钢筋网片上进行了堆载试验，堆载重量远大于施工过程中可能发生的施工荷载，试验结果表明现场钢筋支撑体系是足够安全的(图2-1-7)。

随后进行的混凝土浇筑工作顺利完成，也证明了现场钢筋支撑的体系选择和计算假设符合现场实际情况，保证了底板施工的安全。

图 2-1-7 塔楼区底板钢筋支撑施工

三、超重、倾斜埋入式钢柱脚安装施工技术

根据整体工程的特点，在两个塔楼角部受力最大的外框筒钢柱的柱脚需埋入底板内部，因此在底板施工过程中要插入13根埋入式钢柱的安装和预埋件的埋设的工序。

(一) 埋入式钢柱的分布情况

地下室13根埋入式钢柱分布在塔楼一和塔楼二的外侧，具体位置见图2-1-8和图2-1-9，钢柱编号为C1、C2、C6、C7、C37、C38、C42、C43、C44、C77、C84、C85、C97，其中C77有预应力锚栓。

埋入式钢柱的材质为Q390D，埋入式钢柱柱脚柱底筏板顶面标高为－16.500m，最重钢柱为C77，约91t。13根埋入式钢柱除C7、C37、C85、C97为单向倾斜6°外，其余均为双向倾斜 6°，控制点是指钢柱轴线与筏板标高－16.5m 处的交点，分布位置如图2-1-8和图 2-1-9 所示。

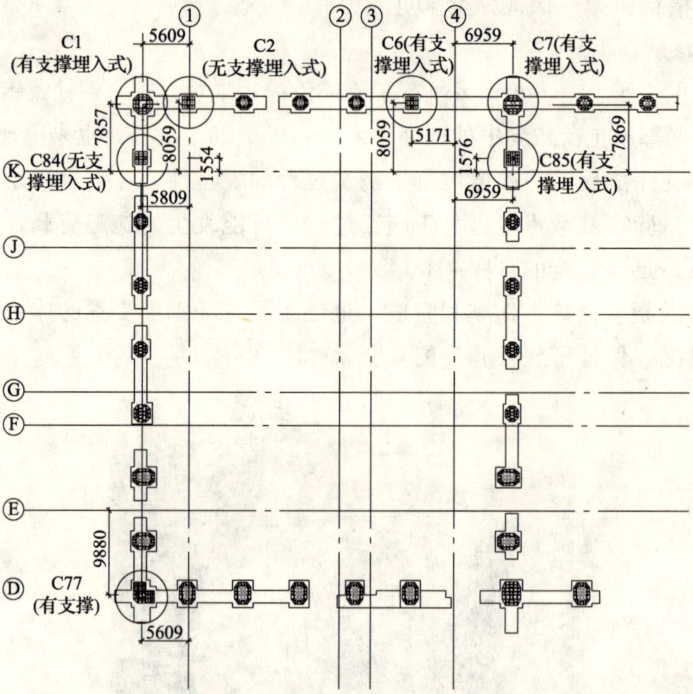

图 2-1-8　塔楼一埋入式钢柱布置图

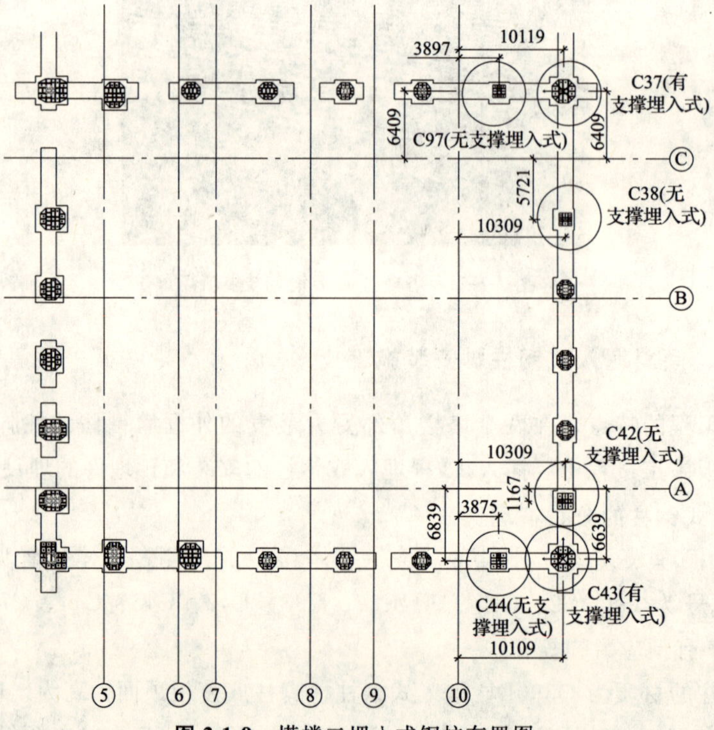

图 2-1-9　塔楼二埋入式钢柱布置图

（二）埋入式钢柱的重量

13 根埋入式钢柱尺寸及重量见表 2-1-1。

地下室 13 根埋入式钢柱的重量表　　表 2-1-1

钢柱编号	柱脚类型	底部钢板尺寸（m）	轴线方向	柱截面类型	分段总重（kg）
C1	外筒埋入式柱—a	2.3×2.3	双 6	EC5L	64921.8
C43	外筒埋入式柱—a	2.3×2.3	双 6	EC5L	60061.2
C2	外筒埋入式柱—b	1.5×1.5	双 6	EC4L	13826.4
C84	外筒埋入式柱—b	1.5×1.5	双 6	EC4L	13833.7
C42	外筒埋入式柱—b	1.5×1.5	双 6	EC4L	13841.3
C44	外筒埋入式柱—b	1.5×1.5	双 6	EC4L	13842.8
C38	外筒埋入式柱—b	1.5×1.5	双 6	EC4L	14022.6
C97	外筒埋入式柱—b	1.5×1.5	单 6	EC4L	14085.9
C6	外筒埋入式柱—c	1.5×1.7	双 6	EC4L	19043.4
C85	外筒埋入式柱—d	1.6×1.6	单 6	EC4	33929.6
C7	外筒埋入式柱—e	2.2×2.2	单 6	EC3	41759.0
C37	外筒埋入式柱—e	2.2×2.2	单 6	EC3L	58036.8
C77	外筒埋入式柱—f	1.6×1.6	双 6	EC5L	79550.4
合计					440754.9

（三）施工难点和特点

埋入式钢柱分布图详见图 2-1-10，从吊装构件分布情况看，塔楼一构件分布在基坑内偏北和偏西区域，距基槽边有 50～60m 的距离，因此只能在基坑内吊装，另外基底高低错台多，塔楼一与周边未开挖区域高差达到 8m 以上，对构件的吊装、运输都造成很大的困难；塔楼二构件分布在基坑东侧，虽然构件吊装、运输的难度相对较小，但吊装时由于附加荷载很大，故对基坑边坡的安全性影响较大。

所有构件在竖向轴线方向上存在单向或双向 6°的倾斜，埋入式钢柱底部钢板距筏板底部钢筋上层为 100mm，处于悬空状态（图 2-1-11），同时在超厚底板混凝土浇筑过程中，构件不允许出现变形、位移，因此施工时临时支撑平台刚度要求高，构件定位、固定难度大，同时考虑到 13 根钢柱重量较大，垫层无法承受，需进行加强处理。

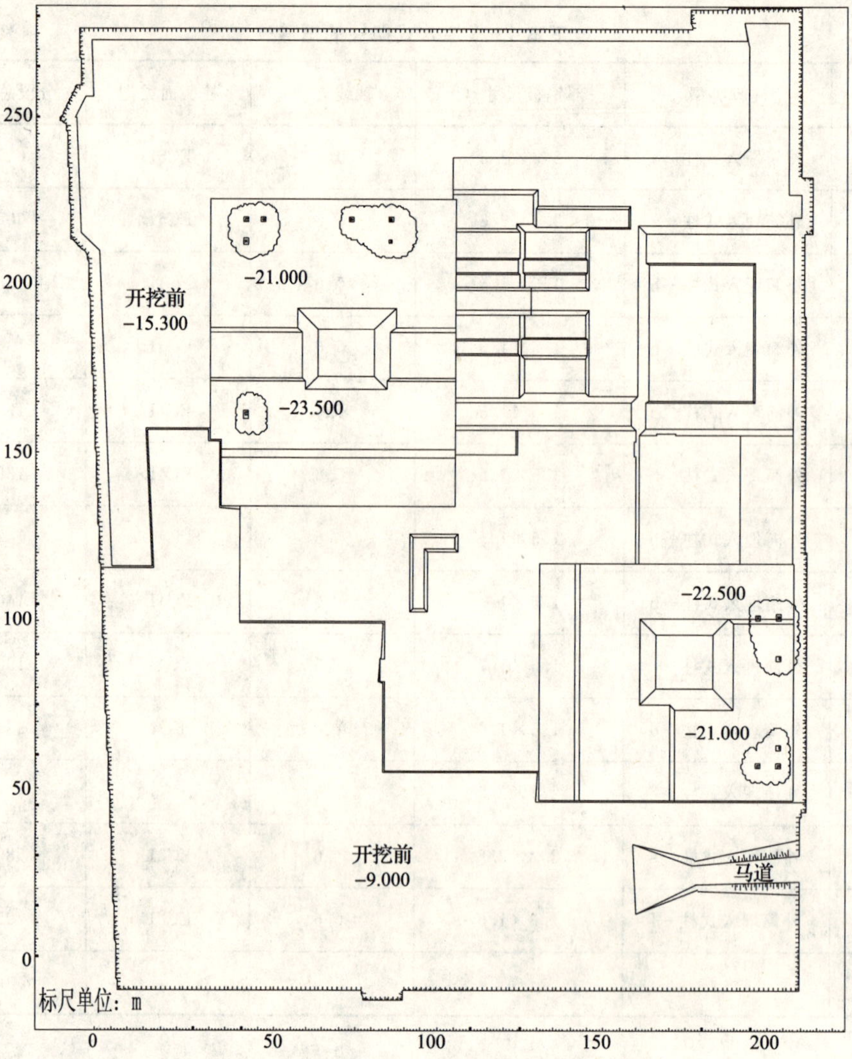

图 2-1-10 埋入式钢柱分布图

（四）埋入式钢柱柱底支撑及临时支撑设计

1. 埋入式钢柱支撑基础设计

根据钢柱的倾斜角度及筏板高度，计算出埋入式钢柱的底板在垫层上的投影位置，同时通过临时支撑的设计，确定其在垫层上的支撑点位置，根据每根钢柱的重量确定混凝土基础的尺寸，以塔楼一为例，详见图 2-1-12、图 2-1-13（计算过程略）。

2. 埋入式钢柱支撑设计

埋入式钢柱下底板距筏板底部钢筋上层为 100mm，处于悬空状态，因此这 13 根钢柱

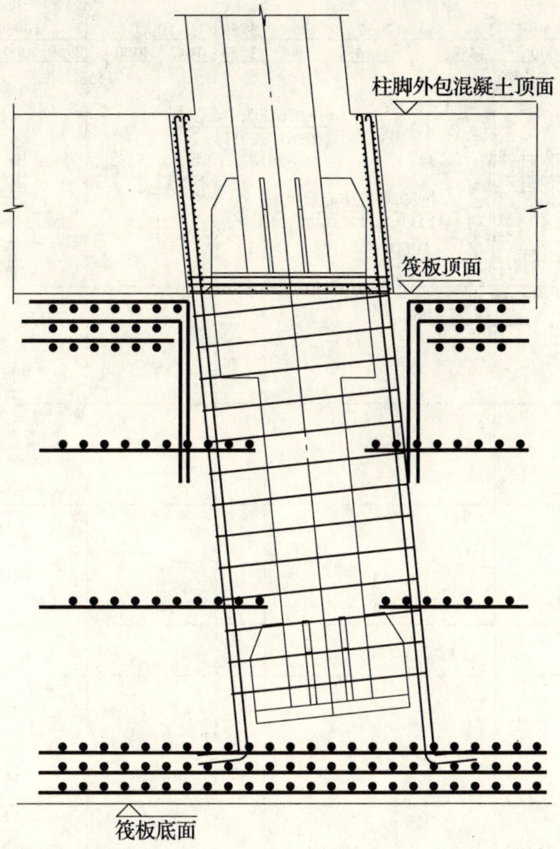

图 2-1-11 外筒柱脚与底板相互关系图

必须设置底部安装支撑点，由于筏板钢筋布置密集，为了尽可能避免影响钢筋布置，埋入式钢柱柱底支座设计为凳式支座，凳式支座的四肢支撑短柱高度根据筏板底部钢筋决定，在支撑短柱上设计一块比埋入式钢柱大的钢板，以便于埋入式钢柱的安装和定位，钢板与埋入式钢柱柱底的倾斜角度一致。竖向支撑短柱根据钢柱重量分别选用 HW150×150×7×10 或∟152×10，见图 2-1-14、图 2-1-15。

3. 埋入式钢柱斜撑设计

由于 13 根埋入式钢柱均处于倾斜状态，在埋入式钢柱安装时，必须采取措施进行临时固定。埋入式钢柱为双向 6°倾斜或单向 6°倾斜，在其倾斜方向设置两根 ϕ159×6 钢管柱进行支撑固定，钢管柱一端与埋入式钢柱采用铰接，另一端与筏板底面的预埋件连接，预埋件同样设置在垫层上。支撑钢管柱为可调节式，采用正反的调节丝杆，在校正时便于调节，如图 3-4 所示。

（五）埋入式钢柱吊装准备

1. 吊装设备的选用

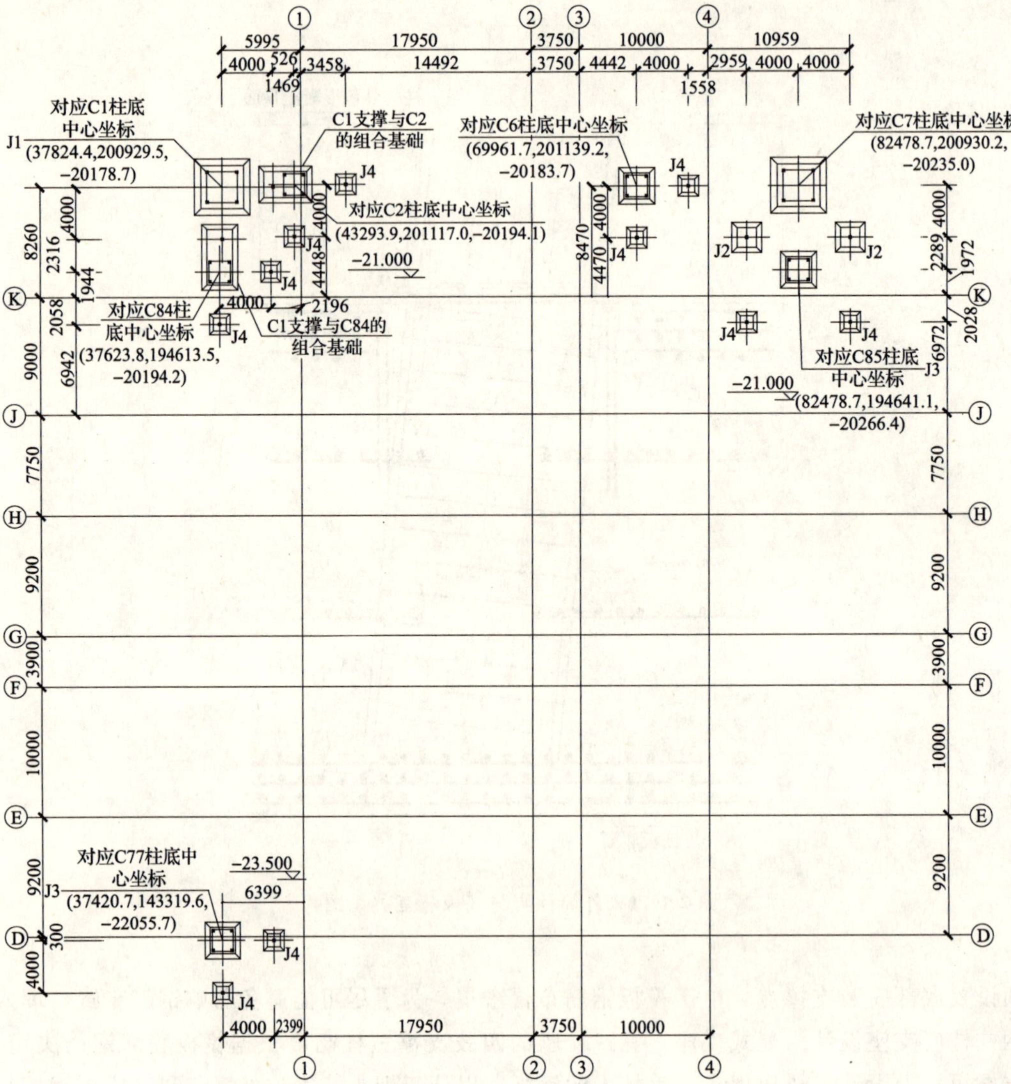

图 2-1-12　塔楼一柱底基础及支撑基础平面布置图

（基础的上表面标高与筏板底标高相同）

由于 13 根埋入式钢柱分别位于塔楼一和塔楼二，且比较分散，选用汽车式起重机对埋入式钢柱进行吊装比较合理，根据 13 根埋入式钢柱的重量，同时根据地下室基坑垫层施工时现场的道路情况，选用 450t 全液压汽车式起重机（起重性能见表 2-1-2 和表 2-1-3）进行筏板埋入式钢柱的吊装。

2. 对 13 根埋入式钢柱吊装的分析

根据 13 根埋入式钢柱所在的位置、与基坑边的距离、汽车式起重机的站位位置等因素，对 13 根埋入式钢柱的吊装做如下分析，如表 2-1-4 所示。

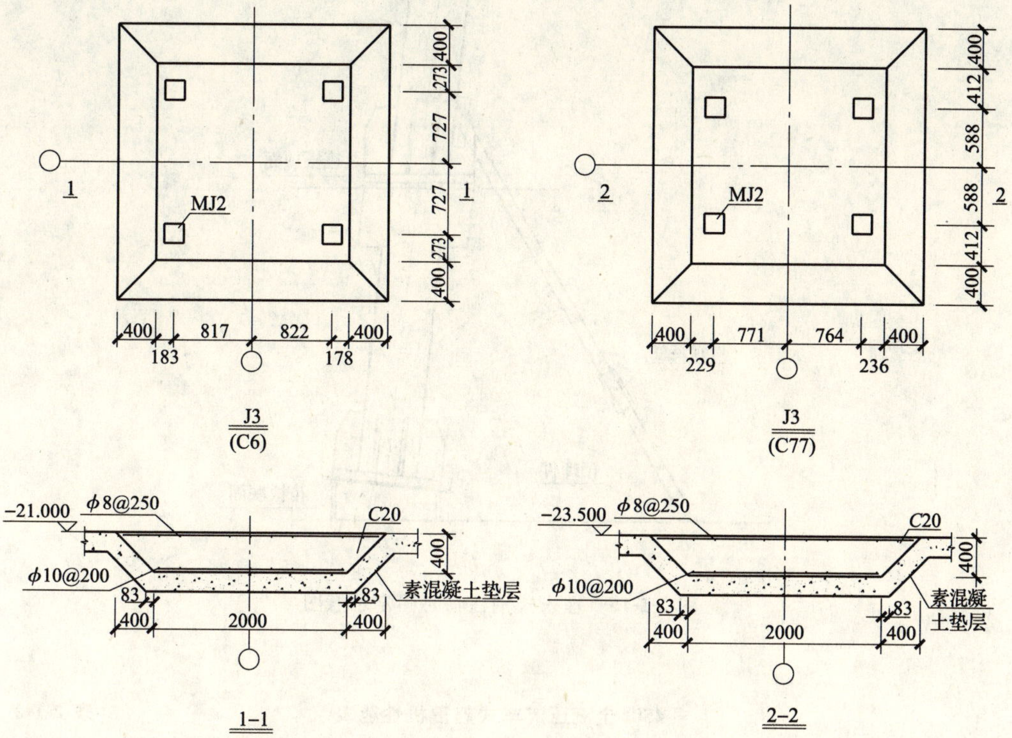

图 2-1-13　钢柱基础、支撑基础及埋件示意图

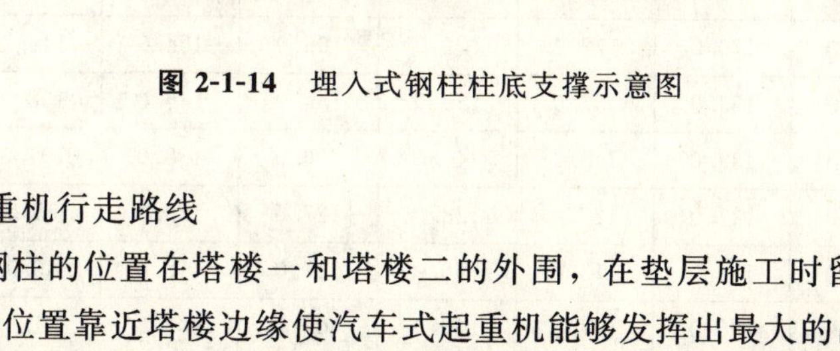

图 2-1-14　埋入式钢柱柱底支撑示意图

3. 汽车式起重机行走路线

13 根埋入式钢柱的位置在塔楼一和塔楼二的外围，在垫层施工时留出汽车式起重机的行走通道，起吊位置靠近塔楼边缘使汽车式起重机能够发挥出最大的吊重能力，吊装的区域道路 26m 宽，以便于汽车式起重机倒车和支腿，最近的支腿与基坑边的距离为 5～6m，道路坡度小于 10°，汽车式起重机行走路线见图 2-1-16。在汽车式起重机支腿的地方放置路基箱，以增加支腿的受力面，减少对垫层混凝土的压强。

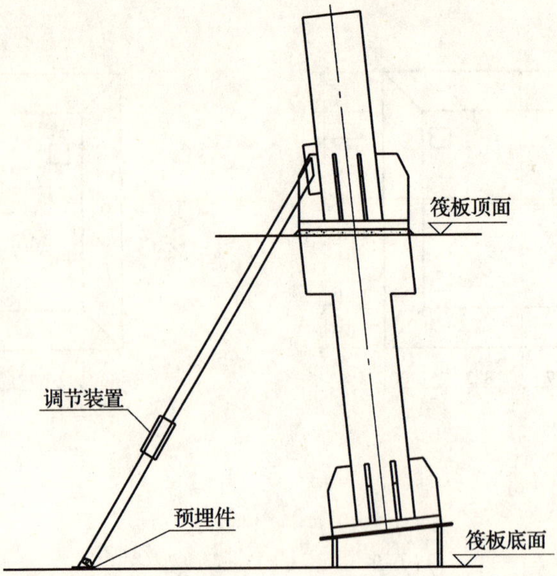

图 2-1-15　埋入式钢柱临时固定示意图

450t 全液压汽车式起重机性能表　　表 2-1-2

车高 4000mm，车长 20857mm/18980mm，车宽 3000mm，支脚全伸 8.9m×8.7m									
作业半径（m）	主吊臂使用支撑拉索长度（m）								
	≤16.0	16.0	20.9	26.7	30.5	35.3	38.0	40.2	45.0
	额定起重量（t），360°回转								
2.5	450								
3.0	295.0	295.0	270.0						
4.0	269.0	252.0	242.0	227.0					
5.0	250.0	218.0	218.0	207.0	195.0				
6.0	216.0	192.0	193.0	191.0	178.0	161.0	123.0		
7.0	186.0	170.0	172.0	172.0	165.0	154.0	116.0	115.0	
8.0	162.0	153.0	155.0	155.0	154.0	146.0	108.0	107.0	93.0
9.0	144.0	139.0	140.0	140.0	139.0	138.0	101.0	99.5	89.0
10.0	129.0	127.0	128.0	128.0	127.0	129.0	98.5	93.5	83.5
11.0	116.0	118.0	118.0	118.0	117.0	118.0	86.5	87.0	78.5
12.0	106.0	106.0	107.0	108.0	107.0	108.0	81.5	81.0	73.0
13.0	97.0	97.0	98.5	98.5	100.0	99.5	77.0	76.5	69.5
14.0			91.0	91.0	92.5	91.5	72.0	72.5	65.5
15.0			85.0	86.0	85.5	85.0	67.0	68.0	61.5

续表

作业半径（m）	车高 4000mm，车长 20857mm/18980mm，车宽 3000mm，支脚全伸 8.9m×8.7m								
	主吊臂使用支撑拉索长度（m）								
	≤16.0	16.0	20.9	26.7	30.5	35.3	38.0	40.2	45.0
	额定起重量 t，360°回转								
16.0			79.0	80.0	79.5	79.0	64.0	64.5	58.0
18.0				70.0	70.0	69.0	58.0	59.5	52.5
20.0				61.5	61.5	60.5	51.5	54.5	47.5
22.0				53.5	53.5	52.0	46.5	50.0	43.0
24.0					46.5	45.5	42.0	47.0	39.5
26.0					41.5	40.0	37.0	41.5	36
28.0						37.0	32.5	37.0	33.5
30.0						34.5	28.5	33.5	31.5
32.0						31.0	25.5	30.0	29.5
34.0							24.0	27.0	27.5
36.0								25.0	25.0
38.0									23.0
40.0									21.0

450t 汽车式起重机超级起重性能表　　**表 2-1-3**

臂长（m） 工作半径(m)	35.3	38	40.2	45	49.8	54.6	60
5	166						
6	160	123	150				
7	152	118	145	140			
8	144	114	137	131	105		
9	136	110	128	123	101	97.5	
10	129	106	121	115	98	93.5	78
11	121	103	115	109	94.5	89.5	75
12	111	100	109	104	91	85	72
13	105	97	103	99	87.5	82	69.5
14	98.5	94	97.5	94.5	84	78.5	67
15	92	90	91	89	81	75	64.5
16	86.5	84	85	83	78	72	62.5
18	76.5	77	76.5	74.5	71.5	67	58
20	68.5	69	68.5	68	66.5	62	54.5
22	61	61.5	61.5	61	60.5	57.5	51

续表

工作半径(m) \ 臂长(m)	35.3	38	40.2	45	49.8	54.6	60
24	55	55.5	55	55	54.5	53.5	48
26	50	50.5	50	49.5	49.5	48.5	45
28	45.5	46	45.5	45.5	45	44	42.5
30	41.5	42	42	41.5	41	40.5	40
32		39	38.5	38	37.5	37	37
34		30.5	35.5	35	34.5	34	34
36			28	32.5	32	31.5	31.5
38				30.5	30	29	29
40				25	27.5	26.5	26.5
42					25.5	24.5	24.5
44					22	22.5	22.5
46						21	21
48						19.1	19.3
50						14.4	17.9
52							16.5
54							14.2

13 根埋入式钢柱吊装分析表 **表 2-1-4**

序号	钢柱编号	钢柱重量(t)	钢柱与基坑边距离（m）	吊机支腿与基坑边距离（m）	工作半径（m）	起重能力（m）	臂长（m）	备注
1	C77－1	91	6	5	15	92（超起）	35.3	塔楼一
2	C1－1	67	6.5	7	18	77（超起）	38	塔楼一
3	C43－1	62	5	10.9	20	69（超起）	38	塔楼二
4	C37－1	59	4.6	11	20	69（超起）	38	塔楼二
5	C7－1	42	6.5	11	22	61（超起）	38	塔楼一
6	C85－1	35	12.8	10	28	46（超起）	38	塔楼一
7	C6－1	20	6.3	11	22	53.5	30.5	塔楼一
8	C97－1	15	10.8	11	26	41.5	30.5	塔楼二
9	C38－1	15	4.4	11	20	61.5	30.5	塔楼二
10	C2－1	14	6.3	7	18	77	38	塔楼一
11	C42－1	14	4.4	11	20	69	38	塔楼二
12	C44－1	14	10.8	11	28	46	38	塔楼二
13	C84－1	14	12.8	7	26	50.5	38	塔楼一

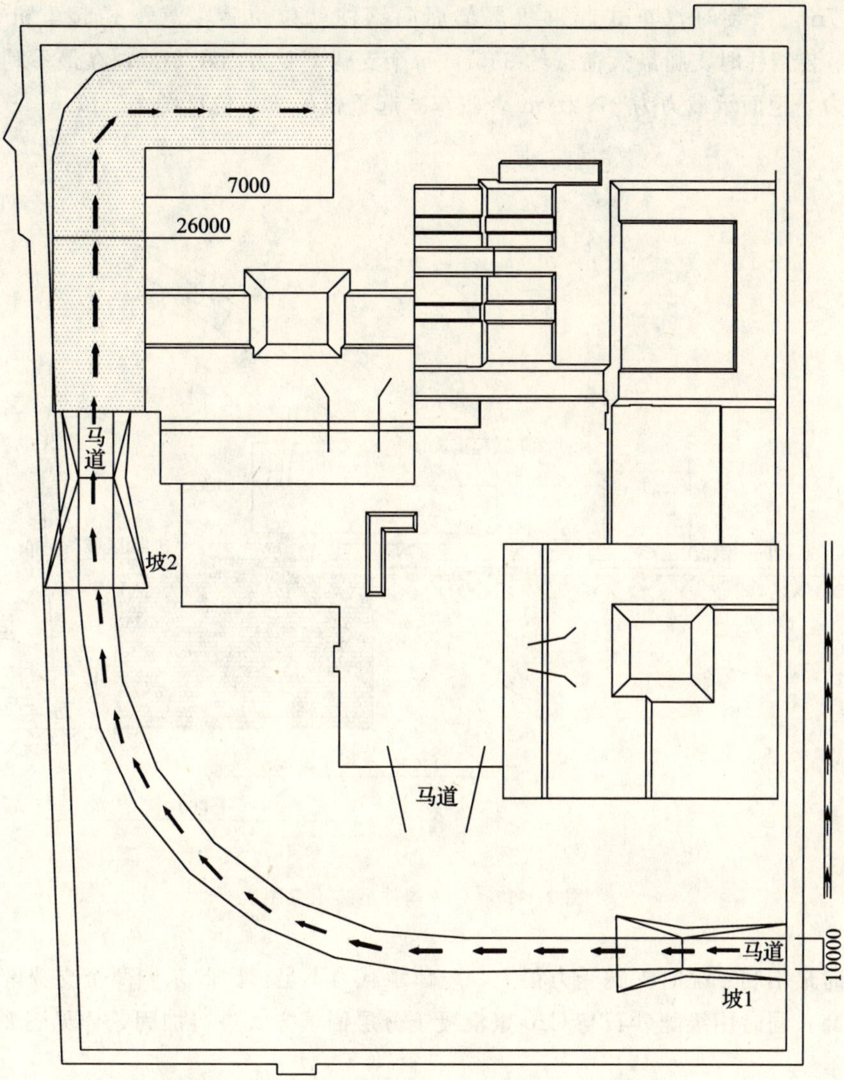

图 2-1-16 汽车式起重机基坑内行走路线

4. 埋入式钢柱吊装站位处理

对 13 根埋入式钢柱的吊装均在 21m 的深基坑边，利用汽车式起重机进行。

塔楼二埋入式钢柱吊装时，450t 汽车式起重机站位位置的最大压力为 17.4t/m^2，根据汽车式起重机支腿与护坡桩边的距离 9m，按照 45°放坡进行计算，在 9m 深位置的土体压力不足 1t/m^2，此处护坡的承载力为 4t/m^2，满足安全要求。为进一步确保安全，在 450t 汽车式起重机站位位置进行雷达探测。同时，在东侧的护坡上布置 4 个测量观测点，检测吊装过程中的基坑变形。

整个吊装过程以 C77 吊装工况最不利，汽车式起重机支腿全伸，支腿中心尺寸为 8.9m×8.7m，吊装时汽车式起重机尾部面向钢柱就位位置，汽车式起重机带配重约 245t，在吊装钢柱时支腿最大荷载约 335t，每个支腿下受力面积 $9m^2$，在最不利工况下一个支腿受力，地面承载力为 $37.2t/m^2$，汽车式起重机吊车站位见图 2-1-17。

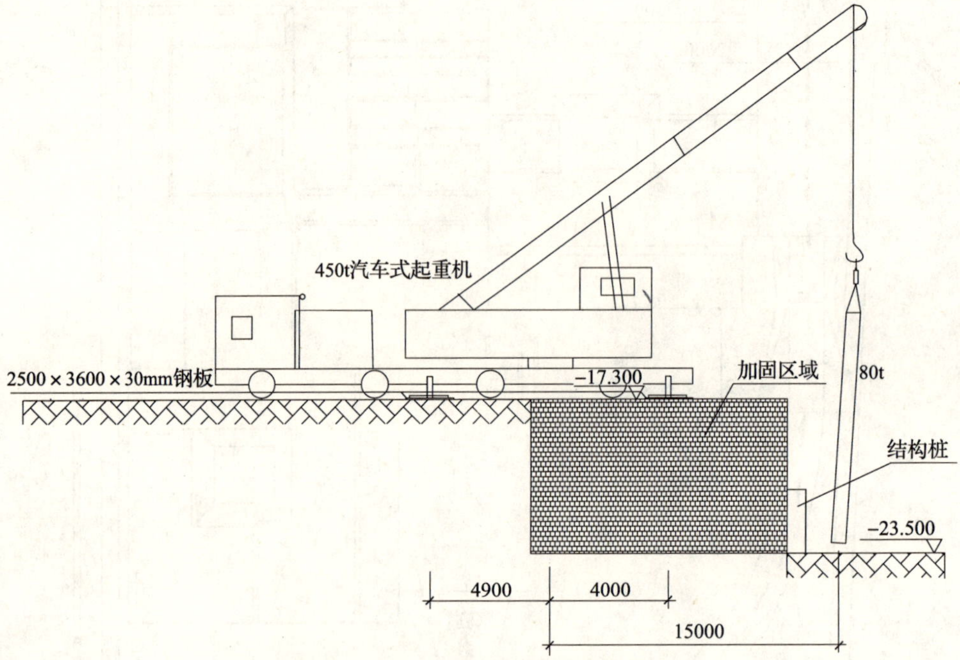

图 2-1-17　C77 构件吊装示意图

吊装时最不利工况时支腿受力很大，土体承载力不足，因此东侧两个支腿区域采用将基础桩接高，同时用级配砂石与 C10 素混凝土分层回填方式进行加固，详见图 2-1-18。加固方式如下。

（1）拐角及沿墙长方向每隔 6m 设置 400mm×400mm 钢筋混凝土柱，构造柱混凝土强度等级为 C30，竖向每面配 4 Φ25 钢筋，采用 4 肢箍筋 ϕ8@200。

（2）墙基浇筑 300mm×300mm 地梁，配置双层 4 Φ16 纵向钢筋，箍筋 ϕ8@200，混凝土强度等级为 C30。

（3）沿墙高方向，间距 2m 设置 2 道 240mm×300mm 圈梁和 1 道压顶梁，梁内纵向钢筋配置 4 Φ16，箍筋 ϕ8@200，混凝土强度等级为 C30。

（4）砖砌体采用 MU10 灰砂砖，M7.5 水泥砂浆砌筑。

（5）A～B、B～D 段墙预留孔洞，在现有桩头上部（约墙高 4.5m 处）打入一排花管（ϕ40mm 钢管），间距 1500mm，长度 5m，压注 1∶0.5 纯水泥浆；在 E～F 段墙体预留孔洞，在墙高 4.5m、3m 处各打入一排花管，间距、长度、做法同 A～B 段。

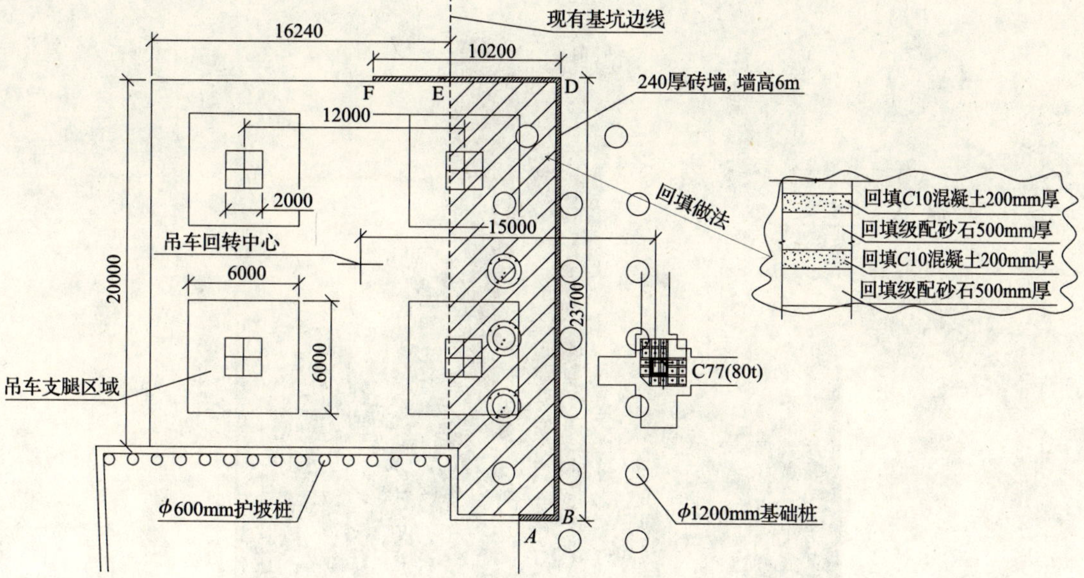

图 2-1-18 C77 构件吊装加固示意图

(6) 回填区域采取交替回填级配砂石和混凝土的方法，详见图 2-1-18 云线内大样，应注意级配砂石应按 250mm 一层，分层回填、夯实，保证密实度在 90%以上。

（六）埋入式钢柱吊装

在临时支撑及测量放线工作完成后，2005 年 11 月 10 日开始埋入式钢柱吊装，钢柱吊装顺序为 C44→C42→C43→C38→C97→C37→C77→C84→C2→C1→C6→C85→C7（钢柱平面位置见图 2-1-8 和图 2-1-9），按照每个区域先吊装较轻构件，再吊装重型构件的顺序吊装。2 根 ϕ47.5mm、长 6m 的吊绳（打成双股）为钢柱主吊绳，与钢柱上 4 个吊点用 25t 弓形卡环连接。使用 ϕ21.5mm 钢丝绳和 10t 倒链来调整钢柱的倾斜角度，并作为辅助吊绳，如图 2-1-19 所示。

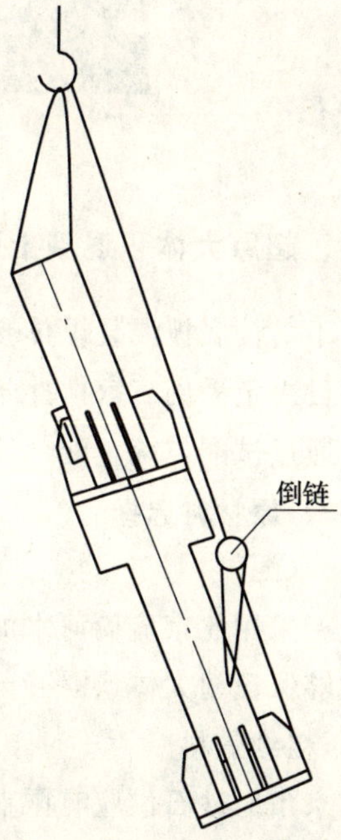

图 2-1-19 埋入式钢柱吊装示意图

钢柱吊起后平稳转到钢柱安装位置慢慢落钩，对正钢柱的底部轴线及钢柱标高。当钢柱底板完全与支撑顶部钢板接触后拉紧缆风绳，每根钢柱设 4 根缆风绳。钢柱上缆风绳拉紧后安装 2 根可调节式钢管支撑，使钢柱与支撑形成刚性连接。支撑安装完后对钢柱进行校正、固定。

C77 钢柱在完成吊装后，由于重心过高，在设置斜撑的基础上又增加了竖向支撑，以保证构件稳定，如图 2-1-20 所示。

图 2-1-20　C77 钢柱临时固定

四、超厚大体积混凝土配合比的确定

由于塔楼底板混凝土体量和厚度都是超出常规的，考虑到搅拌站的供应能力和风险性，项目决定采用三家搅拌站联合供应的方式。为保证混凝土供应质量和控制混凝土绝热温升，通过试配，统一配合比、统一主要原材料。

（一）原材料选择

1. 水泥

统一采用北京琉璃河水泥厂生产的 P·O42.5 普通硅酸盐水泥。该水泥品质稳定，且产量能够保证超大体量混凝土浇筑期间连续供应的要求。

2. 粗细骨料

北京市对砂石供应有限制，材料来源相对固定，故对各搅拌站骨料来源没有严格要求，但需要满足以下要求：粗骨料选用 5～25mm 连续级配，含泥量小于 1%的机碎石，细骨料选用模数 2.5 以上含泥量小于 3%的中砂。

3. 掺合料

选用Ⅰ级粉煤灰。目前各粉煤灰生产单位产量、库存、运输均难以保证集中供应要求，经多次试验，选用山东德州及河北衡水Ⅰ级粉煤灰，不得使用其他颜色偏浅、需水量较大及磨细的粉煤灰。

4. 外加剂

选用高效缓凝型萘系减水剂。

（二）基准配合比的确定

经过前期向国内知名专家咨询，基本确定了采用超大掺量粉煤灰技术来解决超厚大体积混凝土水化热的问题，但粉煤灰替代水泥的掺量还需要通过一系列试验来确定。

首先，对粉煤灰取代率分别选择20%、30%、40%、50%、60%进行试验，超量系数1.1，进行正交设计。原则是在保证强度、和易性、耐久性的前提下，尽可能选用水泥用量小、粉煤灰掺量大的配合比，以达到降低混凝土水化热，推迟温升峰值时间，保证混凝土工作性能和浇筑质量的目的。

δ取5MPa，$f_{cu} \geqslant f_{cu,k} + 1.645\delta = 48.3$MPa，C40混凝土60d后期评定强度的试配强度确定为48.3MPa。

具体配合比设计见表2-1-5。

配合比设计表（kg）　　**表2-1-5**

序号	水	水泥	砂	石	粉煤灰		外加剂	水灰比	基准水泥	砂率
1	155	180	720	1127	218	60%	3.98	0.41	378	0.39
2	155	190	721	1127	207	50%	3.97	0.41	378	0.39
3	155	200	721	1128	196	45%	3.96	0.41	378	0.39
4	155	210	722	1129	185	45%	3.95	0.41	378	0.39
5	155	220	722	1129	174	40%	3.94	0.41	378	0.39
6	155	230	722	1130	163	40%	3.93	0.41	378	0.39
7	155	240	723	1130	152	35%	3.92	0.41	378	0.39
8	155	250	723	1131	141	35%	3.91	0.41	378	0.39

针对上述表中的配合比，主要进行了7d、28d、60d多龄期强度试验及标准条件养护、自然养护及模拟大体积混凝土温度变化过程的变温养护试验。试验结果见表2-1-6。

试验结果统计表　　**表2-1-6**

序号	坍落度保留值（mm）			各养护条件和龄期抗压强度（MPa）									抗渗等级
	H_0	H_{60}	H_{120}	标养 7d	标养 28d	标养 60d	自然 7d	自然 28d	自然 60d	变温 7d	变温 28d	变温 60d	
1	200	210	190	22.7	42.9	50.6	26.4	40.6	44.0	48.4	52.2	55.3	>P9
2	220	215	210	27.2	40.4	54.0	26.2	41.3	50.4	45.5	60.1	56.2	>P9
3	230	230	210	32.5	48.1	64.7	36.9	49.3	60.2	50.6	54.2	58.2	>P9
4	220	215	210	31.7	46.4	66.6	33.4	47.7	59.8	50.1	59.6	58.4	>P9
5	205	225	200	31.3	48.2	61.6	36.5	46.2	63.7	55.9	61.3	58.3	>P9

续表

序号	坍落度保留值（mm）			各养护条件和龄期抗压强度（MPa）									抗渗等级
	H_0	H_{60}	H_{120}	标养 7d	标养 28d	标养 60d	自然 7d	自然 28d	自然 60d	变温 7d	变温 28d	变温 60d	
6	220	210	185	30.5	52.6	63.7	34.8	52.2	64.5	44.2	55.4	58.7	＞P9
7	230	215	205	33.0	56.0	72.9	40.4	49.7	61.8	48.6	60.4	62.4	＞P9
8	210	205	195	30.8	49.8	67.6	38.0	51.4	59.4	55.2	67.9	65.7	＞P9

通过多轮试拌合试验，经过针对工作性能的少量调整和严格筛选后，最终选用的基准配合比见表 2-1-7。

基准配合比　　**表 2-1-7**

组分	水	水泥	砂	石	粉煤灰		减水剂	水灰比	基准水泥
重量	155kg	200kg	810kg	1039kg	196kg		3.96kg	0.41kg	378kg
养护	标养 7d	标养 28d	标养 60d	自然 7d	自然 28d	自然 60d	变温 7d	变温 28d	变温 60d
抗压强度	32.5MPa	48.1MPa	64.7MPa	36.9MPa	49.3MPa	60.2MPa	50.6MPa	54.2MPa	58.2MPa

注：砂率为 42%，总碱含量 1.3kg/m³。

最终选用的基准配合比与初步设计的配合比相比，砂率提高到了 42%，提高砂率后的混凝土和易性及工作性能得到了改善，泵送性能更好。

（三）混凝土绝热温升测试

依据选定的基准配合比，进行了混凝土绝热温升计算。为了验证计算结果，使用全自动 MIT-686-0 型混凝土热量测定仪，进行了混凝土绝热温升试验。试验结果显示，该配合比绝热温升约 36～37℃，比理论计算结果（40.11℃）略低。

（四）底板混凝土保温层厚度确定

为慎重起见，在进行底板混凝土保温材料厚度计算时，混凝土绝热温升取理论计算值 40.11℃，计算得保温材料厚度为 60mm（具体计算略）。在实际施工中，采用 F1 塑料布＋F3 草帘被＋F1 帆布，草帘被根据测温情况进行增减。

（五）底板混凝土温度场和应力场 ANSYS 计算

为了解底板混凝土在现有实际边界条件下的温度和应力的变化情况，采用 ANSYS 软件进行了底板混凝土温度场和应力场的有限元分析计算。计算结果表明，只需通过采用保温措施而无需采用冷却循环水等其他措施即可使底板混凝土温度梯度满足规范要求，同时底板混凝土也不会产生有害裂缝，但在混凝土养护的前期需注意边角部位的保温，中后期需加强中心部位的温度和应力的监控。

（六）专家论证会

在经过一系列试验和计算之后，项目部组织召开了由国内知名专家参加的超厚大体积混凝土施工技术专家论证会。通过专家论证，最终确定了超大掺量粉煤灰的配合比，突破了规范中关于高强度混凝土粉煤灰替代水泥用量不得超过 25%的要求。该配合比的确定，为大幅降低混凝土内部初期温度，便于现场采取措施保证混凝土温度梯度、满足规范要求奠定了坚实的基础。

五、大体积混凝土浇筑的施工组织

根据现场施工情况，同时考虑到当时临近圣诞节和元旦，为避开节日期间的交通拥堵，两个塔楼超厚大体积混凝土底板浇筑时间分别确定为2005年12月20～22日，以及2005年12月28～30日，计划连续浇筑的持续时间预计为55～70h。要在10d左右的时间内完成总量分别为3.3万m^3和3.9万m^3的大体积混凝土的浇筑，必须从组织、技术、物资、劳动力、现场等多方面统筹安排。

（一）技术准备

在塔楼底板混凝土浇筑前，技术部分别针对两次浇筑进行专项技术交底，交底内容包括：最终确定的基准配合比、浇筑顺序、浇筑速度、泵管布置方案、坍落度、凝结时间、现场行车路线、停车等待区域规划方案等。接受交底的人员包括：工程部、质量部、相关劳务分包单位的技术员、混凝土工长，各搅拌站技术、调度相关人员等。

在进行方案交底时还详细交代了混凝土在各浇筑阶段的流淌情况和泵管的进泵、退泵安排，以保证混凝土的连续浇筑不出现冷缝。以塔楼一底板为例：底板总方量为39000m^3，每小时浇筑量必须在650m^3以上方能保证浇筑顺利完成；同时考虑到意外情况对浇筑速度的影响，浇筑时共布置20台地泵和1台汽车泵；底板混凝土浇筑方向为从北向南，从4.5m厚度逐渐到6m和7m厚度区域，在4.5m区域浇筑厚度达到3400mm以后，混凝土流淌坡楼开始逐步加长，由45m最终达到70m，当混凝土浇筑完成面达到11m后混凝土流淌坡楼开始逐步减少，浇筑完成面达到37m后，流淌长度再次变为45m，将整个浇筑过程划分成七大的阶段，详见图2-1-21～图2-1-27。

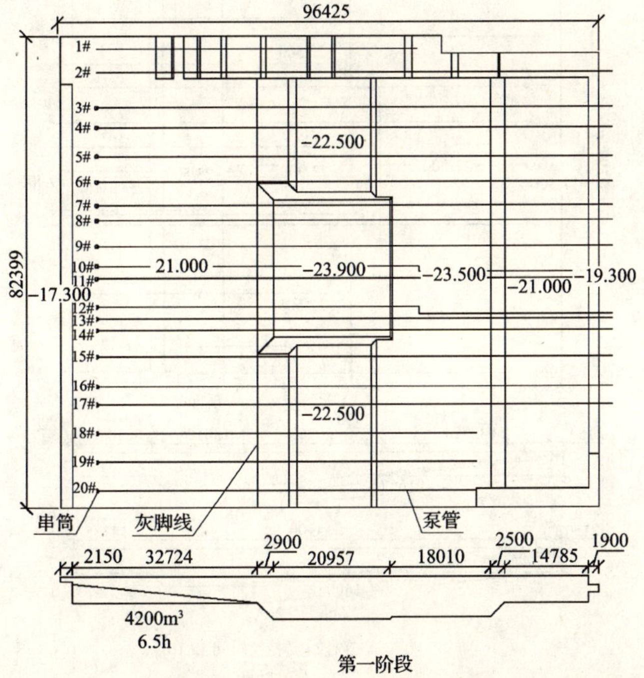

图 2-1-21　塔楼一浇筑第一阶段

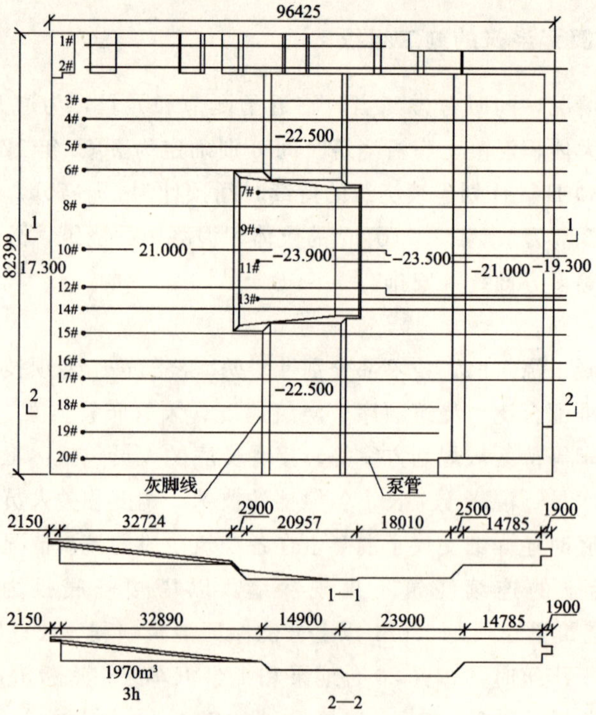

第二阶段（总持续时间 9.5h）

图 2-1-22　塔楼一浇筑第二阶段

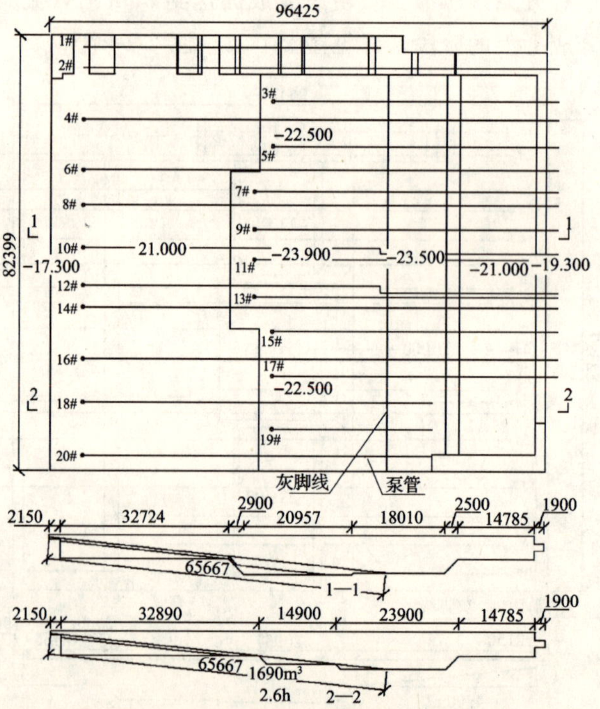

第三阶段（总持续时间 12.1h）
形成坡槎

图 2-1-23　塔楼一浇筑第三阶段

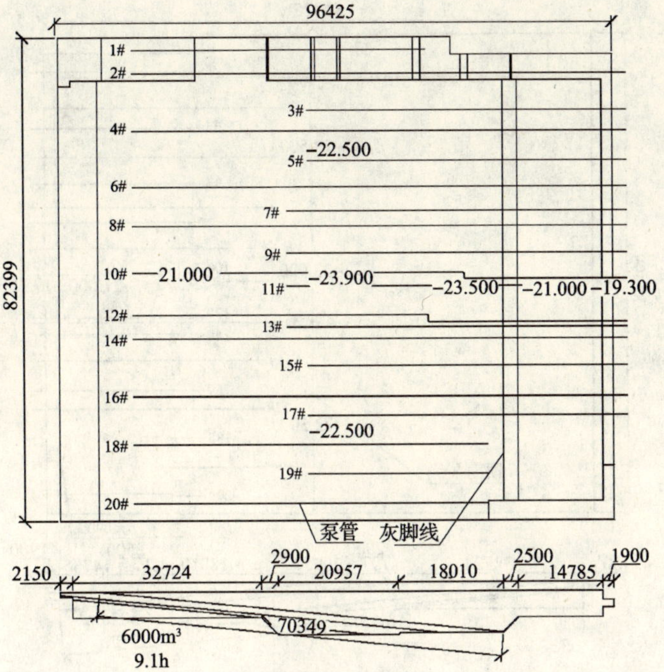

第四阶段（总持续时间 21.2h）
坡槎最长达 70.3m

图 2-1-24　塔楼一浇筑第四阶段

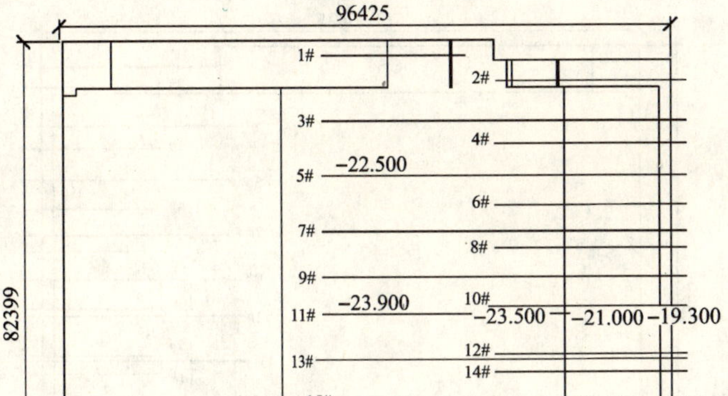

第五阶段（总持续时间 39.5h）
坡槎逐渐缩短，前端泵管逐渐后移
1#泵停止浇筑

图 2-1-25　塔楼一浇筑第五阶段

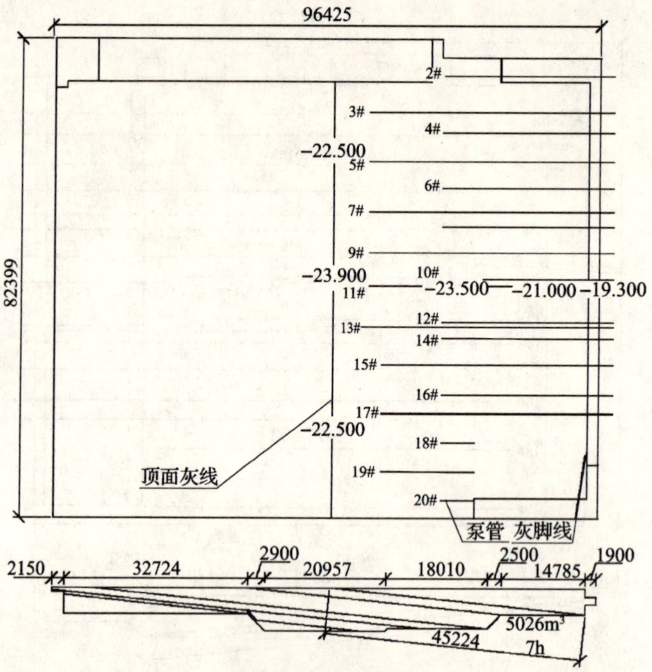

第六阶段(总持续时间46.5h)
坡楼南侧坡脚达到最南端
所有泵管开始整体后移

图 2-1-26　塔楼一浇筑第六阶段

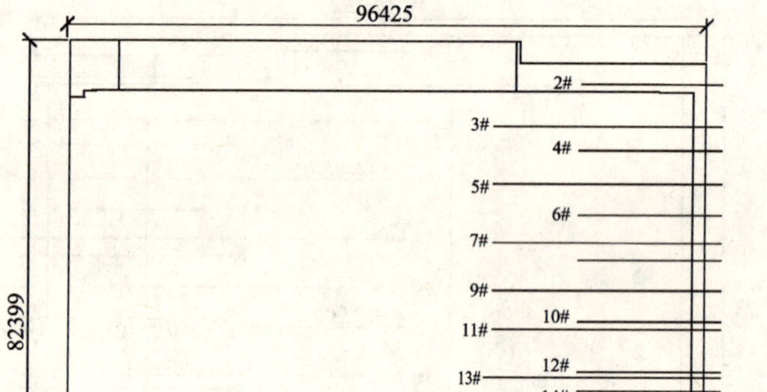

第七阶段(总持续时间57.2h)
浇筑完成面逐步向南侧推移
最终在西南角收尾

图 2-1-27　塔楼一浇筑第七阶段

事实证明，经过对泵管工作情况的周密计划，使所有工作人员都能做到心中有数，现场井然有序。实际浇筑持续时间与计划持续时间相差在4h以内。

（二）搅拌站的组织管理

1. 搅拌站的选用

两个塔楼底板混凝土浇筑均采用多站联合供应的方式，在两次浇筑中，选用经总包、监理多次考察确认的3个搅拌站的8个机组，机组具体情况见表2-1-8。

搅拌站机组统计情况 **表2-1-8**

序号	搅拌站	地点	搅拌机组	运输车辆	累计供应能力
1	1号搅拌站	定福庄	$2\times3m^3$	50辆	$300m^3/h$
2		咸宁侯东村	$3m^3$		
3	2号搅拌站	三台山	$2\times3m^3$	50辆	$300m^3/h$
4	3号搅拌站	高碑店	$2\times3m^3$	60辆	$300m^3/h$

2. 各搅拌站原材料储备能力统计

搅拌站原材料储备能力统计详见表2-1-9。

搅拌站原材料储备能力统计表 **表2-1-9**

搅拌站	水泥（t）	砂（t）	石（t）	粉煤灰（t）	减水剂（t）
1号搅拌站	1300，后续每天供应1000t	3万	3万	1000，后续每天供应1000t	50
2号搅拌站	1600t，后续每天1200t	4万	2万	1500，后续每天1200t	60
3号搅拌站	3000	5万	6万	2600，后续每天300t	280

3. 各搅拌站水电供应情况

搅拌站水电供应情况详见表2-1-10。

搅拌站水电供应情况统计表 **表2-1-10**

序号	搅拌站	地点	水电线路	热水供应	发电机组
1	1号搅拌站	定福庄	两套水电系统	地热水+1台2t蒸汽锅炉	400kW
2		侯东村	两套水电系统	1台2t蒸汽锅炉	400kW
3	2号搅拌站	三台山	两套水电系统	2台2t蒸汽锅炉	400kW
4	3号搅拌站	高碑店	两套水电系统	2台燃气锅炉	350kW

4. 浇筑前对搅拌站工作的检查

塔楼底板混凝土浇筑前，总包方对各搅拌站的施工准备情况进行一次全面检查，检查内容见表2-1-11。

搅拌站施工准备检查表　　　　表 2-1-11

项　目	落实时间
各搅拌站成立央视项目协调组，明确分工、联系人及联系方式，制定配合流程	浇筑前 5d
检查搅拌站材料准备情况，水泥、砂石、粉煤灰、外加剂，并落实连续供应情况	浇筑前 2d
检查搅拌站试拌情况和技术准备情况	浇筑前 5d
检查搅拌站各岗位操作人员就位情况和熟练程度	浇筑前 2d
检查搅拌站设备保养状况、易损件准备情况、计量设备是否经过校核	浇筑前 2d
检查搅拌站罐车准备数量、保养状况、司机数量	浇筑前 2d
检查搅拌站冬施准备情况，原材料及热水供应情况	浇筑前 2d
检查搅拌站水源、电源准备情况，是否有备用水电线路	浇筑前 2d
检查搅拌站行车路线设计情况，与交通队提前联系情况	浇筑前 2d
检查搅拌站的各项应急能力及措施	浇筑前 2d

5. 浇筑过程中对搅拌站工作的检查

混凝土浇筑过程中，总包向各站派设驻站人员，对搅拌站生产过程进行全面监控，具体监控内容主要包括以下几个方面：

(1) 进行开盘鉴定，合格后放行。

(2) 随时检查原材料是否符合要求，检查砂石含水率变化情况、施工配合比调整情况、原材料连续供应情况。

(3) 随时检查搅拌楼计量称量状况，确保混凝土严格按照施工配合比进行搅拌。

(4) 随时检查混凝土的出机坍落度和出机温度，不符合要求的混凝土不允许出站。

(5) 随时检查混凝土罐车装载数量，是否与额定装载数量及混凝土小票相符。

(6) 随时接受现场传来的指令，如调整坍落度或其他工作性能、混凝土供应速度等，及时通知搅拌站按照前方指令适当调整。

（三）人员组织

1. 控制指挥中心

在现场马道入口边设置控制指挥中心，内部设置现场车辆情况沙盘、各搅拌站到现场的道路沙盘、混凝土地泵控制信号灯开关和扩音设备。在控制指挥中心设置总指挥1人/班，副总指挥2人/班，地泵浇筑信号灯控制1人/班（地泵指挥人员通过对讲机与基坑内指挥人员随时联系，信号灯悬挂在地泵侧边），场内车辆调度1人/班，3家搅拌站调度各1人/班。指挥控制中心提前了解和预估现场的罐车情况，及时与各搅拌站调度进行车辆协调，控制混凝土供应速度，并对整个现场混凝土浇筑进行总体调度和指挥，对现场施工过程进行监控，下达指令。

在混凝土浇筑过程中，由基坑内指挥工长通过对讲机向指挥中心报告各泵的开停，由指挥中心通过信号灯向泵车司机传达开停命令。

2. 管理人员组织

作业面：20人/班，1根泵管/人，由工程部、钢结构部、平面计划部、机电部和质量部组成，指挥工人拆接泵管、混凝土振捣；

放灰下料处：20人/班，1台泵/人，由物资部、装饰部、商务部和机电部组成，填写混凝土浇灌记录，根据信号灯的亮灭，指挥地泵的开停；

水泥厂、搅拌站及现场试验：6 人/班，由技术部、物资部、商务部组成，监督混凝土供应的速度和质量。

所有管理人员按照各自负责的泵管、班次安排到位。上岗前由技术部对每个环节的工作及有关要求进行详细的交底。

3. 劳务人员组织

由于混凝土坍落度大，混凝土斜坡摊铺较长，混凝土振捣时必须沿固定路线由坡脚和坡顶同时向坡中振捣，振动棒必须插入已浇层内 50～100mm，使层间不形成混凝土冷缝，紧密结合成为一体。在整个混凝土浇筑过程中，最不利情况为坡槎流淌长度为 70m 阶段，此时在每一个泵管沿流淌方向需每隔 5m 布置一台振动棒（共设置 14 台，总计 280 台），每个振捣手负责两台振动棒，保证混凝土分层振捣到位。塔楼一振动棒、振捣手布置详见图 2-1-28。

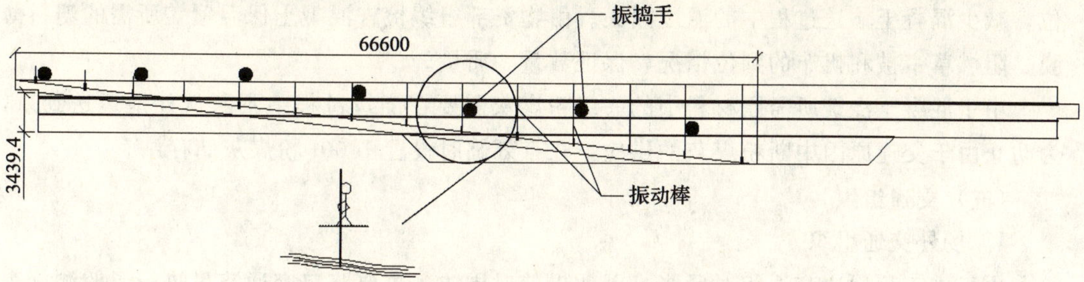

图 2-1-28　塔楼一振动棒、振捣手布置图

（1）操作人员分配（共 678 人）

1）混凝土泵操作工：20 人/班，计 40 人；

2）混凝土泵维修人员：3 人/班，计 6 人；

3）混凝土放灰下料：2 人/台泵，计 80 人；

4）测温、测坍落度：2 人/3 台泵，计 28 人；

5）混凝土现场取样、试件制作：6 人/班，计 12 人；

6）出泵管口操作人员：5 人/台泵，计 200 人；

7）振捣手：7 人/台泵（最高峰，随浇筑进程增加），计 220 人；

8）抹面收光：25 人/班（按 1 人/3m），计 50 人；

9）接拆泵管、抢修组：15 人/班（架子工），计 30 人；

10）保温覆盖人员：6 人/班，计 12 人。

（2）配合工种人员分配（共 50 人）

1）钢筋工：10 人/班，计 20 人；

2）木工：15 人/班，计 30 人。

所有操作人员按照各自负责的泵管或区域安排到位，并以小组、班次为单位选出小组长，以便于管理。

（四）物资设备准备

在底板混凝土浇筑前及施工过程中，工程部机械动力组按照施工配合、临电、临水、机械协调组织分班，配备电工检修值班人员，提前对现场机械设备、临水和临电进行检查。

在混凝土浇筑过程中，现场 6 台塔式起重机随时调用，塔式起重机司机和信号工 24h 在各自岗位待命，保证浇筑期间所需物资转运及时到位。

把 300kVA 发电机布置在基坑西面箱式变压器旁以便对接，更好地满足整个施工现场照明、降水、振动棒和临时水泵房用电。在浇筑前 5d 对柴油发电机进行发电试运行，并做好检查、保养，保证在停电 30min 内恢复供电，备有充足油料（两桶）。

在混凝土浇筑前，工程部组织安全部、物资部联合验收所有地泵，并对其进行空载试机，确保使用过程中无故障、无安全隐患，同时考查泵工操作的熟练程度。检验项目有：启动（电瓶）、仪表盘面控制系统、正反泵送、主缸推动、蓄能器压力、分配阀系统、润滑系统、冷却系统、搅拌液压系统和有线遥控系统等项内容。

在混凝土浇筑施工前，由质量部组织检查泵管和地泵的保温情况，要求绑扎紧密到位，减少混凝土输送过程中的温度损失。由物资部组织检查混凝土保温覆盖所需的塑料薄膜、阻燃草帘被和帆布的到位情况，保证数量和质量。

由于混凝土浇筑所需原材料中的一级粉煤灰需要在浇筑过程中不断从外地运送到京，为防止由于交通原因中断粉煤灰的供应，在京郊临时设置 1000t 粉煤灰储存站。

（五）交通组织

1. 场外交通组织

由于本工程周边交通相对紧张，因此提前对周边各主要路口交通流量进行了监测（表 2-1-12），以确定最佳行走路线。同时对各搅拌站各时段运输时间进行统计分析（表 2-1-13），确定各搅拌站供应速度和罐车数量。

场周边主要路口每小时汽车流量表　　**表 2-1-12**

序号	路口	行车方向	工作日高峰时段	工作日普通时段	休息日
1	朝阳路、金台西路	西向东	1300	1084	760
2	朝阳路、金台西路	东向西	2038	1568	1100
3	光华路、金台西路	西向东	1336	1044	780
4	光华路、金台西路	东向西	873	728	620

商品混凝土搅拌站混凝土运输时间表　　**表 2-1-13**

搅拌站	地点	运输距离（km）	运输时间（min）		
			上班高峰	白天正常	夜间
1 号搅拌站	定福庄	8	30	20	15
2 号搅拌站	肖村	12	45	40	15
3 号搅拌站	高碑店	6	40	30	15

2. 场内交通组织（以塔楼一为例）

塔楼一底板混凝土浇筑方向为从北向南，在基坑西侧布置 3 台地泵，塔楼一南侧基坑内高台设置 8 台地泵、2 台汽车泵（汽车泵在收盘时使用），基坑东侧布置 9 台地泵，共设置 20 台地泵。根据各搅拌站供应能力划分供应区域，其中 1 号～9 号地泵由 2 号搅拌站供应，10 号～14 号地泵和两台汽车泵由 3 号搅拌站供应，15 号～20 号地泵由 1 号搅拌站供应，控制各搅拌站罐车数量和供应速度，防止出现同时在现场等待的罐车数量过多、使周边交通急剧恶化的情况出现。现场划分 4 个停车区，其中 3 个为等待区，钢结构加工区周边为备用停车等待区。塔楼一底板混凝土浇筑现场平面布置图如图 2-1-29 所示。

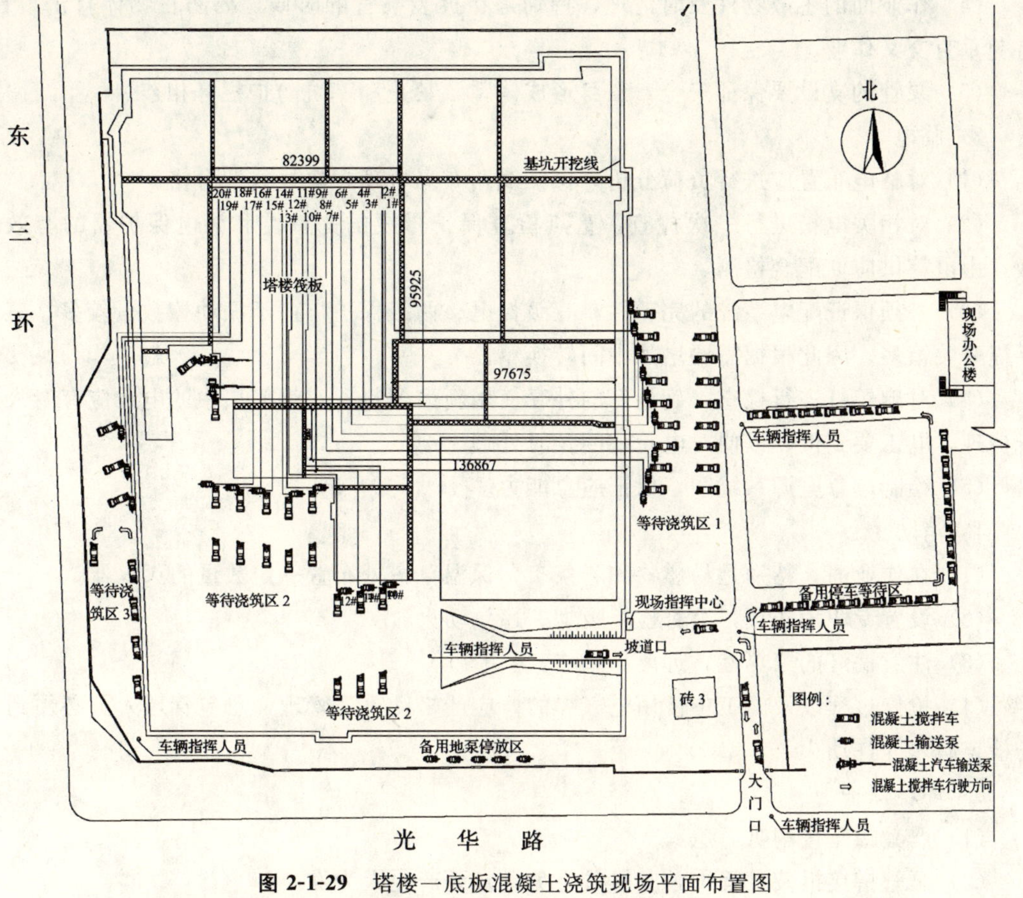

图 2-1-29　塔楼一底板混凝土浇筑现场平面布置图

（六）底板混凝土浇筑安全风险分析和管理

1. 交通

（1）搅拌站每车都有运营通行证，保证在路上的交通安全。

（2）对所有司机进行登记和安全教育，熟悉场内交通道路规划，控制场内行驶速度，严禁按喇叭。

（3）交通指挥人员应有指挥棒和荧光背心，等待区做成荧光标志，交通指挥与地泵管理人员及时联系，及时对罐车作出正确的指挥。

（4）经警配合安全部做好交通指挥，保证车辆在狭小范围内倒车、掉头的安全。

2. 防护

（1）整个现场应进行封闭，沿塔楼周边后浇带搭设 4m 高防护脚手架，作为挡风墙和架设镝灯架。

（2）在整个作业区内形成一个完整的有明显标识的安全通道。由于本工程的特殊性，作业人员和总包管理人员必须进入到1.5m高构造钢筋层间进行混凝土浇筑及检查，为防止发生意外，所有进入下层钢筋内人员都必须在入口处持证登记后方准进入。

（3）分包作业班组需要持班组作业安全交底书和人员名册逐个检查，保证对人员的身体状况、个人安全防护用品的佩戴情况、手持工具安全性的掌握。

（4）作业面的零散物件及时清理，特别是在拆装泵管的时候，要防止物体打击事件，避免垂直交叉作业。

（5）泵管的支设要保证安全，自身形成体系，禁止和基坑防护栏杆相连。

3. 临电

（1）对临电布置应进行负荷分析，保证线路布局合理，电线线缆合格。

（2）对相关电箱进行一次检查，重点检查保护零线的完整性和漏电保护器的有效灵敏，由电箱供应商配合检测。

（3）必须保证配电系统的完整性，三级控电、两级保护，由于振动棒数量较多，三级手提开关箱多，因此根据需要增加中间转换箱。

（4）对碘钨灯进行检查，确认灯的外壳使用新型塑料，对钢筋层中的电线应有专人进行梳理，电工要到位，以便对电箱跳闸及时处理。

（5）绘制应急电源系统图，保证应急能力。

4. 消防

（1）在作业面，特别是易燃物如彩条布、保温草帘处布置一定数量的灭火器。

（2）设置专职消防员，监督检查吸烟、违章动火。

（3）注意镝灯的聚热性，远离易燃物。

（4）抢修过程以及施工中使用电气焊的，应严格动火证管理，总包管理人员必须到现场检查后才允许动火。

5. 环境保护

（1）严禁罐车按喇叭。

（2）泵管搭接拆装过程中，应尽量避免敲打而产生人为噪声。

（3）设置三个罐车冲洗地点，对罐车进行分流，不能集中使用一个洗车池。

（七）浇筑过程中问题的处理

1. 粉煤灰的连续供应

在浇筑过程中出现了大雾，进京高速封闭，粉煤灰从外地运输受阻，出现无法连续供应的情况，现场紧急调运车队，从临时粉煤灰储存站向三家搅拌站分别供应粉煤灰，直至高速恢复通行。

2. 交通高峰时段混凝土连续供应

工程地处CBD核心区域，在交通高峰时段道路会十分拥堵，因此在高峰来临之前，各家搅拌站要加快供应速度，在现场形成每台地泵有2～3辆罐车等待，在交通高峰时段内降低供应速度，防止造成更大的拥堵。

3. 劳动力的调配

塔楼一和塔楼二分别由两个劳务分包队伍施工，由于混凝土浇筑体量巨大，时间集中，工种集中，每个劳务施工队都很难在短时间内调集足够的合格劳动力和小型机具。为此，项目部协调两家劳务分包互相分工合作，集中两个队伍的劳动力，按照不同区域的泵管进行分工，共同完成了两个底板的浇筑任务。

在连续浇筑到第二天下午时，现场工人出现疲态，施工速度开始降低，此时将浇筑前从其他工地临时调集的50人补充进入现场，保证了混凝土的顺利浇筑。

六、实施效果

（一）混凝土浇筑情况

塔楼二底板浇筑时间2005年12月20日0：30～2005年12月22日4：30，用时52h，完成3.3万m^3浇筑，浇筑速度为$630m^3/h$；塔楼一底板浇筑时间2005年12月28日11：30～2005年12月30日17：30，用时54h，完成3.9万m^3浇筑，浇筑速度为$722m^3/h$。在10d内连续完成两块大底板的混凝土浇筑，通过现场的合理组织和各项预案，实际浇筑速度都快于预期速度，最高峰时浇筑速度达到$850m^3/h$。

（二）底板混凝土温度及应变监测情况

1．温度监测情况

本次塔楼底板混凝土采用电脑一线通自动测温系统，设置的数据采集时间间隔为半小时，报警温差为20℃。

根据测温记录可以看出：混凝土入模温度基本在11～13℃之间，混凝土浇筑完成3d之内温度迅速上升，很快就接近最高值，3d后的中心最高温度基本达到55℃，然后缓慢上升，到7d左右，上升至最高峰61℃。7～15d之间一直持续为最高温，15d以后，温度开始缓慢下降，到50d左右，内部最高温降至40℃以内。平均降温速率在1℃/d以内。在降温过程的后期，由于混凝土下部土壤不利散温，使底板中下部的温度出现高于中部温度的情况。测温情况详见图2-1-30。

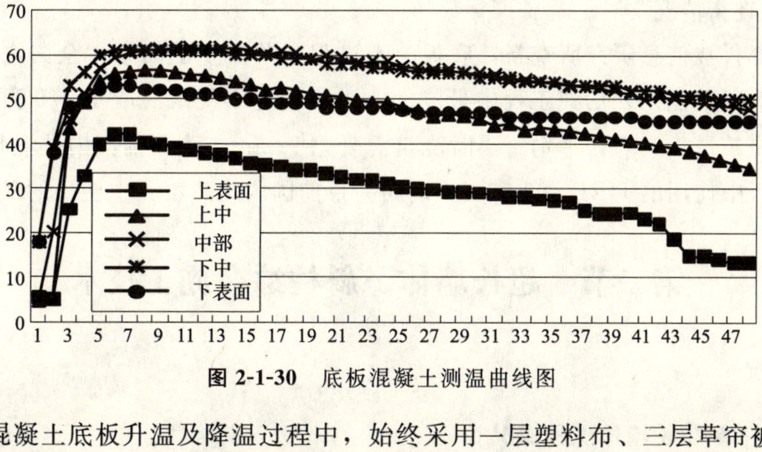

图2-1-30　底板混凝土测温曲线图

在整个混凝土底板升温及降温过程中，始终采用一层塑料布、三层草帘被、一层帆布来进行保温，边角及墙柱插筋部位也采取了严密的保温措施，所以底板混凝土表面温度基本维持在35～40℃左右，与中心的温差在25℃以内。到混凝土浇筑完成约45d时，开始逐步掀开上层帆布、一层草帘被等。到60d左右，内部最高温度降至20℃以下，天气开始转暖，气温升高，此时保温设施全部拆除。

2. 应变监测情况

根据现场实际应变监测情况，混凝土浇筑完成3～7d时应变值上升最快，其后趋于平稳，大约在7d左右达到最大应变值150$\mu\varepsilon$，混凝土弹性模量按3.24×104N/mm^{2}计算，应变值为150$\mu\varepsilon$时拉应力为0.49MPa，远小于C40混凝土的抗拉强度标准值2.39MPa。应变监测情况详见图2-1-31。

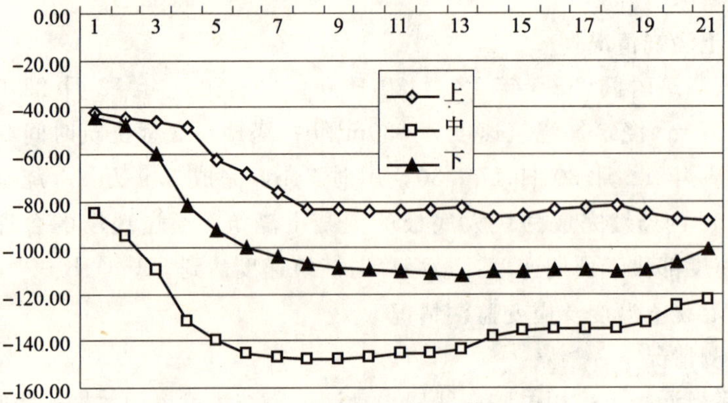

图2-1-31 底板混凝土应变监测曲线图

3. 底板混凝土质量情况

在底板浇筑过程中，混凝土的坍落度、和易性始终处于受控状态，浇筑完成后基本没有泌水情况出现。各混凝土泵及泵管基本保持正常运转，由于提前安排到位，两个底板的浇筑均未出现冷缝，浇筑完成后及时进行抹压收光覆盖。

在底板混凝土浇筑过程中，共留置60d标养抗压试块365组，抗渗试块143组，同条件养护抗压试块60组，经试验室检验全部合格。经观察，底板没有发现任何有害裂缝。

4. 科技查新情况

经建设部科技信息研究所查新，底板施工过程中共产生了四项“全国之最”：底板厚度10.9m，为目前国内外房建工程中最厚的；一次性连续浇筑混凝土3.9万m^3，为目前国内外连续浇筑量最大的；平均每小时浇筑混凝土722m^3，为目前国内外混凝土浇筑速度最快的；底板中使用的HRB 400-50mm钢筋为目前国内房建工程中使用的最粗钢筋。

第二节 超长墙体、斜柱综合施工技术

一、概况

（一）地下室超长墙体工程概况

主楼基坑南北长292.7m，东西宽219.7m。地下室墙体混凝土强度等级为C40，外墙厚度有1000、800、600、400mm等几种，两条后浇带之间的外墙长度大部分都

超过了 50m，其中一次性浇筑最大长度达 87.5m；内墙厚度有 1000、800、600、500、450、400、350、300、250mm 几种，根据规范要求，其中人防部分的防护密闭墙体需要一次性整体浇筑，这样，内墙一次性浇筑最大直墙段长度达 78.1m。图 2-2-1 为 CCTV 主楼地下室结构平面图，其中云线部分分别为内墙及外墙一次性浇筑最长的墙体。

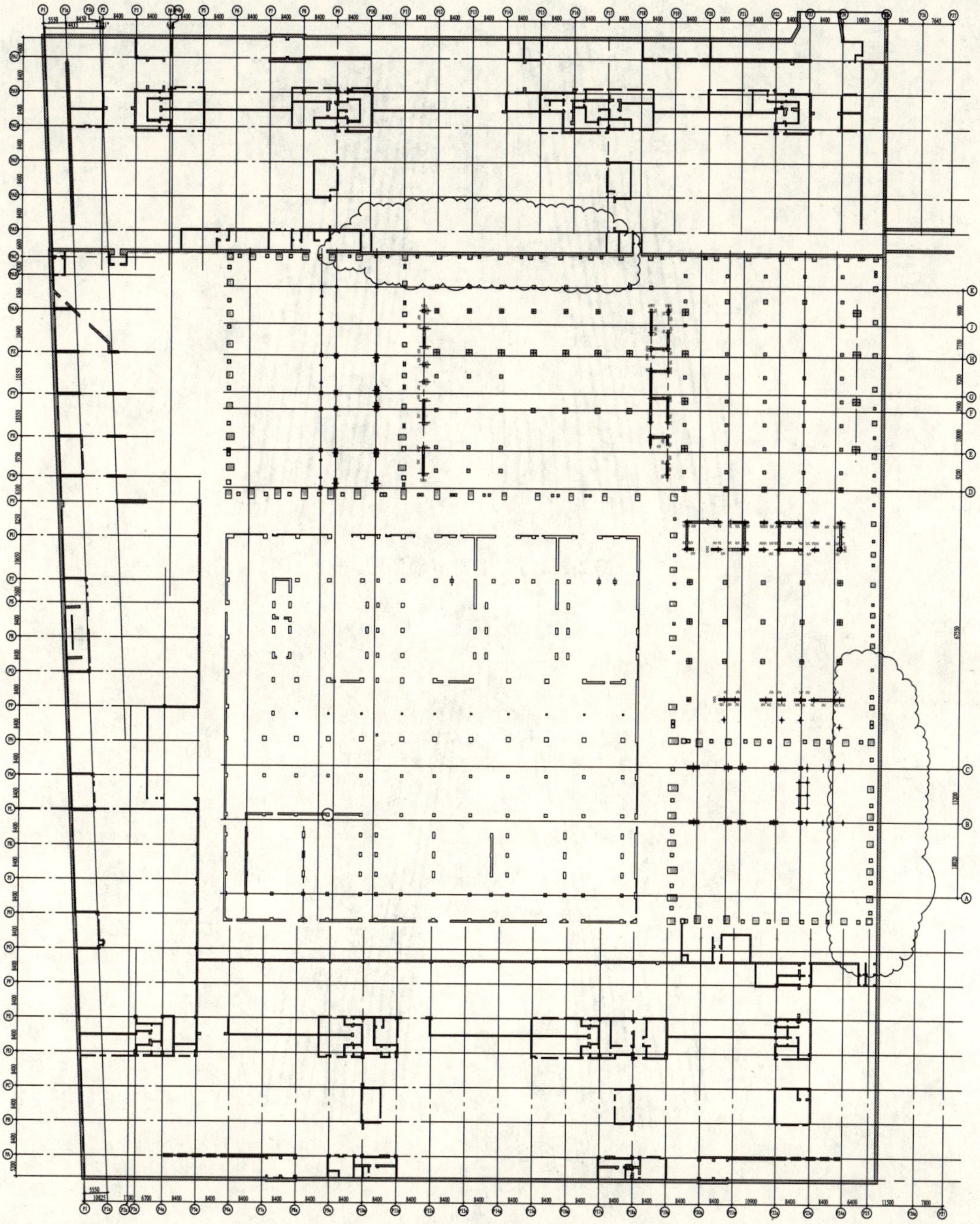

图 2-2-1　CCTV 主楼地下室结构平面图

（二）主楼 SRC 柱工程概况

主楼结构为钢结构，裙楼及塔楼外框筒柱均为空间双向 6°倾斜柱，部分柱为 SRC 柱，如图 2-2-2 和图 2-2-3 所示（颜色加深处为型钢混凝土柱）。在施工过程中，钢结构安装进度超出楼板及柱混凝土作业层 4～6 层，导致仰面的混凝土作业层存在塔式起重机吊升的盲区。

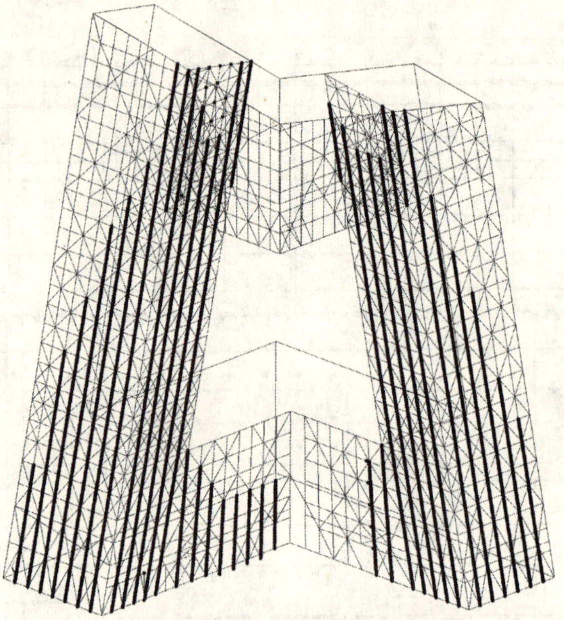

图 2-2-2　主楼西南轴侧图

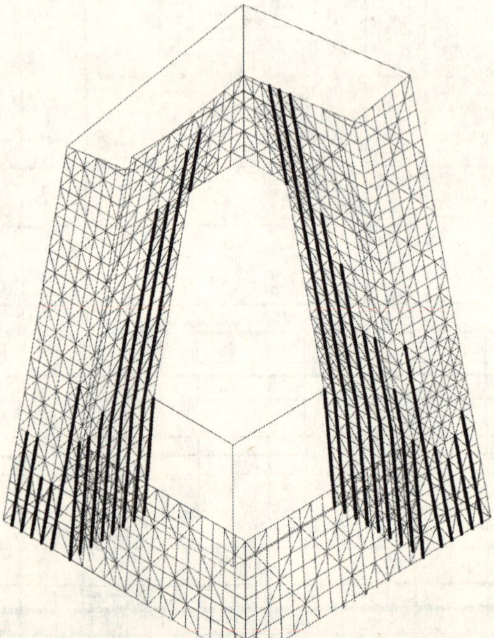

图 2-2-3　主楼东北轴侧图

（1）SRC 柱内包钢柱截面复杂多样，有三箱柱、两箱柱和一箱柱，使 SRC 柱出现 2.4m×1.5m～1.1m×1.1m 共 16 种基本截面（图 2-2-4）。

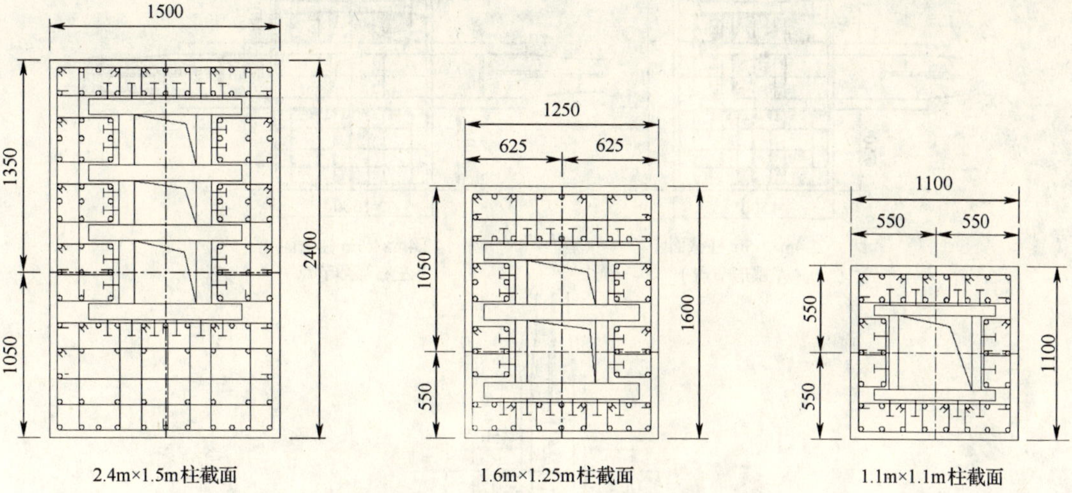

图 2-2-4　SRC 柱典型截面图

（2）由于钢柱每隔二到四层有一蝶形钢节点，蝶型节点的出现和变化使 SRC 柱截面变化更加复杂，共出现 47 种变化截面（图 2-2-5）。

（3）SRC 柱为空间双向倾斜；

综合以上因素 SRC 柱模板存在背楞遇节点处无法贯通、模板必须分片安装、模板整体性差、支设难度大、模板周转性差等难题。

二、超长墙体裂缝控制

（一）地下室墙体混凝土裂缝原因分析

地下室墙体混凝土裂缝是国内外地下工程中普遍存在的工程难题，其原因是多方面的，按成因可分为两大类。

第一类，由外荷载直接引起的裂缝，即荷载产生的拉应力超过混凝土极限抗拉强度所致，称结构性受力裂缝。如应力裂缝，主要由外界不均布荷载和应力集中在混凝土微观缺陷处引起的裂缝，与结构设计、不均布荷载、支模不牢、先期扰动等因素有关。

第二类，由变形引起的裂缝，包括温度、湿度、收缩等因素，也称非结构性裂缝。如收缩裂缝，收缩是混凝土本身固有的特性之一，但收缩率的大小与混凝土生产及施工的关系十分密切，如水灰比、砂率、含泥量、坍落度，混凝土表面系数、温差、气候条件、混凝土浇筑振捣情况等都会对混凝土的收缩率大小产生影响。

在本工程中，地下室墙体超长超厚，且裙楼、基座和车库基础底板厚度为 800～2500mm，塔楼底板厚度 4500～10900mm，底板对地下三层结构墙体底部的约束非常大，使得混凝土胀缩不一致，如果施工控制措施不利，很容易出现竖向收缩裂缝。

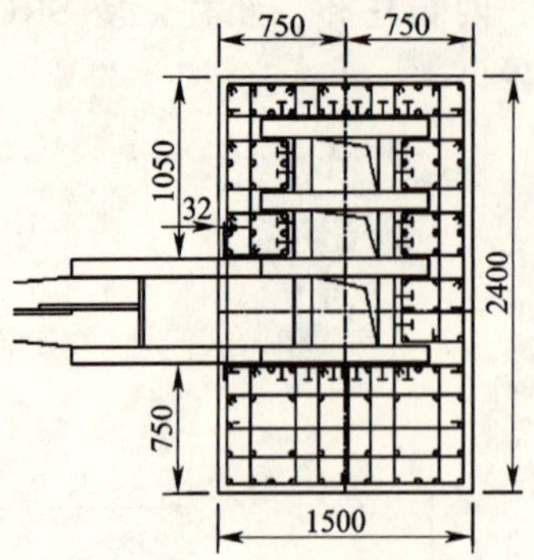

2.4m×1.5m柱截面
（左蝶形节点）

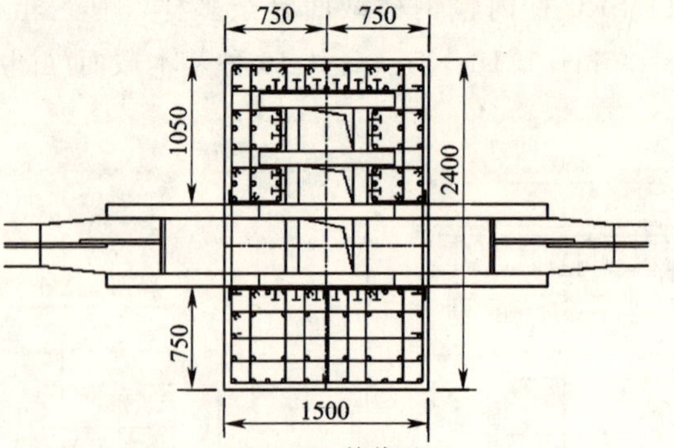

2.4m×1.5m柱截面
（左右蝶形节点）

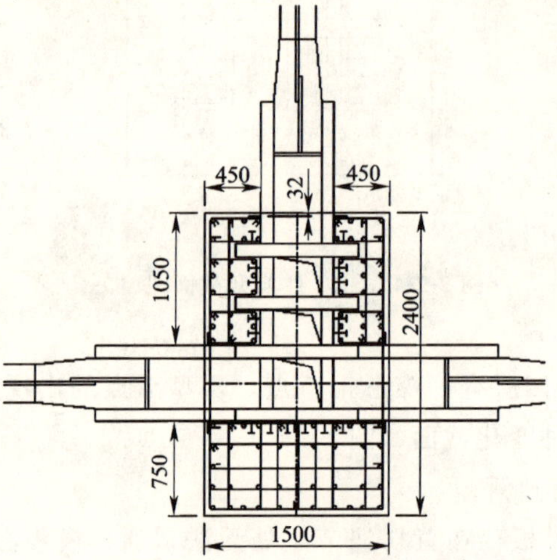

2.4m×1.5m柱截面
（左右上蝶形节点）

图 2-2-5 SRC柱变化截面示意图

（二）超长结构裂缝间距的验算

采用以下公式，按厚度为 800mm 对本工程 C40 超长混凝土结构的裂缝间距进行验算。有关计算结果见表 2-2-1。

$$L_{max} = 2\sqrt{\frac{HE}{C_X}} \times \text{arcch}\frac{|\alpha T|}{|\alpha T| - \varepsilon_P}$$

超长墙体计算参数取值表 **表 2-2-1**

品种	厚度（mm）	长度（mm）	弹性模量（MPa）	阻力系数（N/mm³）	线膨胀系数	极限拉伸值	综合温差（℃）
符号	H	L	E	C_X	α	ε_P	T
取值	800	80000	3.25×10^4	0.03	1.0×10^{-5}	2×10^{-4}	35.7

通过计算可知，当厚度为 800mm 时，最大伸缩缝间距 $L_{max}=85.96\text{m}>80\text{m}$。因此，厚度为 800mm 的墙体可以一次浇筑，但应控制混凝土的有关性能指标，尤其是对混凝土收缩和温差的控制。

（三）混凝土裂缝控制措施

1. 混凝土配合比设计原则

在进行超长超厚墙体混凝土配合比设计时，主要考虑降低混凝土的收缩率及水化热，以减少混凝土裂缝的产生。

（1）尽可能降低混凝土胶凝材料中的硅酸盐水泥用量，进一步降低水泥水化收缩。

（2）控制水化热，降低混凝土温差。

1）选用非早强型水泥，避免混凝土水化热迅速释放，造成混凝土早期水化温升过高、温度梯度过大，混凝土早期强度低于温度应力，导致混凝土产生温差裂缝。

2）选用缓凝型泵送剂，将混凝土的初凝时间控制在6～8h左右，这样混凝土水化热的释放时间加长，可降低水化热的峰值，达到降低混凝土内外温差的目的。

3）适量掺加Ⅰ级粉煤灰，对水泥与粉煤灰的化学、矿物组成和含量进行分析，在强度与收缩率测定的基础上确定粉煤灰的最大掺量，一般粉煤灰掺量可控制在胶凝材料总量的20%～30%，以进一步降低混凝土水化热绝热温升，降低混凝土出现温度裂缝的危险。

4）限制单方混凝土中胶凝材料的最小用量和最高用量，本工程胶凝材料控制在320～470kg/m^{3}之间。

（3）在保持混凝土良好的和易性与可泵性的基础上合理降低砂率至38%。

（4）尽量降低拌合水用量，选用有高效减水功能的泵送剂，其收缩率比不大于100%。

（5）严格控制混凝土的入模坍落度。在保证可泵性的前提下，尽量降低混凝土的坍落度，避免发生因混凝土坍落度设计要求较大而造成现场加水调整的现象，保证混凝土水灰比的波动在设计控制范围内。

（6）根据设计要求，为减少墙体裂缝，外墙混凝土采用聚丙烯纤维混凝土，具体掺量为0.9kg/m^3。

2. 原材料选择

根据以上配合比设计思路进行原材料选择。

（1）选用非早强型42.5级普通硅酸盐水泥，水泥细度（比表面积）不超过350m^2/kg。本工程选择北京琉璃河水泥厂生产的42.5级普通硅酸盐水泥，其各项性能指标详见表2-2-2。

水泥性能指标　　　　**表2-2-2**

项目	细度（%）	标准稠度用水量（%）	凝结时间（h：min）		安定性	抗压强度（MPa）		抗折强度（MPa）		混合材		水化热（kJ/kg）	
			初凝	终凝		3d	28d	3d	28d	名称	掺量（%）	3d	7d
国家标准	<10	—	≥0：45	≤10：00	合格	≥16.0	≥42.5	≥3.5	≥6.5	—	—	≤270	≤300
检测结果	0.4	27.4	2：40	3：45	合格	27.7	55.0	5.5	8.4	矿渣	8.1	268	297

(2) 粉煤灰为河北衡水电厂生产的Ⅰ级粉煤灰，其各项性能指标详见表 2-2-3。

粉煤灰性能指标 **表 2-2-3**

品种规格	表观密度 (kg/m^3)	细度 (%)		需水量比 (%)		烧失量 (%)		SO_3 含量 (%)	
		国家标准	检测结果	国家标准	检测结果	国家标准	检测结果	国家标准	检测结果
F类Ⅰ级	2440	≤12	9.0	≤95	92	≤5.0	3.6	≤3.0	0.48

(3) 选用级配合格、粒形良好、吸水率低、空隙率不超过 40%的洁净骨料。

如果搅拌用砂的细度模数偏小、含泥量过大，必然会引起混凝土的收缩率大幅增加，因此选择细度模数大、含泥量小的砂是降低混凝土收缩率的一个重要手段。同时，控制石子的含泥量也是重要措施之一。

经筛选，砂选用河北潮河水洗天然中砂，细度模数均不小于 2.5；石子采用三河机碎石，连续级配，粒径 5～25mm，含泥量与泥块含量均小于 0.5%。砂石具体指标详见表 2-2-4、表 2-2-5。

砂性能指标 **表 2-2-4**

品种	细度模数	表观密度 (kg/m^3)	堆积密度 (kg/m^3)	含泥量 (%)	<0.16mm 细粉含量 (%)
天然砂	2.58	2540	1500	1.8	9.0

石子性能指标 **表 2-2-5**

粒径品种 (mm)	表观密度 (kg/m^3)	堆积密度 (kg/m^3)	含泥量 (%)	泥块含量 (%)	压碎指标 (%)	针片状颗粒含量 (%)
5～25	2920	1470	0.3	0.2	3.9	2.6

(4) 选择收缩率比小的优质混凝土泵送剂。

目前，市场上常用的泵送剂的收缩率比为 110%～125%，这对墙体裂缝控制不利，在超长结构的外墙施工时，应选用收缩率比小的泵送剂或加入能降低混凝土收缩率的密实剂。施工中选用的泵送剂为天津雍阳外加剂厂生产的聚羧酸型 UNF-5AST 高效泵送剂，其各项性能指标详见表 2-2-6。

泵送剂性能指标 **表 2-2-6**

项目	减水率 (%)	含气量 (%)	28d 收缩率比 (%)	碱含量 (%)	抗压强度比 (%)			Cl^- 含量 (%)	试验掺量 (%)
					3d	7d	28d		
国家标准	≥18	≤5.5	≤135	—	≥90	≥90	≥90	—	—
检测结果	28	2.5	92	0.40	188	157	142	0.00	1.0

3. 混凝土现场施工措施

(1) 增加抗裂钢筋网片

根据设计要求，地下室外墙钢筋保护层厚度为 50mm，内墙保护层厚度也超过

20mm，为防止由于保护层厚度过大而产生表面裂缝，现场在墙体的钢筋保护层内增加了直径为 5mm、间距为 100mm×300mm 的抗裂钢筋网片。

（2）混凝土浇筑过程中的管理

由于混凝土的抗拉性能对混凝土本身的均质性是非常敏感的，如果混凝土均质性差，其内部就会出现应力集中，从而降低混凝土的抗拉性能而产生裂缝。所以，在混凝土搅拌、运输过程中都要加强管理，同时在混凝土浇筑时严格控制下料高度、加强振捣等。

（3）加强养护

结构表层混凝土的强度在很大程度上取决于施工养护过程中的湿度和温度，所以应加强养护，降低混凝土的收缩率。由于墙体厚度较大，对于厚度超过 800mm 的墙体，都按照大体积混凝土的养护方法来操作。

1）为加强混凝土养护初期的保温、保湿作用，墙体模板选用覆膜多层木模板。

2）在浇筑完毕后尽快将顶部用塑料薄膜和草帘被严密覆盖。

3）拆模时间尽可能延长。由于本工程施工作业面较大，所以对于超长超厚的墙体，我们采用浇筑完成 3d 以后再拆模的方法来保温保湿。拆模后立即刷养护剂，边拆边刷，涂刷要均匀，然后尽快用塑料布将墙体包裹并挂草帘被。当混凝土浇筑完成 5d 以后，在温度适宜的时候进行浇水养护，但要避免使用温度较低的水，以免使混凝土表面突然降温而出现温差裂缝。保温保湿养护时间不少于 14d，同时对超厚墙体进行测温，并通过调整保温情况来控制混凝土内外温差在 25℃以内。

三、3D 图示 SRC 柱蝶形节点的钢筋施工

塔楼外筒柱之间，通过蝶形节点和斜撑水平钢梁连为一体。这些蝶形节点体积庞大，其中最大的高约 8m，跨越近三个楼层。在进行外包钢筋混凝土施工时，箍筋的绑扎、钢筋的接长，特别是蝶形节点筒内钢筋的施工都存在很多的难点，如图 2-2-6 所示。

（一）SRC 柱钢筋施工的基本情况

按照传统的柱钢筋施工工艺，对于一般的钢筋混凝土柱和钢骨柱，都是先立主筋，然后套入箍筋，并按设计间距绑扎固定。但对于图 2-2-7 所示的 SRC 柱，传统的柱钢筋绑扎工艺将无法施行。典型的 SRC 柱钢骨部分由三箱构成，除了需要绑扎外围的最大箍筋以外，在每箱侧面的凹槽内及两端端板外侧，都需绑扎靠近柱身的内侧小箍筋，而型钢柱侧面带有密布的栓钉，如先立主筋，外侧大箍筋尚可套入，但内侧小箍筋受栓钉的阻碍将无法套入。因此采用了先绑扎固定箍筋，再后插入主筋的逆向绑扎方法。

（二）大型 SRC 柱蝶形节点的施工工况

根据施工工序安排，进行 N 楼层柱钢筋绑扎时，上下楼层的施工状况如图 2-2-8 所示，施工蝶形节点处的钢筋时，上下楼层可作为操作面或辅助平台。图 2-2-7 所示的蝶形节点高约 8m，跨越近三个楼层，下口接近 $N-1$ 楼层，上口接近 $N+1$ 楼层。由蝶形节点的俯视详图可知，斜支撑与钢柱之间占据一箱的宽度，并在钢柱凹槽处围成一个空筒，空筒内钢筋需贯通，因无法在长达 8m 的空筒内对接钢筋，钢筋需一次接长穿越节点。由于钢筋接头位置及工人操作方便性的限制，钢筋将一次接长至 $N+1$ 楼层规定高度，因

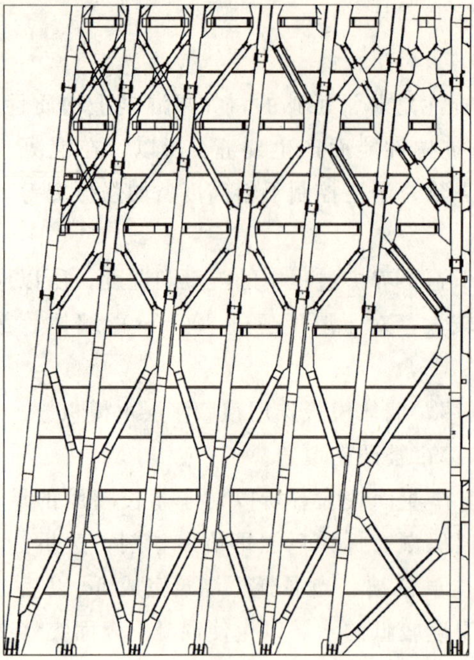

图 2-2-6　塔楼局部外框筒立面图

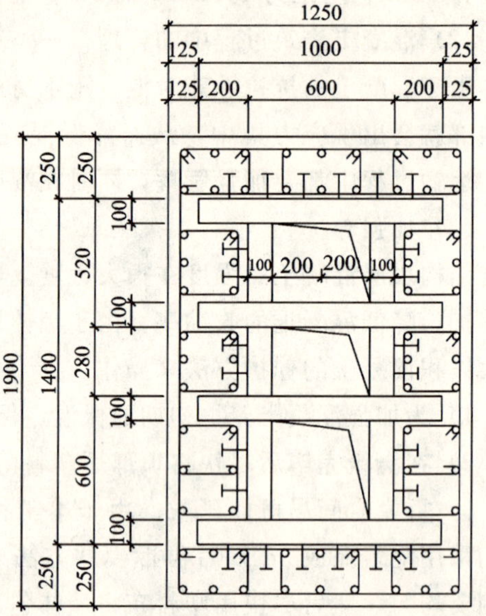

主筋 72⏀32 内圈箍筋、拉筋为⏀14，最外侧一圈箍筋与端部距钢骨最近的拉筋为⏀16

图 2-2-7　典型 SRC 柱的截面形式

此穿越空筒的钢筋长度将近 12m。对于⏀32 主筋，12m 长的钢筋重量约为 75kg，如此长且重量大的钢筋提升至蝶形节点上口插入，所需的上部操作平台太高，工人操作危险且难以施行。因此采用在中间增加一次连接接头的方法来解决这个问题。

（三）大型 SRC 柱蝶形节点钢筋的施工步骤

1. 步骤一：竖起定位架立筋

如图 2-2-9 所示，在已绑扎柱段的外侧，固定并竖起⏀16 的外架立筋，高度至预定的主筋伸长位置，外架立筋主要用于固定最外侧一圈的大箍筋。同时，紧贴型钢柱身固定⏀16的内架立筋，内架立筋上端设一弯钩钩住栓钉，并沿其长度方向与钢柱栓钉绑扎三道。每个小箍筋将要占据的位置都要绑一道内架立筋，目的是保证后续放入小箍筋时，能够通过与外围大箍筋及内架立筋的绑扎而限位固定。

2. 步骤二：绑扎和焊接 U 形箍

需特别说明的是，在蝶形节点处，因外侧大箍筋无法贯通，需做成 U 形箍筋。U 形箍从架立筋上部套入，并按照设计间距与外架立筋绑扎固定。U 形箍应处于外架立筋的内侧，以保证架立筋不会妨碍后续的主筋插入和绑扎。

箱形柱在工厂加工时，蝶形节点上已经预留了宽 100mm 的钢板，钢板留置在 U 形箍端头的内侧并与之紧邻，U 形箍筋绑扎固定后，应与钢板双面焊 $5d$。预留钢板及 U 形箍焊接位置见图 2-2-9。

3. 步骤三：绑扎小箍筋

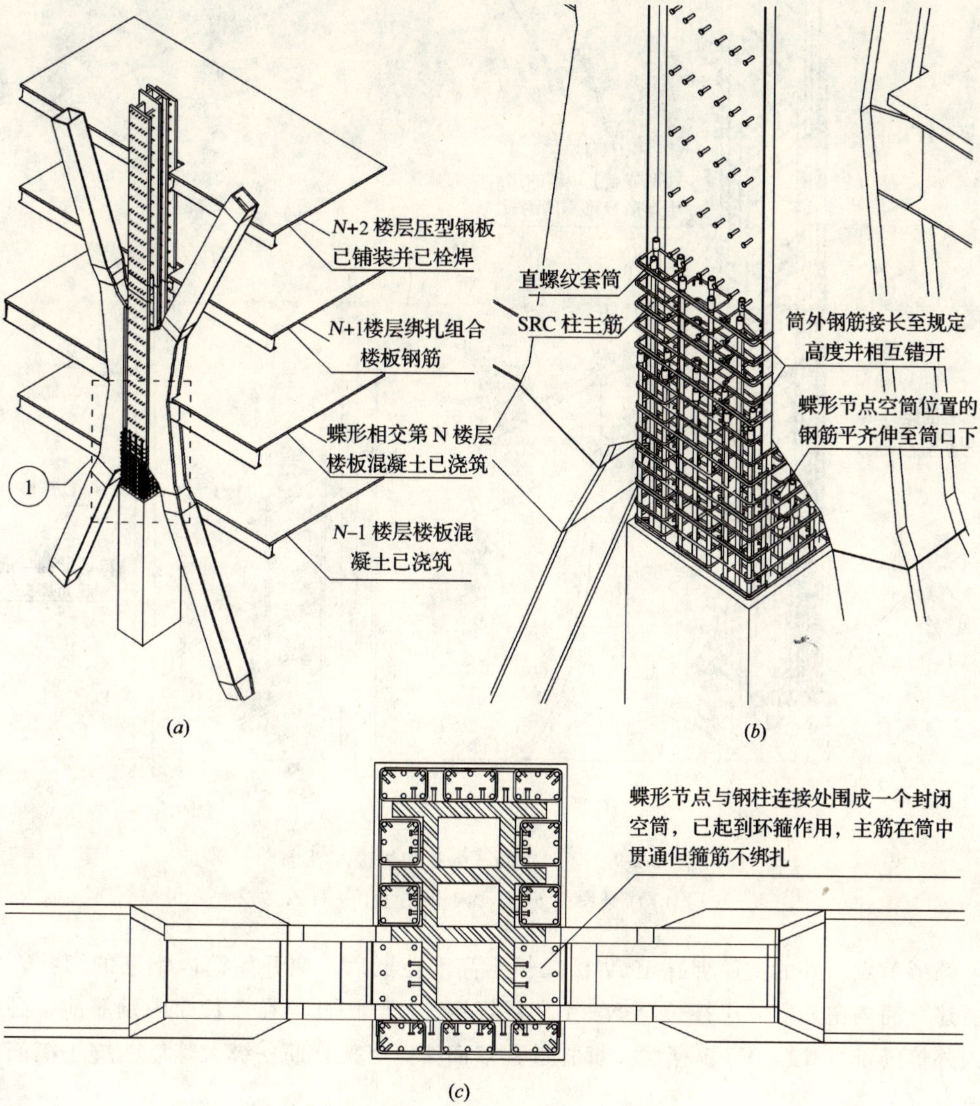

图 2-2-8　大型蝶形节点处的钢筋施工工况

（*a*）立体图；（*b*）详图大样①；（*c*）俯视图

小箍筋从 U 形箍筋缝隙间放入预定位置，与外侧 U 形箍筋绑扎牢固，并通过与内架立筋的绑扎而限位固定。

4. 步骤四：主筋的插入、连接和绑扎

小箍筋就位以后，开始绑扎主筋。主筋应从箍筋上部插入就位，并通过直螺纹套筒与下部的甩头连接牢固。主筋依次插入并连接，完成后进行主筋与箍筋的绑扎，主筋与箍筋的接触点都应绑扎牢固。

5. 步骤五：绑扎箍筋至 $N+1$ 楼层

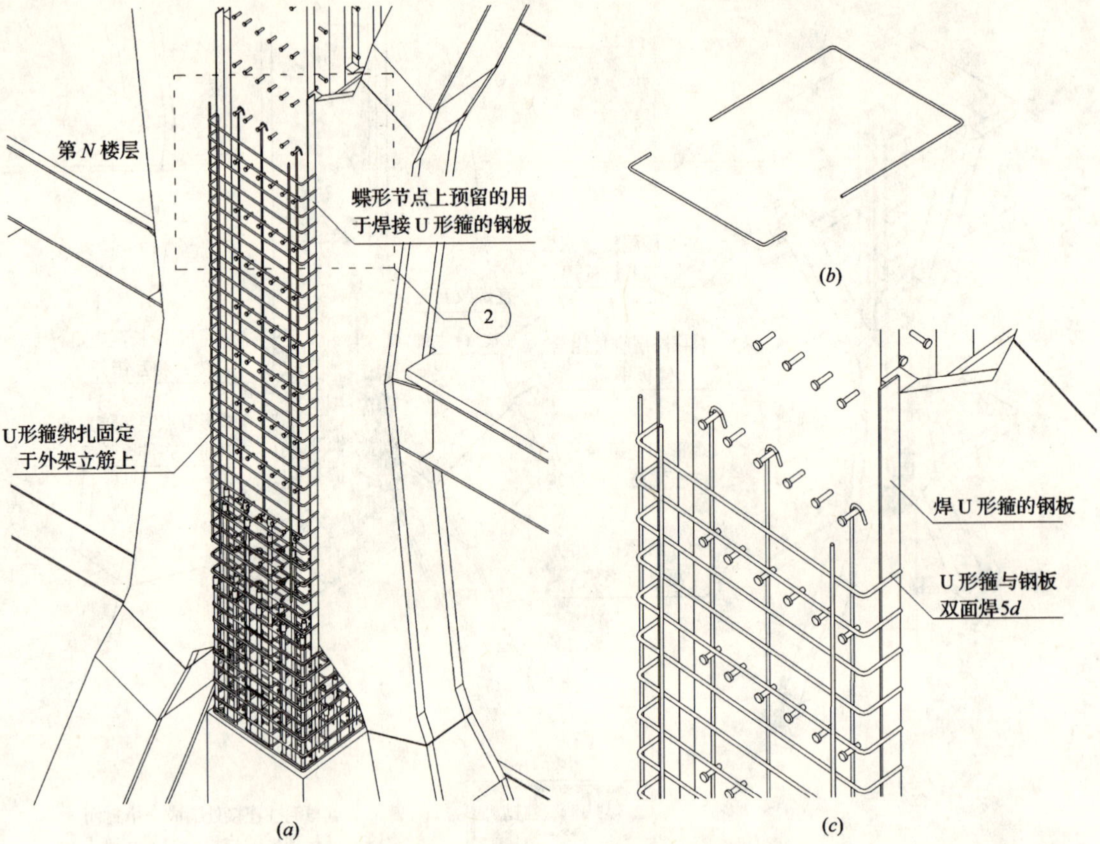

图 2-2-9　竖架立筋、绑扎和焊接 U 形箍

(*a*) 立体图；(*b*) U 形箍；(*c*) 详图大样②

蝶形节点筒外的主筋绑扎至 *N* 楼层规定高度范围后，应开始筒内钢筋的绑扎。但如前所述，筒内主筋需一次接长至 *N*+1 楼层规定高度，因此，在接长筒内钢筋前，必须先将内外箍筋都绑扎至 *N*+1 楼层。绑扎过程依旧按照竖架立筋→绑大箍筋→绑小箍筋的步骤进行。

6. 步骤六：绑扎蝶形节点筒内主筋

筒内钢筋的接长，需分两节进行，具体方法如图 2-2-10 所示。首先，从 *N*+1 楼层处插入第一节主筋（第一节主筋的长度应保证与下口甩筋连接后，其上端接头位置在 *N* 楼层规定高度范围内），并临时悬吊固定。然后在 *N*+2 层楼悬吊起第二节主筋，并在 *N*+1 楼层完成第一节主筋与第二节主筋的连接。连接完成后，将整根主筋下插到蝶形节点空筒下口甩筋位置并完成连接。依此方法，进行筒内各主筋的接长，并与蝶形节点上部的箍筋绑扎牢固。

7. 步骤七：筒外钢筋接长至 *N*+1 楼层

筒内钢筋已经一次接长至 *N*+1 楼层，随后应将其他筒外钢筋也接长到 *N*+1 楼层，并完成绑扎。这一步骤可在柱混凝土浇至 *N* 楼层后进行。

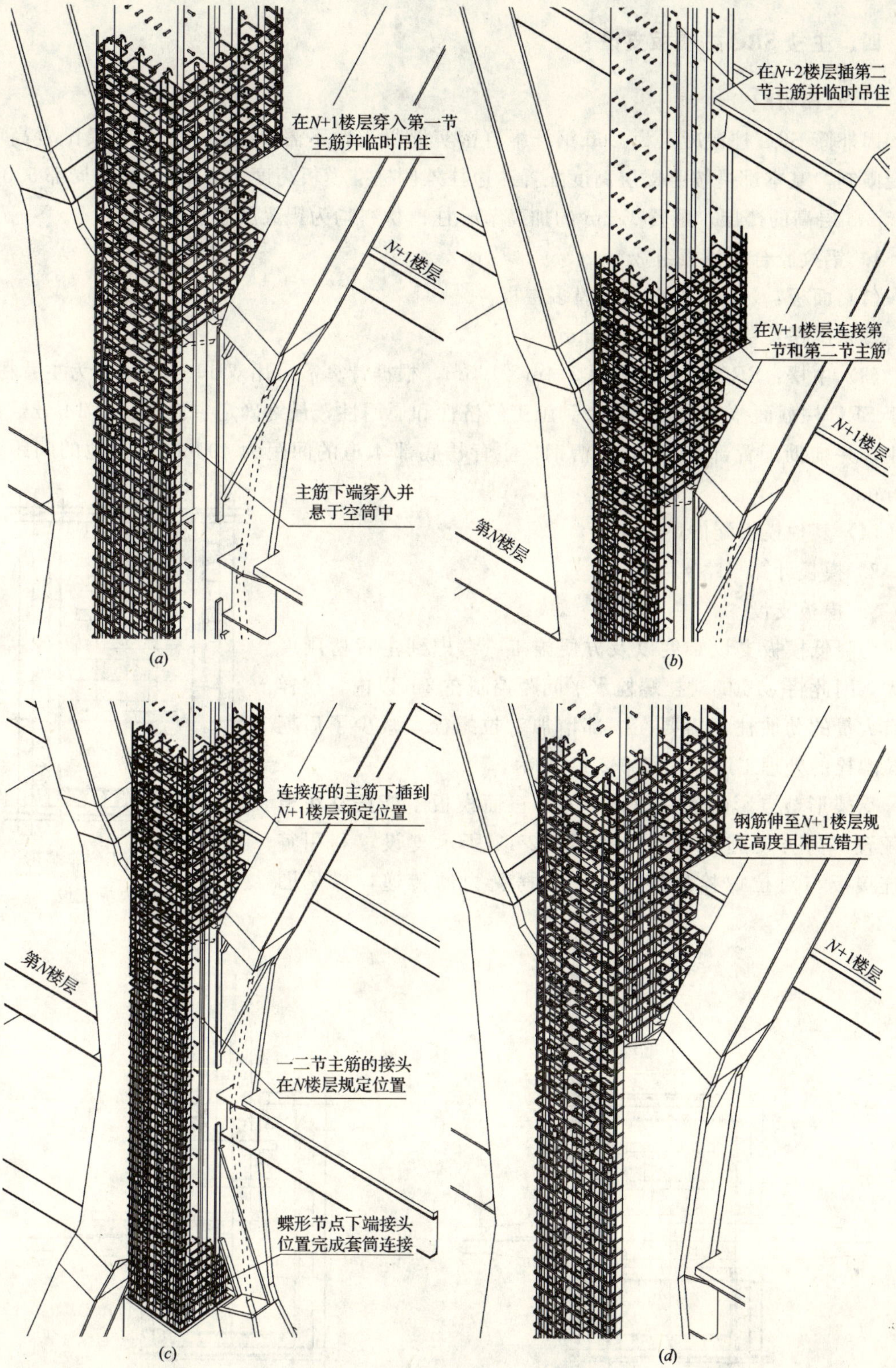

图 2-2-10　绑扎蝶形节点筒内主筋

(*a*) 插入第一节主筋；(*b*) 接长第二节主筋；(*c*) 完成钢筋连接；(*d*) 完成箍筋绑扎

四、主楼SRC柱模板支设

（一）模板配置

因外筒SRC柱混凝土为C60钢纤维自密实混凝土，不需要振捣，所以柱模配置高度不受限制，基本都是按照楼层高度配置。边柱外侧标准模板高度为4.5m，对于局部5.0m和5.5m层高的楼层，配置1.2m的加高节。柱模材料均为铝梁胶合板模板。

1. 铝梁胶合板模板组成

（1）面板：18mm厚双面覆膜多层板。

（2）次楞：铝梁，间距200mm。

（3）主楞：SRC柱最大截面2.4m×1.5m，根据计算需采用双14号槽钢作为主背楞，由于SRC柱截面差异较大，考虑到施工经济性和通用性，最终确定主背楞以双14号槽钢为主，并辅助配置部分双10号槽钢；主背楞底部4道的间距为400mm，其他的间距为600mm。

（4）其他模板配件。

2. 模板计算（略）

3. 模板支设

为降低模板支设难度以及方便施工，考虑到主背楞刚度较大，因此将ϕ14的对拉螺栓水平间距控制在2m以内，这样将有大量的劲性柱不需要在中部增加对拉螺栓，减少了后期对拉螺栓的处理工序，如图2-2-11所示。

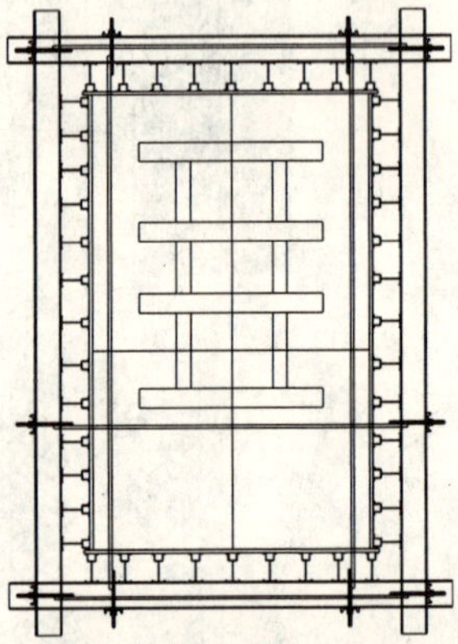

图2-2-11 SRC非蝶形节点处模板支设

受蝶形节点影响的柱段，有一至三面模板不能按整块模板配置，为方便施工，模板按图2-2-12所示支设，利用箍筋连接板与对拉螺栓焊接，保证背楞受力的传递，详见图2-2-13。

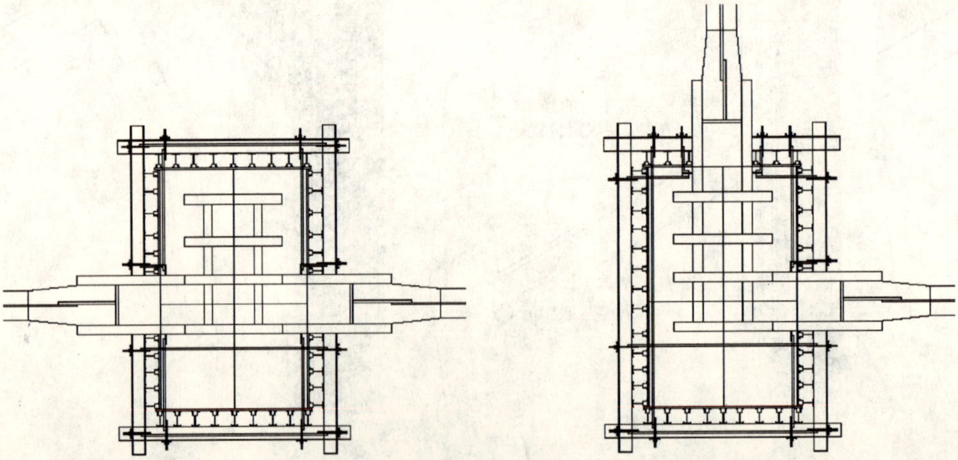

(*a*)　　(*b*)

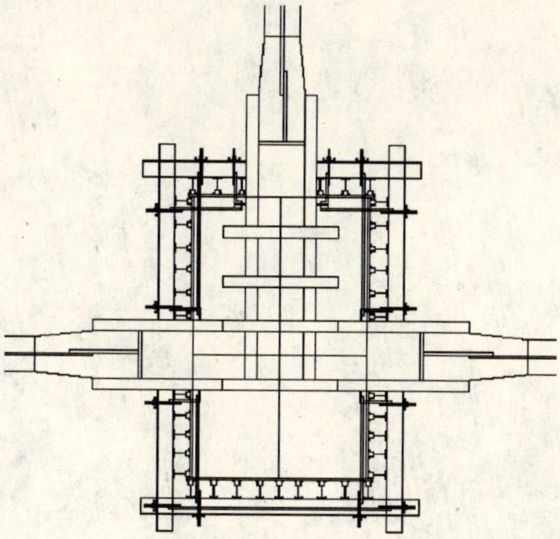

(c)

图 2-2-12　带蝶形节点 SRC 柱模板支设平面图

a）框边双肢节点　*b*）框角双肢节点　*c*）框角三肢节点

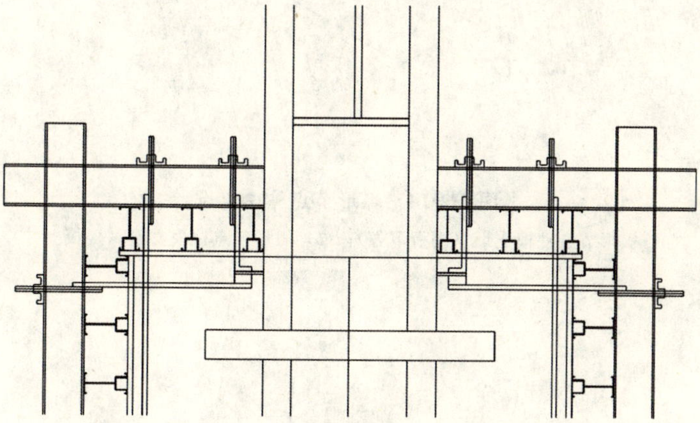

图 2-2-13　带蝶形节点 SRC 柱对拉螺栓处理详图

带蝶形节点 SRC 柱模板由通长背楞压三块模板，使其形成一个整体，如图 2-2-14 所示；柱体配板形式见图 2-2-15。

（二）跨层及 5.5m 以上层高的模板支设

塔楼一的 F36 高 6.6m；塔楼二的 F30 高 10m，F32 高 7.1m，在模板施工过程中需与爬架的爬升相配合，第一次和第二次爬升高度见表 2-2-7。

模板支设工况见图 2-2-16，楼内脚手架在支设时，与下段已浇筑完的结构环形连接，即箍住已浇筑的柱子，同时，用部分水平杆顶住浇好的柱子，上部模板的支撑由水平杆顶住。

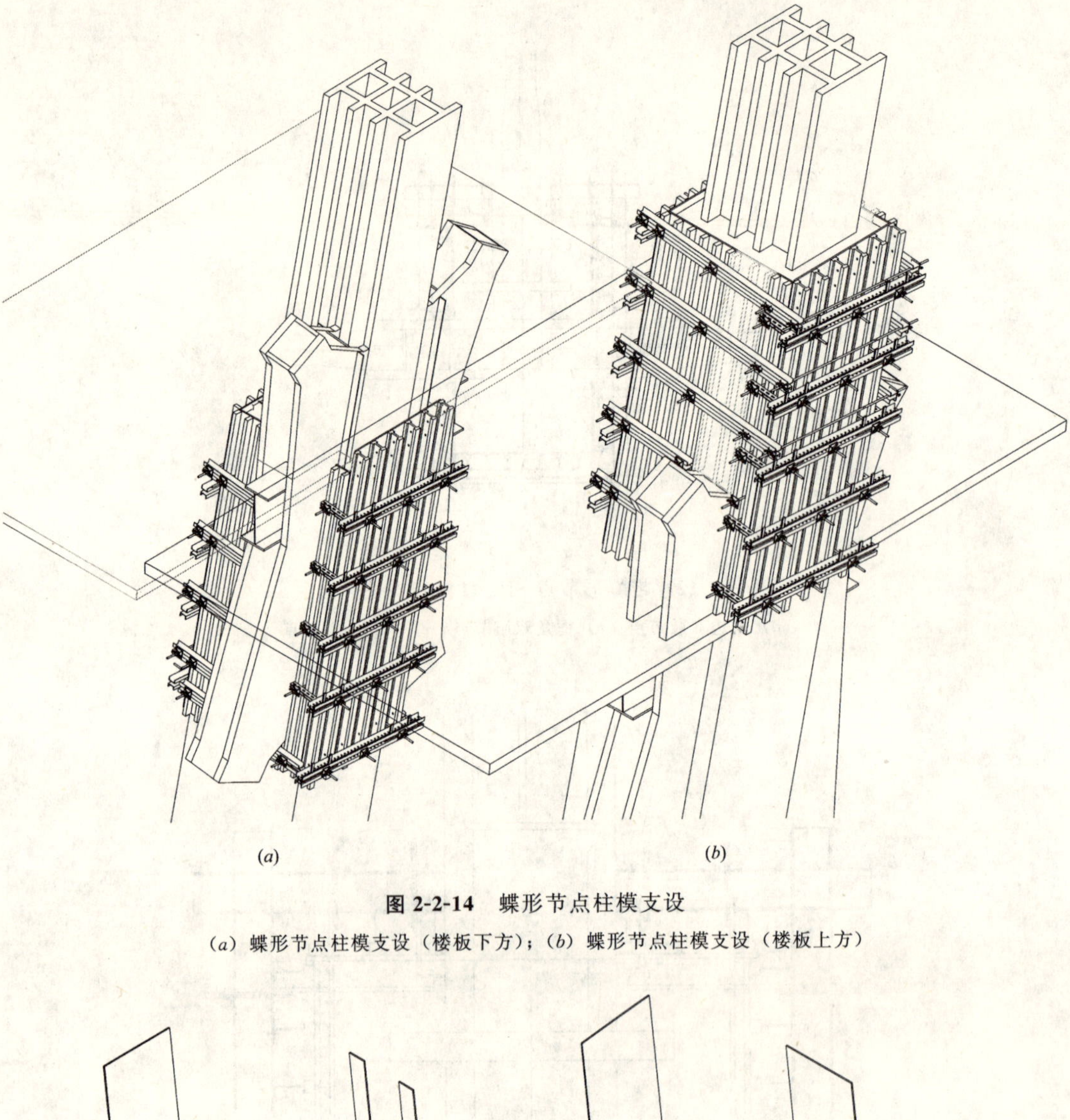

图 2-2-14 蝶形节点柱模支设

（a）蝶形节点柱模支设（楼板下方）；（b）蝶形节点柱模支设（楼板上方）

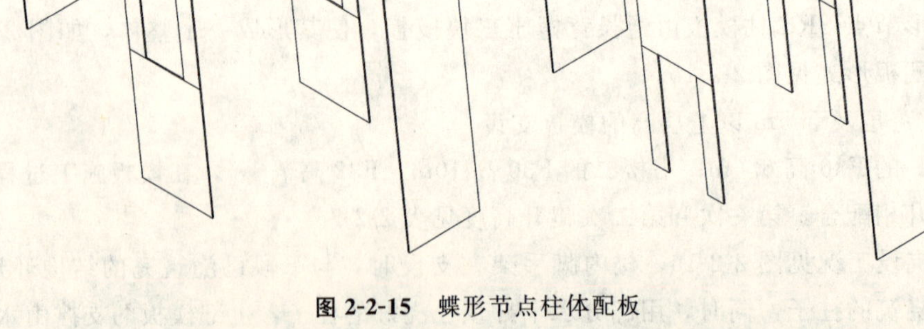

图 2-2-15 蝶形节点柱体配板

（a）蝶形节点柱体配板（楼板下方）；（b）蝶形节点柱体配板（楼板上方）

超高楼层爬架分次爬升高度　　表 2-2-7

部位	层高（m）	第一次爬升高度（m）	第二次爬升高度（m）
塔楼一 F36	6.60	4.25	2.35
塔楼二 F30	10.00	5.00	5.00
塔楼二 F32	7.10	5.00	2.10

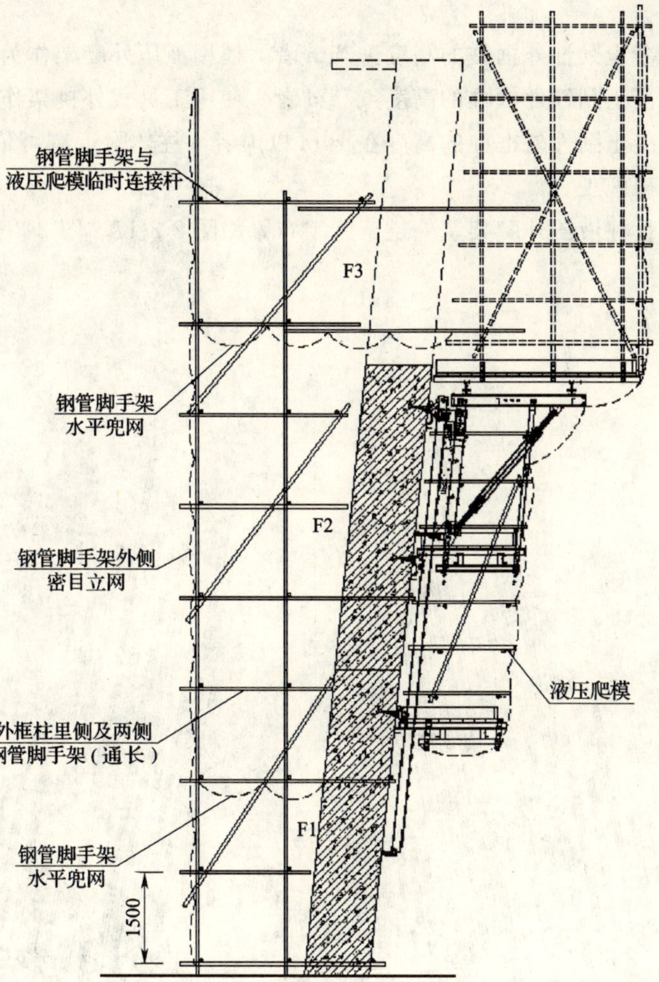

图 2-2-16　跨层柱操作脚手架搭设图

五、双向倾斜独立式液压爬架

（一）工程特点

1. SRC 柱双向 6°倾斜，操作架体搭设困难

裙楼及塔楼外框筒钢柱均为空间双向 6°倾斜柱，根据受力情况，部分柱外包混凝土为 SRC 柱。

2. 竖向施工工序多，相互影响大

主体结构为空间双向6°倾斜，同时钢结构安装作业层超出楼板及柱混凝土作业层4～6层，受上部钢结构的影响，在仰面的混凝土作业层存在塔式起重机吊升的盲区，土建施工受到制约。

（二）外框柱操作架选择

超高倾斜塔楼外框柱的施工，首先考虑塔楼钢结构施工所需的塔式起重机吊次必须得到保证，其次应考虑高空施工受气候影响较大以及安全作业等因素。最终确定外框柱操作架选择原则如下。

(1) 钢筋混凝土劲性外框柱的高度≥75m者，使用液压外爬架作为施工操作平台。

(2) 钢筋混凝土劲性外框柱的高度<75m者，使用工具式外挑架作为施工操作平台。

(3) 钢筋混凝土劲性外框柱的高度在10m以内者（柱体附近有可依托的外墙），使用扣件式钢管脚手架施工。

(4) 外框劲性柱液压外爬架及外挑架施工布置如图2-2-17、图2-2-18所示。

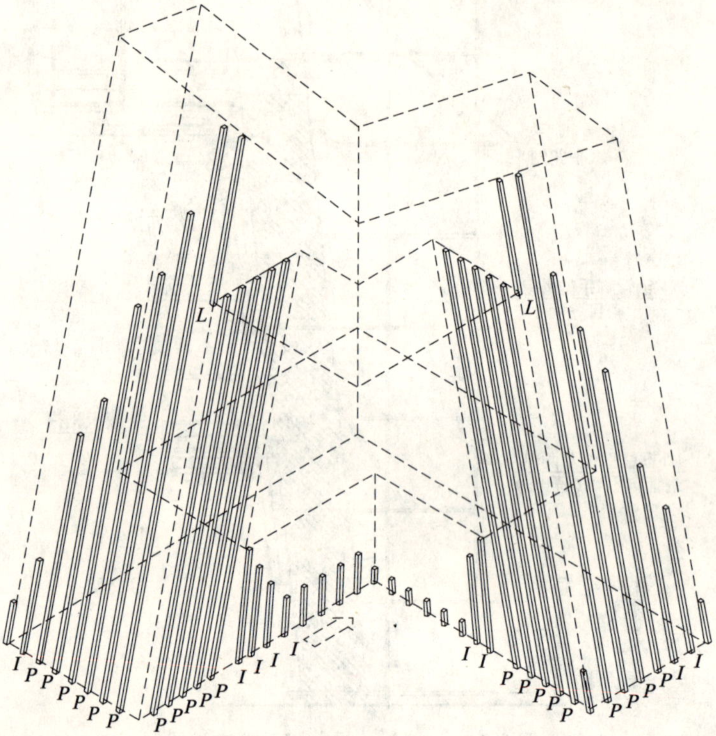

图 2-2-17　外框劲性柱操作架布置西南视图

（三）双向倾斜独立式液压爬架的应用

(1) 外框筒SRC柱双向6°倾斜，导轨必须与柱体倾斜角度一致，爬架沿导轨进行双向倾斜的斜爬，方可保证架体持续爬升，但目前广泛应用的爬架都只能单向倾斜直爬。

(2) 外框筒SRC柱间距为8.4m，在外框筒柱中间很难布设爬轨的固定点，且各外框筒SRC需要架体爬升高度不一致，如为整体爬架，在高空需进行爬架改装，增加了工人操作的危险性，同时架体为斜爬，因此只能按照每个外框筒SRC为一个独立单元设计。

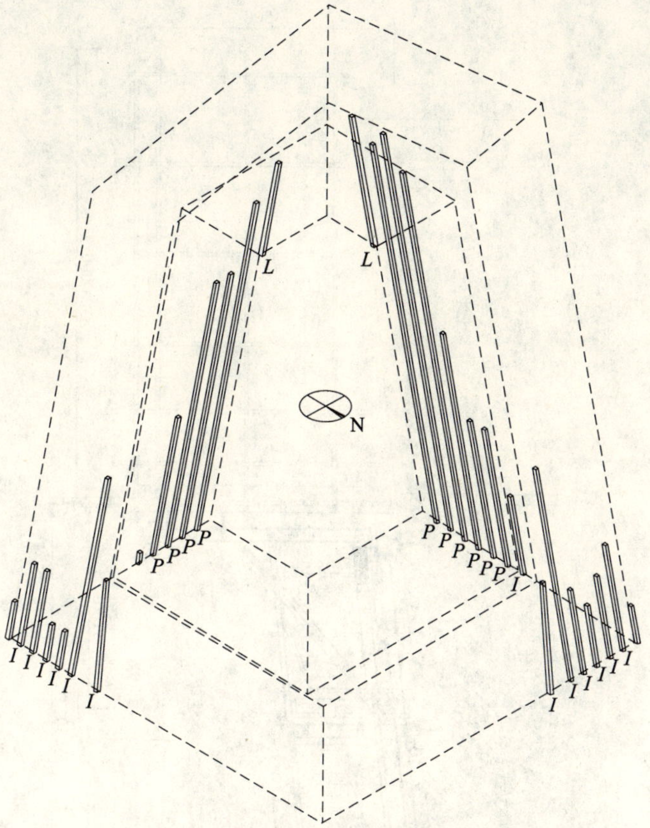

图 2-2-18　外框劲性柱操作架布置东北视图

注：1. 标明字母 P 者表示该柱使用液压外爬架，用于边柱施工。

2. 标明字母 I 者表示该柱使用 I 形外挑架，用于边柱施工。

3. 标明字母 L 者表示该柱使用 L 形外挑架；每套 L 形外挑架由两套 I 形外挑架拼装组成，用于角柱施工。

4. 未标明字母者表示该柱使用钢管脚手架。

(3) 外框筒 SRC 柱钢筋绑扎的操作面由于穿筋的需要，须领先混凝土作业面 2 个楼层，同时由于结构的倾斜，为保证上部操作人员的安全，必须将主操作平台加大，对架体的稳定性要求更高。

(4) 柱体截面尺寸较小，最小的柱体尺寸仅为 1100mm×1100mm，而施工空间却要求得到保证，故架体的布设极为不便。

(5) 塔楼的主要层高为 5.0m 和 4.25m，但个别层高在 5m 以上，跨层层高更是达到了 10m，所以要求爬架具备足够的爬升能力。

(四) 双向倾斜独立式液压爬架特点

1. 爬架的基本组成

爬架的基本组成为承重三角架、导轨、液压系统，详见图 2-2-19。

(1) 承重三角架：一个水平梁，一个沿墙方向的竖向杆件，一个斜撑，这三个构件连成三角架，承担整个爬架的荷载。

(2) 导轨：通过导轨，实现承重三角架在墙面上的爬升。

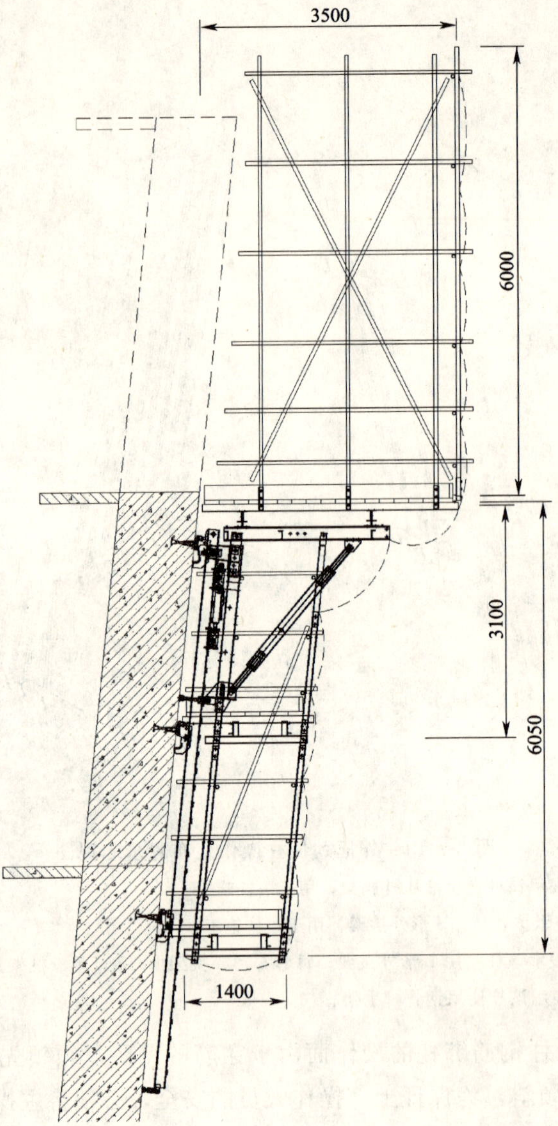

图 2-2-19　双向倾斜独立式爬架构造

（3）液压系统：爬升的动力。

2. 双向倾斜独立式爬架特点

双向倾斜独立式爬架结构形式与单向倾斜爬架基本相同，但有以下四点区别：

（1）双向倾斜爬架应有至少两个爬升机位连成一整体，在空间上形成一个静定空间倾斜体，同时，其整体重心控制在其与墙体连接点中间的 3/5 区域内。

（2）平台梁与承重三角架梁为铰接，保证其在侧向倾斜时，平台仍是水平的。

（3）双向倾斜爬架可以在正向和侧向斜度不大于 24°的建筑物或构筑物上爬升。

（4）为保证双向倾斜构件施工，主平台长宽尺寸均远大于普通爬架平台，在重新设计主平台构件的同时，还在两个承重三角架外侧增设斜撑螺杆，不仅便于调整平台水平，也提高了平台的稳定性。

双向倾斜爬架与单向倾斜爬架一样，只承担模板及自身重量（含平台承载、风载）的倾覆力。现浇混凝土的倾覆力通过其他方式解决。

（五）工艺原理

1. 爬升原理

基本爬升原理与单向倾斜爬架相同，爬升机构基本组成为埋件总成、埋件挂座、横梁钩头、上下转向盒、液压油缸、三角架立杆、三角架横梁、三角架斜撑、导轨等，详见图2-2-20。斜爬控制须首先将埋件按照倾斜角度安装，然后通过埋件挂座将导轨固定，保证导轨保持固定的倾角（图2-2-21），上下转向盒夹附在导轨上（见图2-2-22，图中未表示液压机构），转向盒内的凸轮摆块自动沿H形导轨表面的导向板和踏步块变换方向，从而实现架体沿导轨的倾斜爬升。

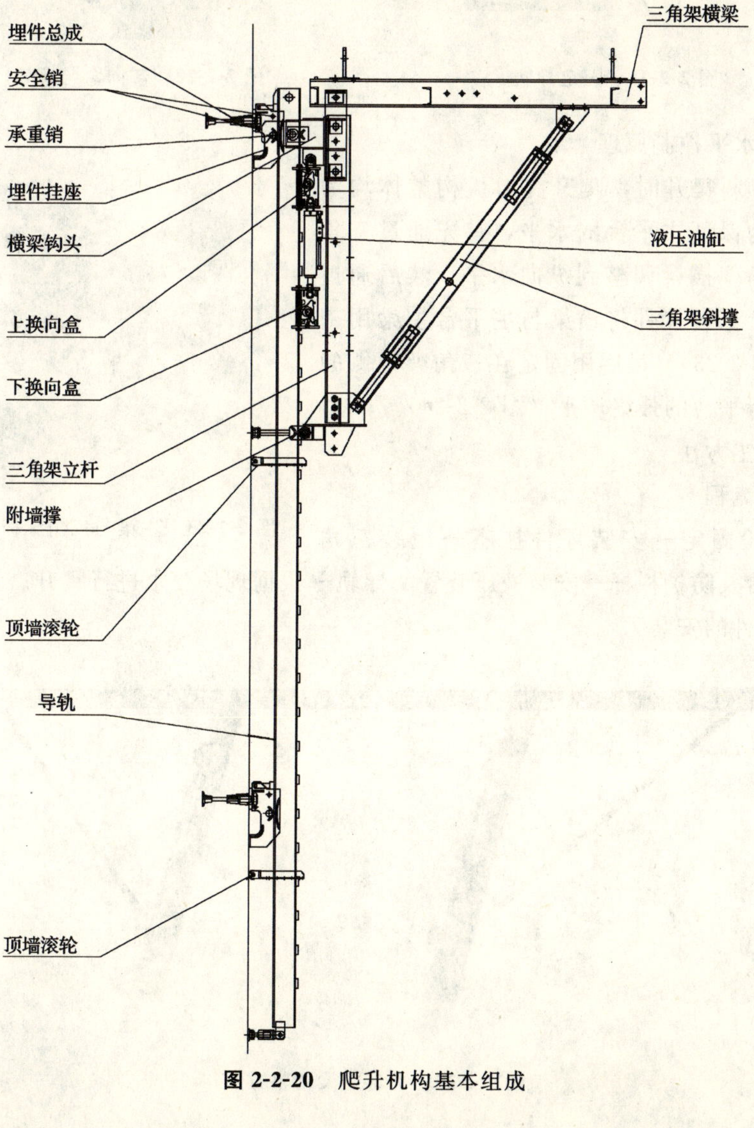

图 2-2-20　爬升机构基本组成

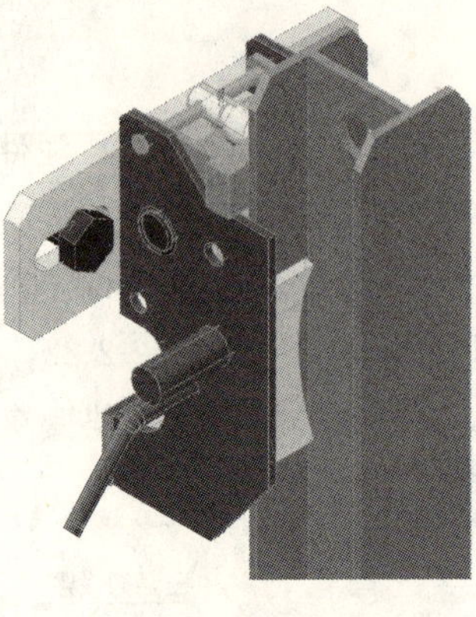

图 2-2-21 固定导轨

图 2-2-22 转向盒与爬轨

2. 平台水平控制原理

在双向倾斜爬升时，爬升受力机构整体均为双向倾斜。为保证主平台的水平，首先通过三角架斜撑将三角架横梁调整到纵向水平，然后通过三角架横梁上部转接件将横梁与主平台主梁用销轴铰接（图 2-2-23），最后用固定在三角架两侧的可调斜撑进行平台的最终调平（图 2-2-24）。

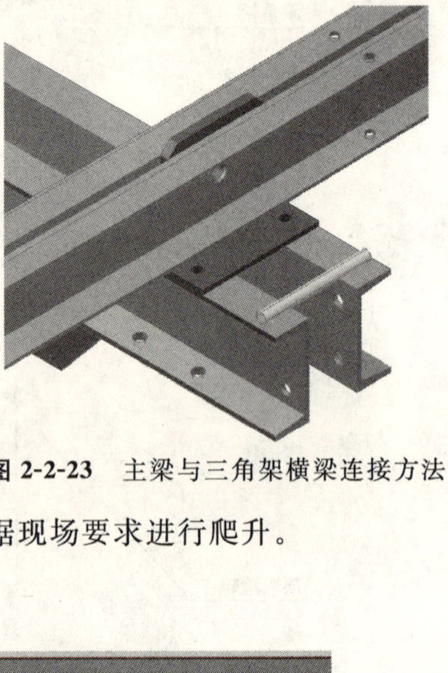

图 2-2-23 主梁与三角架横梁连接方法

（六）施工方法

1. 工艺流程

埋件检验固定→安装埋件挂座→组装三角架→组拼平台及防护栏杆→安装液压装置、导轨→根据现场要求进行爬升。

2. 预埋件的安装

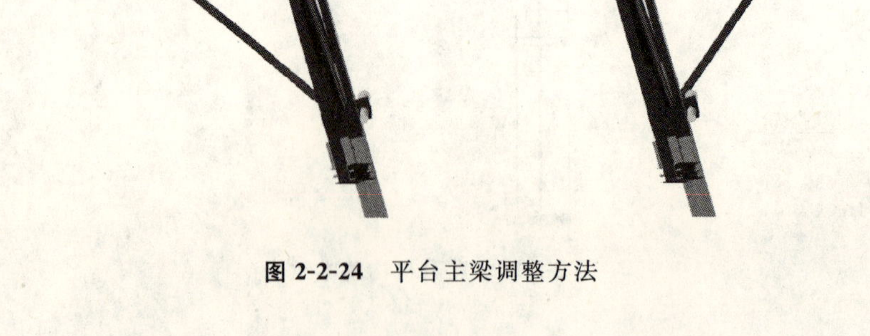

图 2-2-24 平台主梁调整方法

双向倾斜独立式爬架的预埋件的埋设与普通爬架有所不同，要按照倾斜爬升角度进行埋件点的设置，同时每个架体设置有两个三角架和机位，预埋时必须严格按照点位布置图（图 2-2-25 和图 2-2-26）进行埋设，为保证埋件点位的准确，应加工制作钢套板控制爬架埋件的精度（图 2-2-27），通过埋件点位的控制，使两组埋件的中心点在一条水平线上。

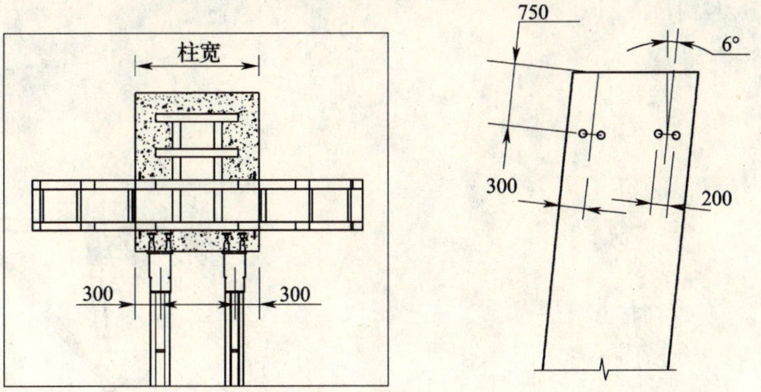

图 2-2-25　埋件点位布置

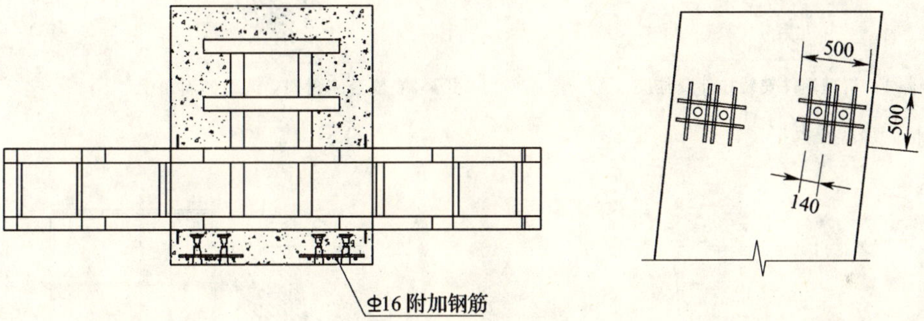

图 2-2-26　预埋件加固示意

3. 爬架的安装

爬架的安装如图 2-2-28 所示，具体如下。

（1）在主体结构模板拆除后进行埋件清理，混凝土强度达到 10MPa 以上，开始安装爬架挂座。

（2）由于主体结构倾斜，爬架安装处于塔式起重机盲区，应搭设脚手架，人力逐件安装爬架，需要使用倒链或滑轮等工具。

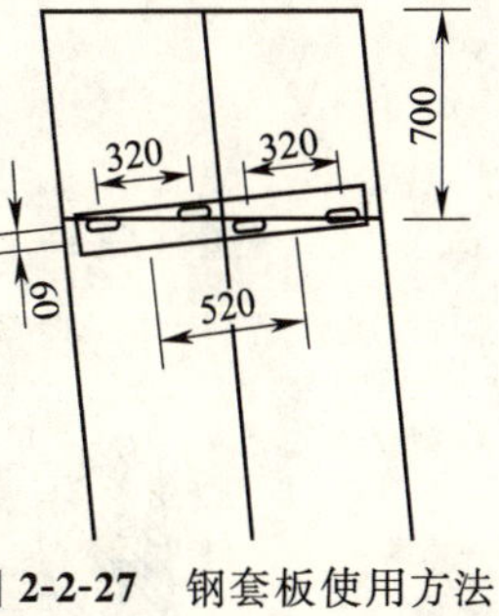

图 2-2-27　钢套板使用方法

（3）安装三角架，首先安装三角架立杆，然后安装三角架横梁和斜撑，并用三角架斜撑螺杆调整三角架横梁水平度。

（4）安装主平台主梁后，立刻安装固定在三角架两侧的可调斜撑进行主平台主梁调平，并将架体形成一个稳定体系，然后继续安装主平台次梁、边梁，以及液压控制平台立杆和平台板。

（5）如果楼层较高，架体防护栏杆高度超过 4m，则在搭设主平台防护栏杆前，需先安装 2ϕ10 安全钢丝绳，提高架体的稳定性，然后搭设主平台平台板、防护栏杆。

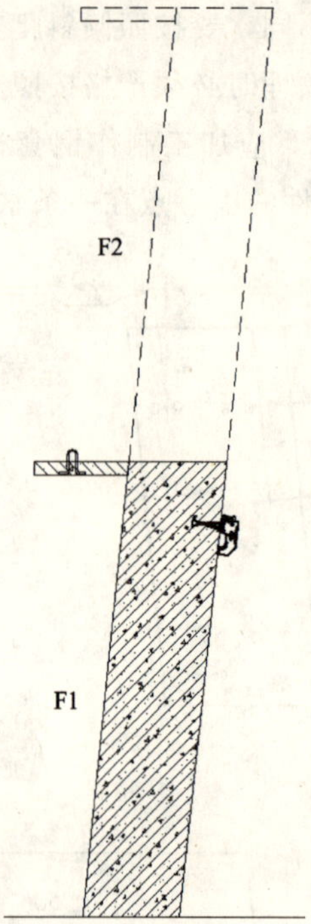

步骤 1：清理埋件安装挂件及挂座

(*a*)

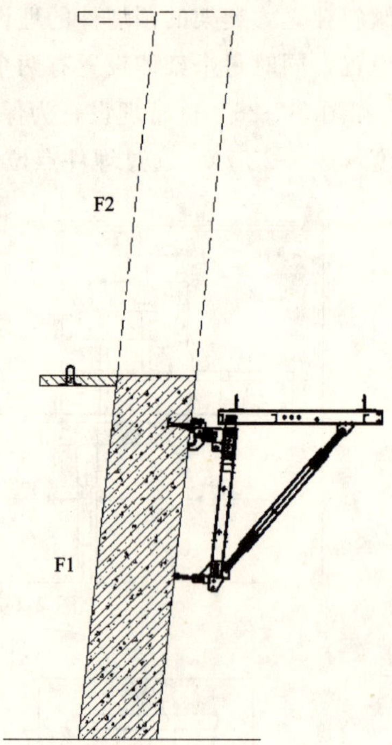

步骤 2：安装三角架，调整倾斜角度

(*b*)

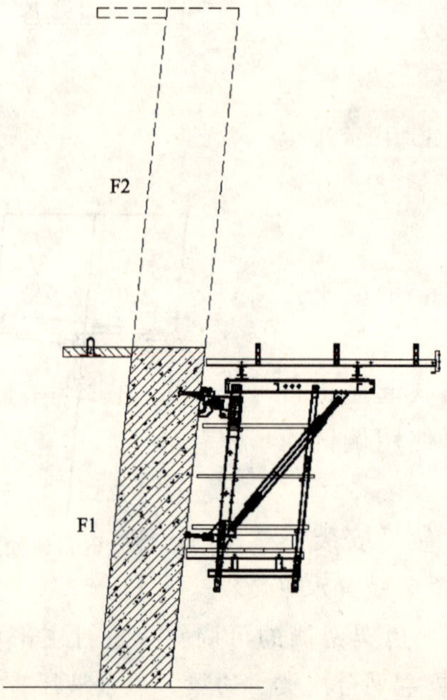

步骤 3：安装主平台主梁、次梁、边梁、可调斜撑，液压控制平台立杆、平台板

(*c*)

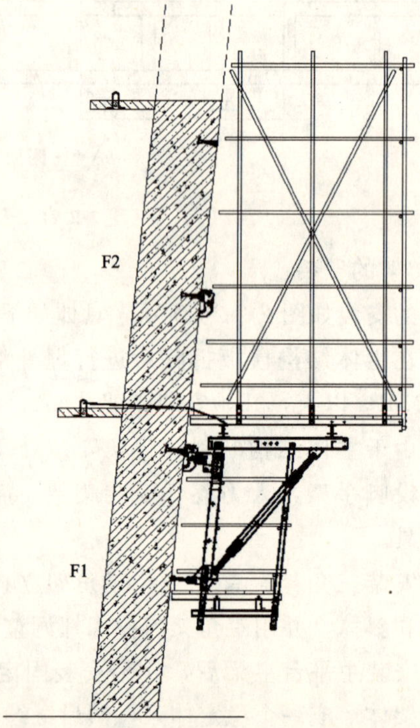

步骤 4：安装 2ϕ10 安全钢丝绳、主平台平台板、防护栏杆

(*d*)

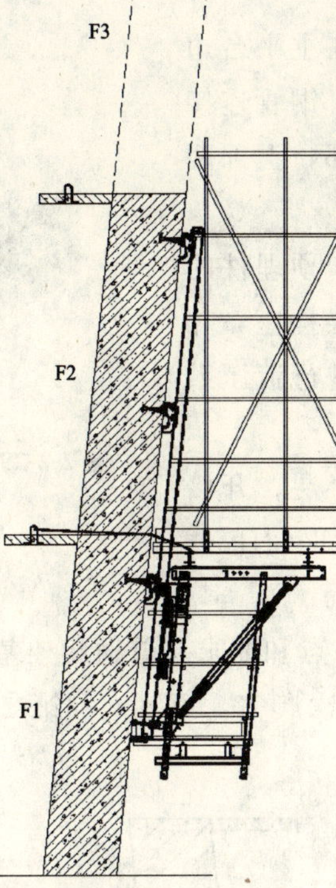

步骤 5：安装 F2 挂座、爬轨、液压油缸、电箱、电缆等

(*e*)

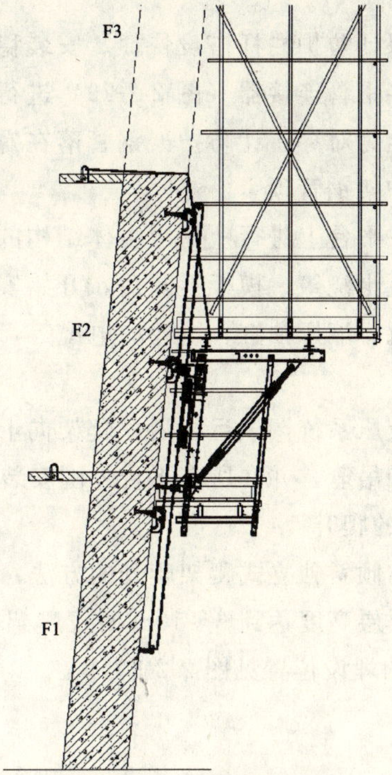

步骤 6：液压系统调试，架体爬升半层

(*f*)

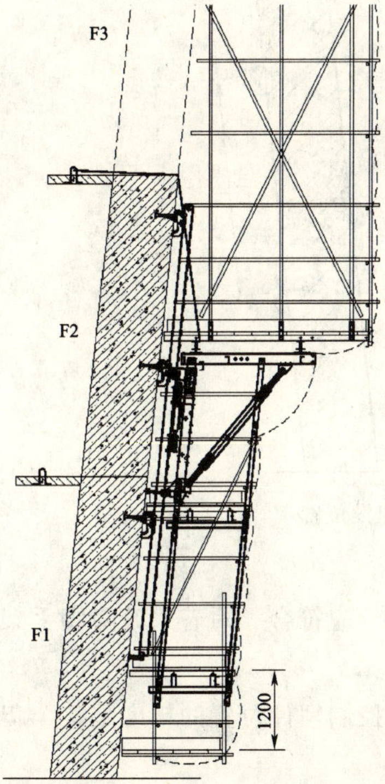

步骤 7：安装吊平台立杆、主梁、次梁、平台板；液压控制（吊）防护栏杆安装；吊篮安装；所有平台外围密目立网安装；主平台、吊平台水平兜网安装

(*g*)

图 2-2-28 爬架的安装

(6) 为保证防护栏杆搭设快捷、安装稳固，在主平台边梁上提前焊接钢管连接器（图 2-2-29）进行连接，钢管连接器最下方螺栓为对穿，让防护架钢管落在螺栓上部，上部两个螺栓将防护架钢管顶紧。

(7) 在主平台上进行上一层主体结构的施工和预埋件的埋设，在混凝土浇筑、模板拆除后，开始安装上层挂座，并开始安装爬轨、液压油缸、电箱、电缆等，然后进行液压系统的调试。

图 2-2-29 钢管连接器

(8) 在液压系统调试运行后，爬架向上爬升半层，开始组拼吊平台和吊篮，并在所有平台外围安装密目立网封闭。

4. 爬架的爬升

(1) 双向倾斜独立式爬架爬升的方法、操作要点和要求与普通爬架基本一致。

(2) 在楼层高度达到 6～10m 时，爬架需分两次爬完，第一次和第二次爬升高度见表 2-2-7，埋件的埋设位置见图 2-2-30。

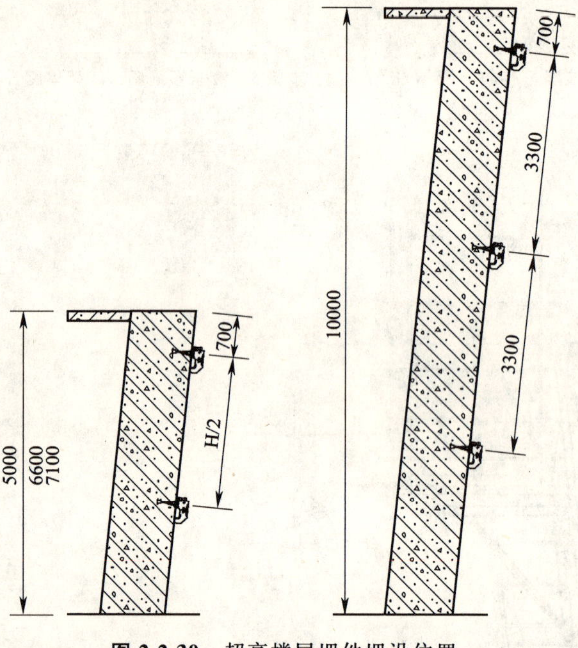

图 2-2-30 超高楼层埋件埋设位置

5. 爬架搭设的检查和验收

(1) 爬架搭设的技术要求、允许偏差与检验方法，应符合《附着式升降脚手架暂行管理规定》及《建筑安全施工检查标准》的规定要求。

(2) 由于双向倾斜独立式爬架的特殊性，检查和控制埋件位置的精度是整个爬升的基础。

(3) 严格把好验收关，搭设过程中每个施工流程必须由项目总工组织技术、安全、搭设工长、班组进行检查，符合要求后方可使用，架体未经检查、验收，除架子工外，严禁其他人员攀登。验收合格的架体，任何人不得擅自拆改，需局部拆改时，要经设计负责人同意，由架子工操作，完成后需进行检查、验收。

（4）爬架工程的施工负责人，必须按爬架施工方案的要求，拟定书面操作要领，向班组进行技术交底和安全技术交底，班组必须严格按操作要求和安全技术交底施工。

（5）爬架搭设完成验收后，要派专人管理，未经安全部门同意，不得改动。

6. 爬架的使用

（1）爬架附着作业时，主体结构的混凝土强度必须达到10MPa以上。

（2）爬架只承担模板及自身重量，因此爬架上不得堆放成批材料，零星材料可适当堆放，但不得集中，主平台和液压平台临时堆载不得超过1.5kN/m²，吊平台临时堆载不得超过0.75kN/m²。与爬架无关的其他东西不宜在爬架上堆放，严格控制施工荷载，不允许超载。

（3）五级以上大风应停止作业，夜晚禁止爬架的升降作业。

（4）雨雪天后应进行清理并经检查后方可使用，做到脚下安全、防滑。

（5）非爬架专职操作人员不得随便搬动、拆卸、操作爬架上的各种零配件和电气、液压等装备。

（6）爬架专职操作人员在爬架使用阶段应经常巡视、检查和维护爬架的各个连接部位。

（7）在爬架上进行施工作业的其他人员如发现爬架有异常情况时，应随时通报爬架操作人员及时处理。

（8）在爬架每次爬升完成，应先将防倾覆安全钢丝绳安装到位，并检查、验收后方可使用。

7. 爬架的拆除

爬架的拆除如图2-2-31所示。

（1）爬架拆除条件：当结构施工完毕，即可对爬架进行拆除。

（2）爬架拆除的准备工作。

1）爬架拆除必须经项目生产经理、总工程师会签后方可执行。爬架拆除前，工长要向拆架施工人员进行书面安全交底工作，交底签字要齐全。

2）爬架拆除前，先清理架上杂物，爬架施工单位和爬架技术提供单位先对爬架进行检查验收，待检查合格后方可拆除。

3）爬架拆除前，封闭人员通道，并做醒目标志，在拆除区域下方地面拉出警戒线，严禁人员进入警戒线内。

（3）拆除工作施工部署。

1）人员组织。分包单位配备现场工程、技术负责人各1名、安全员1名和爬架厂家技术配合人员1名，专门负责爬架拆除过程中的技术指导和安全培训工作，成立爬架拆除工作小组。拆除工作应配2名专业架子工、2名专业起重工组成1个作业班组，并事先技术交底，明确拆除过程和要点。

2）机械设备。如果爬架爬升到顶，则可直接由塔式起重机拆除；如爬架只爬升到结构中部以上，由于主体结构的双向倾斜，爬架将处于塔式起重机施工盲区，则需用倒链配合才能利用塔式起重机整体拆除，落地后解体。

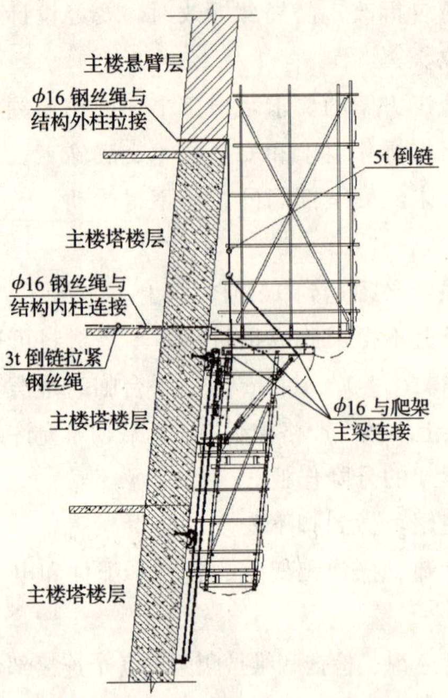

步骤 1：拆除主平台防护架，用倒链固定爬架

(a)

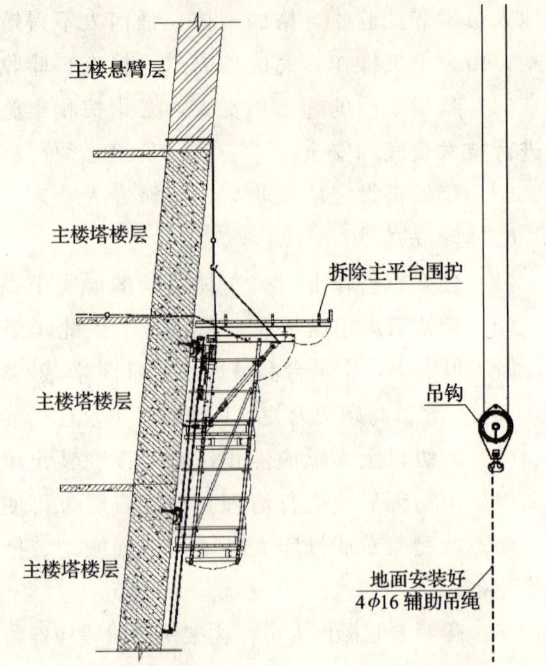

步骤 2：塔式起重机吊钩安装拆除钢丝绳

(b)

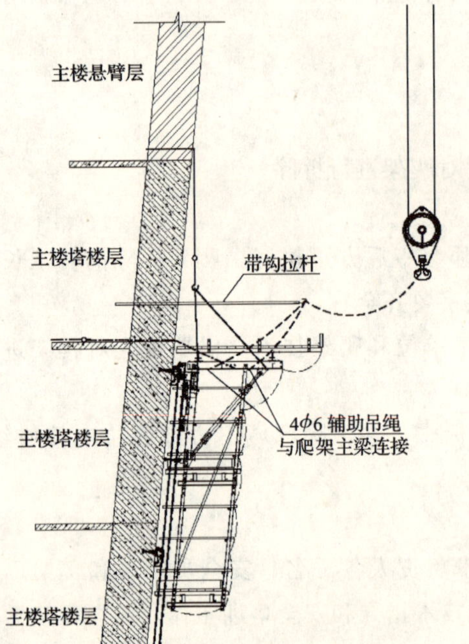

步骤 3：牵引吊钩悬挂的拆除钢丝绳连接在爬架主平台的主梁上

(c)

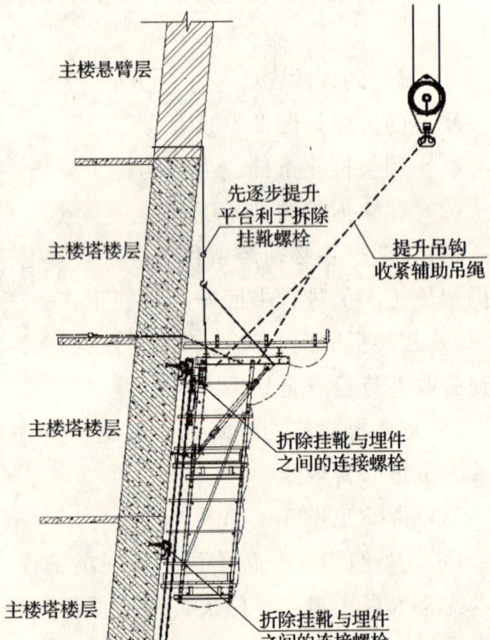

步骤 4：倒链逐步提升平台，拆除挂靴与埋件之间的连接螺栓

(d)

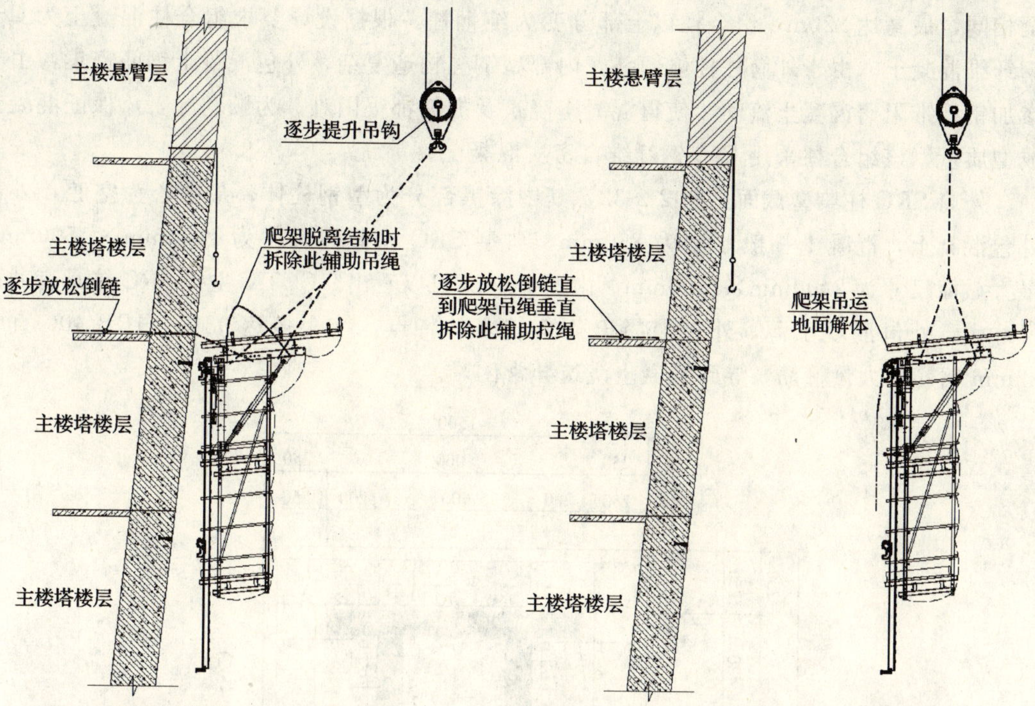

步骤5：爬架脱离结构，拆除连接倒链的辅助吊绳

(*e*)

步骤6：逐步放松水平倒链至吊绳垂直，拆除水平辅助拉绳，完成整体拆除

(*f*)

图 2-2-31　爬架的拆除

(4) 拆除方法

1) 使用2ϕ16 钢丝绳（配倒链）将液压爬架临时固定在塔楼结构层上（钢丝绳为拉紧状态）。

2) 塔式起重机吊钩落至地面，安装拆除钢丝绳（直径不小于16mm）。吊钩升至爬架主平台上部高度。楼层内工人使用带钩长杆，将吊钩悬挂的拆除钢丝绳拉至爬架主平台，并连接在爬架主平台的主梁上（至少固定两点且均布）。

3) 在爬架主平台上连接一根牵引绳（白棕绳等），其一端悬垂在爬架下面。

4) 将挂座上固定爬架的销钉拆除。

5) 塔式起重机吊钩提升至拆除钢丝绳呈拉紧状态，楼层内的工人使用倒链（连接ϕ16 钢丝绳）缓慢地将爬架放松，使其远离楼层边，直到塔式起重机吊钩钢丝绳呈铅垂状态。

6) 拆除ϕ16 钢丝绳及倒链与结构楼层连接的一端。

7) 将爬架调运至地面，地面工人拉动牵引绳配合爬架落地。

8) 将落地的爬架解体运走。

六、C60钢纤维混凝土配置及超高泵送

（一）概况

主楼部分外筒柱为型钢混凝土组合柱（即SRC柱），双向倾斜6°，组合柱的高度不完

全相同，最高达 220m，组合柱以上部分变为纯钢柱。根据设计要求组合柱混凝土为 C60 钢纤维混凝土。由于外筒柱柱体倾斜，内部型钢柱构造复杂，外包混凝土钢筋密集，由于掺加钢纤维阻碍混凝土流动，使得混凝土浇筑及振捣都很困难。为顺利施工，保证混凝土成型质量，该组合柱采用 C60 钢纤维自密实混凝土。

外筒 SRC 柱典型截面见图 2-2-32，其中涂黑部分为型钢柱体，最中心为空腔，外部外包混凝土，混凝土一般厚度为 250mm，典型 SRC 柱截面尺寸为 1900mm×1500mm，最大截面尺寸为 2400mm×1500mm。由图 2-2-32 可以看出，CCTV 主楼 SRC 柱具有截面尺寸大，外包混凝土薄，外包混凝土死角较多的特点，结合多达 98 根 HRB 400 直径 32mm 钢筋及大量箍筋，导致混凝土浇筑异常困难。

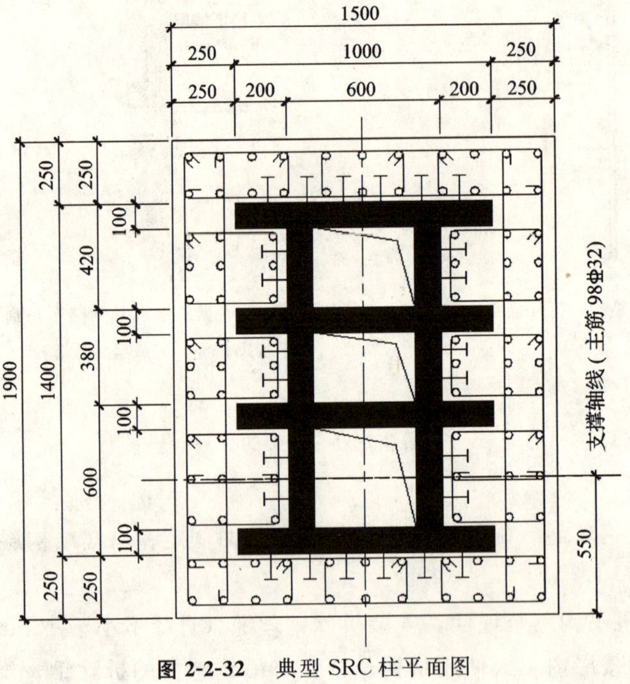

图 2-2-32 典型 SRC 柱平面图

（二）C60 **钢纤维自密实混凝土的配制**

自密实混凝土技术的发展已有 20 年的历史，在国内也已应用 10 多年。近几年自密实混凝土在我国发展应用速度加快，应用领域也进一步的拓展。自密实混凝土，是具有高流动度、不离析、良好的均匀性和稳定性的混凝土，浇筑时依靠其自重流动，无需振捣而达到密实。因具有许多优点，自密实混凝土技术在近几年得到了深入的研究和全面的发展，也被越来越多的工程所采用。

钢纤维混凝土是将短的、不连续的钢纤维随机乱向地分布于混凝土中形成的复合材料。与普通混凝土相比，加入一定量的钢纤维后，不仅可以提高混凝土的抗拉强度、抗折强度和韧性，而且能够明显地提高混凝土的抗裂性能、抗收缩性能和极限拉应变，因此受到国内外学术界和工程界的极大重视。目前，钢纤维混凝土的应用领域涉及道路桥梁工程、建筑工程、水利工程、港口工程、铁路工程、矿山工程和军事工程等。在使用过程中，钢纤维混凝土因为能够充分满足工程所要求的高拉应力、复杂受力、抗裂、增强和增韧等普通混凝土难以达到的受力性能要求，因此具有良好的社会效益、经济效益和广阔的应用前景。

钢纤维自密实混凝土则是集上述两种混凝土的优点于一身，即在混凝土施工浇筑过程中利用自密实混凝土拌合物的易浇筑密实的特点，在混凝土硬化后则利用了钢纤维混凝土独有的力学与变形性能。

为了优化钢纤维自密实混凝土的组成，评价钢纤维自密实混凝土的性能，确定钢纤维的种类和厂家，确定钢纤维自密实混凝土的配合比、生产质量控制指标与试验方法，需要进行系统的试验研究，使其各项性能指标达到施工要求，即所配制的混凝土加入钢纤维后，既要使硬化后混凝土满足钢纤维混凝土施工过程中的变形指标要求，又要使混凝土拌合物满足自密实混凝土的指标要求，具有高流动性、抗离析性强和自填充性的特点，这也是混凝土生产控制过程中的关键所在。

1. 原材料指标

原材料是北京地区常用的混凝土材料，水泥为北京琉璃河水泥厂生产的普通硅酸盐42.5级水泥；粉煤灰为河北衡水电厂生产的Ⅰ级粉煤灰；砂子为河北潮河水洗天然中砂和河北三河产机制砂，细度模数均不小于2.3；石子采用三河机碎石，连续级配，粒径5～10mm和5～20mm；泵送剂为天津雍阳外加剂厂生产的聚羧酸型UNF-5AST高效泵送剂。

设计要求使用冷拉切断型钢纤维，其抗拉强度大于1000MPa，长径比大于50，长度35～50mm，掺量20～50kg/m^3。试验检测后通过综合考虑，决定采用Dramix钢纤维和Harex钢纤维两种冷拉钢丝切断型钢纤维，并对此进行进一步的试验研究，具体指标如表2-2-8所示。两种钢纤维的质量也符合标准所规定的有关钢纤维自密实混凝土对钢纤维指标的要求。

钢纤维性能指标　　　　**表2-2-8**

钢纤维牌号	类型	抗拉强度（MPa）	直径（mm）	长度（mm）	长径比
Dramix	RC-65/35-BN	1145～1545	0.53～0.57	32.0～38.0	56～68
Harex	CW03-30-1000	1100～1245	0.55～0.60	27.0～33.0	48～56

2. 配合比设计

随着钢纤维混凝土使用范围的扩大，关于配合比设计的研究也越来越多，如等体积代替（粗或细）骨料法、以抗压强度为主控参数的设计法和二次合成法等多种方法。在参考有关资料的基础上，确定钢纤维自密实混凝土的配合比设计思路是：首先通过试验调整混凝土中的粉体比例、外加剂品种和掺量等，确定出满足施工指标要求的不掺加钢纤维的自密实混凝土的配合比为基准配合比；然后在此基准配合比的基础上掺加不同掺量的钢纤维，检测钢纤维混凝土的抗拉强度、抗折强度和韧度指数等，确定满足力学与变形指标要求的钢纤维的品种和最小掺量；接着再对满足要求的钢纤维掺量最小的配合比进行微调，使混凝土拌合物的状态达到自密实的要求，并复验抗拉强度、抗折强度和韧度指数等，以得到最佳试验室配合比；最后，对所确定的最佳配合比进行现场混凝土泵送试验，判断是否满足工程需要，最终得到满足施工生产要求的钢纤维自密实混凝土。

应说明的是，为确保钢纤维抗拉强度与混凝土强度相适应，在前期大量试验的基础上，并结合设计要求，控制混凝土的28d抗压强度不能过高，具体在120%左右，最大不超过130%。

(1) 自密实混凝土配合比的确定

配合比的设计依据自密实混凝土的规定指标要求，并参照相关国家标准规程进行。在试验室进行配合比优化设计和试配工作，确认合格后方能使用。在进行自密实混凝土的配合比设计调整时应注意，水胶比的改变会影响自密实混凝土的设计强度，水粉比的改变则影响自密实混凝土的黏度特性。

自密实性能包括：流动性、抗离析性和自填充性，分别通过坍落扩展度试验、V形漏斗试验、J形环试验和U形箱试验检测自密实性能指标。自密实性能根据结构物的结构形状、尺寸、配筋状态等进行设定，分为三个等级。当钢筋最小净间距为35～60mm时为一级，此时要求坍落扩展度为700±50mm、V形漏斗通过时间为10～25s、U形箱试验填充高度在300mm以上，J形环试验中心无骨料堆积、边缘无泌浆、目测环内外无高差。参照标准所述方法进行配比设计，具体过程如下：

1) 确定单位粗骨料体积用量（V_g）

根据自密实混凝土等级选取0.30，单位粗骨料体积用量为300L，因单一品种石子的空隙率（>40%）大于标准要求，故同时掺加两个品种的石子（最佳比例是两者混合后达到最小空隙率时的比例），表观密度平均值为2840kg/m^3，重量为852.0kg。

2) 确定单位用水量（V_w）、水粉比（W/P）和粉体体积（V_p）

考虑到掺入粉煤灰配制C60等级自密实混凝土，而且粗骨料粒形级配良好，故选择较低的单位用水量（170L）和水粉比（0.80）。

通过 $V_p=V_w/(W/P)=170/0.80=212.5$L，计算得到粉体体积用量，粉体体积比为0.2125，介于推荐值0.16～0.23之间。

3) 确定含气量（V_a）

根据经验以及所使用外加剂的性能设定自密实混凝土的含气量为1.5%，即15L。

4) 计算单位细骨料量（V_s）

因为天然砂中含有9.0%的粉体，所以根据 $V_g+V_p+V_w+V_a+(1-9.0\%)V_s=1000$L，可以计算出单位细骨料体积用量 $V_s=(1000-300-212.5-170-15)/91.0\%=332.4$L，重量为844.3kg。

5) 计算单位胶凝材料体积用量（V_{ce}）

因为未使用其他惰性掺合料，所以单位胶凝材料体积用量通过 $V_{ce}=V_p-9\%\times V_s=212.5-9\%\times 332.4=182.6$L得出。

6) 计算水灰比（W/C）与理论水泥用量（m_{c0}）

按照《普通混凝土配合比设计规程》进行水灰比的设计计算，选定 $\sigma=7$，则可计算出 $W/C=0.345$。已知用水量为170kg，所以水泥用量为492.7kg，即159.0L。

7) 计算单位掺合料量和实际水泥用量（m_c）

通过计算可知单位水泥体积为159.0L，不能满足通过自密实性能计算出的182.6L的要求，综合考虑强度要求和粉煤灰性能，采用超量取代的方法，超量取代系数为1.3，设

取代水泥率为 x，可根据下式计算出取代水泥质量和粉煤灰掺入量：

$$\frac{m_{c0}\times(1-x)}{\rho_C}+\frac{m_{c0}\times x\times 1.3}{\rho_{fa}}=V_{ce}\Rightarrow\frac{492.7\times(1-x)}{3.1}+\frac{492.7\times x\times 1.3}{2.44}$$

$$=182.6\Rightarrow x=23\%\Rightarrow m_c=492.7\times(1-23\%)=379.4(\text{kg}),m_{fa}$$

$$=492.7\times 23\%\times 1.3=147.3(\text{kg})$$

式中，m_{fa}、ρ_c、ρ_{fa}分别为实际粉煤灰用量、水泥表观密度（3.1kg/cm^3）和粉煤灰表观密度（2.44kg/cm^3）。

通过上述计算得到水泥的实际用量和掺合料用量。

8）通过试验确定聚羧酸高性能减水剂用量为胶凝材料用量的 1.4%，即 7.4kg。

9）试验验证与调整。依据标准进行试验，得到自密实混凝土基准配合比。

自密实混凝土配合比设计过程中的性能试验照片见图 2-2-33。

(*a*)　(*b*)　(*c*)　(*c*)

图 2-2-33　自密实混凝土性能试验实景

（*a*）坍落度、扩展度试验；（*b*）J 形环试验；（*c*）V 形漏斗试验；（*d*）U 形箱试验

（2）钢纤维品种和最小掺量确定

钢纤维混凝土配合比在调整时应考虑的主要方面是：拌合物的工作性、强度的双控（控抗压、抗拉或抗压、弯拉）和钢纤维体积率的确定等。要提高钢纤维在混凝土中的增

强效果，一是提高钢纤维的长径比；二是提高钢纤维与基体之间的粘结强度。但是，长径比过大，会使纤维混凝土的和易性降低，发生纤维结球现象的可能性也会增加。同时，钢纤维混凝土的骨料最大粒径直接影响到钢纤维的握裹力，一般最大粒径不宜超过钢纤维长度的2/3。同一基体而言，两端带弯钩的钢纤维较平直型钢纤维的界面粘结强度高。

根据规范，钢纤维的掺量要求不低于20kg/m³，并依据厂家推荐数据进行配合比设计试验。所有试件均按照CECS 13：89标准规定进行，采用标准尺寸试模，并在注模24h后脱模，在标准养护条件下养护相应龄期后进行试验检测。配合比设计和部分检测结果如表2-2-9所示。

混凝土对比试验配合比和检测结果　　**表2-2-9**

组别	混凝土配合比（kg/m³）							检测结果			
								抗压强度（MPa）		劈拉强度（MPa）	
	水泥	粉煤灰	天然砂	小石/大石	水	钢纤维	外加剂	28d	60d	28d	60d
A	380	150	840	350/500	170	0	7.4	70.7	78.2	4.74	5.24
B	380	150	840	350/500	170	Dramix/20	8.0	74.2	83.4	5.38	6.32
C	380	150	840	350/500	170	Dramix/25	8.0	74.3	83.3	6.05	6.78
D	380	150	840	350/500	170	Dramix/30	8.0	75.3	85.1	6.54	7.14
E	380	150	840	350/500	170	Harex/25	8.5	72.5	81.0	5.62	6.41
F	380	150	840	350/500	170	Harex/30	8.5	74.5	84.0	5.97	6.68
G	380	150	840	350/500	170	Harex/40	8.5	76.7	85.0	6.42	7.11

在试验过程中发现，掺加钢纤维后，混凝土拌合物的坍落度和流动性比空白混凝土明显降低，且随着掺量增加，坍落度和坍落扩展度的降低程度也变大。这一现象表明，钢纤维在混凝土拌合物中所形成的网状结构，使拌合物内部摩擦阻力增加，加上纤维自身面积较大，加剧了阻碍拌合物流动的程度，引起混凝土坍落度降低与和易性变差。

从试验现象来看，立方抗压试验时，素混凝土破坏时侧面出现典型的受压剥落现象，而钢纤维混凝土破坏后完整性较好，表面只有少许剥落。劈裂抗拉试验时，素混凝土直接沿劈裂面断开，断面比较平整，并伴有较大的响声，呈明显的脆性破坏；而钢纤维混凝土破坏时，只在表面出现一条沿劈裂面的细裂纹，整体完整性很好，而且需要较大力量才能将其分为两块。同时也发现，钢纤维混凝土在劈拉破坏时，绝大多数是钢纤维的拔出而不是拉断，因此，改善钢纤维与混凝土基体的粘结力是提高劈拉强度的关键。从试验数据来看，加入钢纤维后，抗压强度、劈裂抗拉强度均有明显提高，但提高幅度与钢纤维掺量的关系因试验组数较少而看不出明显规律。众多文献资料表明，钢纤维掺入混凝土后，能否提高抗压强度，以及提高的幅度，主要取决于混凝土基体强度、基体与钢纤维的粘结强度和钢纤维本身的抗拉强度。对于低强度混凝土，钢纤维与基体粘结强度低，钢纤维的掺入增加了整个体系的界面薄弱区，受压时，该薄弱区可能首先导致材料的破坏，纤维起不到增强作用。对于高强混凝土，钢纤维与胶凝体的界面粘结强度高，减小了界面薄弱区所带来的不利影响，当试件受压时，纵横交错的纤维网状结构对试件横向变形的约束作用较强，使其接近三向受压状态，使材料的抗压强度得以提高。同样，当劈裂抗拉试验时，在拉伸荷载作用下，试件受力之初应变很小，钢纤维所承担的拉应力也小，基体起主要的受力作用；随着应变增大，钢纤维承担应力也增大，混凝土基体达到极限应变的时间推迟；基体开裂后，裂缝应力重分布，原先由基体承担的应力向钢纤维转移，跨越裂缝的纤维将荷载传递给裂缝的两侧表面，使裂缝处材料仍能继续承受荷载，裂缝扩展速度得到延缓，并呈稳定扩展状态，如果跨越裂缝的纤维越多，则裂缝稳定扩展持续时间越长，使最终峰值拉应力提高，即钢纤维混凝土的劈裂抗拉强度越大。

通过试验数据分析，这几组钢纤维混凝土的配合比均能满足钢纤维混凝土的力学性能指标要求，经设计方同意，综合考虑成本控制、施工方式等因素，并为了充分保证混凝土拌合物的状态能够达到自密实的要求，最终确定钢纤维的掺量采用最低掺量，即 20kg/m³。表 2-2-10为 C60 钢纤维自密实混凝土的配合比及试验结果。

C60 钢纤维自密实混凝土配合比及试验结果 **表 2-2-10**

材料名称	水泥	掺合料	天然砂	5～10mm 石子	5～20mm 石子	水	钢纤维	外加剂
用量（kg/m³）	380	150	840	350	500	170	20	8.5
坍落度（mm）	坍落扩展度（mm）	V 形漏斗通过时间（s）	U 形箱填充高度（mm）	抗压强度（MPa）		劈拉强度（MPa）		
				28d	60d	28d	60d	
265	720	21	350	72.4	82.1	5.34	6.38	

（三）**C60 自密实钢纤维混凝土的超高泵送**

根据外框筒受力情况，设计中 SRC 柱高度不一，SRC 柱以上部分为纯钢柱，SRC 柱最高为 220m，即 C60 自密实钢纤维混凝土的一次泵送高度需要达到 220m。

1. 混凝土输送泵的选择

根据混凝土的性能及输送高度，结合国内混凝土输送泵的具体情况，最终选择了中联重科 HBT105 及 HBT100，其主要性能指标详见表 2-2-11。

混凝土输送泵主要性能指标 **表 2-2-11**

序号	型号	主机功率	最大泵送压力	整机重量	摆放位置
1	HBT105	286kW	21/13MPa	8200kg	塔楼一北侧
2	HBT100	181kW	18/10MPa	7500kg	塔楼二东侧

2. 混凝土泵管的布置

泵管的布置按照尽量减少泵管的长度和弯头的原则，塔一和塔二混凝土泵管布置见图 2-2-34、图 2-2-35。

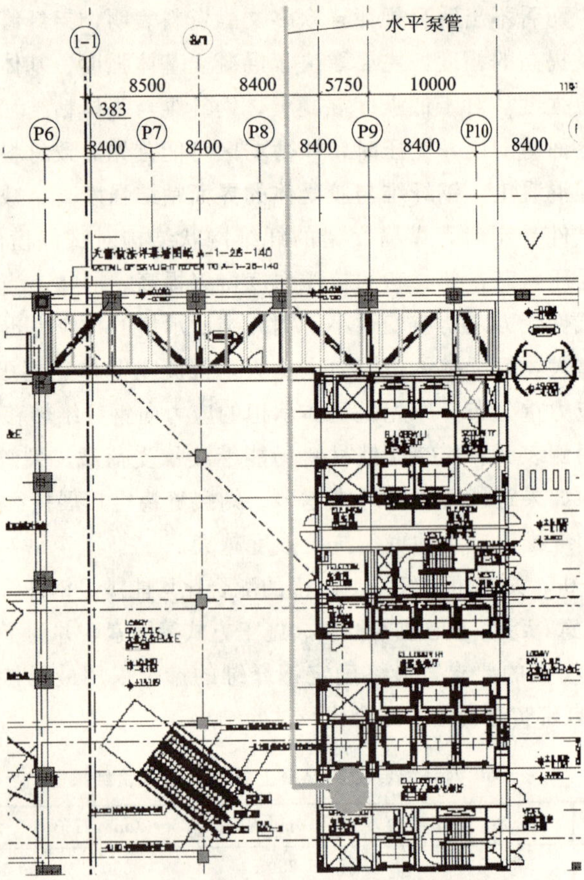

图 2-2-34　塔楼一混凝土泵管布置图

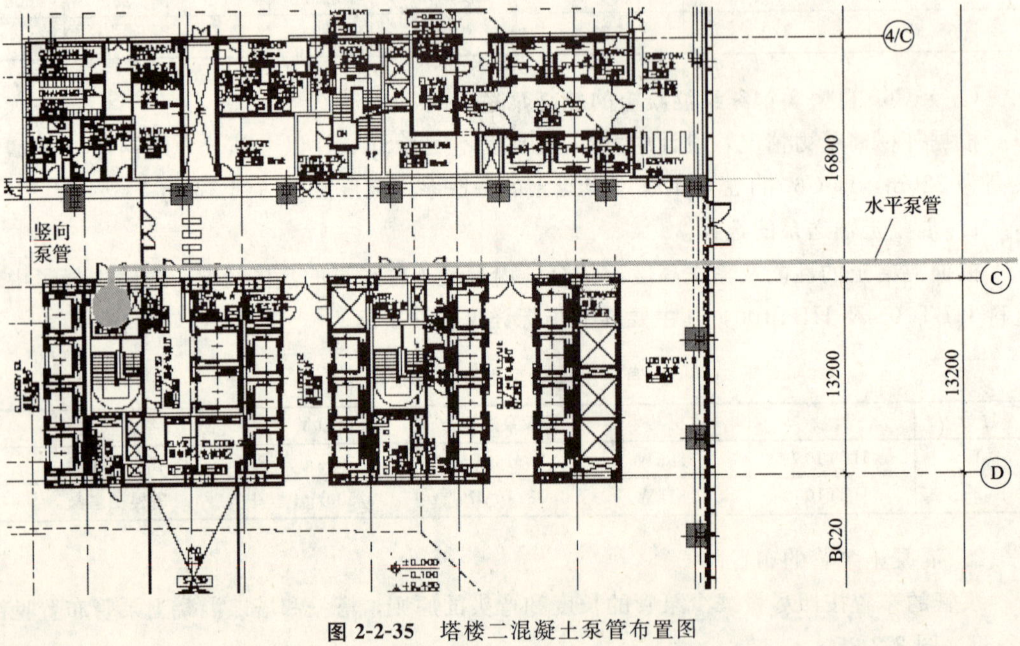

图 2-2-35　塔楼二混凝土泵管布置图

3. 混凝土泵管的加固

混凝土输送管道采用 ϕ125mm 无缝钢管，在泵送高度 100m 以下时采用普通泵管，泵送高度达到 100m 以上时更换为高压泵管，在水平管道上距离地泵出口约 20～30m 处安装回流截止阀。泵管在水平方向，临时用混凝土支墩作为管道水平支垫，支墩间距 4m，采用扁钢抱箍，M18 通丝螺栓固定，搭设水平铺放架子，转角处须双向嵌固。每层用 $\phi48\times3.5$ 钢管至少锁一道箍，将管托住，在泵管的下端加设垫木。泵管在操作面布置时应安装简易固定架，支架底部应垫上厚木板。

冬期施工时，需在泵管上包扎草帘，防止混凝土受冻导致堵管。高温炎热季节施工时，要求在泵管上覆盖草帘，并经常洒水，保持草帘湿润，保证管道中混凝土不会因吸收大量热量而失水，造成管道堵塞。

泵管架设加固节点如图 2-2-36、图 2-2-37 所示。

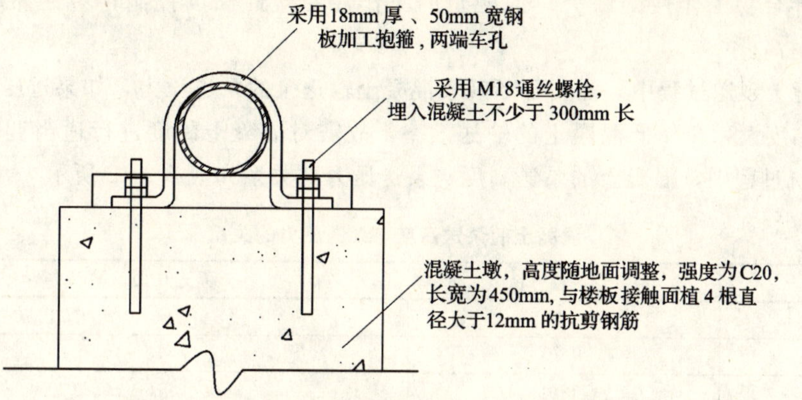

图 2-2-36　混凝土泵管首层固定措施

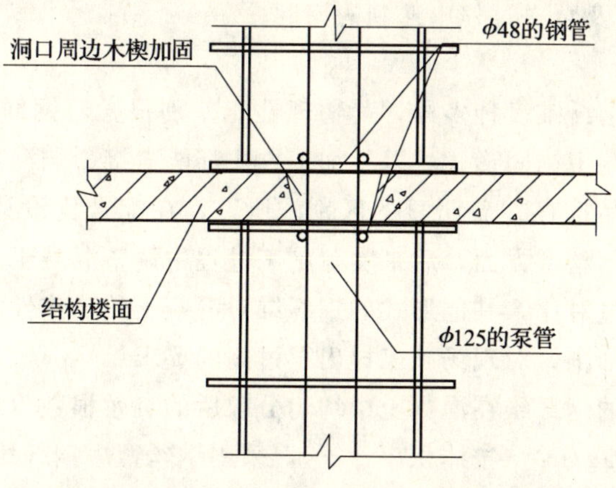

图 2-2-37　混凝土泵管穿楼板加固示意图

4. 混凝土泵送

正式泵送前，先泵适量水，湿润混凝土泵的料斗、活塞及输送泵的内壁等，减少润滑水泥砂浆用量和强度损失，以及检查输送管中有无异物，接头是否严密，然后泵送相同配合比砂浆，至现场料斗内，并用铁锹均匀布料，浇筑顺序应由远及近。现场备用料斗两个，分别储存泵管里排出的水和相同配合比砂浆，避免墙面流下水痕，有利于现场文明施工。

开始泵送时，转速宜为500～550r/min，要先慢后快，混凝土泵要随时反泵，以利于保证正常速度连续泵送和能及时排除障碍。

避免中途停歇，确保混凝土泵连续工作。如混凝土来不及供应可降低泵送速度，以保证混凝土输送的连续性。如出现停料，每隔4～5min进行4个行程动作，如停车大于45min，应用压力水排出管道内的混凝土。

泵送混凝土的泵压包括两方面：一是高度差引起的压力；二是混凝土与管道之间的摩擦阻力。摩擦阻力与混凝土的黏度、流速、管道的粗糙程度等成正比。黏度大则泵送阻力大，且泵的吸入效率也会降低。从流变学观点来看，混凝土拌合物的流动性主要由屈服剪切应力和塑性黏度两个参数来决定。若混凝土拌合物的屈服剪切应力太高，则意味着拌合物工作性的缺失。混凝土的工作性受塑性黏度控制，塑性黏度越大，泵送阻力就越高。

在混凝土泵送过程中，需要不断观察混凝土输送泵的泵送压力，如泵送压力过大，说明混凝土黏度大，会降低混凝土的输送效率，故需对混凝土黏度进行适当调整。在主楼SRC柱浇筑过程中，混凝土的泵送高度与泵送压力的关系如表2-2-12所示。

混凝土的泵送高度与泵送压力的关系 **表 2-2-12**

序号	泵送高度（m）	泵送压力（MPa）
1	50	10
2	120	13～14
3	180	15～16
4	220	16～17

（四）混凝土制备及泵送过程中遇到的问题

1. 钢纤维的选用

目前市场存在的钢纤维多种多样，其物理性能差别很大，钢纤维的化学成分、长度、断面形状、长径比、端头锚固形式，以及加工方式都能直接影响混凝土的工作性能及力学性能，不同厂家的产品也存在着明显的区别。所以，在配合比设计初期，经过初步的筛查，将钢纤维确定在钢丝型方面，后来实际施工过程中调整混凝土工作性能时，也曾用其他形式的钢纤维进行过对比，其他形式的钢纤维对混凝土的工作性能改变非常大，最为明显的就是坍落度损失加剧，对现场施工提出了过高的要求。

同时，不同形式的钢纤维在混凝土中均匀分散后的有效根数也相差甚远。普通钢纤维一般要求掺量大于50kg/m^3（按体积率计算），采用钢丝型短钢纤维，掺量20 kg/m^3，有效根数达15000根，比普通钢纤维根数多5～20倍。钢纤维均匀分散于混凝土中后，抗拉强度有较为明显的提升。

2. 钢纤维抗拉强度的选择

此前掺钢纤维混凝土主要应用在工业地坪、市政路面等部位，混凝土强度均较低，CCTV主楼SRC柱混凝土强度则要求达到C60。试验发现，在高强度混凝土中，钢纤维均被拉断，在低强度混凝土中，钢纤维多被拉出。这一点充分说明，钢纤维的抗拉强度也必须要与混凝土的强度相适应，在高强度混凝土中必须掺加高强度钢纤维，否则钢纤维过早被拉断，不能够充分起到增加混凝土抗裂性能的作用。所以选择抗拉强度大于1000MPa的钢丝型钢纤维，当更高强度的混凝土因工程需要而必须掺加钢纤维时，则应掺加更高抗拉强度的钢纤维，目前已生产出抗拉强度大于1500MPa的钢丝型钢纤维。

3. 工作性能的调整

普通C60混凝土与低强度混凝土相比已显著粘稠。掺加钢纤维后，由于钢纤维的骨架作用，混凝土的流动性将有所降低，钢纤维掺量越大，流动性降低越多。钢丝型钢纤维对混凝土流动性的改变小于其他形式的钢纤维。

影响混凝土流动性的因素除了钢纤维外，外加剂的种类、外加剂与胶凝材料的适应性，以及粗细骨料均至关重要。选择洁净度好、级配好的骨料，可以大大提高混凝土的流动性。小颗粒粗骨料对提高自密实混凝土在钢筋中的穿过能力至关重要。

4. 掺钢纤维自密实混凝土的泵送

由于初期尚未解决泵送问题，钢纤维混凝土施工主要采取塔式起重机配合溜槽进行施工。后来多次试验采用地泵泵送施工，均不成功，堵管现象严重，在拆管时发现，钢纤维被挤入两节泵管接头处的缝隙中，积少成多，成为堵管的主要原因。同时由于自密实混凝土和易性差，浆骨分离较为严重。后来经过调整混凝土和易性，更换部分原材料，混凝土基本消除了泌水、浆骨分离的问题。另外，将泵管换成接口顺滑平整无毛刺的高压管，优化了现场泵管布管线路，泵送问题得到了解决。

5. 抗压强度与抗拉强度

根据试验数据，以C60混凝土配合比为基础，掺加钢纤维后，抗压强度与抗拉强度均有不同程度的提高，掺入钢丝型钢纤维的混凝土强度提高幅度大于其他类型的钢纤维；掺入长度小、长径比大的钢纤维，由于有效根数大幅度提高，所以混凝土抗压强度与抗拉强度提高幅度均高于长度大、长径比小的钢纤维。因此，对混凝土工作性能要求较高的工程，宜优先选用长度短、长径比大的钢丝型钢纤维。

6. 掺钢纤维自密实混凝土的施工

根据以往经验，自密实混凝土不应加以振捣，以避免混凝土离析；掺钢纤维的混凝土也不应振捣，以避免钢纤维缠绕振动棒而成团。由于浇筑部分钢筋密集，模腔过大，混凝土多点入料困难，入料口距离远端长达2～3m，混凝土流经区域要穿过多达近50根直径32mm钢筋及大量箍筋，在初期施工时对混凝土穿过能力估计乐观，未加振捣，施工质量一般，远端必须使用小桶补充方能达到浇筑后柱顶标高入料口与远端一致。其后，施工过程中在入料口适当振捣，同时在模板外侧及入料口远端采用振动棒引振，浇筑效果得到了极大的改进，同时发现采用长度短的钢丝型钢纤维，由于纤维自身长度短，表面光顺无毛刺，因此没有发现缠绕振动棒的现象。

钢纤维混凝土施工要求模板表面平整光滑，不能使用表面硬度低且不光滑的模板，应及时更新模板，旧的或者表面粗糙的模板，钢纤维易扎入模板，拆模后混凝土表面有外伸钢纤维，不但影响混凝土表面观感，也容易扎伤人。模板拼缝不严密时，也存在同样的问题，钢纤维会被挤入模板拼缝，从而拆模板后形成集中外伸钢纤维，在后期装修施工过程中很容易伤人。旧模板拼接不易严密，对自密实混凝土由于浆体丰富，容易在模板接缝处形成漏浆，从而导致混凝土表面形成蜂窝麻面。

第三节　超大型塔式起重机的应用

一、超大型钢结构工程起重机的选型和定位

（一）概况

主楼包括两座斜塔楼和连接两座斜塔楼顶部的 F14 高的悬臂结构，以及 F10 裙楼与三层地下室。塔楼由核心筒、内部结构、外框筒三部分组成，核心筒及内柱为竖直，外框筒双向倾斜。塔楼一在 F21～F23、F28～F30、F36～F38，塔楼二在 F22～F24、F37～F39 之间设有转换桁架。塔楼一为 F52，屋顶最高处标高 234m；塔楼二为 F44，屋顶最低处标高 194m；裙楼 F10，屋顶标高 46.45m。钢结构由钢柱、钢梁、支撑、转换桁架组成，钢结构构件分布如表 2-3-1 所示。

钢结构构件分布表　　表 2-3-1

部位		构件名称	数量
塔楼一	外框筒	钢柱	996 件
		钢梁	896 件
		支撑	775 件
	核心筒及内柱	核心筒钢柱	513 件
		内柱	185 件
		钢梁	9644 件
		支撑	512 件
塔楼二	外框筒	钢柱	750 件
		钢梁	608 件
		支撑	605 件
	核心筒及内柱	核心筒钢柱	324 件
		内柱	152 件
		钢梁	6682 件
		支撑	141 件
悬臂部分		外框柱、梁、支撑	957 件
		内框柱、梁	3009 件
		转换桁架	15 榀

续表

部　　位		构件名称	数量
裙楼部分		外框柱、梁、支撑	1252 件
		内框柱、梁	7943 件
		转换桁架	21 榀
屋顶层		钢梁、支撑	478 件
钢楼梯		钢梯	5424 件
总数量			41882 件

（二）塔式起重机选择和定位原则

根据图纸情况，为保证钢构件顺利安装，主要考虑钢结构施工阶段的塔式起重机使用情况。

（1）满足施工需要，不出现施工盲区。

（2）根据构件分段要求，确定所选塔式起重机的起重性能。

（3）因塔楼双向倾斜，塔楼所用塔式起重机初始为固定式安装，施工至一定高度时变为内爬升使用，以满足施工要求。

（4）因现场使用塔式起重机较多，应考虑施工时塔式起重机的协同作业。

（三）塔式起重机选择和确定

塔楼一高 234m，塔楼二高 194m，两座塔楼双向向内倾斜 6°，偏移率为 148.6/1000，钢柱从柱底到柱顶水平直线偏移达到 36.955m，塔楼一悬臂部分外伸距离为 75.165m。为了能够始终覆盖到所有钢构件并满足起重要求，起重运输设备必须采用大型设备并分次移位。由于设计不允许外框筒蝶形节点水平分节，因此外框筒柱按两层一分节，初步估算最重的带蝶形节点的钢柱构件达 66.87t（实际深化设计的构件重量将有可能超过此值，因此需考虑一定富余量），核心筒柱按三层一分节进行吊装，施工中将有大量重量超过 10t 以上的钢构件。

鉴于上述特点，主要吊装设备的选择既要满足全部构件吊装要求，还要保证较高的作业效率和可靠的安全操作性及合理的经济性。所使用大型塔式起重机的起重能力和提升速度将会成为施工进度的重要影响因素。

根据上述要求选择以下塔式起重机以满足工程施工的需要，塔式起重机性能如表 2-3-2～表 2-3-5 所示，塔式起重机选型如表 2-3-6 所示。

M1280D 塔式起重机起重性能表（73.4m 臂长）　　**表 2-3-2**

半径（m）	10	20	30	40	50	60	71
吊重（t）	80	80	72	54.5	40.8	30	20

M600D 塔式起重机起重性能表（55m 臂长）　　**表 2-3-3**

半径（m）	10	20	30	40	50	52.5
吊重（t）	46.2	32.7	21.6	14.7	11	9.7

M440D 塔式起重机起重性能表（55m 臂长） **表 2-3-4**

半径（m）	10	20	30	40	50	55
吊重（t）	32	25.8	17.5	11.8	8	6.6

C70/50B 塔式起重机起重性能表（40m 臂长） **表 2-3-5**

半径（m）	27	30	33	37	40
吊重（t）	17	15	13.4	11.7	10.7

塔式起重机选型表 **表 2-3-6**

施工区域	塔式起重机配备	臂长（m）	塔身高度（m）	动力	备注
塔楼一	1 台 M1280D 动臂式塔式起重机	73.4（塔楼施工及悬臂初始施工）	48（固定阶段）	柴油驱动	开始安装为固定式，后变为内爬，核心筒施工至 F41 换位重新安装
			56（爬升阶段）		
		82.6（悬臂施工移位臂长换成 82.6m）	56		
	1 台 M600D 动臂式塔式起重机	55	48（固定阶段）	柴油驱动	开始安装为固定式，后变为内爬
			56（爬升阶段）		
塔楼二	1 台 M1280D 动臂式塔式起重机	73.4（塔楼施工）	48（固定阶段）	柴油驱动	开始安装为固定式，后变为内爬，核心筒施工至 F39 换位重新安装
			56（爬升阶段）		
			56（悬臂安装阶段）		
	1 台 M600D 动臂式塔式起重机	55	48（固定阶段）	柴油驱动	开始安装为固定式，后变为内爬
			56（爬升阶段）		
裙楼	2 台 M440D 动臂式塔式起重机	55	40（开始施工阶段）	柴油驱动	固定式塔式起重机
			60（F6 设置附着后）		
	1 台 C70/50B 塔式起重机	40	60	电力 188kW	平臂固定式塔式起重机

（四）塔式起重机定位

钢结构塔式起重机定位平面主要是考虑塔式起重机的安拆、现场构件运输通道、构件堆场的布置等因素，平面布置为三个阶段，第一阶段为地下室施工阶段：主要考虑构件运输车辆进入地下室，通过钢栈桥到达塔式起重机起吊位置；第二阶段为地上施工阶段：构件的运输通道、构件堆场全部布设在地面层；第三阶段是悬臂施工阶段。

1. 地下室和地上阶段塔式起重机定位

地下三层筏板面积 41110m^2，两个主楼区筏板厚度为 4.5～10.9m，底板施工完成后需各安装两台钢结构吊装用大型塔式起重机 M1280D 和 M600D 塔式起重机，裙楼区域筏板厚度为 2m 左右，底板施工完成将安装钢结构吊装用大型塔式起重机 2 台 M440D 和 1 台 C70/50B 塔式起重机。具体定位数据略。

在地上施工阶段，塔楼使用的塔式起重机将由固定式改为内爬式，由于结构双向倾斜，在施工过程中塔式起重机需进行移位安装。

以塔楼一首层为例，主要构件吊装半径、重量分析见表 2-3-7。

塔楼一核心筒柱主要构件吊装半径、重量分析表　　表 2-3-7

构件编号	起重半径（m）	最大构件重量（t）	塔式起重机起重量（t）	使用塔式起重机型号
1C01	9.7	64.8	80	M1280D
1C02	29.0	22.5	24	M600D
1C03	13.6	23.5	80	M1280D
1C04	17.2	23.5	80	M1280D
1C05	8.5	26.5	32	M600D
1C06	7.7	22.6	32	M600D
1C07	14.0	12.9	32	M600D
1C08	8.0	30.4	80	M1280D
1C09	28.0	22.5	25	M600D
1C10	12.5	45.7	80	M1280D
1C11	16.3	45.7	80	M1280D
1C12	25.5	34.6	80	M1280D
1C13	33.0	20.2	65	M1280D
1C14	12.4	12.9	32	M600D
1C15	10.2	22.9	80	M1280D
1C16	7.7	22.9	80	M1280D
1C17	14.0	16.9	80	M1280D
1C18	17.8	16.9	80	M1280D
1C19	8.3	20	32	M600D
1C20	7.4	20	32	M600D
1C21	13.8	12.9	32	M600D

2. 悬臂施工阶段塔式起重机定位

悬臂部分钢结构主要采用两台 M1280D 大型内爬式塔式起重机进行吊装。

塔楼一：M1280D 塔式起重机开始采用 73.4m 起重臂，在悬臂施工缝连接前为满足远点吊装换成 82.6m 起重臂。

塔楼二：M1280D 塔式起重机采用 73.4m 起重臂。

具体定位数据略。

根据各吊装单元的重量统计，各距离范围内最重构件与塔式起重机起重性能分析见表2-3-8～表2-3-10。

塔楼一 M1280D 塔式起重机 73.4m 臂长起重能力分析表 **表 2-3-8**

数据分析	M1280D起重性能										
	（m）	20.0	25.0	30.0	35.0	40.0	45.0	50.0	55.0	60.0	65.0	71.0
	（t）	80.0	80.0	72.0	64.5	54.5	47.0	40.8	35.3	30.0	25.0	20.0
	各半径范围内最重构件										
	（m）	20.0	28.5	31.3	36.8	37.0	42.2	48.9	48.5	55.2	61.7	68.2
	（t）	70.9	63.9	59.5	48.0	44.5	40.0	37.0	35.0	32.0	22.4	19.1

塔式起重机吊装区域简图

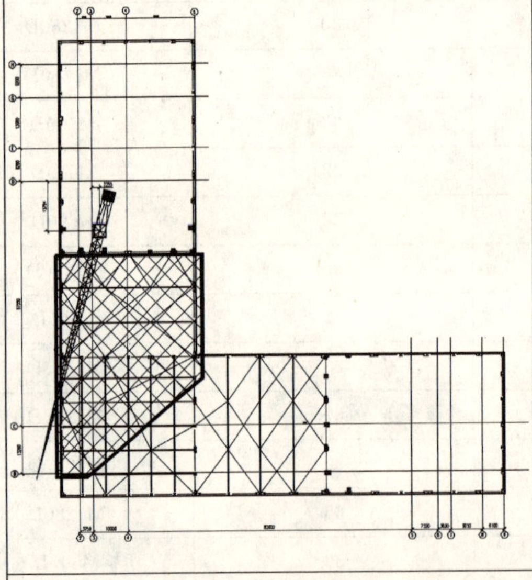

平面图

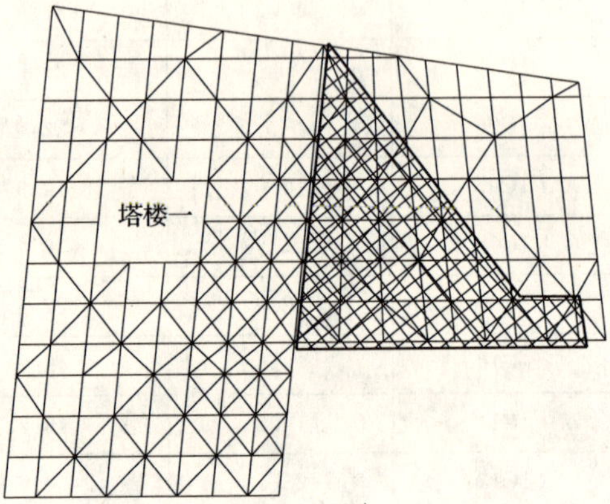

立面图

吊重分析曲线

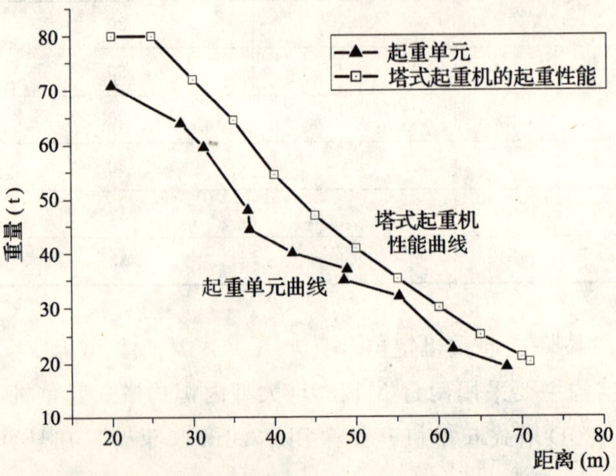

分析结果：上述分析表明，塔楼一的 M1280D 塔式起重机采用 73.4m 起重臂，充分发挥了塔式起重机的起重能力，并且覆盖了以上吊装区域内的所有构件。

塔楼一 M1280D 塔式起重机 82.6m 臂长起重能力分析表　　　　表 2-3-9

数据分析	M1280D起重性能表										
	(m)	25.0	30.0	35.0	40.0	45.0	50.0	55.0	60.0	65.0	70.0	75.0
	(t)	50.0	48.4	45.0	41.2	37.8	34.2	30.6	27.0	23.5	19.0	16.5
	各半径范围内最重构件										
	(m)	31.3	37.0	44.2	48.9	55.2	61.7	68.2	74.3			
	(t)	29.4	39.7	36.1	28.7	31.5	22.4	19.1	14.9			

塔式起重机吊装区域简图	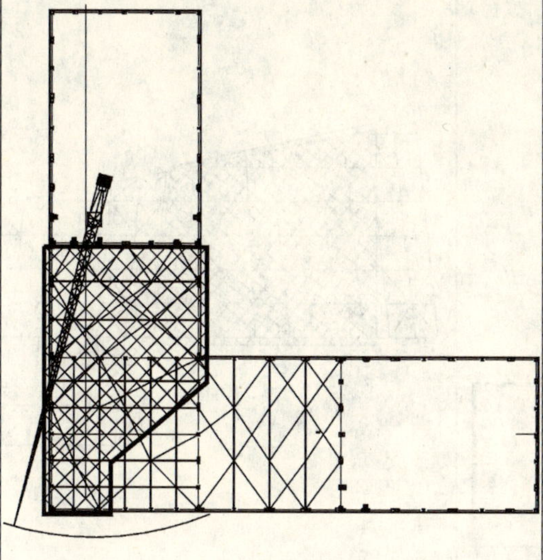	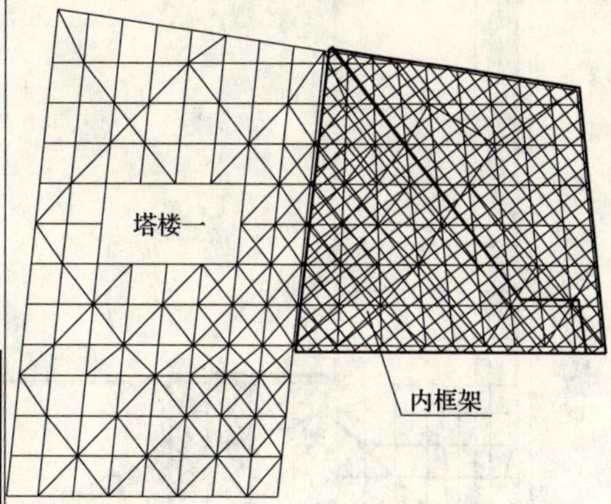
	平面图	立面图
吊重分析曲线	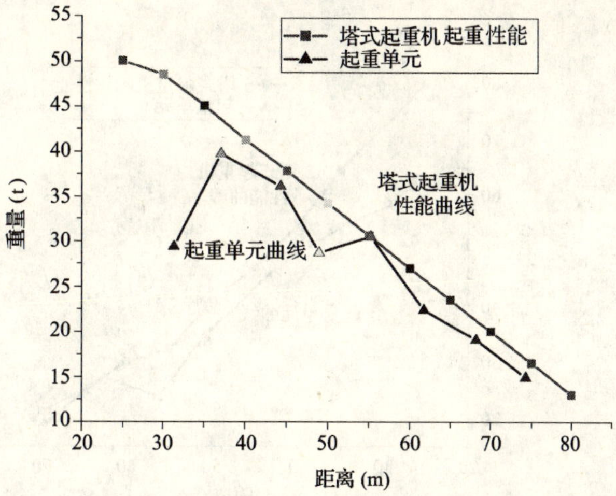 	
分析结果	上述分析表明，塔楼一的 M1280D 塔式起重机换用 82.6m 起重臂，充分发挥了塔式起重机远距离吊装的能力，并且覆盖了以上吊装区域内的所有构件；采用 82.6m 起重臂时，近距离较重的吊装单元已经安装完成。	

塔楼二 M1280D 塔式起重机 73.4m 臂长起重能力分析表　　　　表 2-3-10

<table>
<tr><td rowspan="6">数据分析</td><td colspan="12">M1280D起重性能表</td></tr>
<tr><td>(m)</td><td>20.0</td><td>25.0</td><td>30.0</td><td>35.0</td><td>40.0</td><td>45.0</td><td>50.0</td><td>55.0</td><td>60.0</td><td>65.0</td><td>71.0</td></tr>
<tr><td>(t)</td><td>80.0</td><td>80.0</td><td>72.0</td><td>64.5</td><td>54.5</td><td>47.0</td><td>40.8</td><td>35.3</td><td>30.0</td><td>25.0</td><td>20.0</td></tr>
<tr><td colspan="12">各半径范围内最重构件</td></tr>
<tr><td>(m)</td><td>26.5</td><td>28.9</td><td>34.0</td><td>42.3</td><td>50.8</td><td>56.2</td><td>62.6</td><td>69.6</td><td></td><td></td><td></td></tr>
<tr><td>(t)</td><td>62.3</td><td>58.3</td><td>54.9</td><td>47.2</td><td>34.7</td><td>23.8</td><td>27.3</td><td>19.1</td><td></td><td></td><td></td></tr>
<tr><td rowspan="2">塔式起重机吊装区域简图</td><td colspan="6">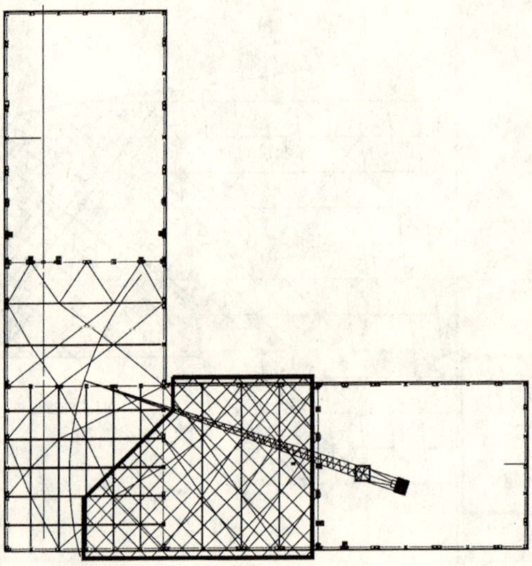</td><td colspan="6">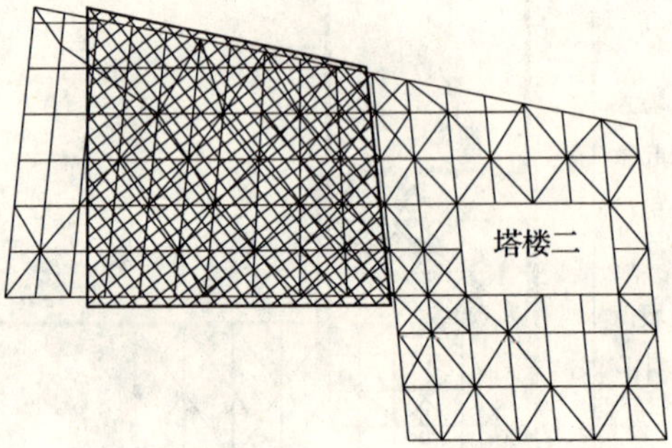</td></tr>
<tr><td colspan="6">平面图</td><td colspan="6">立面图</td></tr>
<tr><td>吊重分析曲线</td><td colspan="12">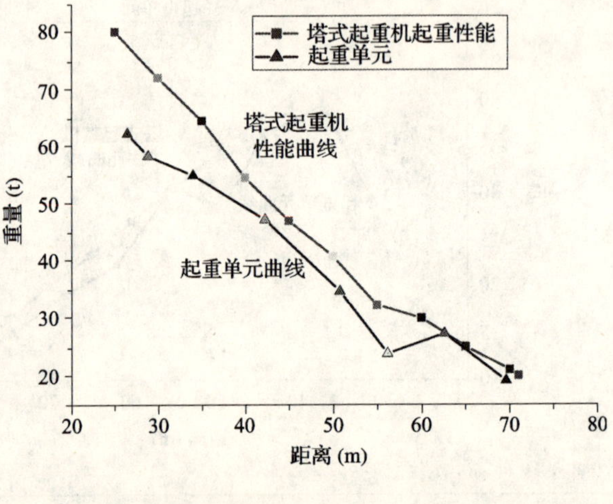</td></tr>
<tr><td>分析结果</td><td colspan="12">上述分析表明，塔楼二的 M1280D 塔式起重机采用 73.4m 起重臂，充分发挥了各半径范围的起重能力，并且覆盖了以上吊装区域内的所有构件</td></tr>
</table>

二、主楼大型塔式起重机基础设计与施工

（一）塔式起重机基础设计

由于工程的特殊性，为缩短大型塔式起重机的使用时间，在底板混凝土结构施工完成后开始陆续安装七台钢结构吊装用大型塔式起重机，利用结构底板作为基础。两个主楼区筏板厚度为 4.5～10.9m，裙楼区域筏板厚度为 2m 左右，详见图 2-3-1 大型塔式起重机平面布置图。

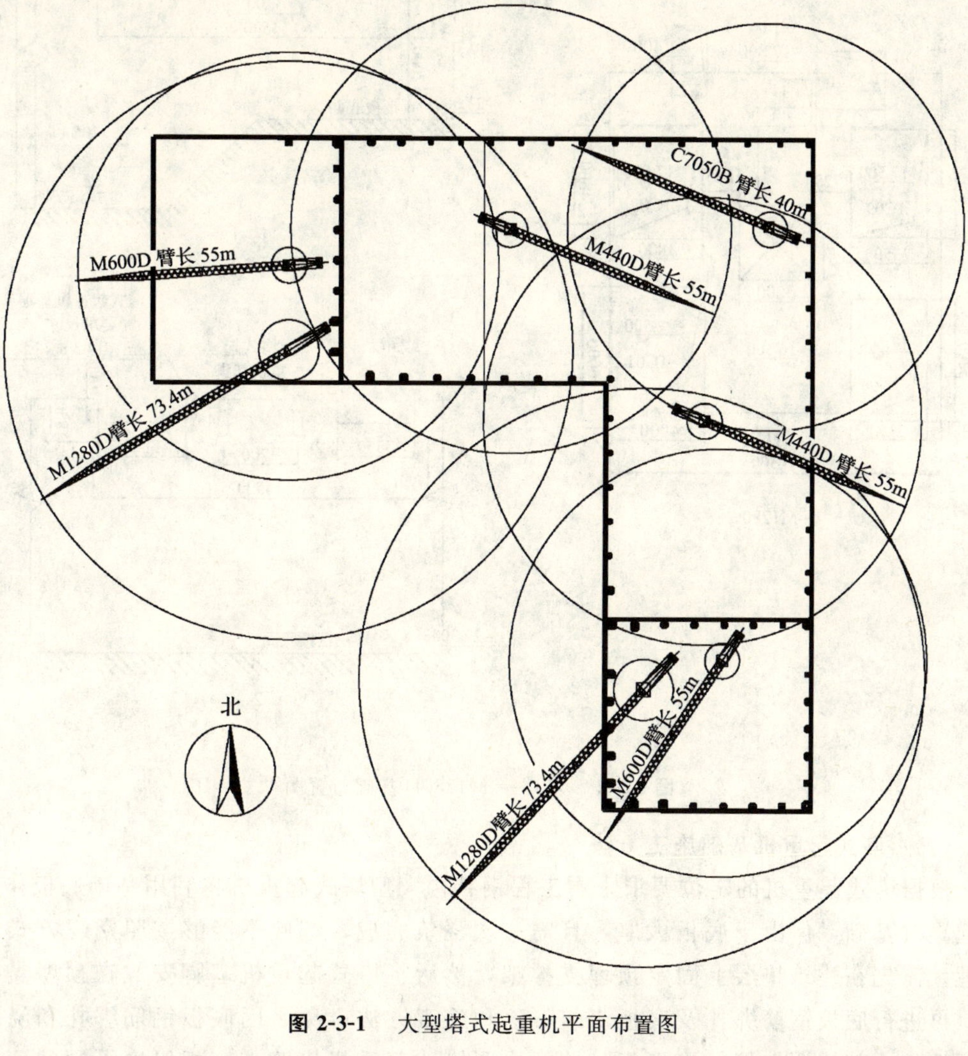

图 2-3-1　大型塔式起重机平面布置图

裙楼处 3 台塔式起重机所处底板较浅，因此采用“筏板钢筋混凝土＋钢马凳＋塔式起重机基脚”式起重机基础。

塔楼处 4 台塔式起重机的安装位置因基础筏板较厚（4.5～10.9m），因此采用“筏板钢筋混凝土＋预埋支架＋塔式起重机基脚”式起重机基础。塔楼处塔式起重机设置于塔楼

核心筒区域，此区域底板顶面和底面都相对复杂，顶面存在电梯井、集水坑、钢柱脚留坑等下沉部位，底面有高低错台情况，而塔式起重机基脚顶面呈 45°角范围内不允许有预留坑，因此对塔式起重机位置和部分预留坑形状进行了微调，以确保使用安全，详见图 2-3-2～图 2-3-5。

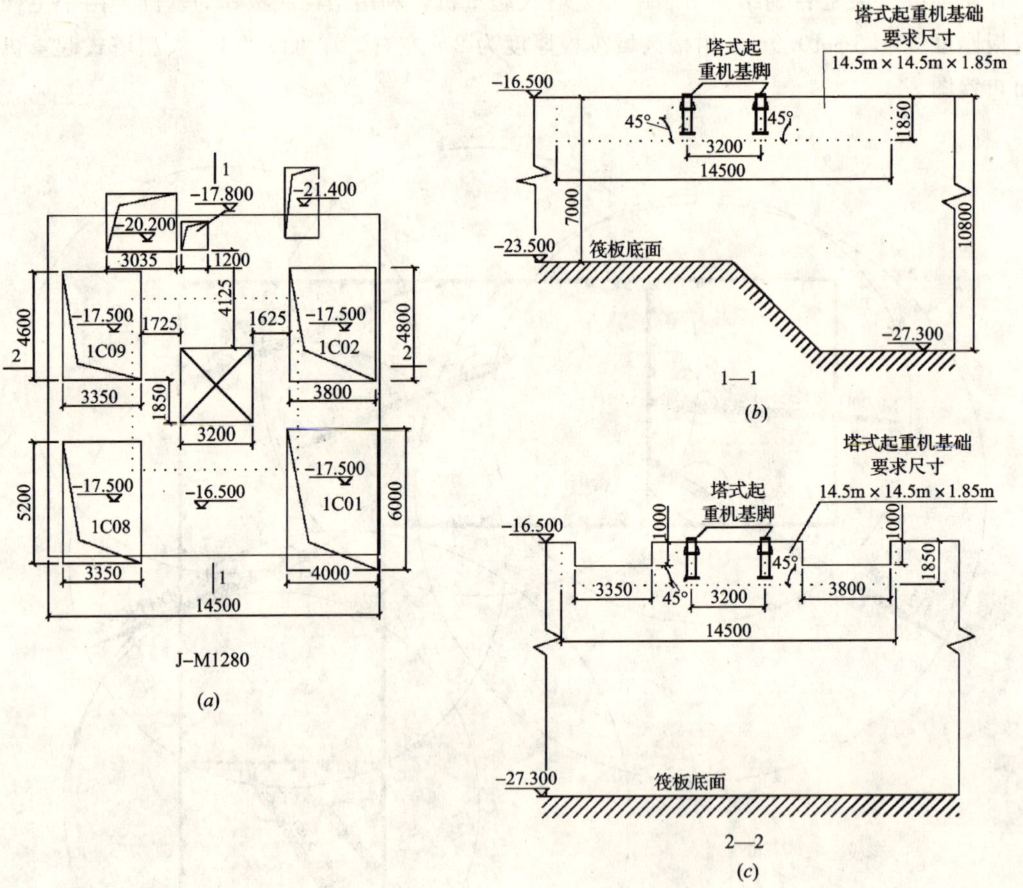

图 2-3-2　塔楼一 M1280D 基础布置图

（二）塔式起重机基础施工方法

根据塔式起重机的定位要求，本工程钢结构大型塔式起重机将利用基础底板作为塔式起重机基础，但由于底板太厚，且需一次浇筑完成，基础不能够按照常规方式进行预埋。需先在建筑垫层上固定预埋支撑架，然后将塔式起重机基脚安放在预埋支撑架上，再进行底板钢筋绑扎及底板浇筑。这种施工方法避免了因底板钢筋绑扎和浇筑移动预埋件或破坏调整好的水平度，并解决了塔式起重机横跨在底板厚度不同的两个区域难以调平的问题。以塔楼一 M1280D 为例，图 2-3-6、图 2-3-7 反映了塔式起重机基础支撑做法。

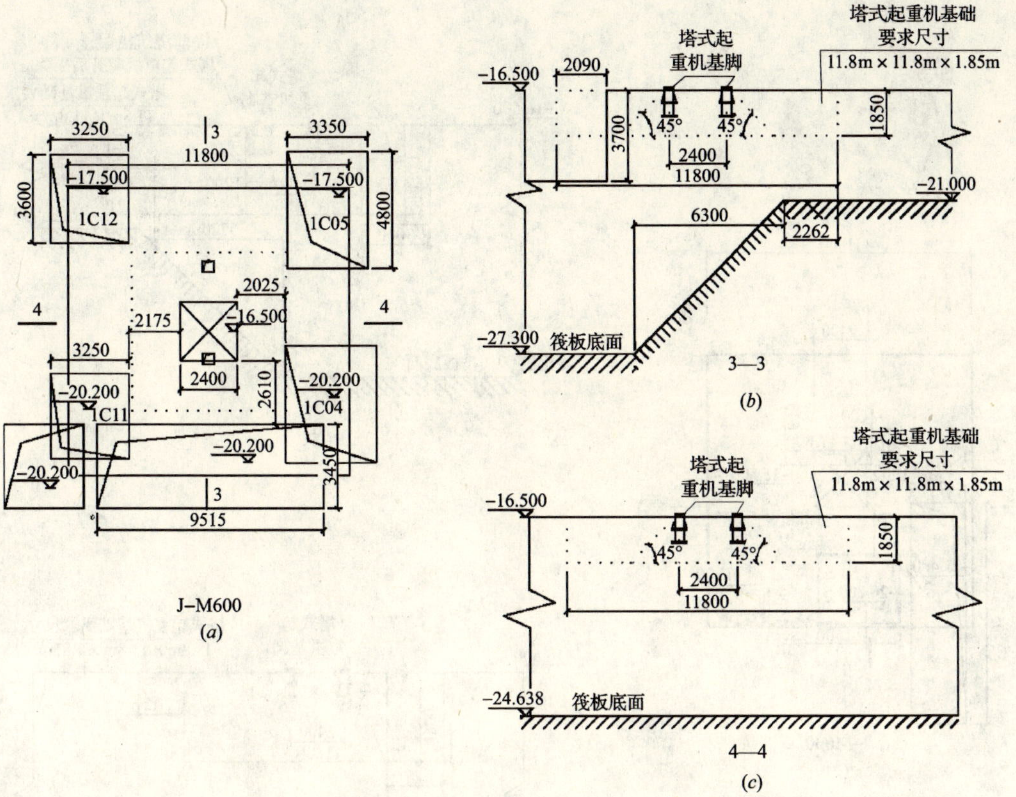

图 2-3-3　塔楼一 M600D 基础布置图

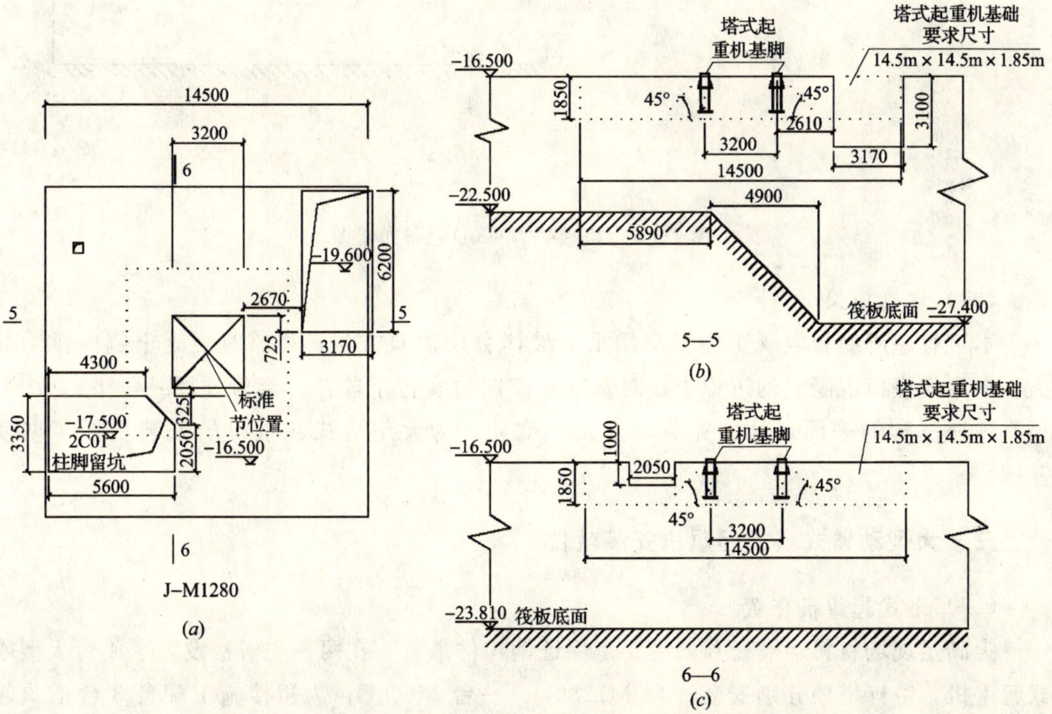

图 2-3-4　塔楼二 M1280D 基础布置图

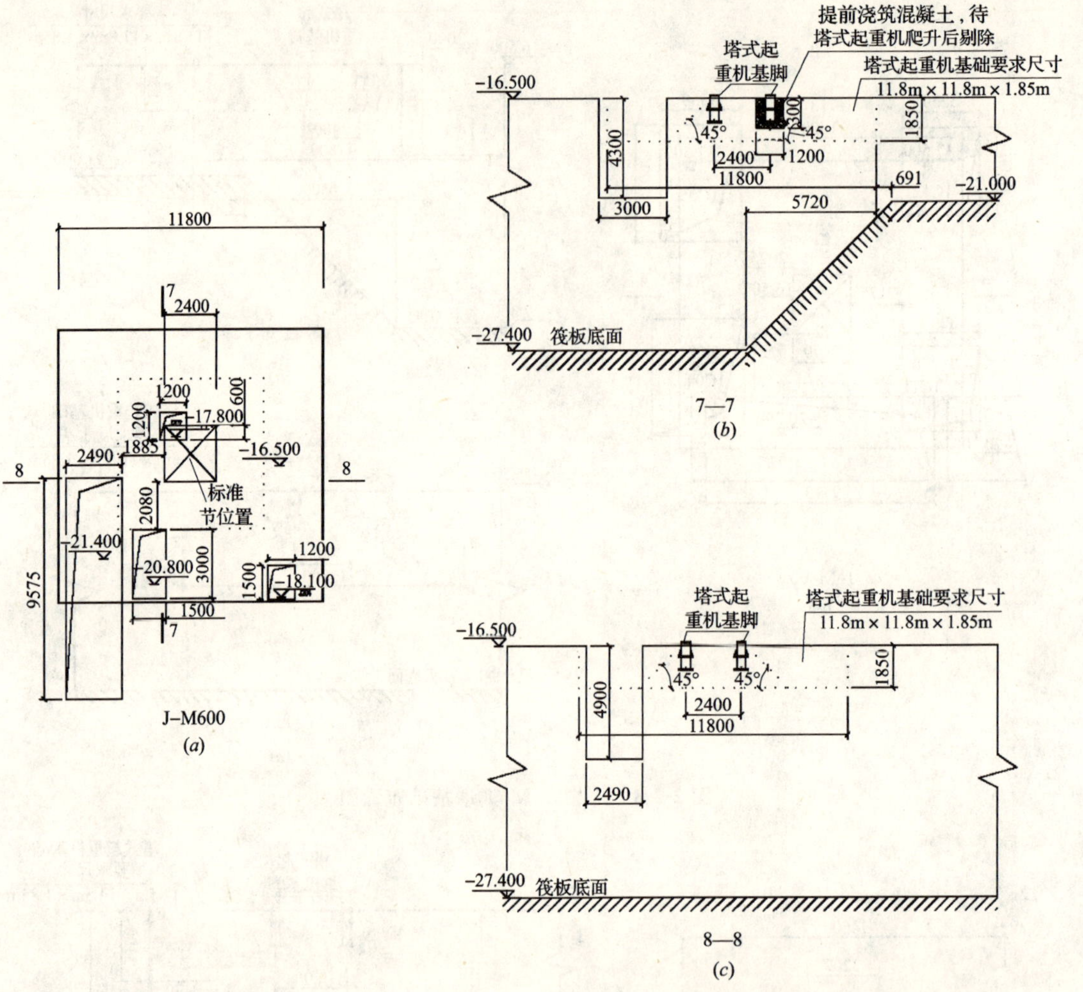

图 2-3-5　塔楼二 M600D 基础布置图

（三）实施效果

本工程超厚底板混凝土施工采用了大坡槎分层浇筑方法，浇筑时混凝土侧向推力较大。在浇筑底板混凝土的过程中，对基础支撑定位实行了监控。经对预埋基脚进行复测，所有预埋基脚的平面尺寸、标高均未发生变化，为大型塔式起重机的安装提供了坚实基础。

三、大型动臂式塔式起重机安装就位

（一）塔式起重机布置

为满足现场材料运输任务，主要是保证钢构件吊装，在两栋主塔楼设置了 4 台大型塔式起重机，每栋塔楼分别安装一台 M1280D、一台 M600D；为裙楼施工配备 3 台塔式起重机，分别是两台 M440D，一台 C7050B 塔式起重机。塔楼的大型塔式起重机距基坑边

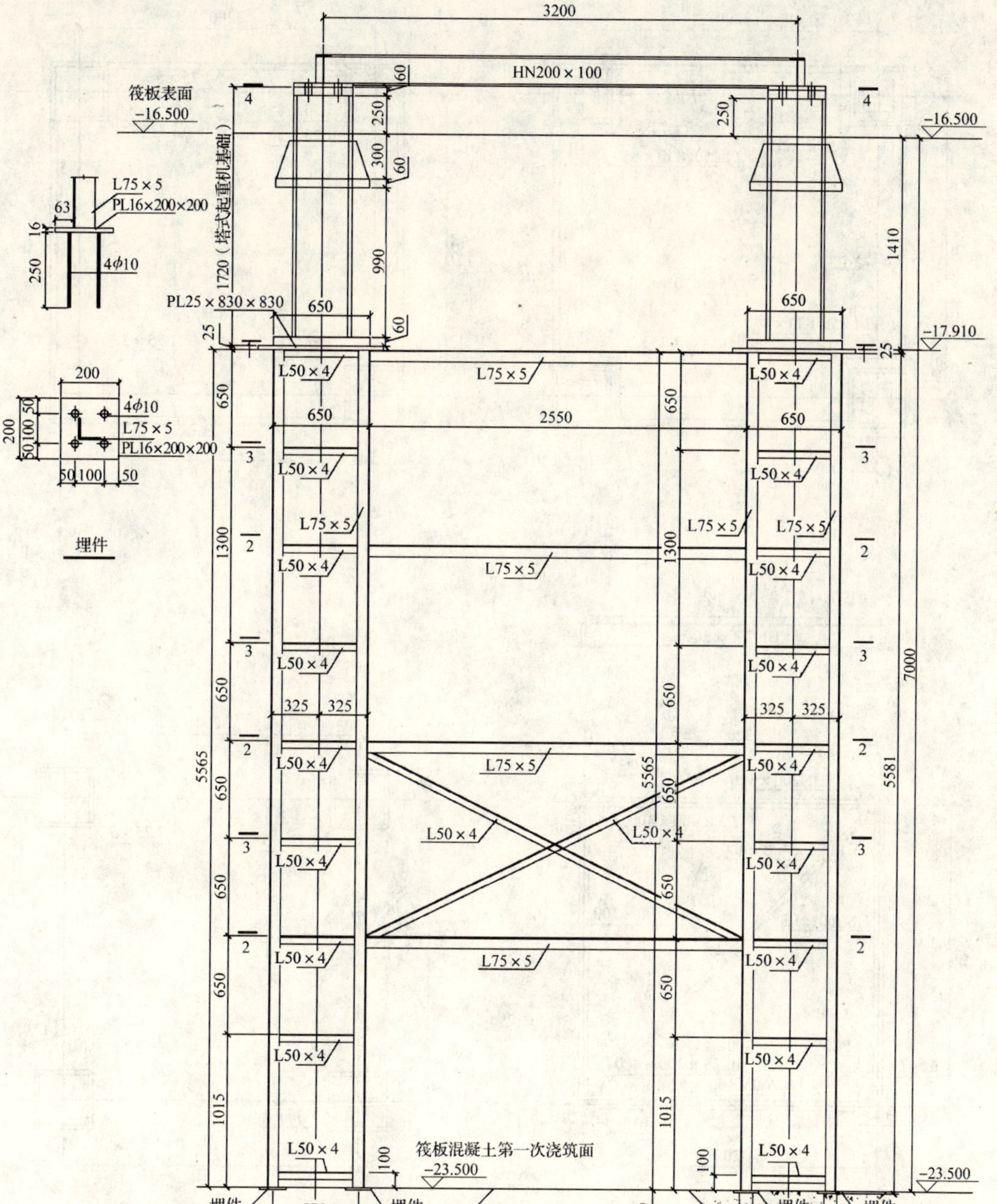

图 2-3-6　塔楼一 M1280D 基础支撑立面图

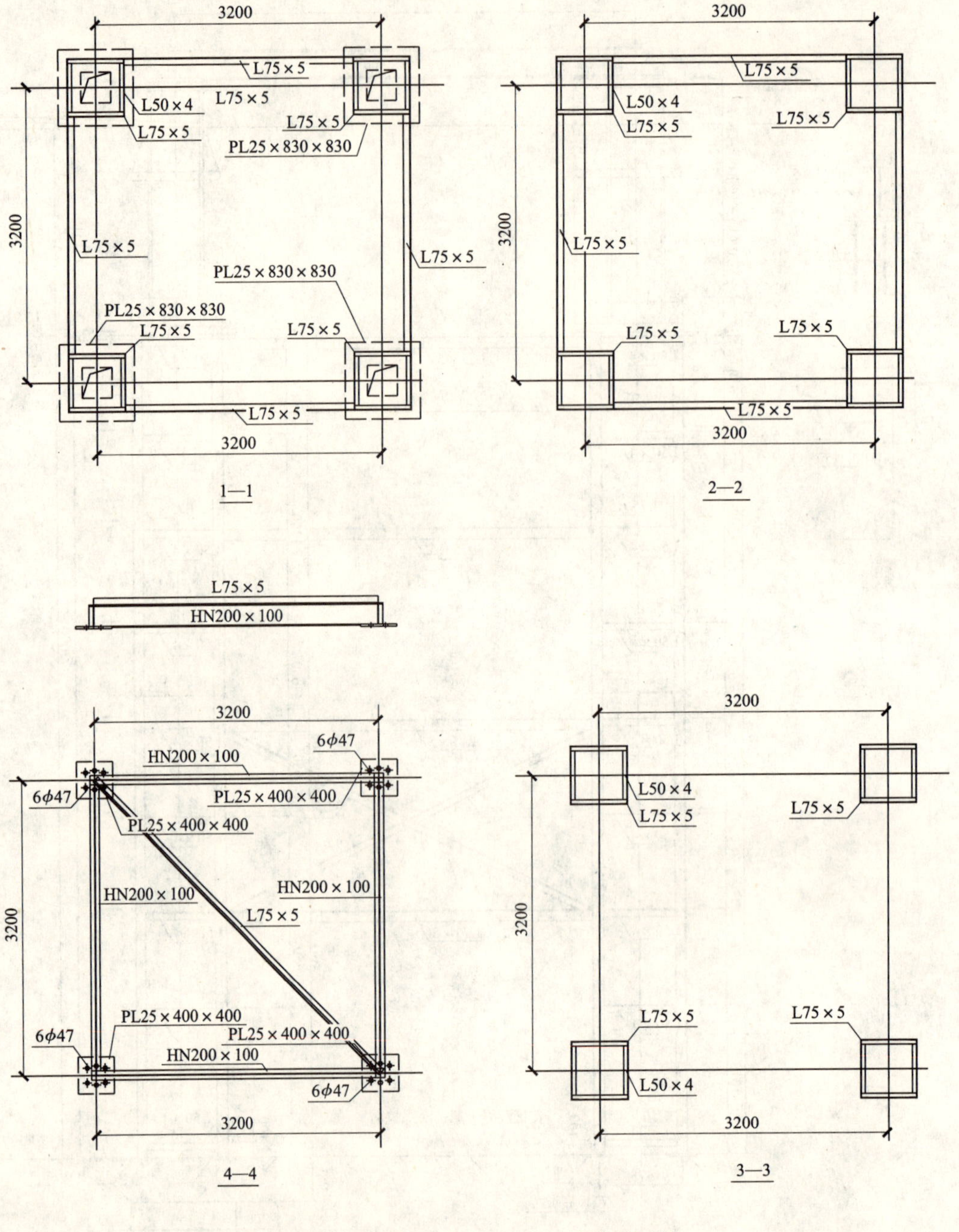

图 2-3-7 塔楼一 M1280D 基础支撑剖面图

距离都在 30m 以上，塔楼一甚至达到 70m，因此无法采用常规方法进行塔机安装。塔式起重机 M1280D 构件重量列表见表 2-3-11，大型塔式起重机平面布置图见图 2-3-8。

塔式起重机 M1280D 构件重量列表　　表 2-3-11

构件名称	数量	尺寸（m）	单件重量（t）	备　注
标准节	14	4	8.512	第 4、5 节为加强节
爬升塔节	1	4	22	内有顶升千斤顶
下回转体	1		18	
上回转组	1		19	
起重臂	1	73.4	32	
机械平台	1		16	
卷扬机及发动机组	1		15	
桅杆总成	1		16.5	
配重	15	4	7.65	

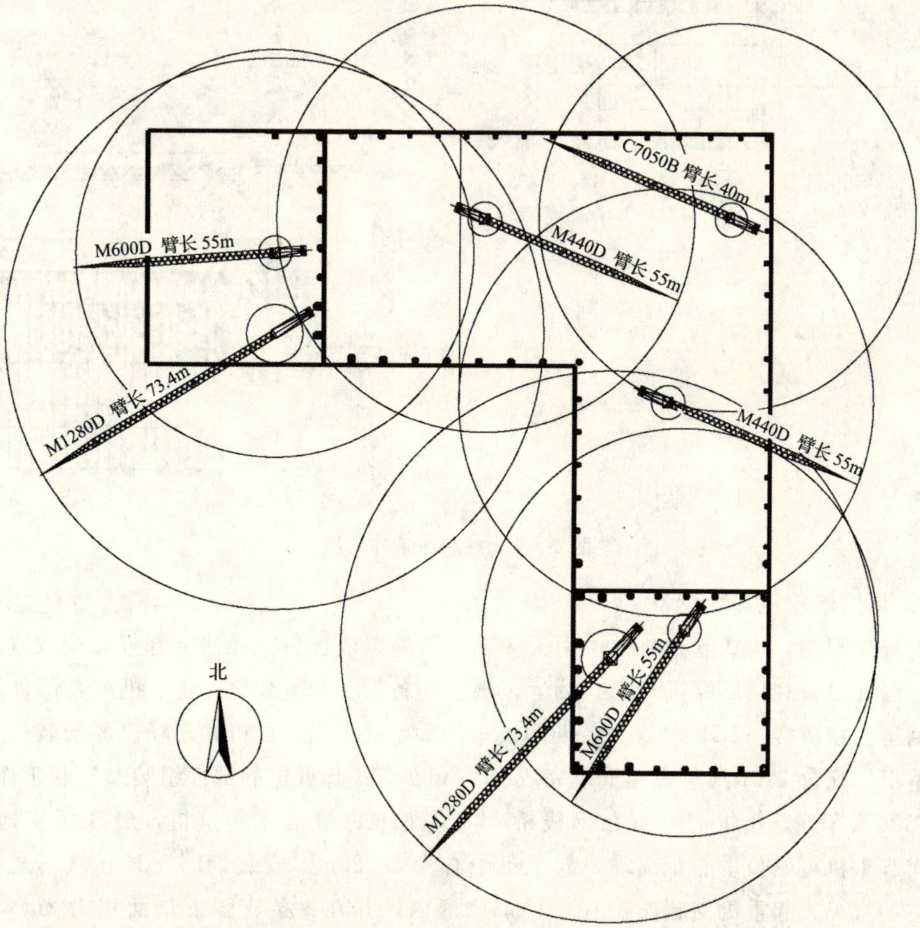

图 2-3-8　大型塔式起重机平面布置图

（二）塔式起重机安装方法

1. 栈桥设置

根据现场实际情况，为了满足现场钢结构吊装和两个塔楼的两台 M1280D 塔式起重机安装的需求，须在塔楼一、塔楼二附近各搭设一个钢栈桥及平台，用于塔式起重机的安装、钢构件的运输通道及临时堆放钢构件，栈桥设计承载力为 4.4t/m^2。栈桥布置如图2-3-9所示。

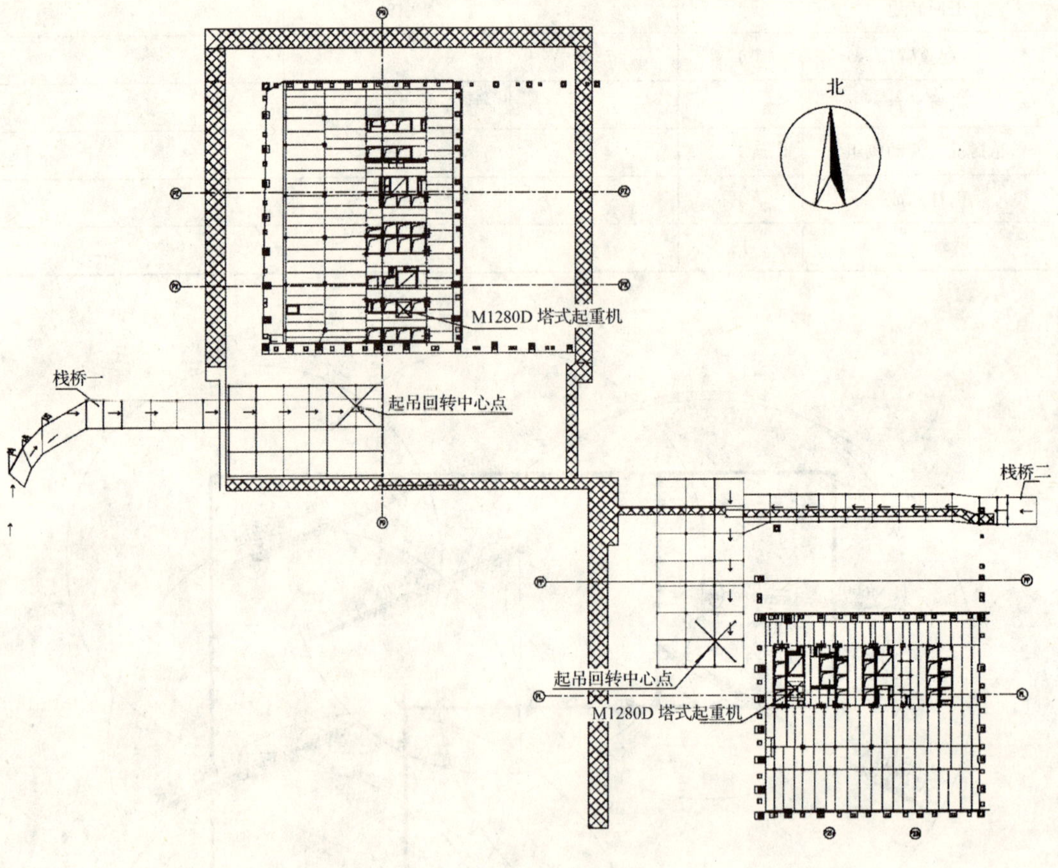

图 2-3-9　栈桥平面布置图

2. 塔式起重机安装设备

受场地限制，塔式起重机部件由天津港运至施工现场后，无法将部件完全放置到所需位置，因此设备到场后需进行二次倒运，现场配备一台 50t 汽车式起重机配合部件卸车及现场倒运。在塔楼一 M1280D 安装期间，采用 50t 汽车式起重机和现场已经安装的 3 号塔式起重机，配合 250t 汽车式起重机完成 M1280D 塔式起重机的部件组装及安装工作。

250t 汽车式起重机需停留在钢栈桥上安装 M1280D 塔式起重机，经现场实地测量，汽车式起重机可站位中心距离塔式起重机中心为 22.26m。安装期间，250t 汽车式起重机不移位，汽车式起重机支腿站位在栈桥加密区内，并在每条支腿下垫面积为 2m×2m 的 100mm×100mm 木方，木方上垫汽车式起重机自带的 1.5m×1.5m 路基箱，详见图 2-3-10。

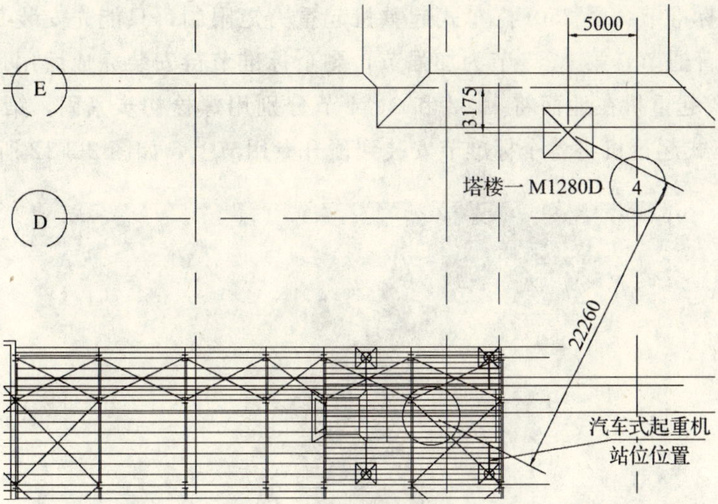

图 2-3-10　250t 汽车式起重机站位图

3．塔式起重机安装步骤

（1）顶升专用节安装：将已安装好液压系统的顶升专用节安装到预埋支腿上，每个支柱用 6 根螺栓连接并初步紧固。保持塔式起重机的顶升方向（顶升节爬爪方向）同爬带方向一致，标准节立柱工字钢的腹板同次梁平行，翼缘同主梁平行，如图 2-3-11 所示。

图 2-3-11　顶升专用节安装

(2) 安装标准节：受250t汽车式起重机起重力矩限制，只能先安装5个标准节，其中下面3节为普通节，第4、5节为加强节，剩余标准节待安装完成后用顶升框加节。首先，50t汽车式起重机在地面将1、2和3、4节分别用螺栓初步紧固，第5节单独吊装，再用250t汽车式起重机将各个标准节安装到顶升专用节上，如图2-3-12所示。

图 2-3-12 标准节安装

(3) 依次安装塔式起重机下回转支撑、上回转（含驾驶室）、平衡臂、发动机、卷扬机组、配重（共15块，起重臂安装前先安装2块）。

(4) 连接塔式起重机油路及动力，并缓慢回转，使回转支撑上的起重臂连接耳板朝向汽车式起重机方向。

(5) 安装起重臂总成：起重臂在栈桥上由50t汽车式起重机、现场3号塔式起重机配合250t汽车式起重机完成起重臂的拼装工作，由250t汽车式起重机完成起重臂的安装工作。起重臂朝汽车式起重机车头方向拼装，起重臂根部朝向塔式起重机回转，起重臂重心距离臂根约33m，吊装时使起重臂倾斜约20°，用一根钢丝绳将起重臂拉接在A字架上，如图2-3-13所示。

(6) 穿绕各部钢丝绳、试机及调试：塔式起重机安装完毕后进行试机，由安装专业技术人员在厂家人员的指导下进行。

1) 打开所有限制开关，连接发动机供油管到油箱，连接发动机节气管到操作室，连接控制线路到操作室，连接电线到操作室，连接油管到回转传动机构。

2) 检查动力部分。

3) 安全限位设定。

4) 试车。

5) 进行载荷试验。

图 2-3-13　塔式起重机大臂安装

四、大型塔式起重机爬升支撑架设计技术及结构加固技术

（一）塔式起重机爬升支撑架设计技术

1. 塔式起重机支撑架的布置

与通常的高层建筑不同，CCTV 主楼外框筒结构抗侧刚度大而核心筒抗侧刚度较小，原结构设计时侧向作用力未考虑核心筒的侧向刚度，核心筒结构仅承受竖向荷载作用。塔楼内两台大型塔式起重机分别布置在核心筒内，由于原结构钢梁截面较小，需要采用其他临时的塔式起重机支撑大梁，支撑柱采用原结构钢柱。

每台塔式起重机支撑架主要由主梁、次梁、支撑等组成，主梁采用变截面焊接组合钢梁，主要用于承受竖向力，为使塔式起重机爬升阶段易于安装，主梁与核心筒钢柱连接通过牛腿实现；次梁采用变截面钢梁，直接连接塔式起重机 C 形钢梁（塔式起重机抱箍钢梁），承受竖向力和传递水平力，次梁与主梁通过搭接连接；塔式起重机工作状态或非工作状态产生的水平力主要通过支撑传递，支撑采用无缝钢管，通过销轴与钢柱和次梁连接。为减小水平力传递时的竖向偏心，支撑直接与次梁上翼缘连接。图 2-3-14 和图 2-3-15 分别为塔式起重机支撑架结构三维模型图和实物图。

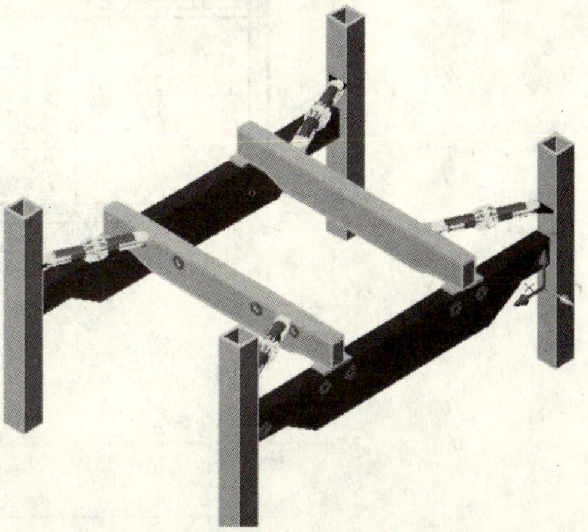

图 2-3-14　塔式起重机支撑架三维模型示意图

图 2-3-15　塔式起重机支撑架现场实物图

塔式起重机支撑架设计以经济合理和结构安全为原则，按照塔式起重机的爬升顺序，塔楼一塔式起重机 M1280D 和 M600D 移位前后各需支撑架三套；塔楼二塔式起重机 M1280D 第一次移位前后需支撑架四套，第二次移位后需要两套；M600D 塔式起重机移位前后需要四套。塔式起重机支撑架随着塔式起重机爬升反复向上倒运重复使用，并且塔式起重机移位前后支撑架大梁和部分次梁及支撑能够再次使用。图 2-3-16 为典型塔式起重机支撑结构平面布置图。

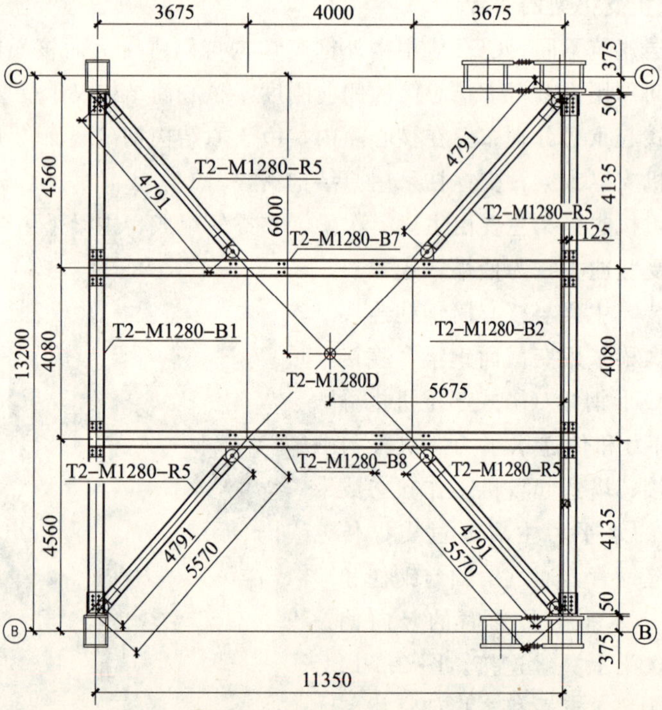

图 2-3-16　典型塔式起重机支撑架结构平面布置图

2. 塔式起重机支撑架设计

(1) 计算荷载和荷载组合

对于本工程的大型塔式起重机 M1280D 和 M600D，在进行支撑结构设计时按照塔身高度为 56m，两道夹持间距为四层楼高（约 17m），塔式起重机许可夹持距离为 17～24m。支撑架设计时考虑了如下荷载：支撑架使用状态的自重、塔式起重机的自重荷载、最大起重构件重量、风荷载（风速为 20m/s 和 40m/s）、地震荷载等，并且考虑了塔式起重机工作和非工作的两个状态。

设计恒载取支撑架自重，活荷载取塔式起重机在各种工况作用下对支撑架产生的反力，对每一个塔式起重机选择了 8 种最不利工况，M1280D 塔式起重机 73.4m 臂长时的支撑反力见表 2-3-12。

M1280D 塔式起重机 73.4m 臂长时支撑反力　　**表 2-3-12**

M1280D－73.4m 臂塔式起重机支撑架计算荷载（t）

		水平力 X 方向		水平力 Y 方向		水平力 45°方向		水平力 225°方向	
工况名称		XB	XC	YB	YC	45B	45C	225B	225C
塔式起重机状态		工作	非工作	工作	非工作	工作	非工作	工作	非工作
地震系数		0	0.10	0	0.10	0	0.10	0	0.10
风速（m/s）		20	0	20	0	20	0	20	0
V	1	108.0	87.0	108.0	87.0	108.0	87.0	108.0	87.0
	2	108.0	87.0	108.0	87.0	108.0	87.0	108.0	87.0
	3	108.0	87.0	108.0	87.0	108.0	87.0	108.0	87.0
	4	108.0	87.0	108.0	87.0	108.0	87.0	108.0	87.0
	合计	432.0	348.0	432.0	348.0	432.0	348.0	432.0	348.0
H_1	1X	0.0	0.0	0.0	0.0	0.0	0.0	－49.7	－68.2
	1Y	0.0	0.0	70.3	96.5	49.7	68.2	0.0	0.0
	2X	0.0	0.0	0.0	0.0	0.0	0.0	－49.7	－68.2
	2Y	0.0	0.0	0.0	0.0	0.0	0.0	－49.7	－68.2
	3X	70.3	96.5	0.0	0.0	49.7	68.2	0.0	0.0
	3Y	0.0	0.0	70.3	96.5	49.7	68.2	0.0	0.0
	4X	70.3	96.5	0.0	0.0	49.7	68.2	0.0	0.0
	4Y	0.0	0.0	0.0	0.0	0.0	0.0	－49.7	－68.2
	合计	140.6	193.0	140.6	193.0	140.6	192.9	－140.6	－192.9

续表

M1280D－73.4m 臂塔式起重机支撑架计算荷载（t）

水平力方向		X 方向		Y 方向		45°方向		225°方向	
工况名称		XB	XC	YB	YC	45B	45C	225B	225C
H_2	1X	0.0	0.0	0.0	0.0	0.0	0.0	－47.0	－56.9
	1Y	0.0	0.0	66.5	80.5	47.0	56.9	0.0	0.0
	2X	0.0	0.0	0.0	0.0	0.0	0.0	－47.0	－56.9
	2Y	0.0	0.0	0.0	0.0	0.0	0.0	－47.0	－56.9
	3X	66.5	80.5	0.0	0.0	47.0	56.9	0.0	0.0
	3Y	0.0	0.0	66.5	80.5	47.0	56.9	0.0	0.0
	4X	66.5	80.5	0.0	0.0	47.0	56.9	0.0	0.0
	4Y	0.0	0.0	0.0	0.0	0.0	0.0	－47.0	－56.9
	合计	133.0	161.0	133.0	161.0	132.9	160.9	－132.9	－160.9

简图：

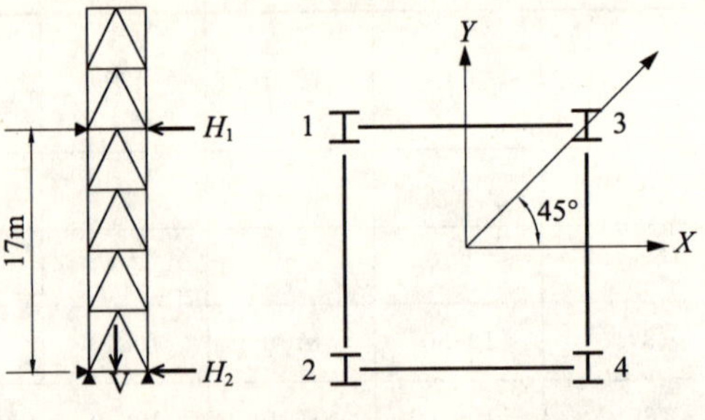

考虑到塔式起重机在工作状态和非工作状态对支撑架结构的冲击、振动、安装误差、结构预变形的影响，以及参考国内外超高层建筑大型塔式起重机的使用经验，对塔式起重机荷载的基本组合系数取值为 1.5，正常使用极限状态和承载能力极限状态的组合系数如下表 2-3-13 所示。

塔式起重机支撑架设计荷载组合系数 **表 2-3-13**

组合系数	塔式起重机荷载	支撑架的自重
正常使用极限状态	1.0	1.0
承载能力极限状态	1.5	1.2

（2）塔式起重机支撑架计算和验算

塔式起重机支撑架分析和设计采用大型通用有限元软件 SAP 2000，下面选取了塔楼二中部分楼层 M1280D 塔式起重机典型支撑架的设计进行介绍。

1）F24、F26、F28、F30 的塔式起重机支撑架

塔楼二 M1280D 塔式起重机所有爬升阶段夹持固定位置均在刚性楼层处，并且此层

对应的外框筒钢结构和楼面钢梁安装完毕（包括焊接连接和高强度螺栓连接）。支撑架采用框架支撑式形式，SAP 2000 计算模型如图 2-3-17 所示。

图 2-3-17　F24、F26、F28、F30 塔式起重机支撑架计算模型

主梁采用变截面鱼腹式钢梁，最大截面为 BOX1550mm×400mm×50mm×30mm；次梁采用变截面鱼腹式钢梁，最大截面为 BOX1400mm×400mm×50mm×30mm；支撑为无缝钢管，截面为 ϕ299mm×16mm。钢梁材质为 Q345G，钢管材质为 Q345。各构件强度设计应力比如图 2-3-18 所示，杆件强度均满足规范要求。

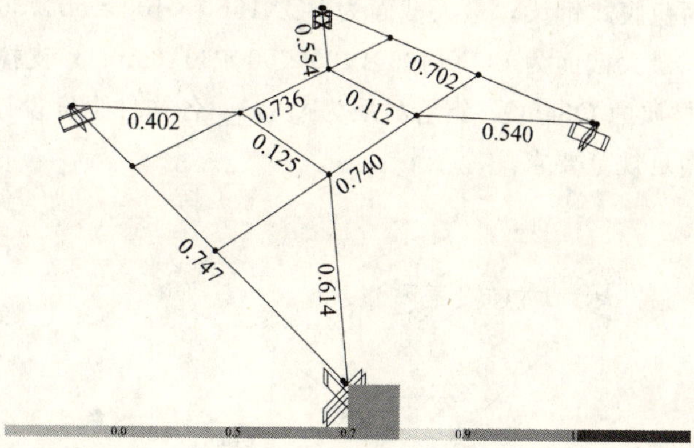

图 2-3-18　F24、F26、F28、F30 塔式起重机支撑架验算应力比

杆件刚度验算：主梁最大变形 11.5mm（1/1065L），次梁最大变形 12.2mm（1/930L），均满足变形要求。

频率要求：支撑架主要周期如表 2-3-14 所示，均小于 0.33s（频率>3Hz），满足频率要求。

塔式起重机支撑架计算周期　　**表 2-3-14**

周期（s）	T_1	0.290（竖向）
	T_2	0.217（竖向扭转）
	T_3	0.196（水平扭转）

2）F37、F41 的塔式起重机支撑架

塔楼二 M1280D 塔式起重机所有爬升阶段夹持固定位置均为刚性楼层处，并且此层对应的外框筒钢结构和楼面钢梁安装完毕（包括焊接连接和高强度螺栓连接）。支撑架采用框架支撑式形式，SAP 2000 计算模型如图 2-3-19 所示。

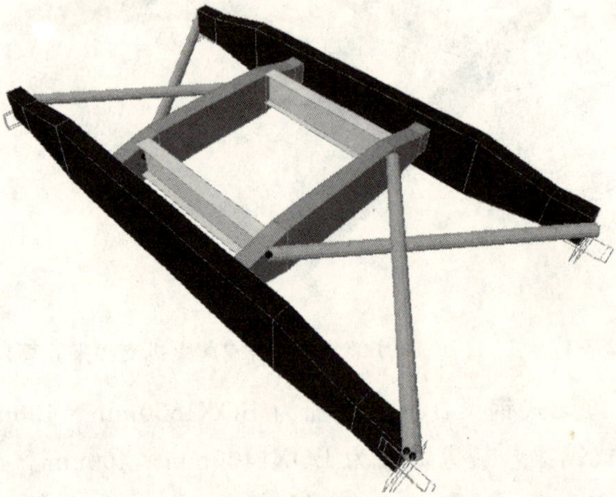

图 2-3-19　F37、F41 塔式起重机支撑架计算模型

主梁采用变截面鱼腹式钢梁，最大截面为 BOX1550×400×50×30（mm）；次梁采用变截面鱼腹式钢梁，最大截面为 BOX1400×400×50×30（mm）；支撑为无缝钢管，截面为 $\phi 299\times 16$。钢梁材质为 Q345G，钢管材质为 Q345。各构件强度设计应力比如图 2-3-20 所示，杆件强度均满足规范要求。

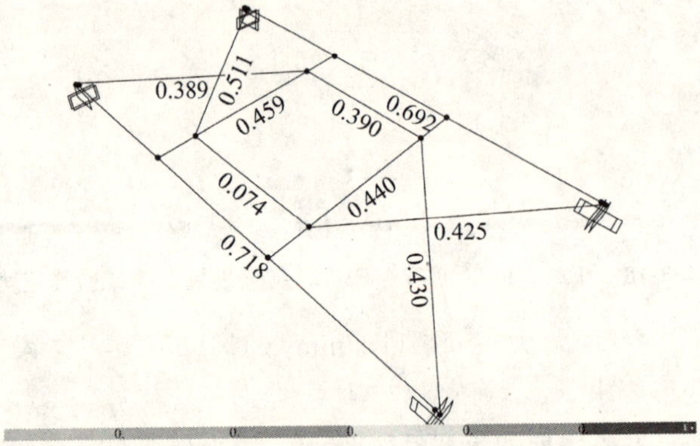

图 2-3-20　F37、F41 塔式起重机支撑架验算应力比

杆件刚度验算：主梁最大变形 = 11.5mm（1/1065L），次梁最大变形 = 12.2mm（1/930L），均满足变形要求。

频率要求：支撑架主要周期如表 2-3-15 所示，均小于 0.33s（频率>3Hz），满足频率要求。

塔式起重机支撑架计算周期　　表 2-3-15

周期（s）	T_1	0.290（竖向）
	T_2	0.217（竖向扭转）
	T_3	0.196（水平扭转）

（3）节点构造设计

塔式起重机支撑架的主要节点包括：水平支撑连接节点、支撑对接法兰连接、大梁支撑牛腿节点等，图 2-3-21 为支撑架局部实物图。

图 2-3-21　塔式起重机支撑架局部实物图

1）水平支撑销轴设计

销轴材料采用 40Cr，调质处理，直径为 81.0mm，其性能符合《合金结构钢》(GB/T 3077—1999) 标准的相关规定，连接钢板圆孔直径为 82.0mm。

2）支撑调节法兰设计

主体结构采用预调值（即设置结构反变形）后，过程结构与最终结构位形有一定差异，为适应此差异和施工误差，水平支撑在长度方向设置调节法兰，调节范围为 ±15mm，法兰节点如图 2-3-22 所示。

下面介绍钢管 ϕ245mm×12mm 支撑法兰连接，按所有同截面支撑计算的最大包络轴向内力，取法兰设计承载力为 N_t＝1500kN。

高强度螺栓取 M22（10.9 级），螺栓数量 $n=\frac{N_{tm}}{0.8 \cdot N_t^b}=\frac{1500}{0.8 \cdot 190}=9.9$（颗），取 12 颗。

螺栓与管壁距离取 50mm，满足最小操作距离的要求，螺栓环向中距也满足最小操作距离的要求；螺栓中心到法兰盘边的距离取 50mm≥1.2（d＋1.5）mm＝30.6mm，满足要求。

① 法兰盘与钢管连接焊接

钢管支撑内力由法兰盘环形焊缝和加劲肋的端焊共同承担，按有效面积计算，由于钢管与法兰盘为熔透焊接，无需验算。

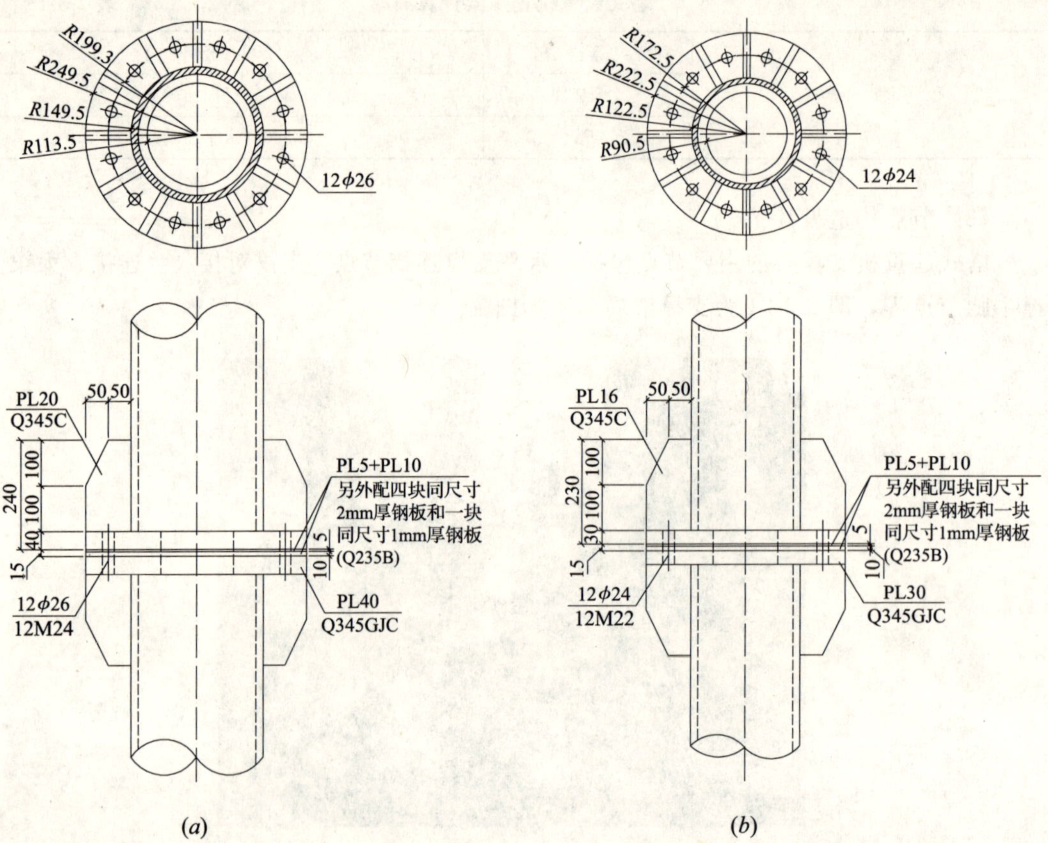

图 2-3-22　支撑法兰节点大样图

(a) 钢管斜撑 ϕ299 长度微调节点大样图；(b) 钢管斜撑 ϕ245 长度微调节点大样图

② 法兰加劲肋板焊缝计算

单块加劲肋板所承担的内力按比例取出，$P=\dfrac{1500}{12\times100+\pi\times233}\times100=77.66$ (kN)，作用在加劲肋板端焊缝的中心，按弯、剪组合进行加劲肋板竖焊缝验算。

垂直于焊缝长度方向的应力：

$$\sigma_f=P\cdot e/(h_f\times l_f^2/6)=77.66\times1000\times50/(16\times168^2/6)=51.6(\text{N/mm}^2)$$

沿焊缝长度方向的剪应力：

$$\tau_f=P/(h_f\times l_f)=77.66\times1000/(16\times68)=71.4(\text{N/mm}^2)$$

$\sqrt{\sigma_f^2+3\tau_f^2}=134$ (N/mm²) $\leqslant1.1f_t^w$，满足要求。

③ 法兰盘厚度的计算：

作用在法兰板上单位面积的压应力 $q=\dfrac{N}{\pi(D^2-d^2)}=\dfrac{1500\times1000}{\pi(222.5^2-110.5)^2}=12.8$ (N/mm²)

三边支承板的弯矩 $M_{max}=\beta qa_1^2=0.1183\times12.8\times115.2^2=20096$ (N·mm)

法兰盘厚度 $t=\sqrt{\dfrac{6M_{max}}{f}}=\sqrt{\dfrac{6\times20096}{295}}=21$mm，取板厚 30mm。

④ 支撑安装方法：先丈量连接板孔距，然后在地面拼接斜支撑长度，螺栓紧固预拉力为 0.8P 后就位安装。

3）主次梁连接构造

支撑架次梁端部螺栓孔设置可调节的长圆孔，如图 2-3-23 所示。安装方法：次梁 B3 和 B4 与主梁 B1 和 B2 搭接连接，先紧固螺栓，然后在图示区域采用三角形楔子将次梁与挡块顶紧，并且应采取措施，保证在塔式起重机使用阶段楔子不松动和滑落。

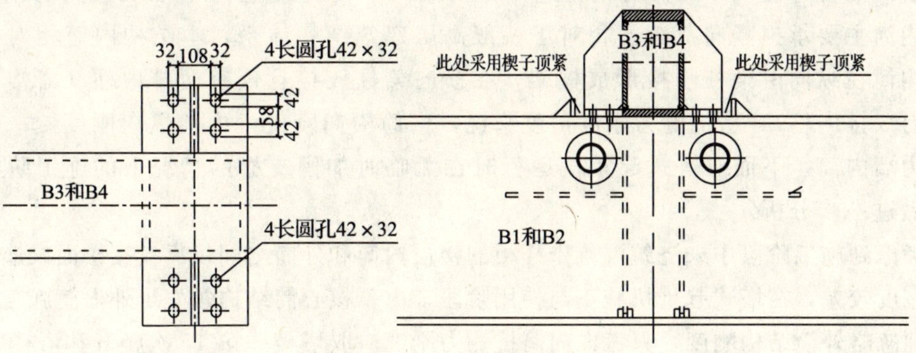

图 2-3-23　主次梁连接构造图

4）牛腿连接设计

主梁与永久结构连接采用支撑牛腿，牛腿设计内力为主梁的计算反力，设计图如图 2-3-24 所示。在主体钢结构深化设计时就考虑该部分内容，所有牛腿及连接板全部在钢结构施工详图中绘出，同主体钢结构一并加工完成。

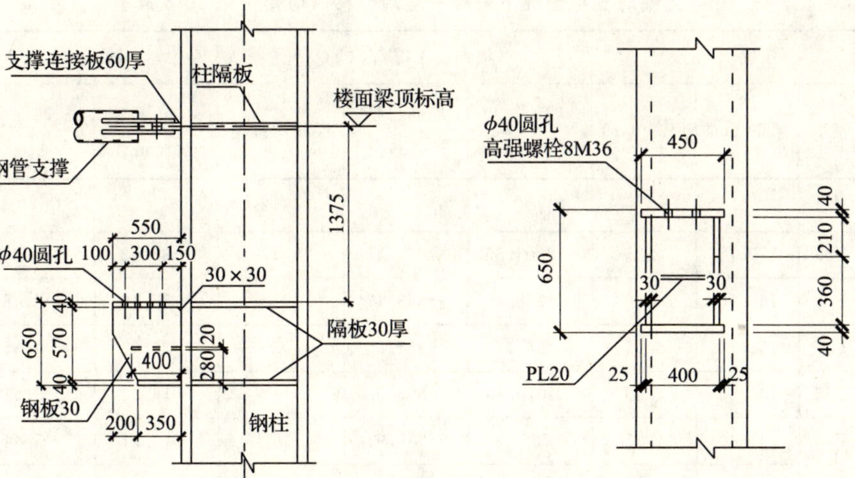

图 2-3-24　牛腿连接构造图

（二）塔式起重机爬升结构加固技术

塔楼一两塔式起重机各有 11 次爬升，塔楼二两塔式起重机各有 14 次爬升，由于主楼核心筒侧向刚度相对薄弱，塔式起重机在爬升过程中，在塔式起重机夹持处对核心筒横向和纵向进行了结构加固。

1. 加固设计思路

(1) 加固的必要性

一般高层建筑结构常在结构平面内部设置混凝土剪力墙（或筒体）形成内筒，施工时内筒领先外部结构一定层数，由于混凝土剪力墙（或筒体）具有较好的刚度，在领先层数不多时，内筒一般可以作为有效的支撑体系承担和传递塔式起重机工作或非工作状态时的各种荷载，无需对结构进行加强。CCTV主楼的主要抗侧力结构为钢支撑外筒，内筒主要承担竖向荷载。相对于一般高层建筑结构体系，本结构内筒相对薄弱得多。内筒在纵向由梁柱刚接形成框架，在横向梁柱铰接且仅有两排内柱（塔楼一下部楼层有3排内柱），从抗侧力刚度角度来说，内筒横向刚度≤内筒纵向刚度≤一般混凝土剪力墙内筒。下面对塔式起重机运行时在无临时加固支撑的情况下的施工阶段结构变形做进一步分析。

考虑到施工阶段中未浇筑混凝土楼板的楼层内筒和外筒之间仅靠铰接楼面梁连接，平面内刚度较差，在塔式起重机施工与使用阶段，由于核心筒结构领先于外框筒施工，故偏安全地忽略外筒结构刚度，只考虑内筒抗侧力刚度。取塔楼一第10次爬升和塔楼二第10次爬升为例，在无临时支撑加固的情况下，计算结果表明，在塔楼一塔式起重机水平力作用下，横向弹性层间位移角约1/12（表2-3-16）。塔楼二塔式起重机水平力作用下，横向弹性层间位移角约1/26（表2-3-17），远远大于结构弹性层间位移角的限值要求，此时结构柱弯矩过大，无法满足承载力要求，必须对施工阶段的核心筒进行结构加强以满足塔式起重机使用要求。

无临时支撑情况下塔楼一层间位移（塔楼一第10次爬升） **表2-3-16**

工况				横向：工况 YC6YC			纵向：工况 XC6XC		
	楼层	标高（m）	层高（m）	位移 uy（mm）	层间位移 Δuy	层间位移角	位移 ux（mm）	层间位移 Δux	层间位移角
max						1/12			1/491
夹持层	F39	170.75	4.25	−2303.35	−364.48	1/12	−33.82	−8.66	1/491
	F38	166.50	4.30	−1938.87	−353.17	1/12	−25.16	−4.48	1/959
	F37	162.20	6.55	−1585.70	−514.80	13	−20.67	−4.35	1/1505
	F36	155.65	4.25	−1070.90	−305.03	14	−16.32	−5.61	1/757
	F35	151.40	4.25	−765.87	−259.91	16	−10.71	−5.44	1/782
夹持层	F34	147.15	4.25	−505.97			−5.27		
	F33	142.90	4.25						
	F32	138.65	4.25						
	F31	134.40	4.25						
楼板	F30	130.15							

无临时支撑情况下塔楼二层间位移（塔楼二第10次爬升） **表 2-3-17**

工况				横向：工况 XC6XC			纵向：工况 YC6YC		
	楼层	标高（m）	层高（m）	位移 ux（mm）	层间位移 Δux	层间位移角	位移 uy（mm）	层间位移 Δuy	层间位移角
max						1/26			1/439
夹持层	F30	145.15	5.00	−848.45	−192.59	1/26	−49.77	−10.57	1/473
	F29	140.15	5.00	−655.87	−177.41	1/28	−39.20	−11.38	1/439
	F28	135.15	5.00	−478.46	−151.03	1/33	−27.82	−10.35	1/483
	F27	130.15	5.00	−327.43	−119.74	1/42	−17.47	−7.74	1/646
夹持层	F26	125.15	5.00	−207.69			−9.73		
	F25	120.15	5.00						
	F24	115.15	5.00						
	F23	110.15	5.00						
楼板	F22	105.15							

（2）加固体系描述

针对本结构核心筒较弱的特点，经过方案比较，在施工阶段芯筒内沿纵向及横向布置临时柱间支撑，对塔式起重机系统起到临时加强作用，以满足结构构件强度、刚度、稳定性的要求。施工阶段塔式起重机产生的水平荷载通过塔式起重机支撑系统传递至主体结构，而对楼面混凝土浇筑完毕的完整塔楼结构（塔楼一或塔楼二）产生的影响较小，可忽略不计，因此，模拟计算中可以把楼面混凝土浇筑完毕的完整塔楼结构作为尚未完成的塔楼悬臂结构的支座，重点分析未完成混凝土施工的塔楼结构（主要是核心筒结构）在塔式起重机荷载作用下的响应。

塔式起重机支撑体系根据传力体系可以分为两部分：转换梁、平面支撑系统（包括转换主梁、次梁、塔式起重机梁、平面撑杆）；临时加强支撑、内芯筒组成的悬臂支撑体系（由临时加强支撑和核心筒组成，如图 2-3-25 所示），下面主要介绍核心筒悬臂支撑加固体系。

塔式起重机竖向荷载传递路线：由塔式起重机立柱传至转换次梁（约 700～1000mm 高鱼腹式变截面箱形梁），转换次梁两端铰支在转换主梁（约 800～1300mm 高鱼腹式变截面箱形梁）上，转换主梁将竖向荷载传递至核心筒柱上，所有水平支撑均两端铰接，不承担竖向荷载（自重除外）；水平荷载传递路线：由塔式起重机与转换次梁连接点处经水平支撑传至核心筒柱。

2．加固计算内容

（1）塔式起重机支撑体系设计荷载及作用分析

1）塔式起重机自重、负重及工作状态下产生的竖向和水平荷载。

2）塔式起重机支撑体系由于非塔式起重机荷载（例如悬挑构件之间的挤压力）发生

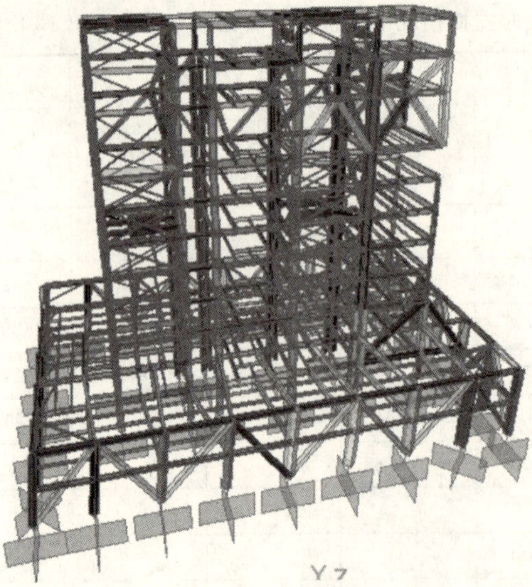

图 2-3-25　核心筒悬臂支撑体系

强迫变形（层间位移）而引起的塔式起重机悬臂支撑系统内力，例如刚接梁弯矩、临时支撑轴力等。内力影响较大的判断必须同时具备两个条件：一是竖向荷载较大引起较大的层间位移，二是塔式起重机支撑系统与塔楼外筒无有效连接（楼面混凝土尚未浇筑），核心筒及临时支撑组成的悬臂系统独自承担较大的层间变形引起的内力，该内力不可忽视。悬挑构件连接之前确保塔楼钢结构施工完毕（至大屋顶），同时刚性层混凝土楼面浇筑完毕，此时承担塔式起重机荷载的结构体系为完整的塔楼结构（外筒＋内筒＋刚性层）而非较弱的悬臂结构（内筒＋临时支撑），在这种情况下虽然临时支撑有可能尚未拆除，但塔式起重机支撑结构体系已具有足够的强度和刚度来承担两塔楼挤压产生内力，所以该不利荷载通过保证施工进度来控制。

3）温度作用：塔式起重机体系为外露钢结构，可能经历较大的温差变化，但悬臂体系竖向自由，水平方向平面尺寸较小，故温度作用可以忽略不计。

4）风荷载：塔式起重机向上升时幕墙施工尚未进行，结构通透，风荷载很小，引起的内力可以忽略不计；上述 1）中水平荷载已包括了塔式起重机自身风荷载的作用。

综上所述，1）中所述的荷载为设计塔式起重机支撑系统时需要考虑的荷载，分析时根据塔式起重机公司提供的塔式起重机荷载进行施加，每台塔式起重机共 16 个荷载工况，表 2-3-18 列出了 M1280D 塔式起重机产生的荷载工况。

M1280D 塔式起重机产生的荷载说明　　表 2-3-18

序号	荷载工况	说　明
1	XB	工作状态 X 向水平力
2	XC	非工作状态 X 向水平力
3	－XB	工作状态－X 向水平力
4	－XC	非工作状态－X 向水平力

续表

序号	荷载工况	说　明
5	YB	工作状态 Y 向水平力
6	YC	非工作状态 Y 向水平力
7	－YB	工作状态－Y 向水平力
8	－YC	非工作状态－Y 向水平力
9	45B	工作状态 X45°向水平力
10	45C	非工作状态 X45°向水平力
11	135B	工作状态 X135°向水平力
12	135C	非工作状态 X135°向水平力
13	225B	工作状态 X225°向水平力
14	225C	非工作状态 X225°向水平力
15	315B	工作状态 X315°向水平力
16	315C	非工作状态 X315°向水平力

(2) 荷载效应组合

每台塔式起重机有 16 个荷载工况，两台塔式起重机同时工作时结构的荷载效应组合有 16×16＝256 个，塔式起重机荷载分项系数取 1.5，其正常使用荷载分项系数取 1.0（计算位移用），两塔式起重机荷载组合系数取 1.0，即考虑两台塔式起重机同时出现对结构的最不利工况。

(3) 选取最不利计算状态

塔式起重机（M1280D、M600D）在从下至上的爬升过程中先后经历 25 种爬升（或移位）状态，其中塔楼一有 11 组，塔楼二有 14 组，过程中塔楼一塔式起重机移位一次，塔楼二塔式起重机移位两次，即经历不同的平面布置。设计计算时，可根据塔式起重机支撑系统平面受力特点对上述多种状态进行适当归并，选取部分不利状态计算分析。

1) 选择时考虑的因素：

① 塔楼：塔楼一、塔楼二为不同的受力形式，应分别单独考虑。

② 塔式起重机移位：移位前后塔式起重机支撑体系的平面布置不同，应分别单独考虑。

③ 塔式起重机所在楼层：塔式起重机在核心筒内爬升，越向上柱截面越小，在其他条件相同的情况下，上部楼层为更不利情况。

④ 转换桁架影响：部分楼层沿核心筒纵向布置有转换桁架，转换桁架的存在大大加强了所在楼层的刚度，在这种情况下，其下部楼层虽然柱截面较大仍可能比桁架构件所在的楼层更不利。

2) 根据对以上因素的分析，选 6 组较不利的爬升状态进行结构分析校核。

① 塔楼一第 7 次爬升、塔楼二第 6 次爬升：此高度核心筒抗侧刚度较小，且夹持层全部锚固在内筒柱之间，且夹持层顶面至下部浇筑混凝土楼面间无转换桁架构件，为较不

利状态。

② 塔楼一第 10 次爬升、塔楼二第 10 次爬升：考虑到核心筒抗侧刚度随高度减小，结构在塔式起重机移位前的最高状态，即塔楼一第 10 次爬升（夹持层为 F34、F39）和塔楼二第 10 次爬升（夹持层为 F26、F30）为较不利状态，对这一状态需进行分析校核。

③ 塔楼一第 11 次爬升、塔楼二第 12 次爬升：考虑到核心筒抗侧刚度随高度减小，塔式起重机在结构中的最高状态，即塔楼一第 12 次爬升（夹持层为 F41、F45）和塔楼二第 12 次爬升（夹持层为 F37、F41）为较不利状态，此时，核心筒抗侧刚度最小。

（4）计算参数

1）强度指标：塔式起重机荷载考虑 1.5 分项系数条件下，构件承载力满足强度设计值要求。.

2）刚度指标：塔式起重机荷载不考虑 1.5 分项系数条件下（相当于标准值），塔式起重机支撑系统层间位移角原则上不超过 1/300。

3）对由于构件局部抗弯造成的较大层间位移角超过上述限值的楼层，通过降低局部抗弯构件应力比限值不超过 0.9 来进一步提高结构的安全储备。

（5）支撑布置形式

考虑到支撑布置的施工操作方便性，在核心筒横向、纵向分别布置槽钢支撑和角钢支撑以加强结构，具体布置如下：

1）核心筒横向：是加强的主要方向，故布置截面较大的槽钢支撑，按拉压杆计算，支撑断面为双槽钢肢背连接，单槽钢截面高 370mm、宽 120mm、腹板厚 20mm、翼缘厚 15mm，钢材等级 Q345，截面形式如图 2-3-26 所示。

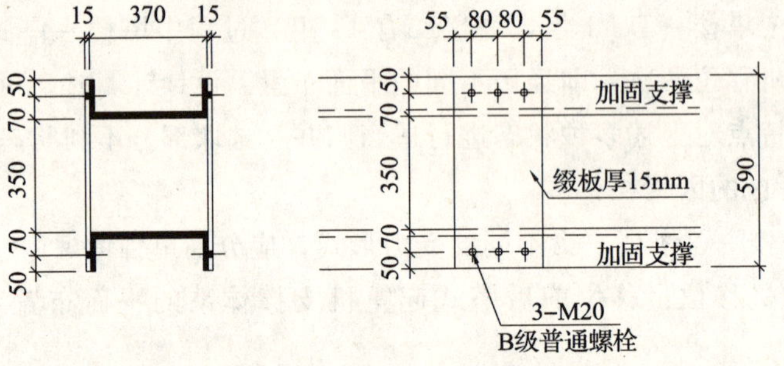

图 2-3-26　加固支撑截面形式

考虑到受力合理等因素，支撑原则上跨两层布置。从塔式起重机上夹持层至最上一层有效混凝土楼面之间布置交叉支撑，并向下延伸 1～2 层，在立面上每根支撑跨越两层楼面；一般情况下共布置 4～5 道支撑跨越 8～10 层楼面，加固立面如图 2-3-27 所示。

2）核心筒纵向：考虑到核心筒纵向刚度远比横向为大，故布置截面较小的角钢支撑，支撑断面为双角钢肢背连接，单槽钢截面高 125mm、宽 80mm、腹板厚 12mm、翼缘厚 12mm，钢材等级 Q345。考虑到与楼面连接方便，支撑原则上跨一层布置。角钢支撑截面

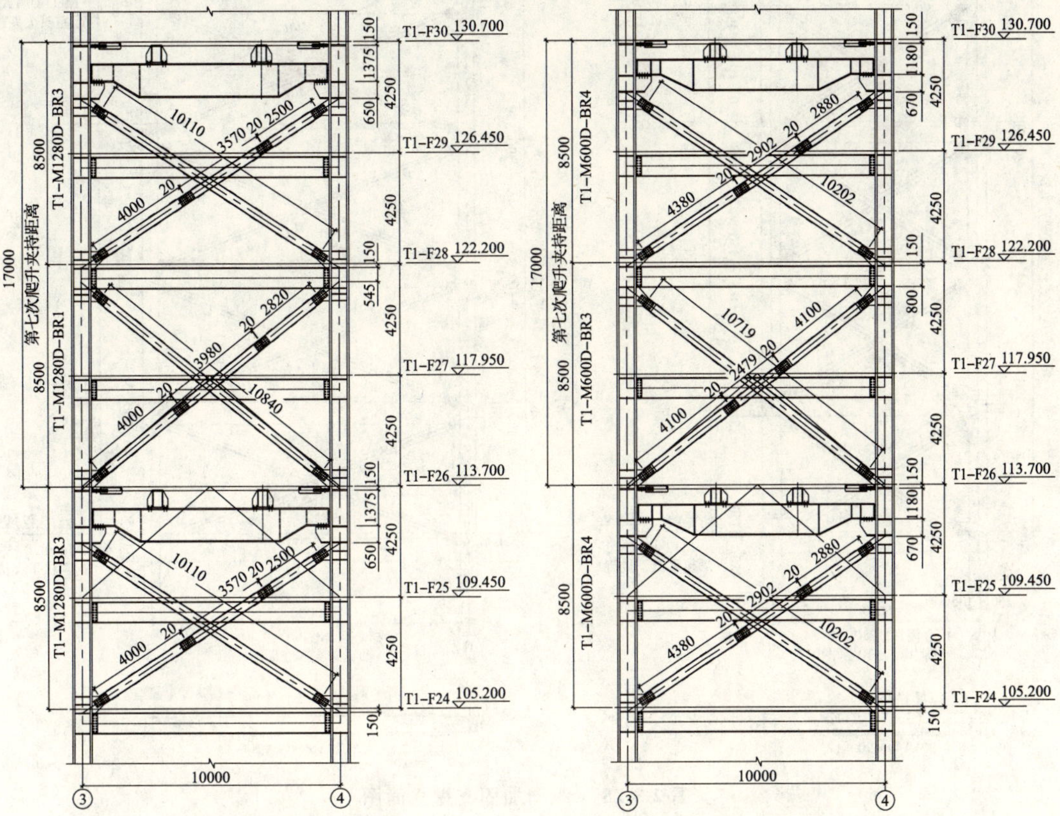

核心筒1M1280–D、E轴立面图　　　　核心筒1M6000–G、H轴立面图

图 2-3-27　横向加固支撑立面图

较小，按拉杆计算分析及设计。从塔式起重机上夹持层至下夹持层之间布置交叉支撑，在立面上每根支撑跨越一层楼面；一般情况下共布置 4 道支撑跨越 4 层楼面，加固立面如图 2-3-28 所示。

3）当应布置支撑处有转换桁架构件时，转换桁架构件截面远大于临时支撑构件截面，可以以转换桁架斜杆代替临时支撑，该处不再布置。

3. 塔式起重机爬升阶段结构加固计算

（1）塔楼一第 7 次爬升计算

1）支撑方案模型

考虑到未浇筑混凝土楼板的楼层内外筒之间的联系作用较弱，建立了两个模型（模型 A、模型 B）进行对比：模型 A 仅保留内筒结构，无楼面梁、楼板和外筒结构；模型 B 保留内筒结构、楼面梁和外筒结构，不考虑楼板作用。如图 2-3-29 所示，左边为模型 A，右边为模型 B。考虑到现场核心筒领先于外筒钢结构安装，本工程中偏安全地考虑以模型 A 的计算结果为准。

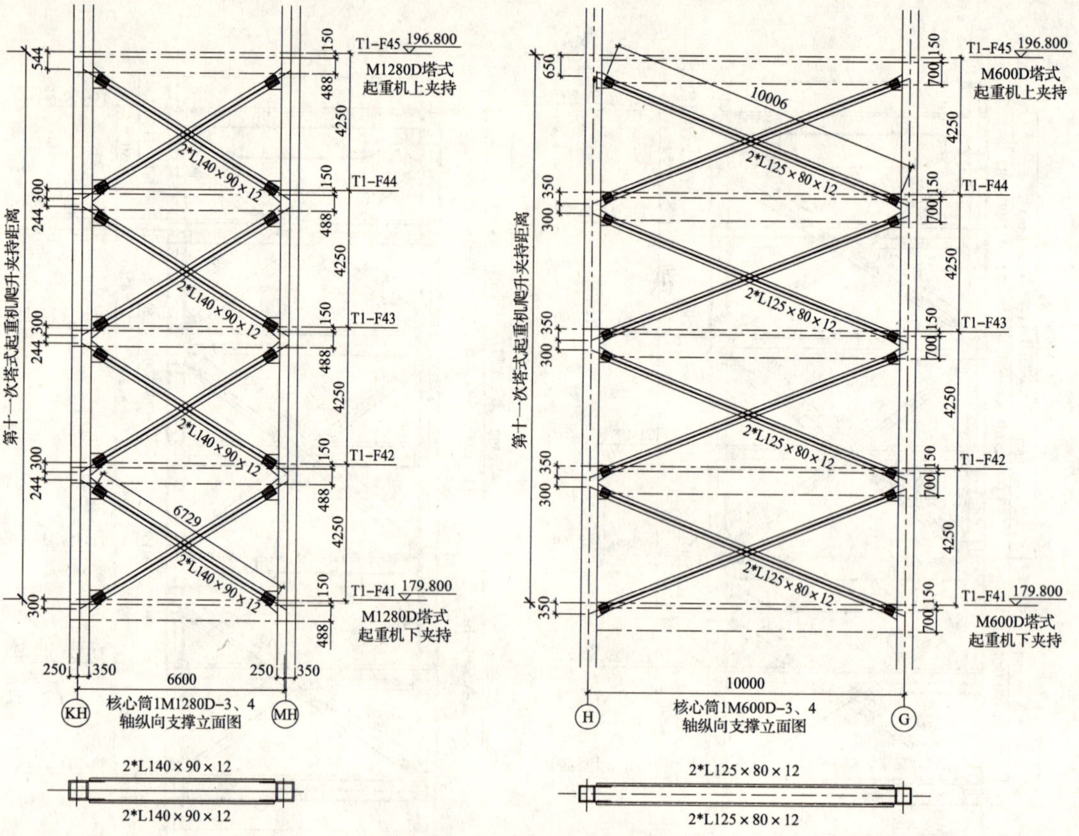

图 2-3-28 纵向加固支撑立面图

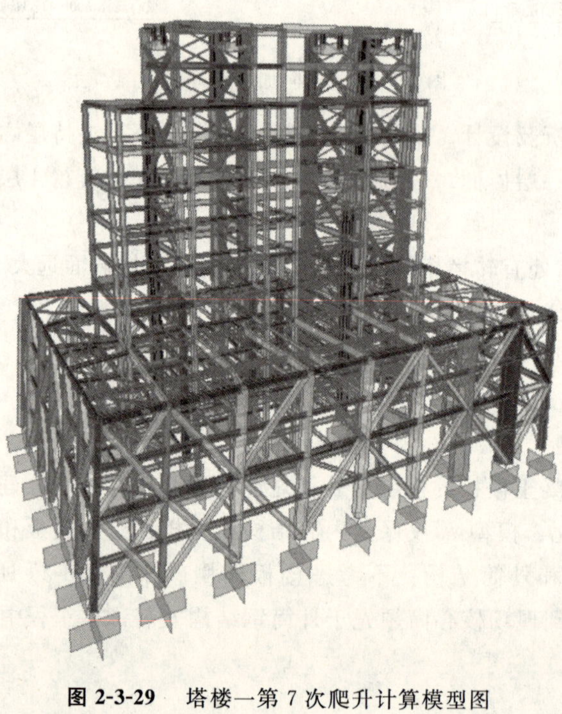

图 2-3-29 塔楼一第 7 次爬升计算模型图

2）层间位移：由表 2-3-19 可见，模型 A 横向、纵向最大层间位移角分别为 1/367、1/765，满足要求。

塔楼一第 7 次爬升层间位移（荷载标准值）　　表 2-3-19

工况				横向：包络工况			纵向：包络工况		
	楼层	标高（m）	层高	位移 ux（mm）	层间位移 Δux	层间位移角	位移 uy（mm）	层间位移 Δuy	层间位移角
				A	A	A	A	A	A
max						1/367			1/765
夹持层	F26	113.15	4.25	32.97	11.57	1/367	31.40	4.07	1/1043
	F25	108.9	4.25	21.39	4.35	1/978	27.33	5.15	1/826
	F24	104.65	4.25	17.05	4.25	1/999	22.18	5.55	1/765
	F23	100.4	4.25	12.79	4.02	1/1057	16.63	5.21	1/815
夹持层	F22	96.15	4.25	8.77	3.61	1/1178	11.41	4.22	1/1007
	F21	91.9	4.25	5.17	1.90	1/2237	7.19	3.19	1/1331
	F20	87.65	4.25	3.27	2.65	1/1606	4.00	2.35	1/1811
	F19	83.4	4.25	0.62	0.29	1/14826	1.65	1.41	1/3007
楼板	F18	79.15		0.33			0.24		

3）内筒构件承载力校核：按照上述组合工况进行构件承载力校核，结果如表 2-3-20 所示。

构件承载力校核表　　表 2-3-20

构件	柱	楼面梁		临时支撑	
模型	A	横向	纵向	横向	纵向
最大应力比	0.337	<0.1	0.590	0.453	0.417
应力比>1 的杆件个数	0	0	0	0	0

(2) 塔楼二第 12 次爬升计算

1）支撑方案模型

考虑到未浇筑混凝土楼板的楼层内外筒之间的联系作用较弱，分析模型仅保留内筒结构，无楼面梁、楼板和外筒结构，如图 2-3-30 所示。

2）层间位移

由表 2-3-21 可见，横向、纵向最大层间位移角分别为 1/661 和 1/710，满足要求。

图 2-3-30 塔楼二第 12 次爬升计算模型图

塔楼二第 12 次爬升层间位移（荷载标准值） **表 2-3-21**

工况				横向：包络工况			纵向：包络工况		
	楼层	标高（m）	层高	位移 ux（mm）	层间位移 Δux	层间位移角	位移 uy（mm）	层间位移 Δuy	层间位移角
				A	A	A	A	A	A
max						1/661			1/710
夹持层	F41	179.25	4.25	24.4	5.9	1/715	19.4	2.4	1/1806
	F40	175	4.25	18.5	6.4	1/661	17.0	6.0	1/710
	F39	170.75	4.25	12.0	5.5	1/769	11.1	3.9	1/1088
	F38	166.5	4.3	6.5	1.0	1/4188	7.1	0.3	1/12900
夹持层	F37	162.2	7.05	5.5			6.8	0.5	1/13914
	F36	155.15	10				6.3	6.3	1/1586
	F35	145.15	5				19.4	0.0	
	F34	140.15	5						
楼板	F33	135.15							

3）内筒构件承载力校核

按照上述组合工况进行构件承载力校核，结果如表 2-3-22 所示。

构件承载力校核　　表 2-3-22

构件	柱	楼面梁		临时支撑	
模型	A	横向	纵向	横向	纵向
最大应力比	0.406	<0.1	0.616	0.280	0.548
应力比>1 的杆件个数	0	0	0	0	0

（3）节点设计

综合六种最不利计算状态，塔式起重机爬升阶段的支撑最大轴力为 $N_{max}=2985kN$，用于节点设计，详见表 2-3-23。

支撑最大轴力设计值（kN）　　表 2-3-23

爬升阶段	爬升工况	横向双槽钢	纵向双角钢
塔楼一第 11 次爬升	内筒单独承担塔式起重机荷载	2985	826
塔楼二第 12 次爬升	内筒单独承担塔式起重机荷载	1403	787
塔楼一第 10 次爬升	内筒单独承担塔式起重机荷载	2256	639
塔楼二第 10 次爬升	内筒单独承担塔式起重机荷载	1740	914
塔楼一第 7 次爬升	内筒单独承担塔式起重机荷载	2314	599
塔楼二第 6 次爬升	内筒单独承担塔式起重机荷载	1383	1013
	最大荷载	2985	1013

1）杆件拼接节点计算

螺栓选用 M24 承压型高强度螺栓，螺纹处螺杆有效面积 $A_n=353mm^2$

抗剪承载力：$N_v=f_vb\times A_n=310\times353=109.430kN$

需用螺栓数量（双剪）：$n=\dfrac{N/2}{2\cdot N_v}=\dfrac{1500\times10^3}{2\times109430}=6.85$（个）

孔壁挤压验算：$N_{cb}=d\sum t\cdot f_{cb}=21.19\times20\times400=169520N>N_v$；满足要求。

受拉杆件在螺栓孔处的强度验算：

$$\sigma=\left(1-0.5\times\frac{n_1}{n}\right)\times\frac{N}{A_n}=\left(1-0.5\times\frac{3}{9}\right)\times\frac{1500\times10^3}{(10400-3\times26\times20)}$$

$$=141.4N/mm^2<f=295N/mm^2$$；满足要求。

拼接节点形式如图 2-3-31 所示。

2）连接板验算：

连接板厚度 $t=20mm$；材料为 Q345C，连接板强度验算：

$\sigma_1=N/A=\dfrac{1500\times10^3}{370\times20}=202.7N/mm^2$；满足要求！

$$\sigma_2=\left(1-0.5\times\frac{n_1}{n}\right)\times\frac{N}{A_n}=\left(1-0.5\times\frac{3}{9}\right)\times\frac{1500\times10^3}{(370-3\times26)\times20}$$

$$=214.1N/mm^2<f=295N/mm^2$$；满足要求！

连接板处焊缝采用完全熔透焊，满足承载力要求！

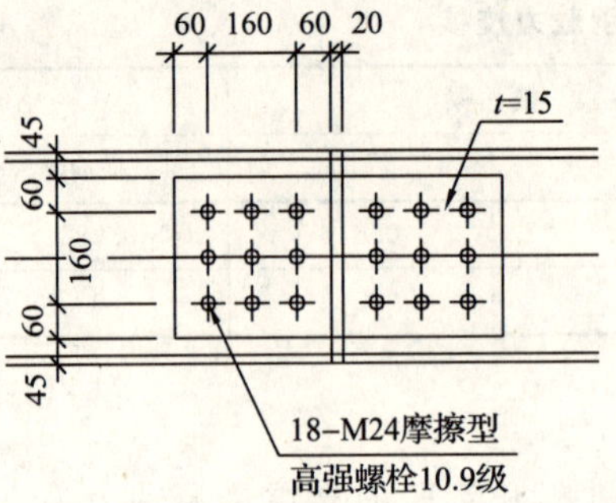

图 2-3-31　加固支撑拼接节点图

连接节点形式如图 2-3-32 所示。

五、大型塔式起重机的爬升

（一）设备及工程施工特点

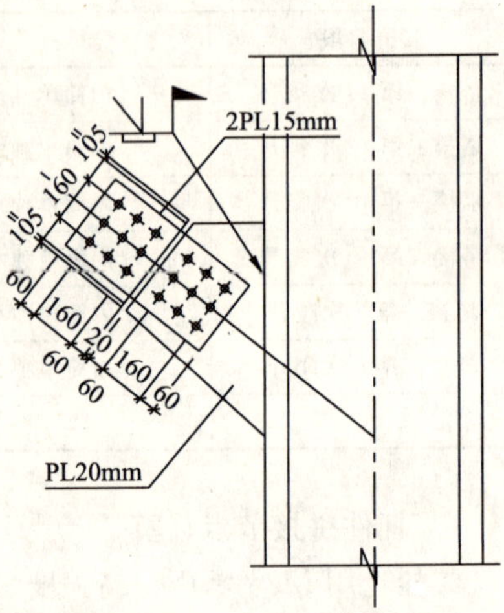

图 2-3-32　加固支撑连接节点图

（1）塔式起重机标准节总高度为 56m，夹持距离不小于 17m，两台塔式起重机中心间距不小于 20.7m。

（2）塔楼二两台塔式起重机计划爬升 12 次（实际施工时根据钢结构工序调整为 14 次），塔楼一两台塔式起重机各爬升 11 次。

（3）塔楼二两台塔式起重机每次爬升距离为：第 1、2、4、6、8、10 次爬升距离均为两层楼，即 10m 左右，第 3、5、7、9、11 次爬升距离均为四层，即 20m 左右，第 12 次爬升距离均为三层，即 17.1m，如表 2-3-24 所示。塔楼一两台塔式起重机爬升距离为四层，即 17～20m 左右（楼层层高有变化）。应根据不同的爬升距离选用相应的爬梯长度。

塔楼二两台塔式起重机爬升距离、爬梯组合及安装拆卸附着一览表　　表 2-3-24

序号	爬升次数	爬升前安装附着道数	爬升前拆卸转运附着道数	此次爬升距离（m）	爬梯组合形式 M1280D M600D
1	第一次爬升	3	0	11.05	3.075+7 3.6+5
2	第二次爬升	1	0	11	3.075+7 3.6+5+（1.09）
3	第三次爬升	2	2	20.5	3.075+4+2+2+7 3.6+4+4+2+5
4	第四次爬升	1	1	9.5	3.075+4+2 3.6+5
5	第五次爬升	2	2	20	3.075+4+2+2+7 3.6+4+4+2+5

续表

序号	爬升次数	爬升前安装附着道数	爬升前拆卸转运附着道数	此次爬升距离（m）	爬梯组合形式 M1280D M600D
6	第六次爬升	1	1	10	3.075+7 3.6+5
7	第七次爬升	2	2	20	3.075+4+2+2+7 3.6+4+4+2+5
8	第八次爬升	1	1	10	3.075+7 3.6+5
9	第九次爬升	2	2	20	3.075+4+2+2+7 3.6+4+4+2+5
10	第十次爬升	2	2	10	3.075+7 3.6+5
11	第十一次爬升	2 1	2	20	3.075+4+2+2+7 3.6+4+4+2+5
12	第十二次爬升	1	1	17.1	3.075+2+2+7+1.075 3.6+4+2+5+1.09
13	第十二次爬升后		2/1		
14	塔式起重机拆除后		2		
合计	M1280D M600D	20 19	20 19	179.15	

(4) 因主楼设计和结构预调原因，塔式起重机每爬升 20m，主楼核心筒将偏差 20mm，故塔式起重机每次爬升，塔身将有 1.0‰的垂直度偏差，根据塔式起重机设计规范，此偏差在允许范围内。在塔式起重机爬升过程中只作少量调整即可以正常使用。

(5) 塔式起重机爬升框内侧边缘到标准节的边缘间隙大于 20mm，由顶块控制具体间隙，而且塔式起重机爬升时允许偏差为 2‰，若上述偏差是整个支撑系统随结构筒体的偏移而偏移，则顶块保持正常状态时，塔式起重机的垂直度控制在 1‰即可，所以上述偏差也不会影响到塔式起重机的爬升。如因安装误差等原因无法保证塔式起重机在规范的垂直度内进行顶升，则应重新固定塔式起重机，调整两道附着框的顶块位置，直至塔式起重机垂直度符合条件后继续顶升。

(6) 由于塔式起重机所在核心筒的空间所限，且塔式起重机支撑方案中所设计支撑系统的布置较复杂，使支撑爬升系统的安装拆卸和转运十分困难，每根构件的实际吊装位置相差甚大，飞臂或倒链是定点吊装的方法，但无法实施不同位置构件的吊装；而且，因为支撑系统的安装和拆卸是两个顺序相反的过程，每次所拆构件，并不是立即就安装，而是要将前面所拆卸的构件吊到核心筒外的楼层或楼下的钢栈桥上先存放着，直到后面拆卸的构件安装完成后，才能进行安装。因此，无论是用飞臂还是用倒链的方法在实际操作中都是难以实现的，只有利用塔式起重机自身（或另一台塔式起重机）为主要吊装设备，并辅以多台倒链的配合，才能进行支撑及爬升系统的安装拆卸工作。

(二) 支撑爬升系统的安装拆卸

1. 支撑系统安装工序

由于塔式起重机自身吊装半径难以满足安装要求，需要在塔式起重机标准节上至少挂上两台 5t 和两台 3t 的倒链，分别用以辅助支撑次梁和 C 形梁的安装就位。

在支撑次梁的吊点处事先各装上一根 4m 长 $\phi 30$ 的吊绳，每根钢丝绳的绳端系上 10m 左右的麻绳，用塔式起重机吊钩从构件存放处将次梁水平吊到待安装处上方 4m 左右高度时（因塔式起重机自身吊装半径所限，单靠塔式起重机一次不能将梁就位，必须依靠两台挂在标准节上的 5t 倒链接应后才能就位），将事先装的吊绳挂上倒链，并拉紧后，慢慢下降吊钩，同时调整倒链长度，直到梁准确就位，如图 2-3-33 所示。将螺栓孔对正，穿上相应的高强度螺栓，并带上螺帽。调整两根支撑次梁的位置，使其与塔式起重机标准节距离相同。

用安装支撑次梁的方法（图 2-3-33），分别将两根 C 形梁吊装就位，对好螺孔位置，并穿上相应规格的高强度螺栓，带上螺帽，但不拧紧。接着将四根 C 形框连接角钢吊上，并分别将两片 C 形梁连接成整体。

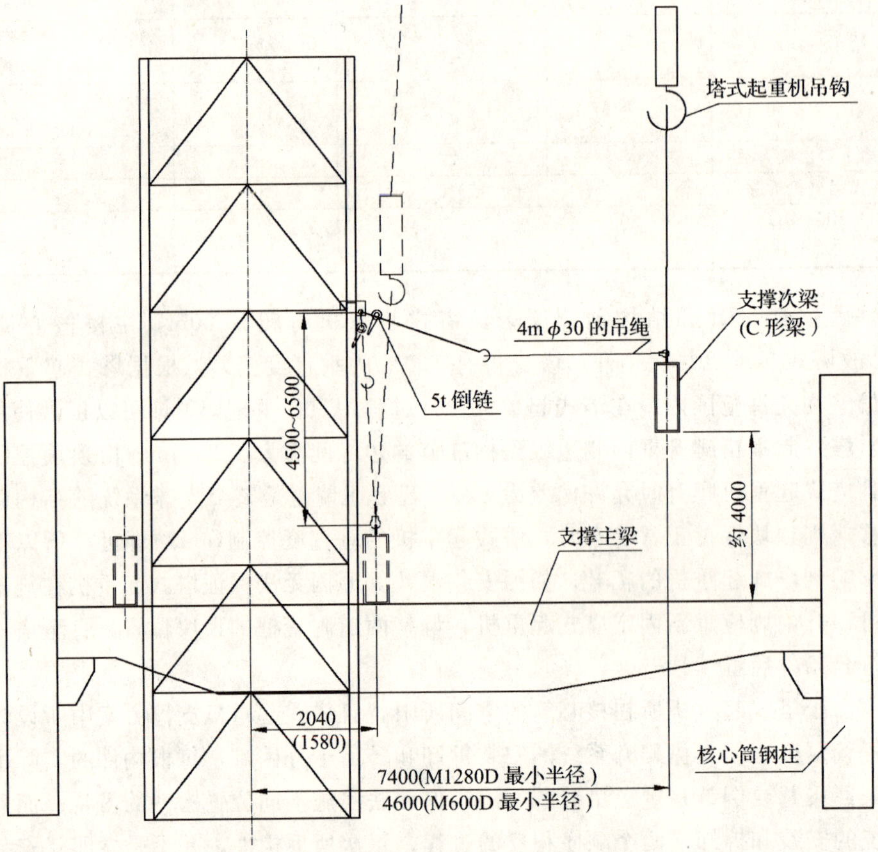

图 2-3-33 支撑次梁及 C 形梁安装示意图

接着吊装水平斜支撑，先吊长斜支撑，吊装就位后用销轴连接好，并穿上开口销；用好的跳板一头搭在主梁上，另一端搭在长斜支撑上，然后再吊装另两根斜支撑，安装就位并用开口销穿好。最后吊装另一边的两根短斜支撑，穿好销轴，开好开口销。

全面调整并进行检查，利用水平仪复测钢梁水平度，将水平度控制在 1‰以内。若符合要求，则将所有的螺栓按照相应的力矩要求全部紧固。

2. 支撑系统拆卸工序

由于支撑附着系统是重复利用的周转件，故在每次塔式起重机爬升完毕后（第一次除外），均要对爬升后不再使用的支撑附着系统进行拆除，以便转运并安装到下次爬升时需用的楼层。

虽然支撑附着系统的拆除工序与安装工序基本上是相反的，即先安装的后拆卸，后安装的先拆卸，但是，由于结构核心筒的操作空间较小，且每次所拆卸的那道支撑附着系统的上部，均有至少两道其他支撑附着系统妨碍，每根构件需要在拆卸处先平移，再竖立起来才能够吊出，这大大增加了其拆卸的难度和时间。

在拆卸每根构件时，先在上一级支撑附着系统的对应构件上分别拴上吊绳，其长度和强度应合适，在吊绳的下端均挂上 5t 的倒链，以备拆卸构件时使用。

拆卸C形梁：用两台 5t 的倒链将一根C形梁吊起，使其离开次梁 10cm 左右；再用塔式起重机将其一端吊住，慢慢起钩，直到C形梁竖起后，即可将C形梁吊运到构件存放处。

拆卸支撑杆：先用倒链将支撑杆分别吊住后，将其连接销轴取下，然后用塔式起重机吊住一端，将其竖起后吊出到构件存放处。

拆卸支撑次梁（M1280D 次梁重约 8.1t，M600D 次梁重约 5.5t）：用两台 5t 的倒链先将外侧次梁吊住，然后拆除螺栓，并慢慢吊起次梁，使其吊离主梁约 10cm 左右，然后用塔式起重机将次梁的一端慢慢吊起，使其竖起，然后吊到上一级支撑系统处时，将倒链从所吊构件上取下，再将构件吊出并运到构件存放处，见图 2-3-34。

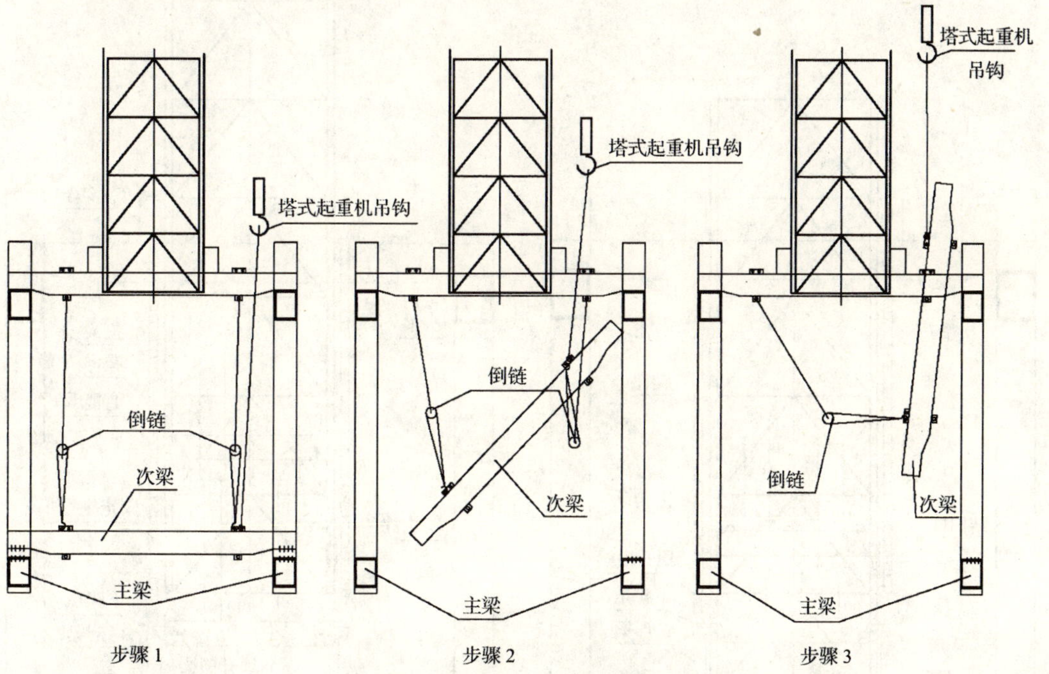

图 2-3-34　支撑次梁拆卸示意图

在吊近侧次梁时，先要用倒链将其吊起后，向一端平移一定的距离，使其一端进入核心筒体侧面的一档空间里，再用塔式起重机将此端吊起后，在上一级支撑系统处时，将倒链从所吊构件上取下，将近侧次梁吊运至构件存放处。

（三）塔式起重机的爬升

1. 爬升原理

澳大利亚 FAVCO 厂生产的 M××D 系列型号内爬塔式起重机的爬升过程中，塔式起重机的重量通过爬升节的顶升油缸传到爬升梯，爬升梯再传到 C 形梁，C 形梁再传到支撑梁，支撑梁最后传到构筑物。爬升是由爬升节和顶升横梁上的两组爬爪，通过布置在爬升节内的液压油缸的上下运动，使两组爬爪交替支承在爬梯上，从而来实现塔式起重机的爬升工作的。

2. 塔式起重机爬升程序

(1) 进行塔式起重机配平，塔式起重机吊起一定重量的重物，调整起重臂角度，以改变幅度，直到塔式起重机起重臂及平衡臂达到平衡为止（此时塔式起重机塔身垂直度应在 2‰以内），将塔式起重机停稳 10min 以上，确保平衡无误。

(2) 松开塔式起重机附着框与标准节间的夹紧挡块，其间隙在 3～5mm，使塔身节可以相对附着框产生垂直方向的位移。

(3) 连接液压装置油管，在爬升节内的控制阀处安装油压表，调试压力，并使顶升横梁下端牢固地支撑在底板表面或 C 形框架上，如图 2-3-35 所示。

(4) 操作液压顶升机构控制阀，千斤顶开始顶升，使塔身脱离基础，向上爬升；使塔式起重机爬升节上的两个固定爬爪稳固地搭在爬梯踏步上，如图 2-3-36 所示。

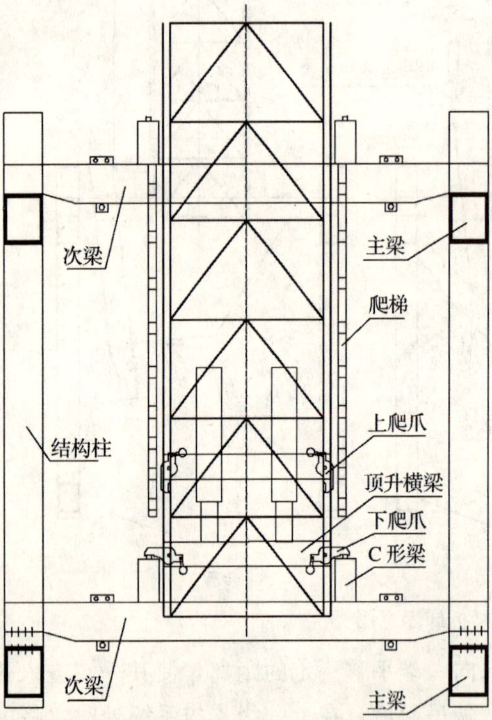

爬升步骤 1：将顶升横梁上的爬爪稳固在 C 形梁上

图 2-3-35 爬升步骤 1

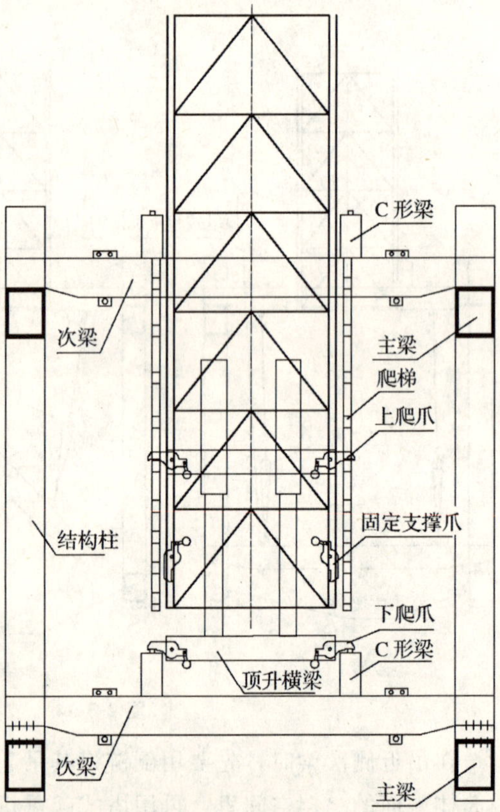

爬升步骤 2：操作控制阀，油缸伸长，塔式起重机向上顶起，让爬升节上的两个固定爬爪稳固地搭在爬梯上

图 2-3-36 爬升步骤 2

（5）操作塔式起重机液压顶升机构控制阀，让两个液压油缸开始回收，直到其上的两个爬爪稳固地踏上爬梯相应的踏步上。至此完成了塔式起重机爬升过程的一个小循环，如图 2-3-37 所示。

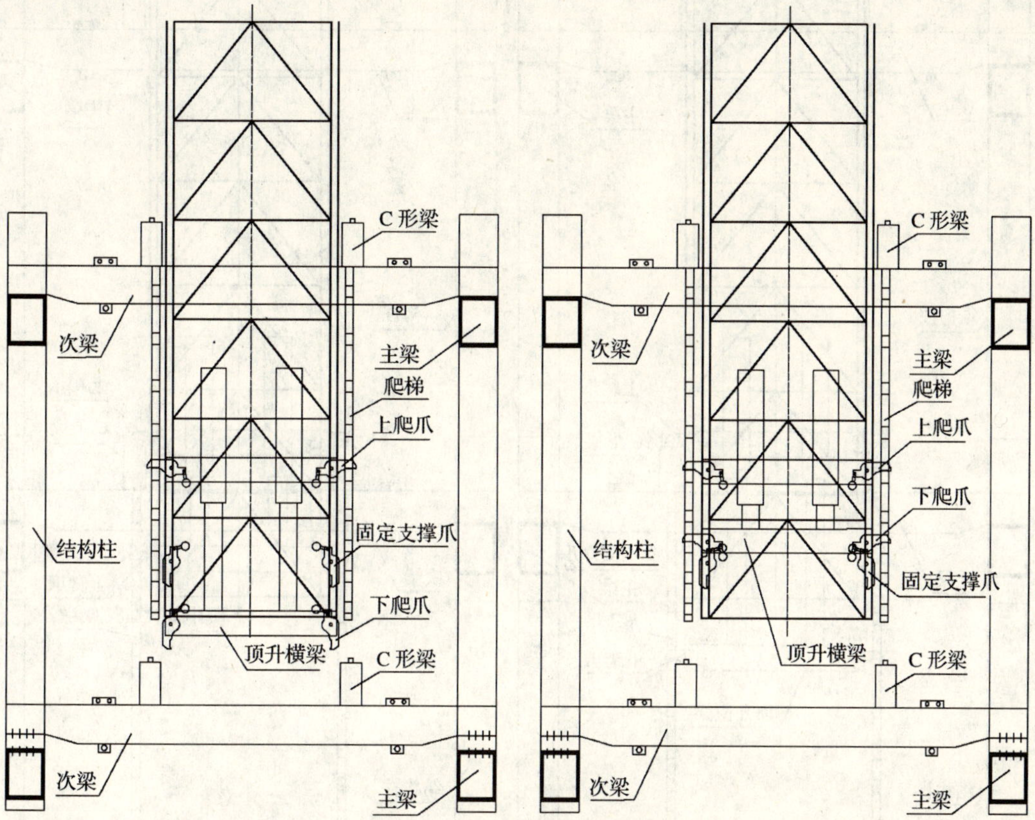

图 2-3-37 爬升步骤 3

（6）重复塔式起重机爬升步骤 1 至步骤 3，使塔式起重机继续向上爬升，直到爬升节上的 4 个固定支撑爪稳固地支撑在上一道附着框上后，将液压油缸收回，并让顶升横梁上的两个爬爪支撑在 C 形梁上，即完成塔式起重机的一次爬升过程。如图 2-3-38～图 2-3-41 所示。

（7）塔式起重机爬升完毕后，调节附着框四个角上的调节螺栓，使塔式起重机平移 20mm，测量塔式起重机垂直度，将整塔垂直度控制在 2‰以内。

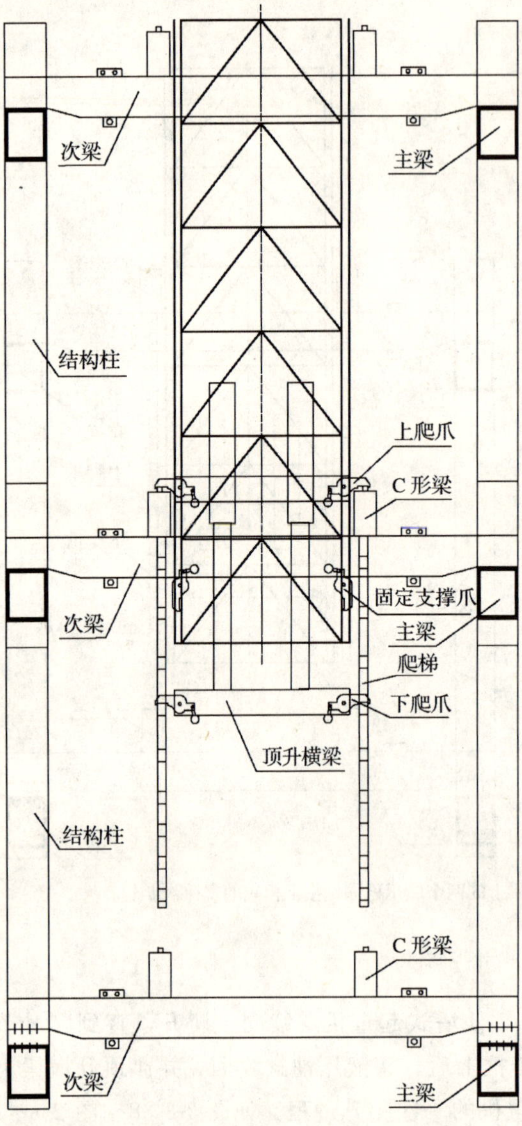

爬升步骤 4：操作顶升液压油缸，塔式起重机继续向上爬升，使爬升节上方的两个固定爬爪踏上上一道 C 形梁

图 2-3-38 爬升步骤 4

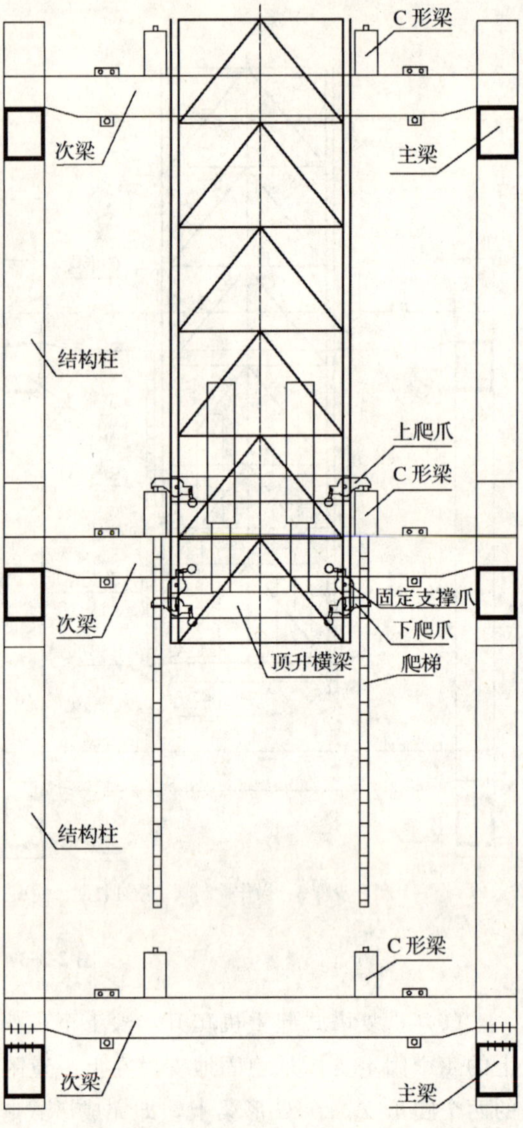

爬升步骤 5：收回油缸，让顶升梁上的两个爬爪踏上相应的爬梯踏步上

图 2-3-39 爬升步骤 5

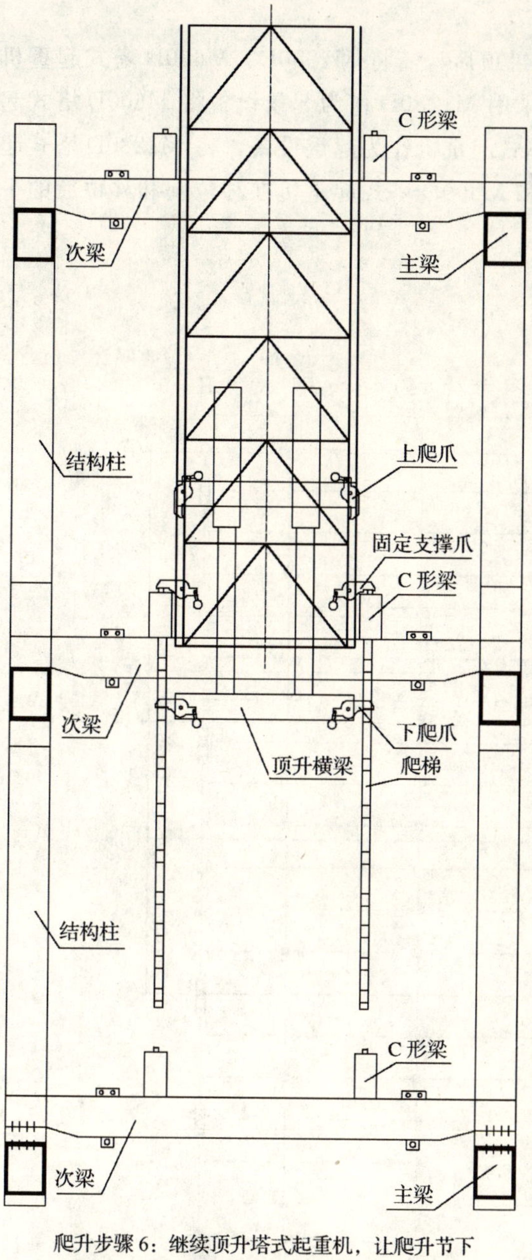

爬升步骤6：继续顶升塔式起重机，让爬升节下端的四个支撑爪稳固地支撑在上一道C形梁上

图 2-3-40　爬升步骤6

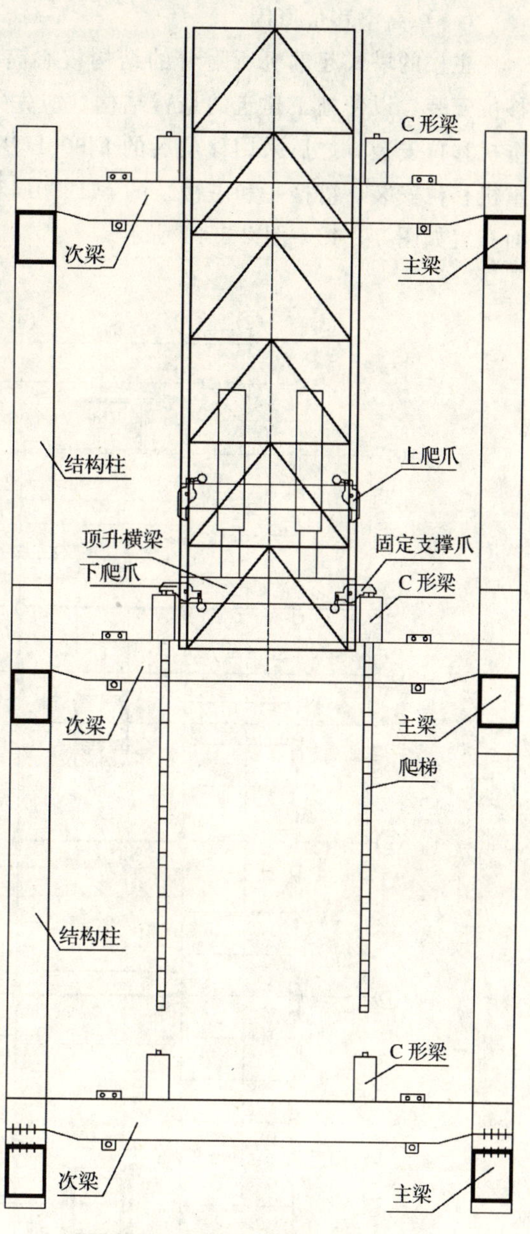

爬升步骤7：收回液压油缸，也使爬升横梁上的两个爬爪搭在C形梁上

图 2-3-41　爬升步骤7

六、大型动臂式塔式起重机高空移位

（一）高空移位原因

主楼的塔式起重机所附着的结构核心筒封顶后，需将 M1280D、M600D 塔式起重机移位安装，以便施工建筑的悬臂结构。应先采用 M1280D 作为起重设备将 M600D 塔式起重机移位安装，之后采用移位后的 M600D 塔式起重机作为起重设备，将 M1280D 塔式起重机移位安装，塔楼一和塔楼二的 M1280D 和 M600D 塔式起重机在移位前和移位后的平面布置如图 2-3-42～图 2-3-44 所示。

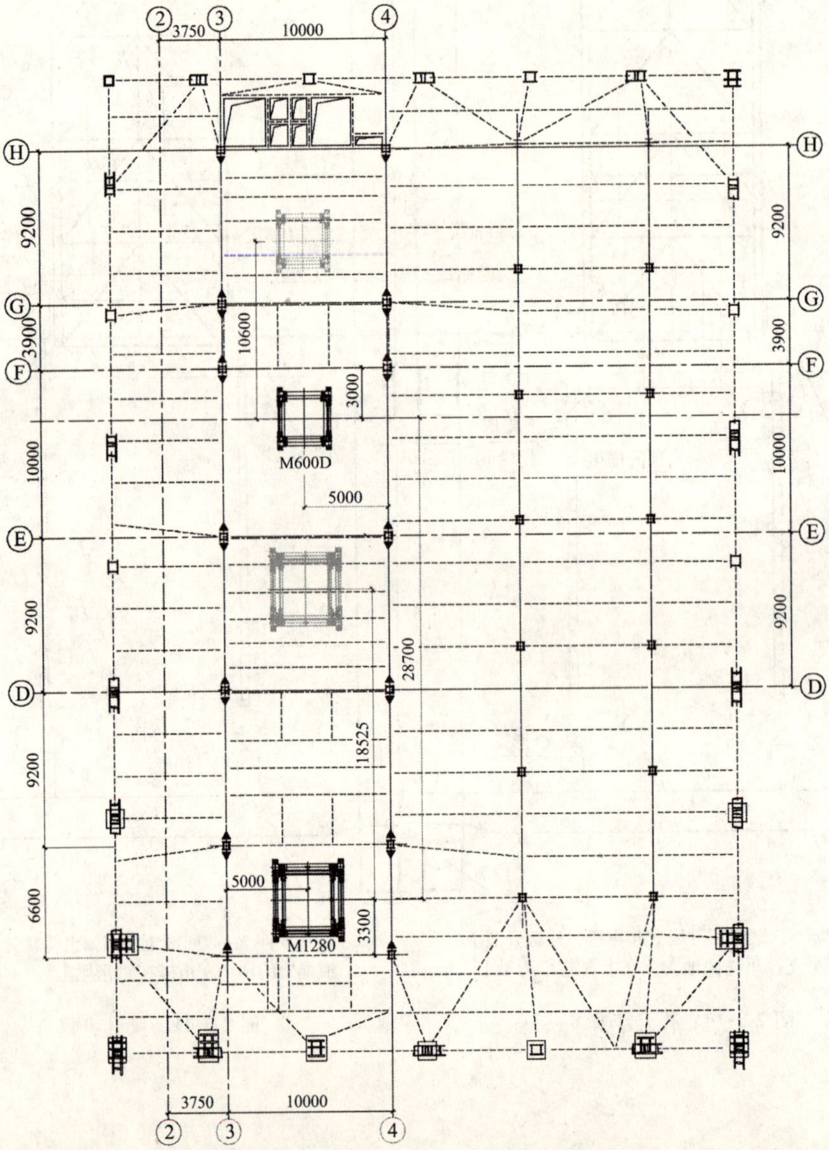

图 2-3-42　塔楼一大型塔式起重机 M1280D 和 M600D 移位前后定位图

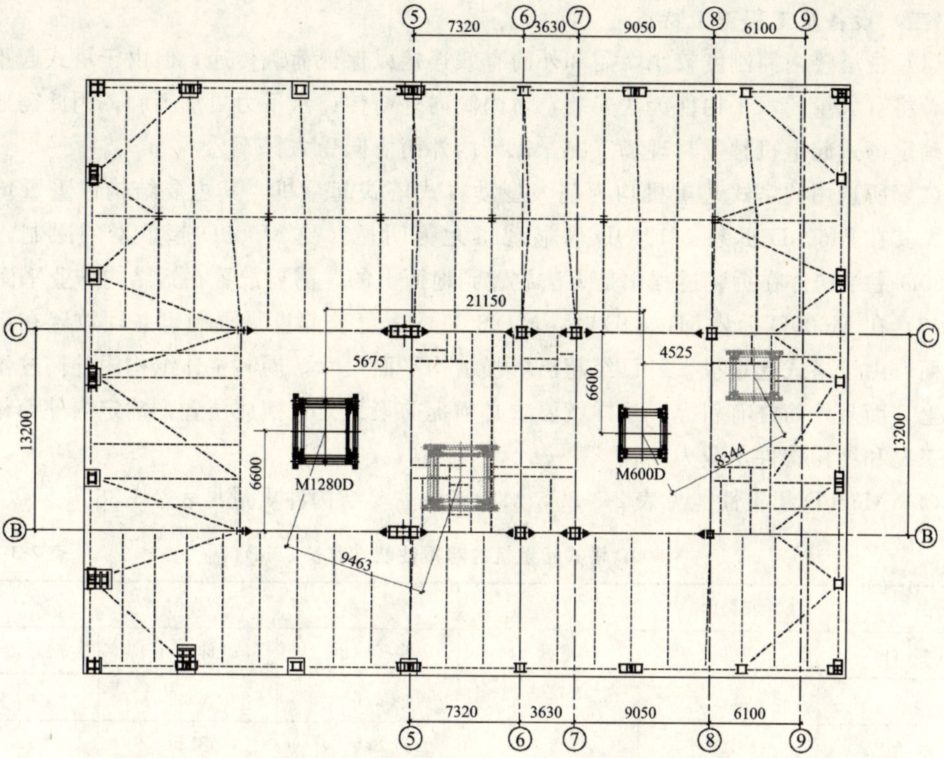

图 2-3-43　塔楼二大型塔式起重机 M1280D 和 M600D 首次移位前后定位图

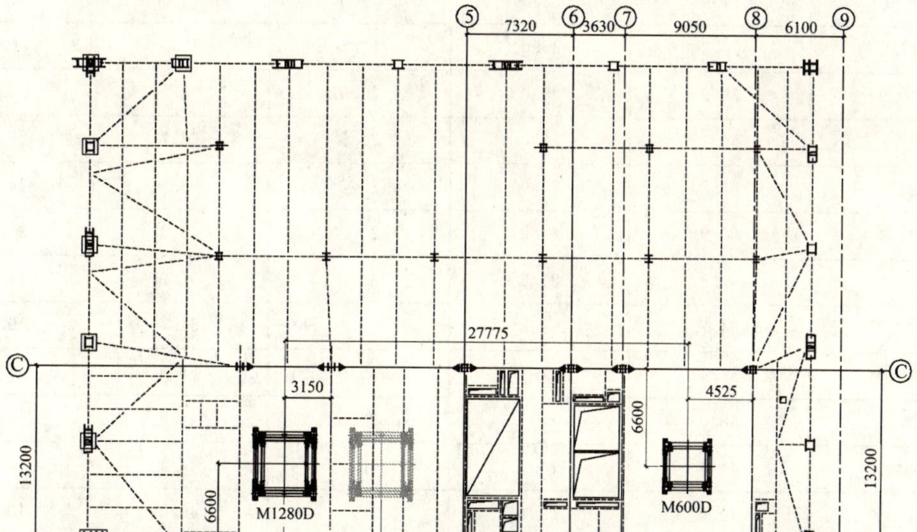

图 2-3-44　塔楼二大型塔式起重机 M1280D 二次移位前后定位图

（二）设备及工程施工特点

（1）主塔楼内筒刚度较小，需和外筒有效连接以保证荷载传递，但由于塔式起重机的移位，将有大量的水平构件无法安装，对内筒向外筒传递水平力更加不利，因此需通过验算，确定塔式起重机移位时现场工况，保证内外筒协同受力。

（2）所选用的塔式起重机均为超大型动臂式塔式起重机，其主要结构件重量均非常大，尤其在 M600D 拆装 M1280D 时显现得尤为明显。受 M600D 起重量的限制，大量 M1280D 主结构件在拆装过程中是无法放置到地面上的，需要放置在钢结构作业平面上。

（3）在 M600D 拆装 M1280D 时，M1280D 的大臂受起重量限制也必须放置在钢结构作业面，由于塔式起重机大臂已经超出塔楼结构平面尺寸，同时主体结构内外筒柱不在一条线上，而且外筒柱有斜撑，这样就要求必须提前策划大臂摆放位置，确定内外筒构件的安装工况和结构构件承载力复核。

（4）M600D 起重性能见表 2-3-25，M1280D 主要结构件重量见表 2-3-26。

M600D 塔式起重机的起重性能（臂长 55m）　　**表 2-3-25**

单绳时			双绳时		
半径（m）	臂仰角（°）	起重量（t）	半径（m）	臂仰角（°）	起重量（t）
4.6	86.0	25.0	4.6	86.0	50.0
8.5	81.9	25.0	8.5	81.9	50.0
10.0	80.3	25.0	10.0	80.4	46.2
15.0	74.9	25.0	15.0	75.0	39.2
17.5	72.2	25.0	17.5	72.3	36.0
20.0	69.5	25.0	20.0	69.5	32.7
22.5	66.7	25.0	22.5	66.7	29.7
25.0	63.8	25.0	25.0	63.9	26.7
27.5	60.9	24.2	27.5	60.9	24.2
30.0	57.8	21.6	30.0	57.9	21.6
32.5	54.7	19.2	32.5	54.7	19.2
35.0	57.4	17.5	35.0	51.5	17.5
37.5	48.0	15.9	37.5	48.0	15.9
40.0	44.4	14.7	40.0	44.4	14.7
42.5	40.6	13.4	42.5	40.5	13.4
45.0	36.4	12.5	45.0	36.3	12.5
47.5	31.7	11.7	47.5	31.6	11.7
50.0	26.4	11.0	50.0	26.1	11.0
52.5	19.7	9.7	52.5	19.3	9.7
53.8	15.0	9.0	53.7	15.0	9.0

M1280D 塔式起重机主要结构件重量表 **表 2-3-26**

名 称	数量	高（长）度（m）	理论重量（kg）	实际重量（kg）
标准节	14	4.000	8512	8100
爬升塔节	1	4.000	15800	22t
下回旋体	1	2.510	10608	16t
操作室	1	2.100	1600	1600
上回旋组	1	6.200	18600	18600
后桁架（机械平台）	1	7.500	12000	15.5t
卷扬机（不含主绳）/发动机组	1	6.450	23900	11.5t/15t
桅杆总成（A 形架）	1	15.910	20300	19.5t
起重臂总成	1	73.400	25662	32t
配重	15	—	—	—
配重	15	4.000	7650	—
主钢丝绳	1	—	—	9t

（三）移位时主体结构工况

1. 塔楼二 M1280D 和 M600D 塔式起重机第一次移位

(1) 塔式起重机夹持楼层：F24 和 F28，夹持距离为 20m。

(2) 塔式起重机爬升移位前的条件状况：

1) 主体钢结构工程的条件状况

① 核心筒所有钢结构焊接完成至 F29，核心筒北侧楼面钢梁 F29 焊接完成。

② 外框筒所有钢结构焊接完成至 F28，并且楼面钢梁最终连接完成。

2) 压型钢板工程的条件状况

压型钢板铺设完成至 F26，并且所有的熔焊栓钉安装完成。

3) 混凝土工程的条件状况

楼面混凝土浇筑完成至 F23，外框筒劲性柱施工至 F15 以上，并且要求达到足够的强度。

此外，核心筒的加固支撑要完成安装。

2. 塔楼二 M1280D 第二次移位

(1) 塔式起重机夹持楼层：F37 和 F41，夹持距离为 20m。

(2) 塔式起重机爬升移位前的条件状况：

1) 主体钢结构工程的条件状况

① 核心筒所有钢结构焊接完成至 F43。

② 外框筒所有钢结构焊接完成至 F41，并且楼面钢梁最终连接完成。

2) 压型钢板工程的条件状况

压型钢板（或楼面钢板）铺设完成至 F39，并且所有的熔焊栓钉安装完成。

3) 混凝土工程的条件状况

楼面混凝土浇筑完成至 F31，外框筒劲性柱施工至 F26 以上，并且要求达到足够的强度。

此外，核心筒的加固支撑要完成安装。

3. 塔楼一 M1280D 和 M600D 塔式起重机移位

(1) 塔式起重机夹持楼层：F37 和 F41，夹持距离为 17m。

(2) 塔式起重机爬升移位前的条件状况：

1) 主体钢结构工程的条件状况

① 核心筒所有钢结构焊接完成至 F43。

② 外框筒所有钢结构焊接完成至 F41，并且楼面钢梁最终连接完成。

2) 压型钢板工程的条件状况

压型钢板（或楼面钢板）铺设完成至 F39，并且所有的熔焊栓钉安装完成。

3) 混凝土工程的条件状况

楼面混凝土浇筑完成至 F36，外框筒劲性柱施工至 F32 以上，并且要求达到足够的强度。

此外，核心筒的加固支撑要完成安装。

(四) M1280D 高空移位

(1) 拆卸 M1280D 塔式起重机起重臂 (32t)。

1) 先将 M1280D 塔式起重机的吊钩放到地面，拆除吊钩钢丝绳，全部转到起重圈筒上，再将起重臂回转，使 M600D 塔式起重机处于最佳吊装位置，然后用 M600D 塔式起重机将 M1280D 塔式起重机起重臂的安装拉索安装好，M1280D 慢慢放平其起重臂，使起重臂完全由安装拉索承担，放松变幅钢丝绳，使变幅滑轮组落到起重臂上，并用铁丝将其与起重臂捆扎牢固。

2) 将准备好的 400m 牵引钢丝绳与 M1280D 塔式起重机的变幅钢丝绳头连接牢固，慢慢将变幅钢丝绳（含牵引绳）绕到圈筒上。

3) 用 M600D 塔式起重机将 M1280D 起重臂吊住，在距大臂根部较近的起吊钢丝绳侧增加两个辅助的 10t 倒链（在大臂放置在楼层前调平用），其重心位置在距臂根约 42m 处，在起重臂的两端各拉上一根 $\phi18$ 的长 120m 麻绳，以备缆风之用。

4) 将 M1280D 起重臂轻轻吊起，使其安装拉索不再受力，并将安装拉索的一端从 A 架上拆卸下来，绑在起重臂上。

5) 将起重臂吊平后，用结实的麻绳将起重臂的根部与上回转体绑牢，只留 300mm 的松动距离，以防在取出销轴时起重臂失稳。

6) 取出起重臂与上回转体的连接销轴，待起重臂吊平稳后，解除与上回转体连接的麻绳，然后将起重臂吊起，在放到 F29 楼面之前利用倒链先将大臂调平，然后平稳放置事先准备好的钢结构梁上（钢梁上所垫木方和麻布均事先用钢丝绑牢），如图 2-3-45 和图 2-3-46 所示。

(2) 拆卸 M1280D 塔式起重机 A 架 (19.5t)。

(3) 拆卸 M1280D 塔式起重机全部配重 (7.5t/块)。

(4) 拆卸 M1280D 塔式起重机发动机组 (15t)。

(5) 拆卸 M1280D 塔式起重机机械平台 (15.5t)。

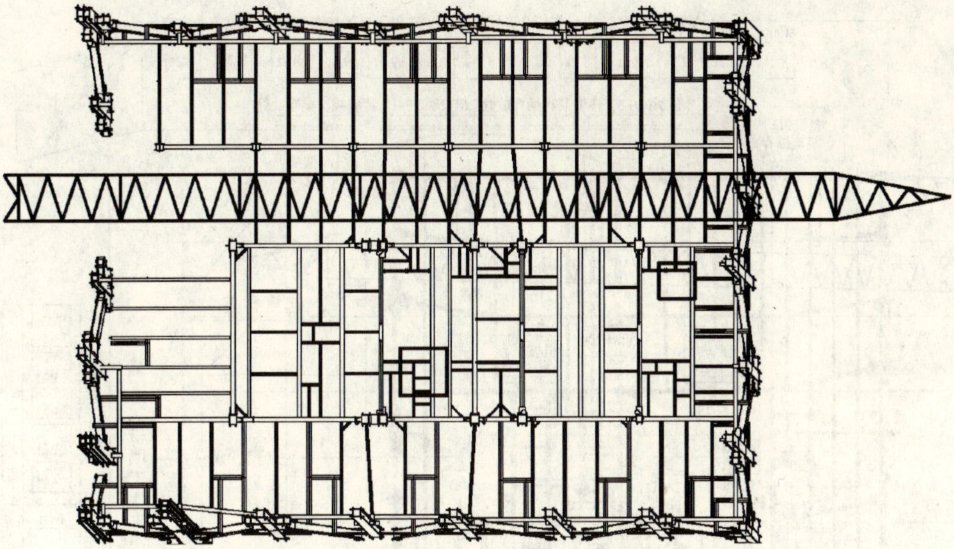

图 2-3-45　塔式起重机大臂在楼层内摆放位置图

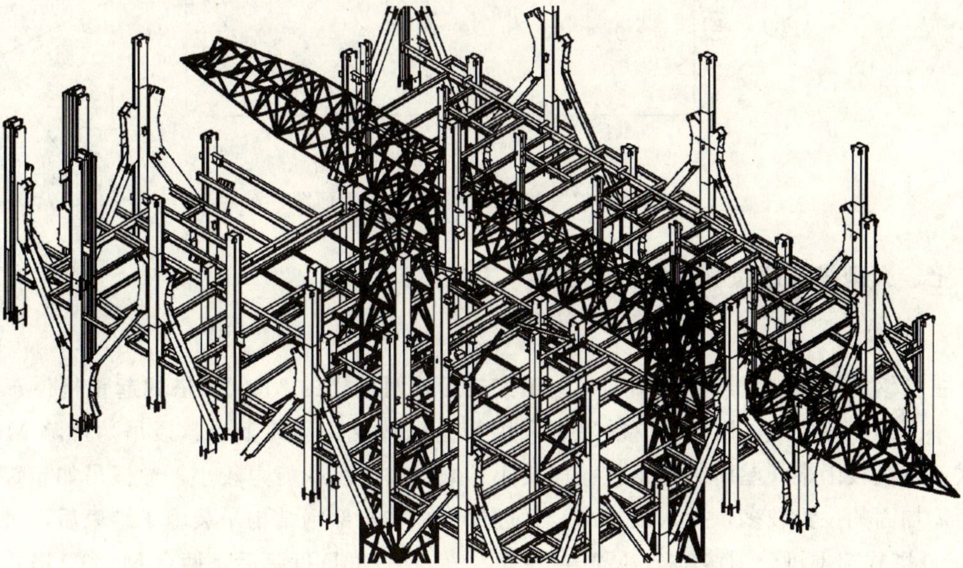

图 2-3-46　塔式起重机大臂在楼层内摆放位置立体图

(6) 拆卸 M1280D 塔式起重机主卷扬筒 (20.5t)。

(7) 拆卸 M1280D 塔式起重机上回转体 (18.6t)。

(8) 拆卸 M1280D 塔式起重机下回转体 (16t)。

(9) 拆卸 M1280D 塔式起重机的标准节 (8.1t/节)。

(10) 按照塔式起重机拆卸相反的顺序在新位置进行塔式起重机的安装工作

在安装拆除过程中各构件的摆放位置见图 2-3-47，发动机组、机械平台、主卷扬筒、上回转体和下回转体均需放置在钢结构作业面，集中力较大，必须依据结构设计值进行该位置承载力和平面外稳定性复核，防止出现构件失稳。

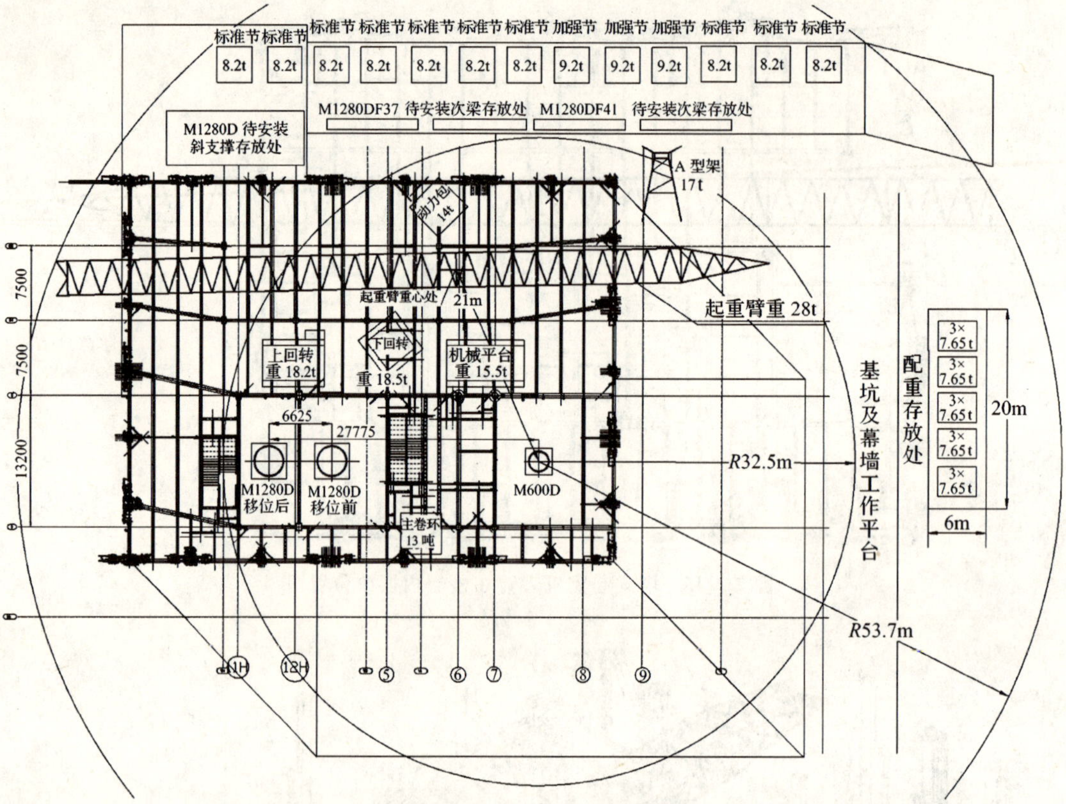

图 2-3-47　M1280D 构件摆放平面图

七、大型塔式起重机悬臂部位安装

（一）概况

主楼钢结构（包括悬臂钢结构）施工完成后，两塔楼的 M600D 塔式起重机位于建筑投影平面的中心位置，M1280D 拆除后采用其他机械设备（如多台救援吊）拆除 M600D 塔式起重机较困难，屋面结构钢柱截面较小且倾斜，故承载能力较小，救援吊如布置在屋面所需加固的位置较多，投入成本高。经过优化，在全部钢结构吊装施工结束后，将两台 M600D 塔式起重机分别移位至悬臂第二跨间，待 M1280D 拆除后，两台 M600D 塔式起重机可以互拆，剩下的一台 M600D 塔式起重机离悬臂边框较近，可采用一台屋面吊拆除，较为经济。

（二）悬臂 M600D 塔式起重机定位

两台 M600D 塔式起重机在悬臂结构上的定位需考虑下列因素：

（1）由于塔式起重机周边的原结构特点，需承受底部塔式起重机弯矩引起的较大拉压力。

（2）M600D 与 M1280D 的间距适宜，保证 M600D 能够顺利拆除 M1280D。

（3）两 M600D 塔式起重机间距适宜，保证两塔式起重机能够顺利互拆。

（4）最后一台 M600D 可采用一台较小吊机拆除。

（5）尽量保证屋顶和内部受塔式起重机影响的钢构件较少（最后补装构件）等。

经分析和比较，两台 M600D 塔式起重机布置在悬臂 F39 楼面上，分别位于悬臂外伸的第一榀桁架和第二榀桁架之间，如图 2-3-48 所示，塔式起重机间距如下：

（1）塔式起重机 T1-M1280D 与塔式起重机 OH-T1-M600D 间距为 28159mm。

（2）塔式起重机 T2-M1280D 与塔式起重机 OH-T2-M600D 间距为 31293mm。

（3）塔式起重机 OH-T1-M600D 与塔式起重机 OH-T2-M600D 间距为 38584mm。

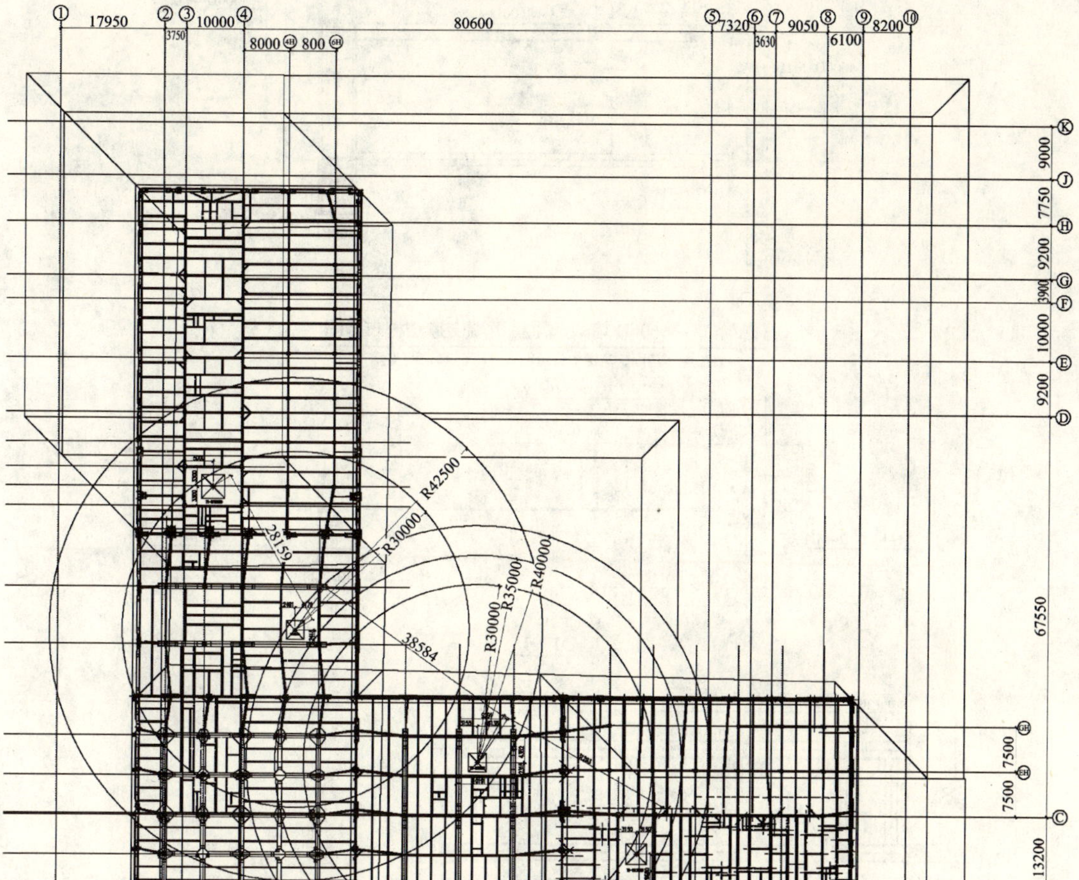

图 2-3-48　F39-OH-M600 平面布置图

（三）悬臂 M600D 底座设计

1. 塔式起重机 M600D 悬臂支撑设计

主梁采用变截面钢梁，采用原 M1280D 支撑大梁改做，水平支撑分别采用原塔式起重机支撑的截面 T250×300×20×30 和 L125×80×12，见图 2-3-49。经分析验算各构件强度设计应力均满足规范要求（计算过程略）。

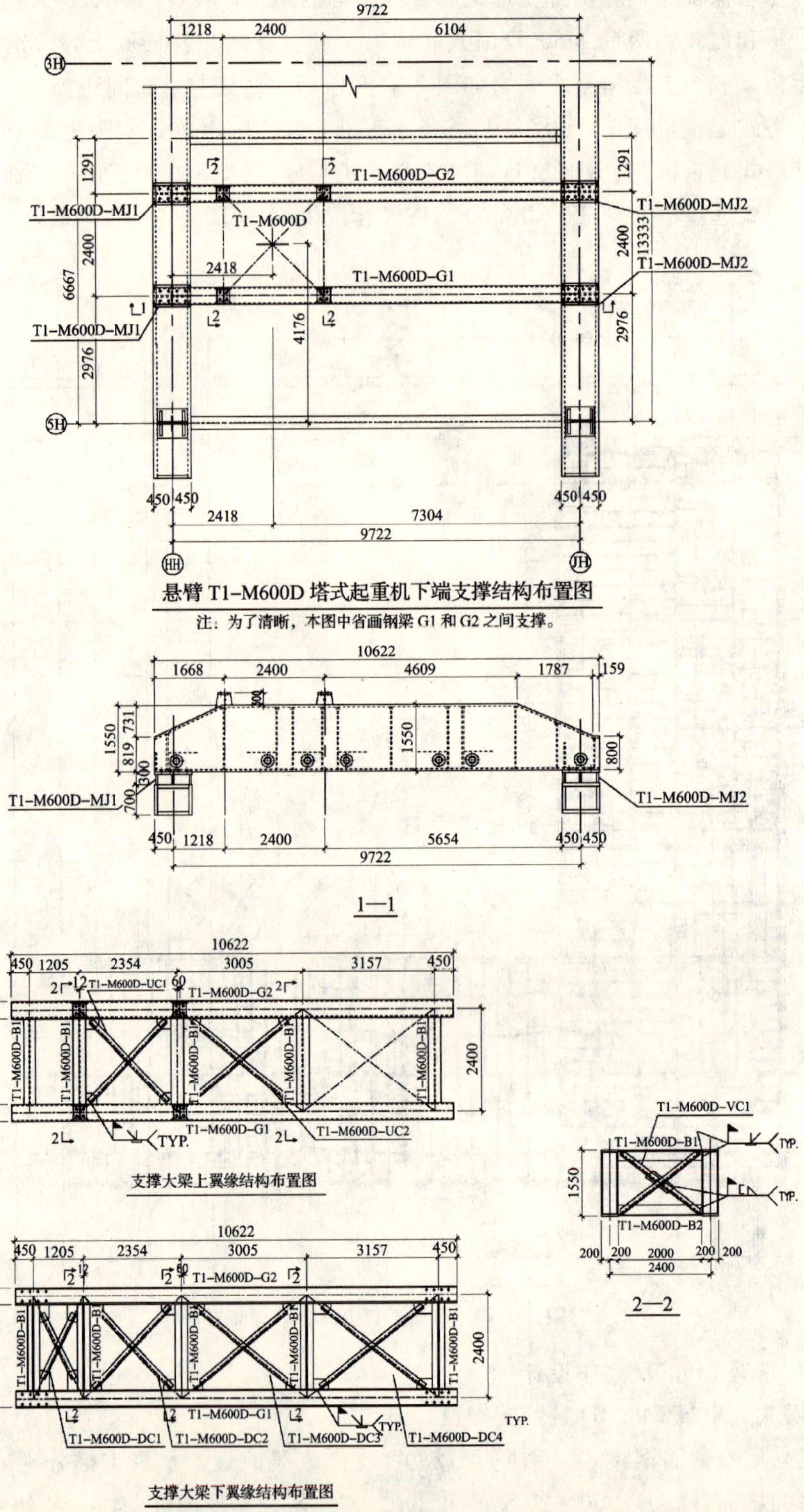

图 2-3-49 悬臂 M600D 塔式起重机基础图

2. 悬臂桁架验算及加固设计

选择悬臂桁架 TR1a、TR1b 中受力最不利的一榀 TR1b 进行验算，验算荷载采用塔式起重机底座各工况下的反力。

(1) 对桁架不进行加固时，桁架上弦由塔式起重机产生的设计应力比为 0.632，较为不安全，需采用加固措施（计算过程略）。

(2) 对桁架 TR1a、TR1b 各增加一立柱，桁架各弦杆和腹杆由塔式起重机产生的设计应力比为 0.252，较为合理（计算过程略）。加固立柱的施工图如图 2-3-50 和图 2-3-51 所示。

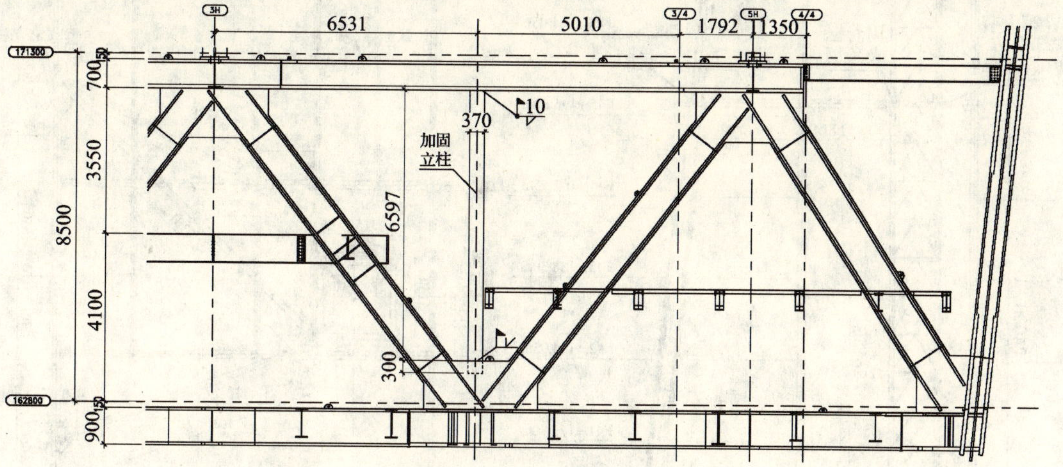

图 2-3-50 加固立柱定位图

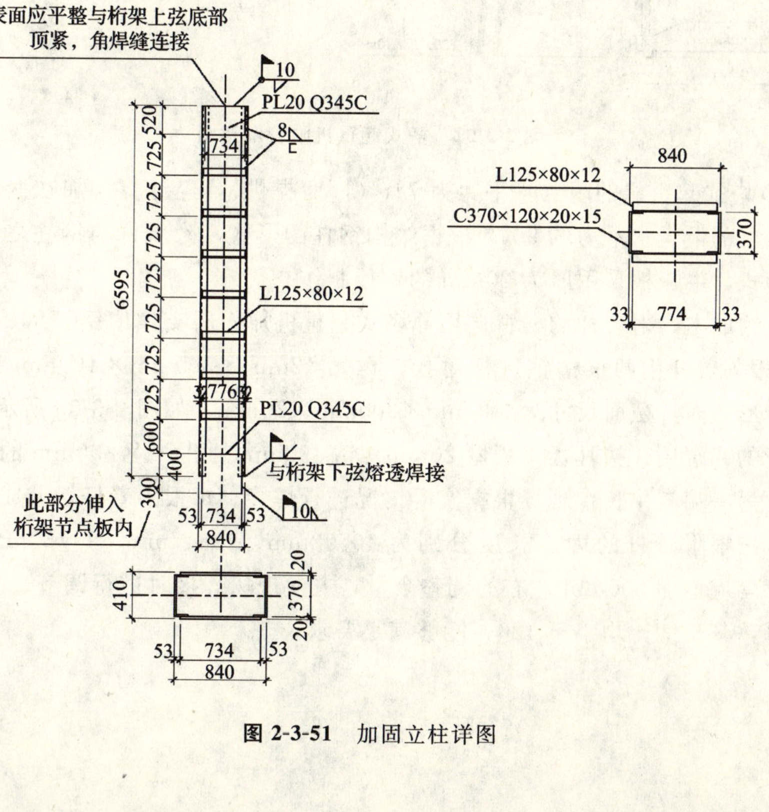

图 2-3-51 加固立柱详图

（四）悬臂 M600D 塔式起重机附着的设计加工

为降低悬臂 M600D 塔式起重机对下部悬臂桁架的不利荷载，在塔身 26m 处设置一道附着，附着位置正处于塔楼 F45 上约 0.68m 处，如图 2-3-52 所示。附着杆最长为 13.8m。

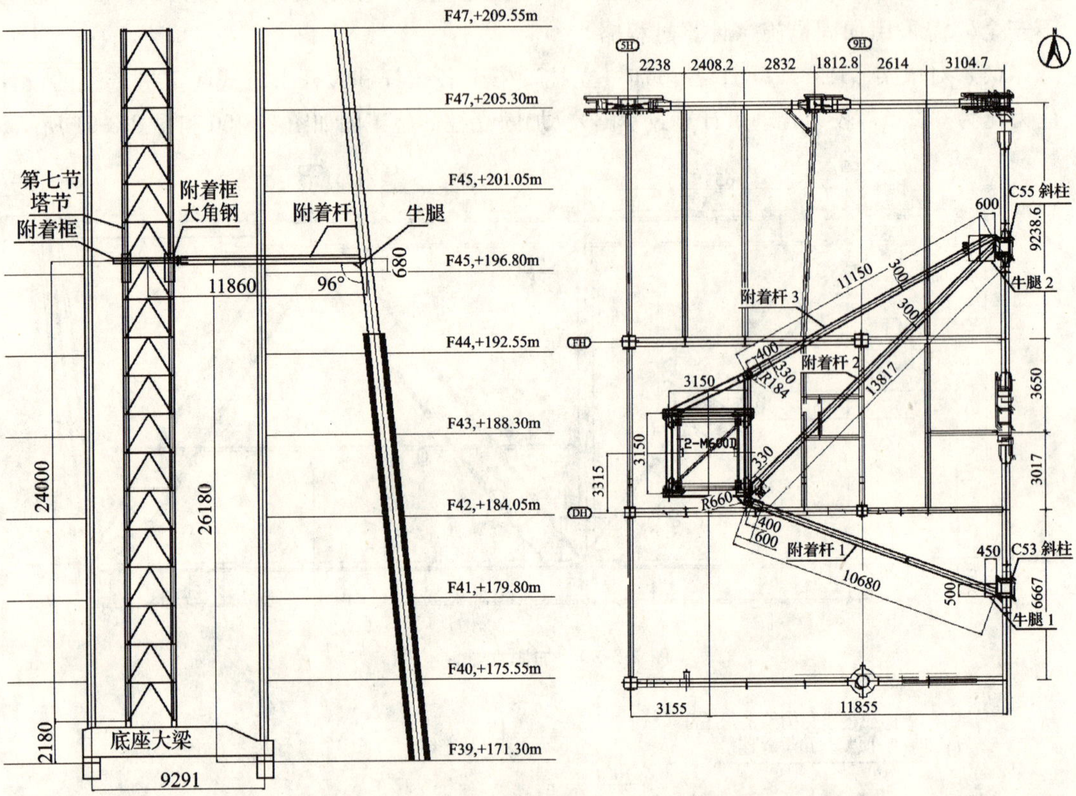

图 2-3-52　塔式起重机附着示意图

M600D 塔式起重机的附着水平力为 74t（厂商提供），经计算，加在两根附着结构柱 C55 和 C53 上的最大水平力约 90t。根据结构钢柱的形式，附着杆与钢柱之间采用焊接牛腿的连接形式，牛腿板采用厚为 20mm 的钢板制作。

为了节约成本，附着杆的材料选用原塔式起重机加固斜支撑槽钢[386mm×120mm×16mm，每根附着杆用两根槽钢进行对扣，再用 12mm×300mm×100mm 钢板焊接在一起，形成矩形截面，截面尺寸为 386mm×300mm×20mm，如图 2-3-53 所示。

附着杆的一端用连接耳板（板厚 20mm）钻 ϕ90mm 的孔，用 ϕ90mm 的销轴与附着框进行连接，另一端与牛腿在现场根据实际情况进行焊接。每根附着杆均分成两节，中间用法兰连接。三根附着杆的理论长度分别为 10592mm、13817mm、11150m，在加工制作时，其长度均应增加 200mm 左右的调整余量，方便现场焊接时进行调节。

经验算，其长细比均小于 120，能够满足要求。

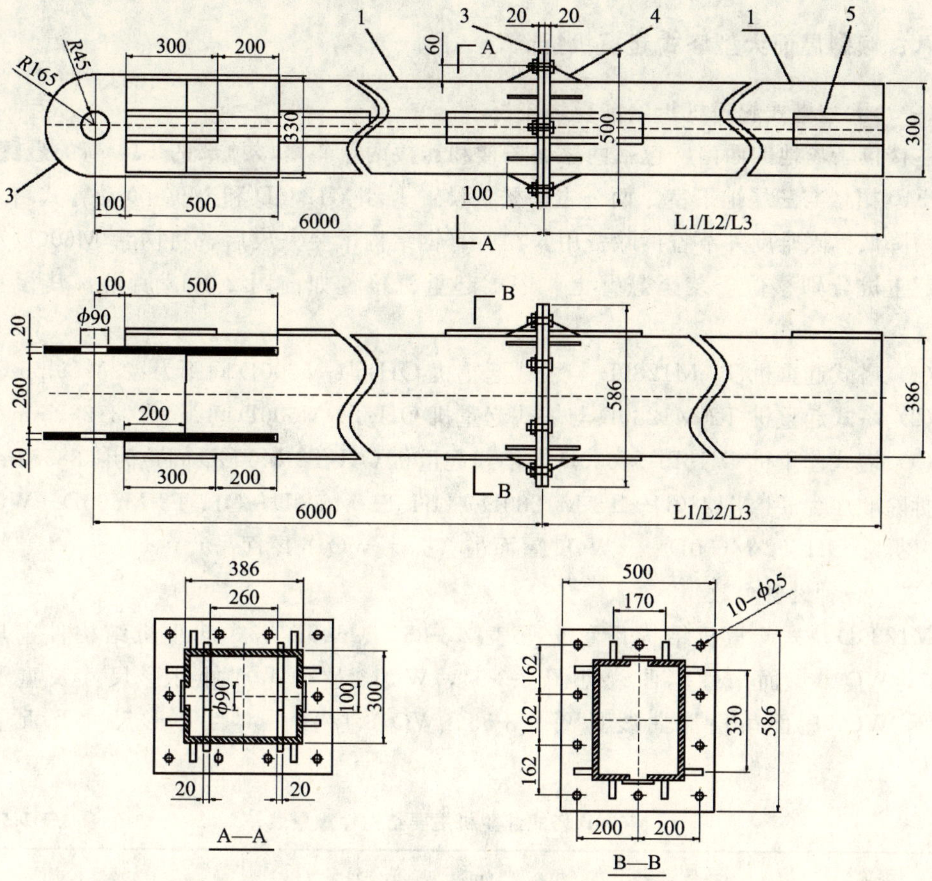

图 2-3-53　附着杆加工示意图

1—槽钢；2—连接耳板；3—法兰连接板；4—法兰加强板；5—槽钢连接板

（五）悬臂 M600D 塔式起重机的移位安装方法

由于采用 M1280D 进行悬臂 M600D 塔式起重机的移位安装，因此 M600D 塔式起重机移位的拆卸和安装相对较为简单，难点主要在于移位前的各项准备工作，所以对悬臂 M600D 塔式起重机空中拆卸和安装不再进行赘述。

1. 空中拆卸流程

拆卸塔式起重机吊钩（收回主吊钢丝绳）→拆卸两块配重→拆卸起重臂（收变幅绳，起重臂放在楼面上）→拆卸 A 架→拆卸另五块配重→拆卸动力包（含主卷扬机组）→拆卸回转总成（含上下回转及平衡臂）→拆卸标准节（可每次拆三节）→拆卸爬升节（并将顶升油缸和横梁拆离爬升节，安装时不再使用）。

2. 空中安装流程

在 F39 已经加工制作合格的塔式起重机底座上安装爬升节→安装六节标准节→安装附着系统→安装五节标准节→安装回转总成（含上下回转及平衡臂，共重约 28t）→安装动力包（含主卷扬机组）→安装五块配重→安装 A 架→安装起重臂（穿变幅绳）→安装两块配重→安装主吊钢丝绳并穿吊钩→调试验收。

八、倾斜屋面大型塔式起重机拆除

（一）大型塔式起重机拆除前现场工况

主楼位于场地的西南，包括两座斜塔楼和连接两座斜塔楼顶部的 F14 高的悬臂结构，以及 F10 裙楼与三层地下室。两个主塔楼各设置 1 台 M1280D 和 M600D 动臂式塔式起重机。为降低拆除难度并节省拆除费用，在所有钢结构吊装完成后，将两台 M600D 动臂式塔式起重机分别移位安装至悬臂上。塔式起重机位置如前图 2-3-48 所示，其相互间距如下。

（1）塔式起重机 T1-M1280D 与塔式起重机 OH-T1-M600D 间距为：28159mm。

（2）塔式起重机 T2-M1280D 与塔式起重机 OH-T2-M600D 间距为：31293mm。

（3）塔式起重机 OH-T1-M600D 与塔式起重机 OH-T2-M600D 间距为：38584mm。

拆除顺序为 T1-M1280D→T2-M1280D→OH-T1-M600D→OH-T2-M600D→WQ16 屋面吊（拆除 OH-T2-M600D）→WQ6 屋面吊（拆除 WQ16 屋面吊）。

（二）各种设备参数

M1280D 塔式起重机结构件重量见表 2-3-26，M600D 塔式起重机结构件重量见表 2-3-27，WQ16 屋面吊性能曲线见图 2-3-54，WQ16 屋面吊部件外形尺寸及重量见表 2-3-28，WQ6 屋面吊性能曲线见图 2-3-55，WQ16 屋面吊部件外形尺寸及重量见表 2-3-29。

M600D 塔式起重机主要结构件重量表 **表 2-3-27**

名称	数量	高（长）度（m）	单件重量（kg）	备　注
起重臂	1	55	15000	含滑轮组、拉索等
		45.8	12500	不含变幅滑轮组、拉索等
爬升节	1	4	15000	含油缸等
标准节	12	4	5000	
下回转	1	2.51	13000	含回转齿圈
上回转	1	10.2	11000	
A 架	1	14.1	12000	
主卷扬筒及钢索	1		11000	
机械平台	1		10000	
加强节	1	4	6500	
操作室	1	2.1	1200	
发动机及卷扬机组			11000	

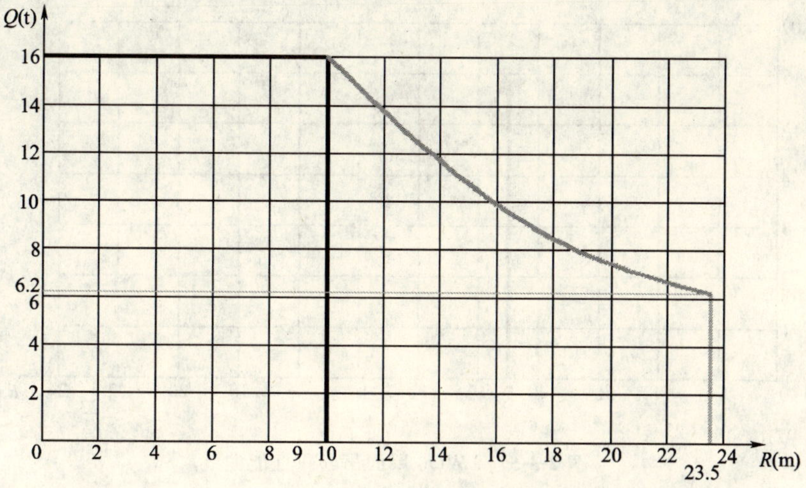

图 2-3-54　WQ16 屋面吊起重性能曲线

WQ16 屋面吊部件外形尺寸及重量表　　**表 2-3-28**

序号	部件名称	外形尺寸（mm）	数量	重量（kg）	
				单件重量	总重量
1	起重臂	1630×1640×4700	1		897
		1640×1640×5000	2		1488
		1640×1640×10000	1		1949
2	平衡臂	738×1598×5647	1		2730
3	底座十字节	788×788×7144	1		396
4	支腿	845×600×3657	4	970	3880
5	下支座	541×1941×1941	1.		1170
6	起升机构	1300×2230×2100	1		3248
7	变幅机构	1010×1831×2380	1		2850
8	吊钩	315×1250×1200	1		570
9	变幅定滑轮	746×330×680	1		266
10	前拉杆	480×1672×6900	1		1328
11	后拉杆	210×1535×4745	1		398
12	上支座	750×2060×2353	1		2445
13	变幅动滑轮	740×507×696	1		252
14	操作箱	600×600×1000	1		23
15	回转机构	1200×900×800	1		1090
16	起升电阻	600×800×1200	1 套		88
17	电器总控制箱	350×1300×1450	1 套		220
18	平衡重框	1200×1448×1490	1		500
19	平衡重（包括平衡重框 500kg）				12000
20	STT293 底架	6000×6000	1		
21	STT293 基础节	2000×2000×3500	1		3780
22	STT293 标准节	2000×2000×3000	2		1700

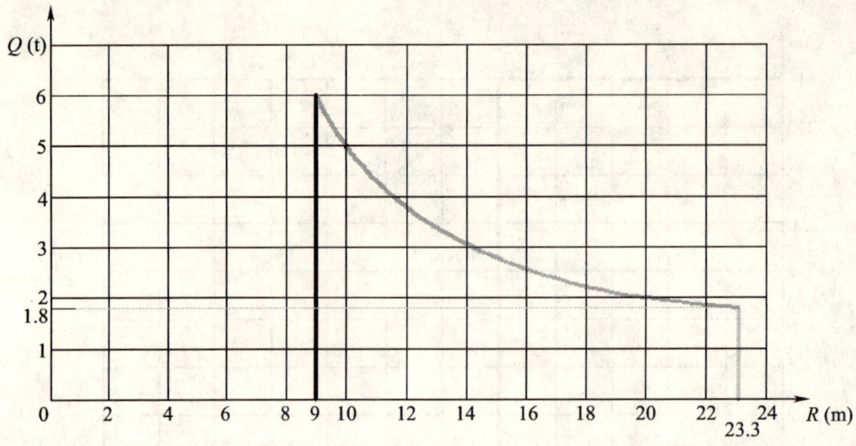

图 2-3-55　WQ6 屋面吊起重性能曲线

WQ6 屋面吊部件外形尺寸及重量表　　**表 2-3-29**

序号	部件名称	外形尺寸（mm）	数量	重量（kg）	
				单重	总重
1	起重臂	1160×1060×3000	3	190	570
		1360×1060×3000	1		275
		680×620×3150	1		185
		1486×1060×3060	1		310
2	平衡臂	290×1400×2850	1		486
		456×1410×1996	1		275
3	支腿	300×370×2463	4	230	920
4	下支座	290×1840×1840	2	396	792
5	起升机构	1500×900×2400	1		1806
6	变幅机构	1500×900×2100	1		1300
7	吊钩	350×650×1350	1		150
8	变幅定滑轮组	700×450×750	1		105
9	前撑杆	1600×3711×300	1		319
10	后拉杆	1600×2914×450	1		206
11	上转台	2200×2000×650	2	445	890
12	变幅动滑轮组	700×350×600	1		95
13	操作箱	600×600×1000	1		23
14	回转机构	2000×900×800	1		460
15	起升电阻	600×800×1200	1套		68
16	电器总控制箱	350×1300×1450	1套		180
17	平衡重框	1460×1200×500	1		600
18	平衡重（21m 臂）（包括平衡重框 600kg）				4000

（三）大型塔式起重机拆除

所有塔式起重机拆除时，部件需从7H、8H轴和HH、KH轴之间的空间下放到地面（图2-3-56），受到下放空间的限制，拆塔时地面需提前准备一台80t（拆除M600D时为50t）汽车式起重机和一辆板车，在该位置地下室顶板上负责塔式起重机部件的倒运。

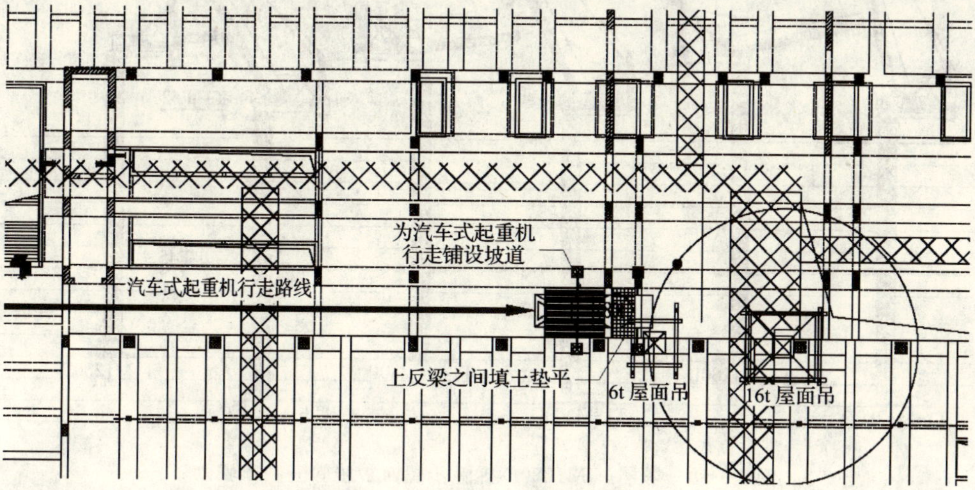

图2-3-56　板车及汽车式起重机行走路线图

1. 塔楼一M1280D塔式起重机拆除

采用OH-T1-M600D及T2-M1280D塔式起重机配合拆除T1-M1280D起重臂，剩余部件由OH-T1-M600D拆除，如图2-3-57、图2-3-58。

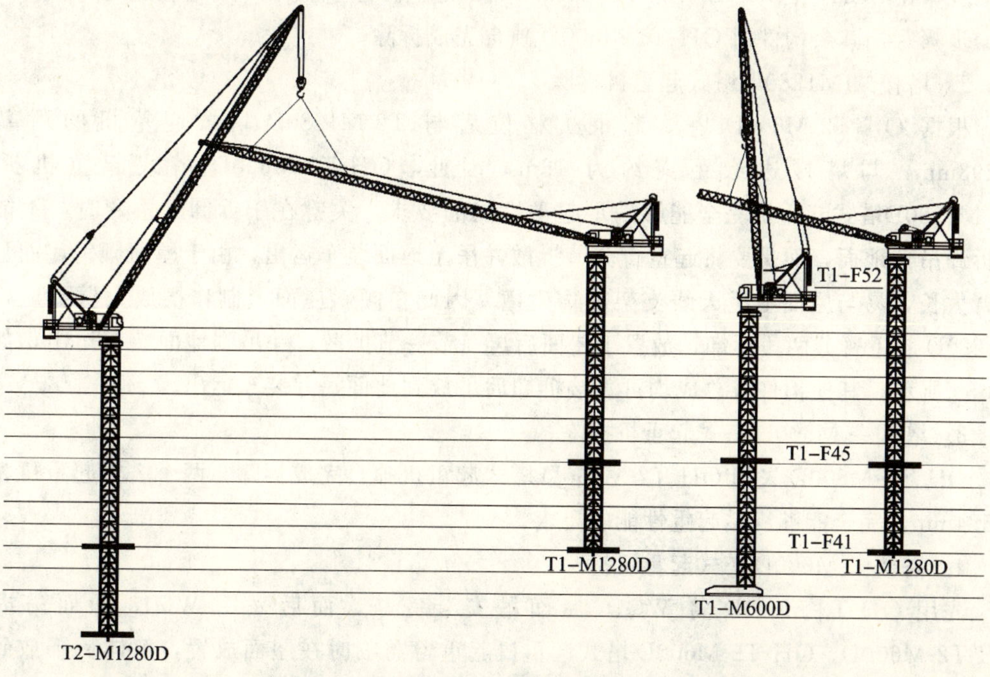

图2-3-57　塔楼一M1280D拆除步骤二、步骤三

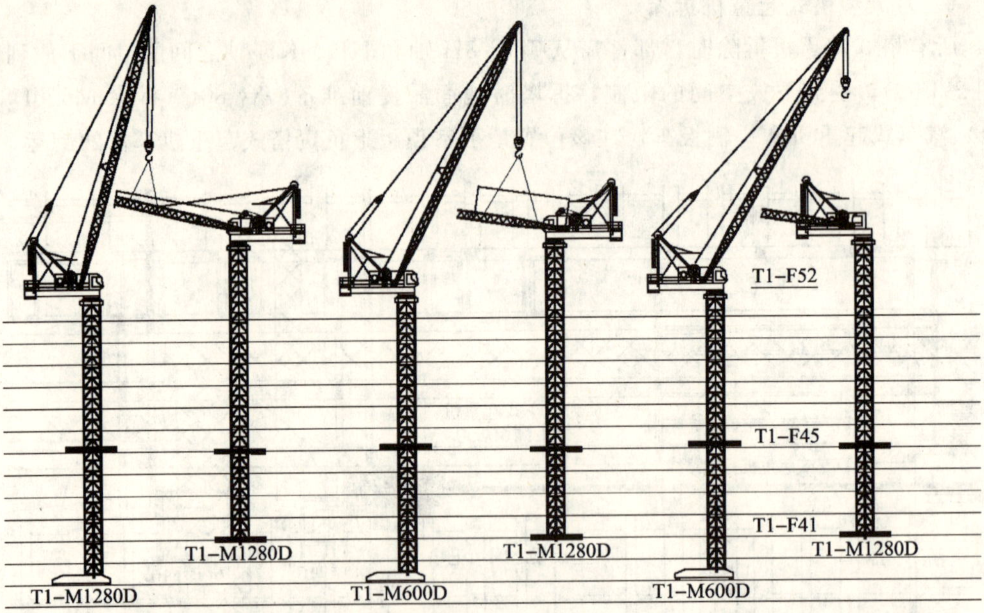

图 2-3-58 塔楼一 M1280D 拆除步骤四、步骤五和步骤六

步骤一：安装 T1-M1280D 塔式起重机大臂安装拉索。

步骤二：T2-M1280D 塔式起重机将 T1-M1280D 靠近臂端的 4 节起重臂拆除。

步骤三：OH-T1-M600D 拆除 T1-M1280D 塔式起重机起重臂 4、5 节。

步骤四：OH-T1-M600D 拆除 T1-M1280D 塔式起重机起重臂 3 节。

步骤五：OH-T1-M600D 拆除 T1-M1280D 塔式起重机起重臂 1、2 节（安装拉索一同拆下）。

步骤六：其余构件由 OH-T1-M600D 独自完成拆除。

2. 塔楼二 M1280D 塔式起重机拆除

根据 OH-T2-M600D 塔式起重机移位后与 T2-M1280D 塔式起重机的距离为 31293mm，与塔楼边缘距离约为 16m，因此，OH-T2-M600D 塔式起重机拆卸 T2-M1280D塔式起重机完全能够满足起重性能的要求，关键在于拆卸起重臂时，不能直接拆卸吊到地面，而是要将起重臂分节拆散并吊至地面装车运出，由于屋面倾斜，而且起重臂太长，易与屋面卫星天线支架等物碰撞，因此在倾斜屋面上制作摆放大臂支座，将 M1280D 起重臂分两段拆卸，放置于屋面后再一节一节拆散，并吊到地面装车运出，如图 2-3-59 所示。其他构件或总成均可直接拆卸后吊放到地面，并装车运出。

3. 塔楼一 M600D 塔式起重机拆除

OH-T1-M600D 采用 OH-T2-M600D 塔式起重机独自完成拆除，两个塔式起重机相距 38584mm，完全能够满足起重性能的要求。

4. 塔楼二 M600D 塔式起重机拆除

先用 OH-T2-M600D 将 WQ16 屋面吊安装完毕，而后采用 WQ16 屋面吊拆除 OH-T2-M600D，OH-T2-M600D 塔式起重机起重臂需临时在屋面放置，解体后下放到地面，如图 2-3-60 和图 2-3-61 所示；再用 WQ16 屋面吊安装 WQ6 屋面吊，利用 WQ6 拆除

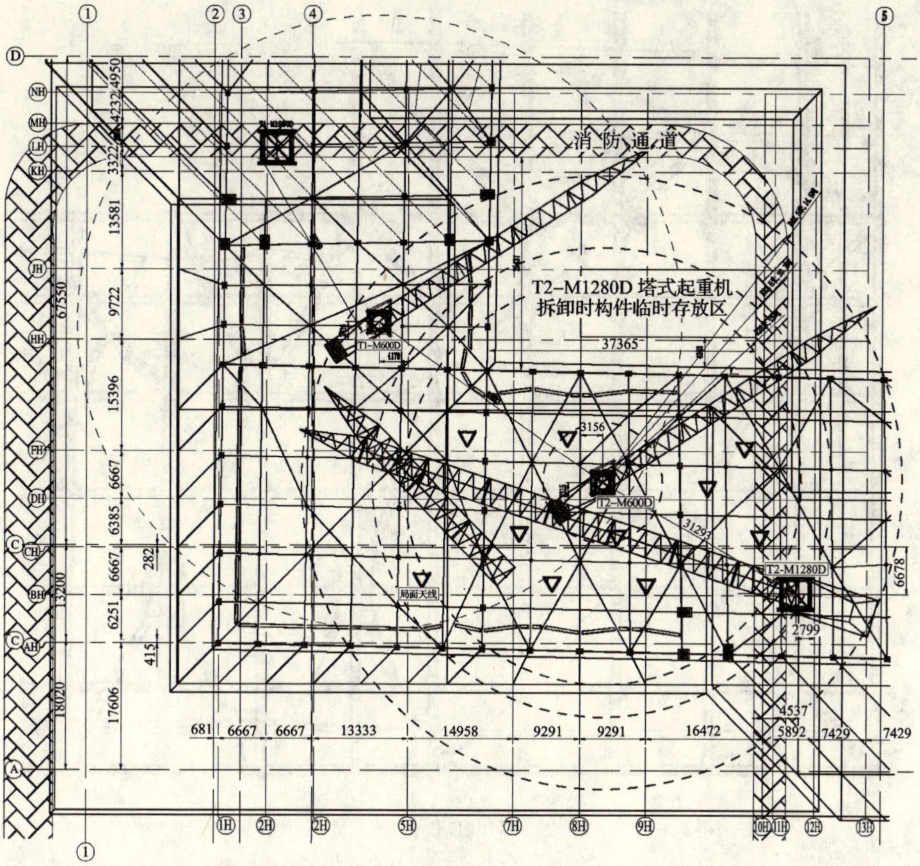

图 2-3-59 T2-M1280D 空中拆卸平面图

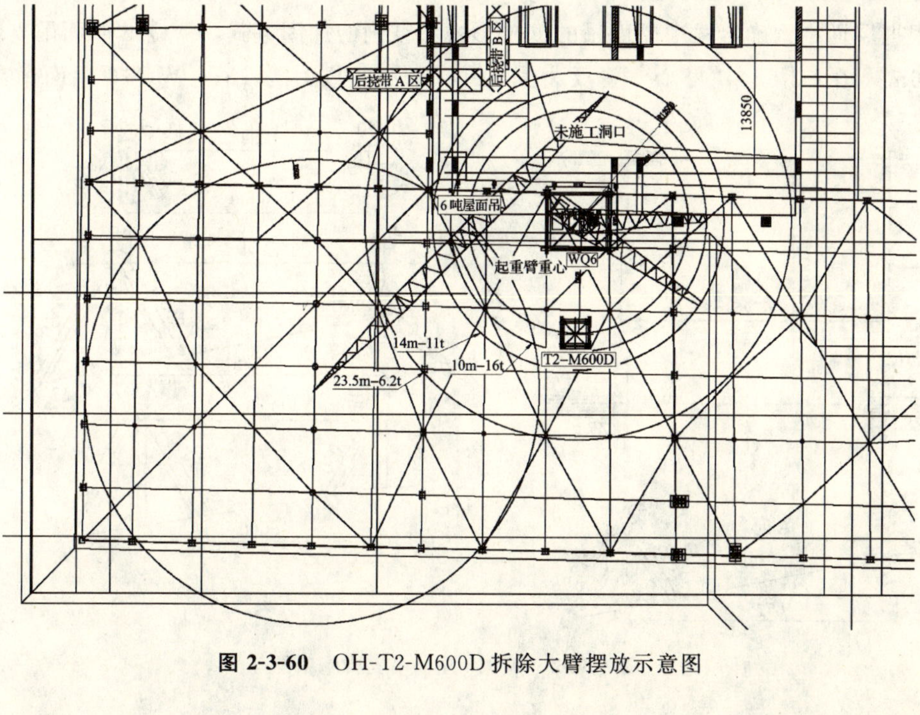

图 2-3-60 OH-T2-M600D 拆除大臂摆放示意图

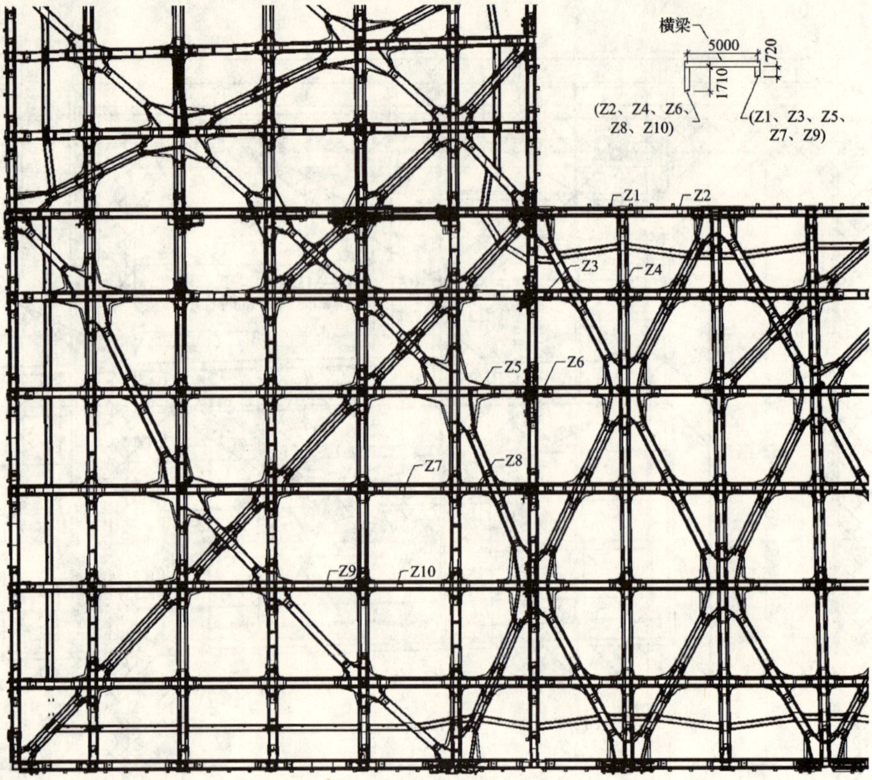

图 2-3-61 OH-T2-M600D 拆除起重臂屋顶放置平台

WQ16；最后再用 WQ6 在屋面安装扒杆，WQ6 的拆除采用扒杆在屋顶解体，使用塔楼一的 3t 施工电梯由 F47 运至地面。

根据屋面结构确定两个屋面吊的基础形式和结构的加固方式，WQ16 屋面吊支座间距 6m×6m（图 2-3-62），每个支腿反力为 30t，向上的拔力为 15t，WQ16 屋面吊需使用

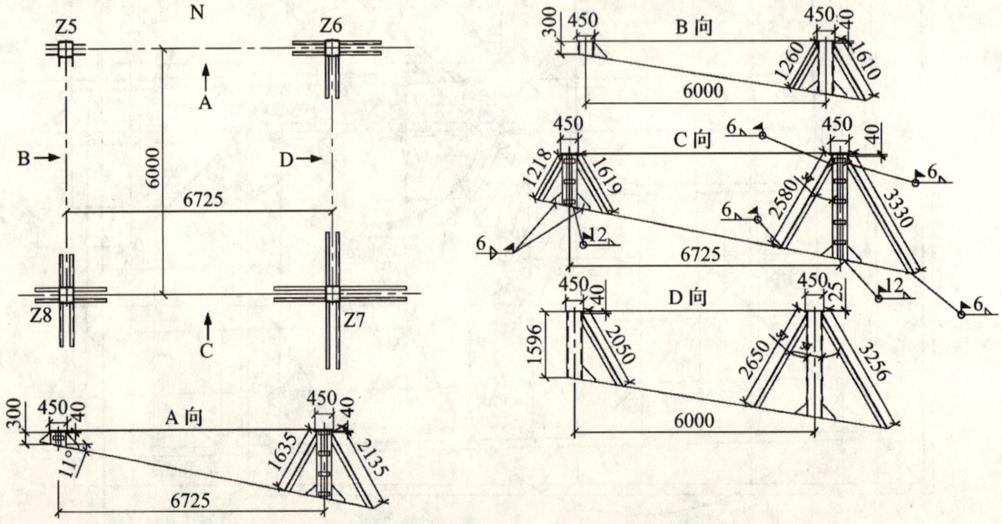

图 2-3-62 WQ16 屋面吊支脚施工图

STT293 底架作为加节的平台，STT293 底架为 6m×6m，需安装 1 节基础节＋2 节标准节；WQ6 屋面吊支座间距 4m×4m（图 2-3-63），每个支腿反力为 17t，向上拔力为 9t，WQ6 屋面吊安装不需安装标准节。

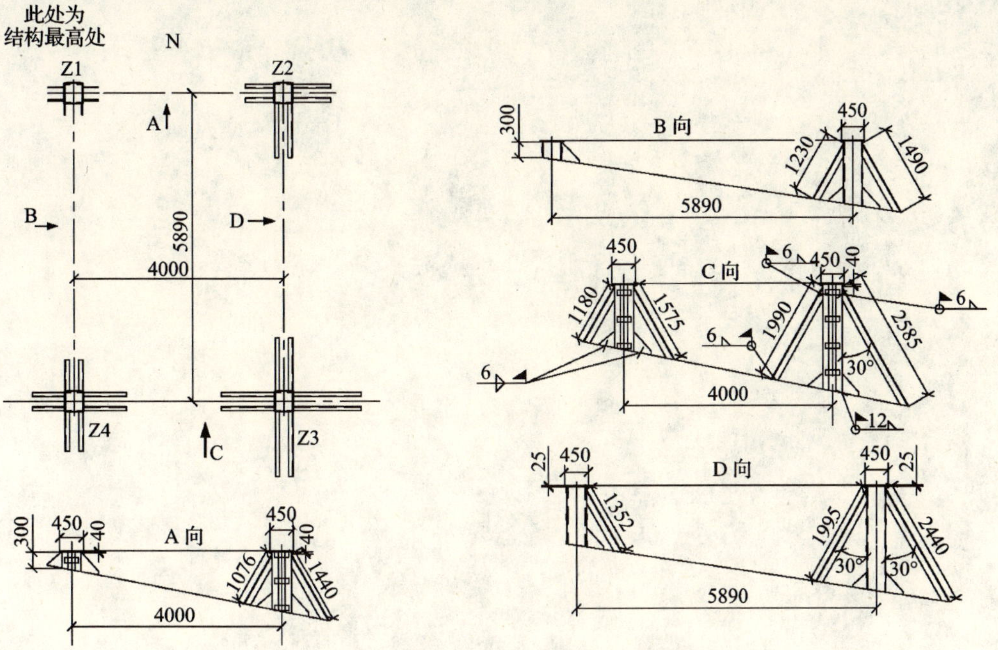

图 2-3-63　WQ6 屋面吊支脚施工图

第三章 钢结构施工

第一节 钢结构制作技术

一、高强钢及厚板应用技术

主楼钢结构选用的钢材规格品种多、用量大，主体结构钢结构总用钢净重约为14万t，主要钢号有：Q235、Q345B、Q345C、Q345GJC、A572. Gr50、Q390D、Q420D和Q460E等。工程以Q390D和Q345GJC两种钢为主；最大钢板厚度为135mm，厚度为50、60、80、90和100mm的钢板为工程主要用材。钢构件截面形式复杂多样，有单箱形、多箱形（目字形、日字形、西字形等）、DBOX形等，最大截面尺寸为1400mm×1000mm，吊装单根构件最大重量为80t。本节对工程中高强钢和厚板的应用进行介绍。

（一）高强钢的分布

图3-1-1为主楼外框钢结构的展开图及高强钢的分布图，其中浅色代表Q345C钢材，深色代表Q390D钢材，局部为Q420D和Q460E钢材。图中可以看出，Q390D钢材应用非常普遍，Q420D和Q460E主要分布在结构受力复杂的部位，如主楼与裙房转换处、主楼悬臂的腋部等。

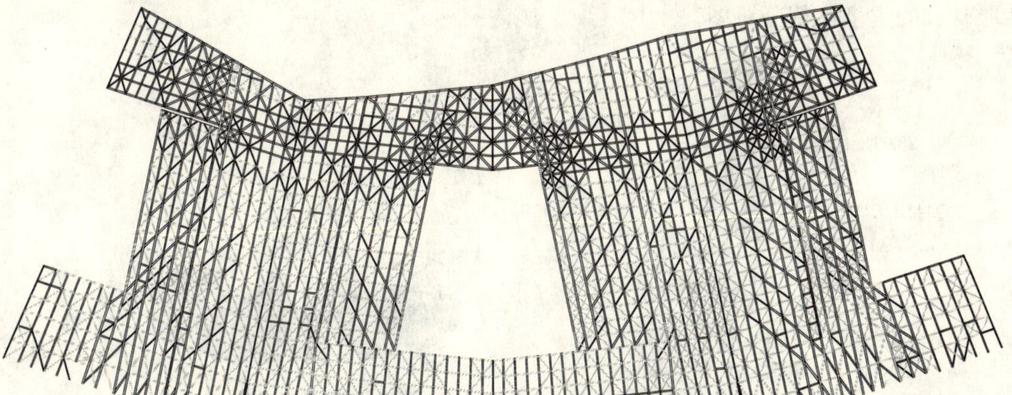

图 3-1-1 主楼高强钢分布图

（二）高强钢和厚钢板的重量统计

以主楼钢结构深化设计实体模型为基础，对钢材净重量进行统计，Q345及以上的高强钢材重量约为 11.33 万 t，占用钢总重量的 89.92%，各种钢号材料重量具体统计见表 3-1-1。

CCTV 主楼高强钢材统计表　　　　**表 3-1-1**

材质	Z 向性能	塔楼一（t）	塔楼二（t）	裙楼部分（t）	悬臂部分（t）	汇总（t）
Q345B	—	3863.24	3213.57	2750.69	2027.09	11854.59
Q345C	—	5495.63	3865.86	5262.85	793.20	15417.54
	Z15	2195.80	1672.43	726.40	1764.35	6358.97
	Z25	1911.99	745.84	344.15	480.22	3482.19
	Z35	18.67	7.98	—	—	26.65
Q390D		2501.41	2283.97	1904.87	1516.08	8206.33
	Z15	3646.50	3580.92	969.64	2195.13	10392.19
	Z25	16651.86	12384.70	4834.04	5782.34	39652.94
	Z35	6172.22	4740.13	298.56	432.03	11642.94
Q420D	Z15	81.14	81.27	6.51	2.83	171.75
	Z25	1001.69	569.78	40.91	218.60	1830.98
	Z35	1004.98	450.63	20.27	105.78	1581.67
Q460E	Z25	300.87	30.26	35.32	—	366.46
	Z35	1060.68	1077.99	—	169.07	2307.73
合计		45906.68	34705.34	17194.20	15486.71	113292.92

图 3-1-2 对工程中采用各钢号材料重量比例分布情况进行了说明。

主楼钢构件主要采用焊接组合截面，且构件对接形式多采用焊接连接，对厚度大于 40mm 的钢板都具有不同级别的厚度方向性能要求，图 3-1-3 为工程中高强钢材具有 Z 向性能要求的重量比例分布图。

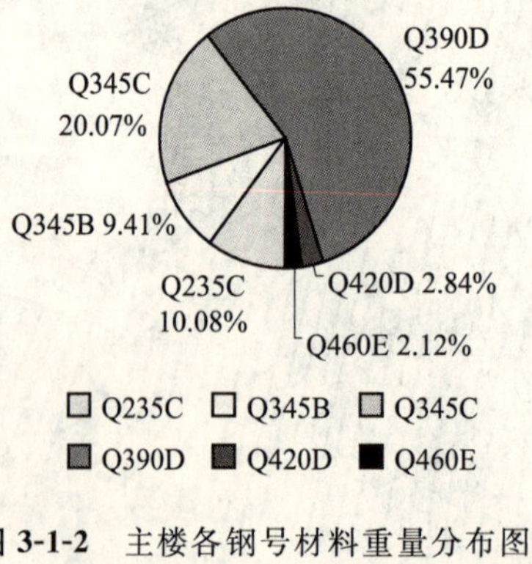

图 3-1-2　主楼各钢号材料重量分布图

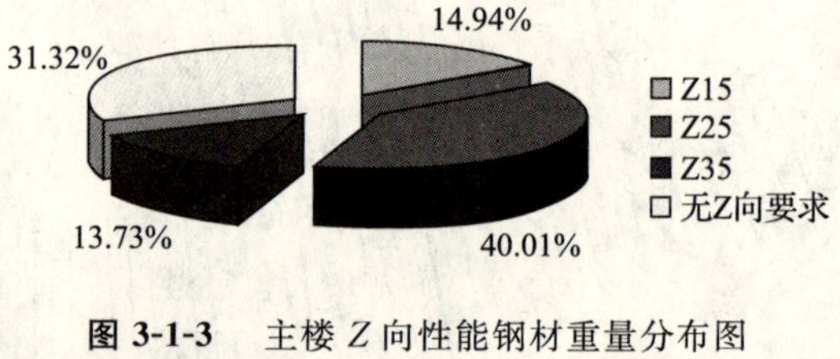

图 3-1-3　主楼 Z 向性能钢材重量分布图

表 3-1-2 对工程中厚钢板重量进行了统计，厚度在 35mm 以上的钢板约为 8.56 万 t，占总钢材重量比例的 67.94%，其中厚度为 50、60、80、90 和 100mm 的五种钢材重量约为 6.80 万 t，占总钢材重量比例的 53.97%。

厚钢板统计表　　表 3-1-2

厚度（mm）	塔楼一（t）	塔楼二（t）	裙楼部分（t）	悬臂部分（t）	汇总（t）
35	2686.98	3323.90	3025.73	221.51	9258.12
36	0.16	0.39	405.63	—	406.18
38	5.69	—	0.03	—	5.72
40	2041.00	1970.40	670.64	107.63	4789.66
44	2.16	15.18	—	—	17.34
45	59.23	310.55	47.04	31.85	448.68
50	2927.50	2662.71	1591.52	1270.64	8452.36
60	7010.43	5131.93	2317.82	4235.68	18695.86
65	5.27	30.46	101.54	—	137.27
70	46.99	285.28	—	—	332.27
75	766.92	859.67	84.90	157.45	1868.93
80	6675.14	4633.89	1003.04	2586.86	14898.93
90	2176.80	1609.90	241.19	984.57	5012.45
100	10635.95	7521.75	1108.47	1618.56	20884.72
110	—	—	—	23.23	23.23
115	8.84	—	—	—	8.84
125	96.35	40.24	—	—	136.59
135	141.15	—	94.07	—	235.22
合计	35286.55	28396.25	10691.60	11237.97	85612.37

上述统计表明，高强钢和厚钢板在央视主楼中用量大，所占比重也大，且所有钢材由国内多家钢厂生产，在国内房屋建筑单体工程上如此大规模地应用是史无前例的。

（三）Q390D 高强钢的替代

表 3-1-3 对 Q390 和 Q345GJ 的 50～100mm 厚钢板主要力学性能进行了对比分析。对比表明：对 50～100mm 的厚钢板，Q345GJ 屈服强度下限值比 Q390 屈服强度小 5MPa，对构件钢材强度设计值影响较小；Q345GJ 和 Q390 抗拉强度下限值相同，满足设计破坏荷载作用下的要求；Q345GJ 伸长率大于 Q390，抗震性能更好；屈强比≤0.83，满足抗震规范要求；冲击功和弯曲试验等力学性能要求相同。

Q390 与 Q345GJ 力学性能对比表（50～100mm 厚）　　表 3-1-3

牌号	质量等级	屈服点（MPa）	抗拉强度（MPa）	伸长率 ≥%	冲击功 Akv 纵向 温度（℃）	冲击功 Akv 纵向 ≥（J）	180° 弯曲试验	屈强比 ≤
Q345GJ	C	325～435	490～610	22	0 −20 −40	34	3*a*	0.83
Q390	D	330	490～650	20	0 −20 −40	34	3*a*	—

表 3-1-4 对 Q390 和 A572. Gr50 钢厚度为 35～100mm（不包括 35mm）厚钢板力学性能进行了对比。对比表明：对厚度为 50～100mm 的厚钢板，A572. Gr50 屈服强度下限值比 Q390 屈服强度大 15MPa，对厚度为 35～50mm 钢板则屈服强度小 5MPa，但抗拉强度下限值小 40MPa；A572. Gr50 伸长率大于 Q390，抗震性能较好；冲击功和弯曲试验等力学性能 A572. Gr50 钢需要在订货时采取附加技术条件。

Q390 与 A572. Gr50 力学性能对比表（t=35～100mm）　　表 3-1-4

牌号	屈服点（MPa）	抗拉强度（MPa）	伸长率	冲击功 A_{kv} 纵向		180° 弯曲试验	屈强比
			≥%	温度（℃）	≥（J）		≤
A572. Gr50	345	450	21	附加条件			
Q390	t≤50 时 350 t>50 时 330	490～650	20	0 −20 −40	34	3a	—

Q345GJ 和 Q390 钢材化学成分分析比较：Q345GJ 碳当量较低，可焊性较好；Q345GJ 降低了 S、P 有害元素的含量，厚度方向性能对 S、P 含量的要求等按标准 GB/T 5913执行。并且，《低合金高强度结构钢》（GB/T 1591—1994）未对 Q390 钢碳当量 Ceq、焊接裂纹敏感性指数 Pcm 作规定。

按当时冶金行业标准 YB—4104《高层建筑用钢板》（现为国标《建筑结构用钢板》GB/T 19879—2005）生产的高性能建筑结构用厚板 Q345GJ 具有较 Q390 钢更为良好的延性、冲击韧性与焊接性能；经分析比较 Q345GJ 级 50～100mm（不包括 50mm）厚板钢的强度级别相当于 Q390 钢，综合性能优于 Q390 钢，本工程中的厚板用 Q345GJC 替代 Q390D 使用；同时对板厚 35mm 以上材料可采用 A572. Gr50 替代，但相应指标在钢材订货合同中通过附加条件来满足设计要求。Q390D 钢厚板被替代后，更易满足厚板在工厂与工地的焊接工艺要求，大大提高了焊接施工的易操作性。

（四）钢材应用的技术指标

由于国内大批量厚板和高强钢在重要建筑工程中的应用，CCTV 主楼尚属首例，故应用经验不足，设计和施工时按照钢构件的结构部位对材料钢号、物理和化学技术指标等做出具体规定，如表 3-1-5 和表后说明。

钢材等级及技术指标　　表 3-1-5

结构	构件	钢材等级	伸长率	冲击功 Akv（J）		屈强比	Ceq（%）	Pcm	Z 向性能
外筒结构	钢梁	Q345C	20%	0℃	34	—	—	—	当箱形截面时，且 t≥40 Z15
		Q390D	20%	−20℃	34	>1.2	≤0.45	≤0.29	当箱形截面时，且 t≥40 Z15
		Q345GJC	20%	0℃	34	—	—	—	当箱形截面时，且 t≥40 Z15
		A572. Gr50	20%	0℃	34	>1.2	≤0.45	≤0.29	当箱形截面时，且 t≥40 Z15

续表

结构	构件	钢材等级	伸长率	冲击功 Akv（J）		屈强比	Ceq（%）	Pcm	Z 向性能
外筒结构	钢柱	Q390D	20%	−20℃	34	>1.2	≤0.45	≤0.29	$40\leqslant t<100$ Z25，$t\geqslant 100$ Z35
		Q420D	20%	−20℃	34	>1.2	≤0.45	≤0.29	$40\leqslant t<100$ Z25，$t\geqslant 100$ Z35
		Q460E	20%	—	—	>1.2	≤0.50	≤0.29	$t<60$ Z25，$t\geqslant 600$ Z35
		Q345GJC	20%	0℃	34	—	—	—	$40\leqslant t<100$ Z25，$t\geqslant 100$ Z35
		A572. Gr50	20%	0℃	34	>1.2	≤0.45	≤0.29	$40\leqslant t<100$ Z25，$t\geqslant 100$ Z35
	支撑	Q390D	20%	−20℃	34	>1.2	≤0.45	≤0.29	$40\leqslant t<60$ Z15，$t\geqslant 60$ Z25
		Q420D	20%	−20℃	34	>1.2	≤0.45	≤0.29	$40\leqslant t<60$ Z15，$t\geqslant 60$ Z25
		Q345C	20%	0℃	34	—	—	—	$40\leqslant t<60$ Z15，$t\geqslant 60$ Z25
		Q345GJC	20%	0℃	34	—	—	—	$40\leqslant t<60$ Z15，$t\geqslant 60$ Z25
		A572. Gr50	20%	0℃	34	>1.2	≤0.45	≤0.29	$40\leqslant t<60$ Z15，$t\geqslant 60$ Z25
	蝶形节点	Q345C	20%	0℃	34	—	—	—	$40\leqslant t<60$ Z15，$t\geqslant 60$ Z25
		Q390D	20%	−20℃	34	>1.2	≤0.45	≤0.29	$40\leqslant t<60$ Z15，$t\geqslant 60$ Z25
		Q420D	20%	−20℃	34	>1.2	≤0.45	≤0.29	$40\leqslant t<60$ Z15，$t\geqslant 60$ Z25
		Q345GJC	20%	0℃	34	—	—	—	$40\leqslant t<60$ Z15，$t\geqslant 60$ Z25
		A572. Gr50	20%	0℃	34	>1.2	≤0.45	≤0.29	$40\leqslant t<60$ Z15，$t\geqslant 60$ Z25
内部结构	主梁	Q345C	20%	0℃	34	—	—	—	当箱形截面时，且 $t\geqslant 40$ Z15
		Q390D	20%	−20℃	34	>1.2	≤0.45	≤0.29	当箱形截面时，且 $t\geqslant 40$ Z15
		Q345GJC	20%	0℃	34	—	—	—	当箱形截面时，且 $t\geqslant 40$ Z15
		A572. Gr50	20%	0℃	34	>1.2	≤0.45	≤0.29	当箱形截面时，且 $t\geqslant 40$ Z15

续表

结构	构件	钢材等级	伸长率	冲击功 Akv (J)		屈强比	Ceq (%)	Pcm	Z向性能
内部结构	柱	Q345C	20%	0℃	34	—	—	—	40≤t<60 Z15, t≥60 Z25
		Q390D	20%	−20℃	34	>1.2	≤0.45	≤0.29	40≤t<60 Z15, t≥60 Z25
		Q345GJC	20%	0℃	34	—	—	—	40≤t<60 Z15, t≥60 Z25
		A572. Gr50	20%	0℃	34	>1.2	≤0.45	≤0.29	40≤t<60 Z15, t≥60 Z25
转换桁架		Q345C	20%	0℃	34	—	—	—	40≤t<60 Z15, t≥60 Z25
		Q390D	20%	−20℃	34	>1.2	≤0.45	≤0.29	40≤t<60 Z15, t≥60 Z25
		Q345GJC	20%	0℃	34	—	—	—	40≤t<60 Z15, t≥60 Z25
		A572. Gr50	20%	0℃	34	>1.2	≤0.45	≤0.29	40≤t<60 Z15, t≥60 Z25
柱脚	底板	同钢柱	20%	—	—	—	—	—	40≤t<100 Z25, t≥100 Z35

Q235、Q345、Q390 及 Q420 钢材质量应分别符合现行国家《碳素结构钢》(GB/T 700—1988)和《低合金高强度结构钢》(GB/T 1591—1994)的规定；Q345GJ 钢材应符合《建筑结构用钢板》(GB/T 19879—2005)的规定；A572. Gr50 钢材应符合《高强度低合金铌钒结构钢》(ASTM A572-2003a)美国材料与试验协会标准的规定，并具有抗拉强度、屈服强度、硫、磷含量的合格保证，还应具有碳含量、冷弯试验、冲击韧性的合格保证；具有 Z 向性能的材料应符合现行国家标准《厚度方向性能钢板》(GB/T 5313)中有关硫含量的规定。

交货状态要求：因钢材为国内生产，钢材的交货状态：Q235、Q345 采用正火或热轧；其他钢材采用正火或者 TMCP(温度-形变控轧控冷)皆可。

(五) 钢材采购技术条件

下面按照材料钢号，对工程中钢材采购技术条件进行说明。

(1) 钢材牌号：Q460E、Q460E-Z25/Z35。

执行标准：《低合金高强度结构钢》(GB/T 1591—1994)、《厚度方向性能钢板》(GB/T 5313—1985)、《建筑结构用钢板》(GB/T 19879—2005)、《中厚钢板超声波检验方法》(GB/T 2970—1991)。

附加技术要求：屈服强度与抗拉强度之比小于 0.85；伸长率大于 20%；碳当量Ceq≤0.50%(计算公式按 GB/T 19879—2005)；焊接裂纹敏感性指数 Pcm≤0.29(计算公式

按 GB/T 19879—2005)；厚度 15～60mm 时 Z25、大于等于 60mm 时 Z35；Z 向性能逐张检验，探伤按Ⅲ级执行。

(2) 钢材牌号：Q390D、Q420D 按技术指标要求，根据不同部位和板厚，分别具有 Z 向性能，达到 Z15、Z25 和 Z35 要求。

执行标准：《低合金高强度结构钢》(GB/T 1591—1994)、《厚度方向性能钢板》(GB/T 5313—1985)、《建筑结构用钢板》(GB/T 19879—2005)、《中厚钢板超声波检验方法》(GB/T 2970—1991)。

附加技术要求：屈服强度与抗拉强度之比小于 0.85；伸长率大于 20%；碳当量 Ceq≤0.50%（计算公式按 GB/T 19879—2005)；焊接裂纹敏感性指数 Pcm≤0.29（计算公式按 GB/T 19879—2005)；Z 向性能板的探伤按Ⅲ级执行。

(3) 钢材牌号：Q345GJC 按技术指标要求，根据不同部位和板厚，分别具有 Z 向性能，达到 Z15、Z25 和 Z35 要求。

执行标准：《建筑结构用钢板》(GB/T 19879—2005)。

附加技术要求：碳当量 Ceq≤0.48%（计算公式按 GB/T 19879—2005)；焊接裂纹敏感性指数 Pcm≤0.29（计算公式按 GB/T 19879—2005)；Z 向性能板的探伤按Ⅲ级执行。

(4) 钢材牌号：A572.Gr50 按技术指标要求，根据不同部位和板厚，分别具有 Z 向性能，达到 Z15、Z25 和 Z35 要求。

执行标准：《高强度低合金铌钒结构钢》(ASTM 572-2003a)、《建筑结构用钢板》(GB/T 19879—2005)、《厚度方向性能钢板》(GB/T 5313—1985)、《中厚钢板超声波检验方法》(GB/T 2970—1991)。

附加技术要求：屈服强度与抗拉强度之比小于 0.85；伸长率大于 20%；碳当量 Ceq≤0.48%（计算公式按 GB/T 19879—2005)；焊接裂纹敏感性指数 Pcm≤0.29（计算公式按 GB/T 19879—2005)；Z 向性能板的探伤按Ⅲ级执行；180°冷弯试验，$d=3a$（d 弯心直径，a=试样厚度)；冲击试验：温度 0℃，冲击功 34J。

(5) 钢材牌号：Q235C、Q345C 按技术指标要求，根据不同部位和板厚分别具有 Z 向性能，达到 Z15、Z25 要求。

执行标准：《碳素结构钢》(GB 700—1988)、《低合金高强度结构钢》(GB/T 1591—1994)、《厚度方向性能钢板》(GB/T 5313—1985)、《中厚钢板超声波检验方法》(GB/T 2970—1991)。

附加技术要求：Z 向性能板的探伤按Ⅲ级执行。

（六）钢材复验

由于工程用钢量大、强度高、钢类别多且施工进度紧迫，并且现有规范有关复验批数量的规定难以覆盖和适用于本工程，为保证钢材使用安全和工程质量，施工中制定了下列钢材复验检验批方案，以规范钢材复验工作。

(1) 对 Q235、Q345 且板厚小于 40mm 的钢材，由于是国内工程中常规使用且钢厂生产工艺成熟和产品质量较为稳定，对每个钢厂首批（每种牌号 600t）的钢板或型钢，同一牌号、不同规格的材料组成检验批，按 150t 为一批，当首批复验合格则扩大至 400t 为一批。

（2）对 Q235、Q345 且板厚大于或等于 40mm 的钢材，对每个钢厂首批（每种牌号 600t）同一牌号、不同规格的材料组成检验批，按 60t 为一批，当首批复验合格则扩大至 400t 为一批。

（3）对 Q390D、Q345GJC 和 A572. Gr50 钢材，对每个钢厂首批（每种牌号 600t）同一牌号、不同规格的材料组成检验批，按 60t 为一批，当首批复验合格则扩大至 200t 为一批。

（4）对 Q420D 和 Q460E 高强度钢材：化学分析、拉伸、冲击和弯曲性能复验，每个检验比由同一牌号、同一炉号、同一厚度、同一交货状态的钢板组成，且每批重量应不大于 60t；厚度方向断面收缩率复验，Z15 级钢板每个检验批由同一牌号、同一炉号、同一厚度、同一交货状态的钢板组成，且每批重量应不大于 25t，Z25、Z35 级钢板应逐张复验；厚度方向性能钢板应逐张探伤复验。

CCTV 主楼钢结构工程用钢材全部由国内多个钢厂共同生产和供货，在钢材选用过程中组织了多次专家论证，从工程实施效果来看钢材质量均满足相关技术要求，也从另一方面说明国内多个钢厂生产的厚钢板和高强钢已经能够满足建筑用钢的要求。但是钢材质量保证的基本环节在于钢厂，建筑钢材采购订货时宜妥善选择质量确有保证的钢厂，并在合同中妥善约定有关技术要求和补充技术条件。

二、高强钢焊接技术

（一）钢结构工程主要特点

由于本工程特有的“双向倾斜”、“长悬臂空间折线连体”等严重不规则的结构形式，且抗震设防要求高，结构构造复杂，异形构件、连接形式多样，钢结构制作与施工具有相当的难度，主要体现在以下几方面：

1. 构件截面形式、节点连接复杂多样，加工制作困难

构件截面复杂、拼装难度大、精度保证困难，其中外框筒立面构件呈倾斜形，难度尤其巨大；大量采用低合金高强厚钢板，需采用多种专用生产线；节点数量多，连接构件角度变化大，组装精度要求高，大量的构件需要采用端部铣平、精密制孔；工厂组装后的构件内应力大，需要采用适当的方法消减焊接残余应力。

2. 材料强度等级高，构件板材超厚，焊接质量要求高

本工程使用的钢板厚度基本以 50，60，80，90，100mm 为主。钢材等级以 Q390D 级为主，相当部分为 Q420D、Q460E 级。大量目字与日字形柱、巨型桁架、蝶形节点构件规格超大、钢板超厚且大量采用高强度等级钢材，并且焊接量庞大、节点部位结构形式繁杂，故焊缝集中，且均要求焊透，导致结构在焊接过程中容易产生严重的角变形、扭曲变形、局部或整体变形，控制焊接变形、降低残余应力、防止层状撕裂等质量要求很高。

（二）钢结构焊接制作的难点

1. 构件焊接残余应力与变形大

如上所述，本工程主体结构使用钢材均为厚板、超厚板，钢材截面占构件截面比例

高，构件内有效空间十分狭小，大部分焊缝不得不采用外侧单面坡口施焊工艺，导致结构焊接时填充焊材熔敷金属量大（焊接熔敷金属量与构件本体重量比普遍大于6%，相当部分超出10%），焊接时间长，热输入总量高，构件施焊时焊缝拘束度高，焊后残余应力和变形很大。加之结构复杂，各单体结构均属“复合型”构件，焊接应力方向不一致，纵、横、上、下立体交叉，互相影响，极易造成构件综合变形。而对超厚板焊接结构而言，若焊接变形得不到有效控制，将会直接导致构件的外形尺寸精度严重超差，不仅构件质量达不到设计与规范要求，还会给安装带来难以想象的难度。

2. 焊缝裂纹的发生可能性大

由于厚板焊接时拘束度大，节点复杂，焊接残余应力大，焊缝单面施焊熔敷金属量大，施焊作业时间长，在焊接施焊过程中，稍有不慎易产生热裂纹与冷裂纹，有的甚至在焊后几天才出现（延迟裂纹）。由于焊缝质量难以保证，必须采取相应的特殊工艺措施进行处理。

3. 层状撕裂倾向性大

构件在板厚方向焊接拘束刚度大，焊接熔敷金属量大，易产生钢板厚度方向的层状撕裂，直接导致构件报废。从焊接理论与焊接实践中证实，层状撕裂缺陷最易产生在钢板厚度方向的“十字角接和T形角接”接头上，而此类接头在本工程中比比皆是。如何采取有效的工艺措施，预防控制焊缝裂纹与母材层状撕裂的发生并确保不利连接形式的焊缝质量，是本工程钢结构制作的一大难点。

（三）高强度钢材厚板焊接技术方案

针对高强、超厚板焊接过程中的特点与难点，需制定全面的构件加工焊接工艺措施，确保钢结构制作与施工工程质量。本节主要从以下几个方面说明Q420D、Q460E厚板的焊接技术。

1. 坡口控制

在号料、切割过程中，对厚板焊接坡口形式的选择尤为重要，厚板的坡口一般应避开板的中心区域。此时主要采取的措施有：

（1）在满足设计要求的焊透深度的前提下，尽量减小坡口角度和间隙；在不增加坡口角度的情况下适当增大焊脚尺寸，以增加焊缝受力面积，从而降低板厚方向的应力值。

（2）在角接接头中采用对称坡口或偏向于侧板的坡口，使焊缝收缩产生的拉应力与板厚方向成一角度。尤其当焊接超厚板时，侧板坡口面角度应超过板厚中心，以减小层状撕裂倾向，见图3-1-4。

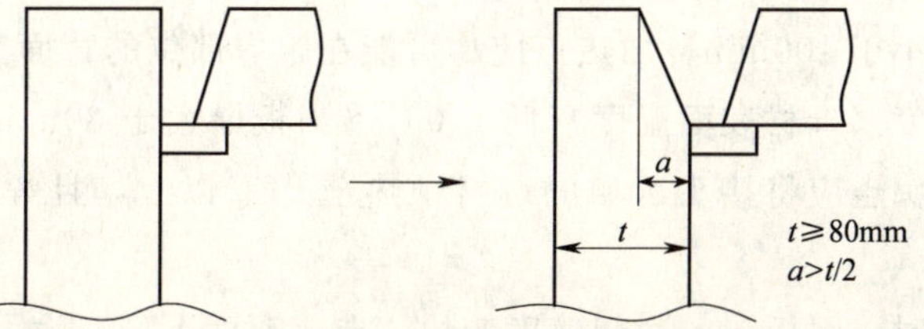

图3-1-4 角接焊缝防层状撕裂坡口示意图

（3）同一条焊缝中若存在全熔透与半熔透两个区域，则其相交部位以保持焊缝坡口最大宽度不变、深度与间隙渐变过渡为原则进行处理；以立柱翼板与腹板的角接焊缝为例来说明，如图 3-1-5 所示。

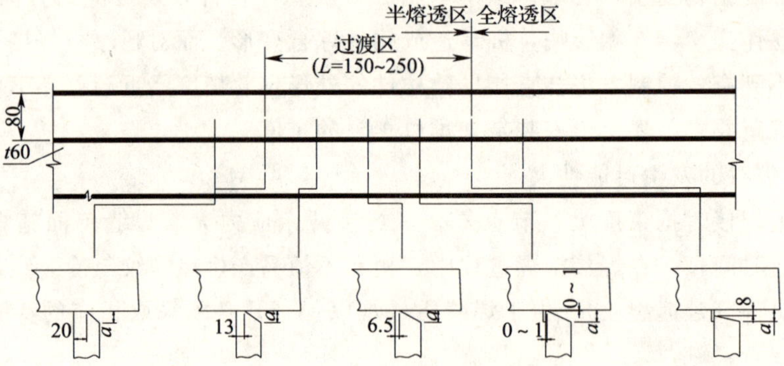

图 3-1-5　坡口过渡区角接焊缝

（4）不同厚度的钢板对接，当 $t_1-t_2>3$mm 时即对厚板进行削斜过渡，保证对接削斜区延长尺寸，如图 3-1-6 所示。

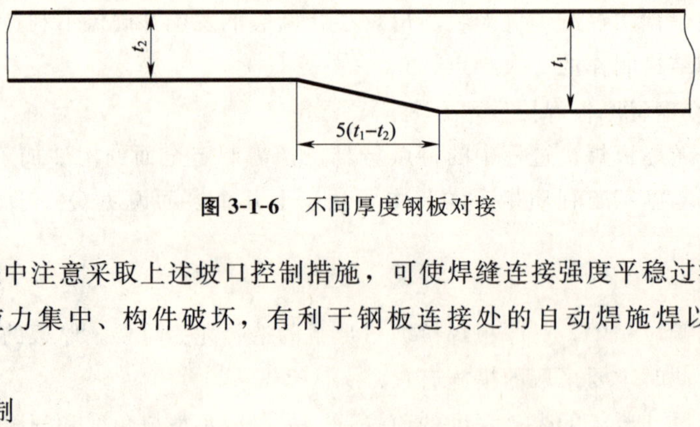

图 3-1-6　不同厚度钢板对接

在组焊过程中注意采取上述坡口控制措施，可使焊缝连接强度平稳过渡，避免连接强度突变而造成应力集中、构件破坏，有利于钢板连接处的自动焊施焊以及焊接质量的提高。

2. 温度控制

厚板在焊接前，钢板的板温较低，施焊时电弧的高温导致厚板在板温冷热骤变的情况下温度分布不均，焊缝热影响区容易产生淬硬，焊缝金属变脆从而产生冷裂纹。为避免此类情况发生，厚板焊前必须进行预热，加热时母材的最小预热温度按板材的不同厚度进行。

（1）预热时，焊接部位的表面用电加热方式均匀加热，加热区域为焊接处较厚板的两倍板厚范围，并不小于 100mm。加热点应尽可能在施焊部位的背面。

（2）当环境温度（母材表面温度）低于 0℃（当板厚大于 30mm 时为 5℃）时，原来不需预热的焊接接头也应将接头区域的母材预热至 21℃以上，且焊接期间应保证工艺规定的最低预热温度。

（3）厚板焊接时，因板温的冷却速度较快，造成温度下降，为了使焊接的层间温度一直保持在 200～230℃之间，本工程除了采用数显自动温控箱来调节红外线加热板加热温度外，同时采用数显测温仪随时对焊接点的前后和侧面进行测温。

(4) 厚板对接焊后，应立即对焊缝及其两侧的局部母材进行红外线电加热，并用石棉布铺盖保温2～6h后空冷。这样的后热处理可使因焊前渗入熔池的扩散氢迅速逸出，防止焊缝及热影响区内出现氢致裂纹。

3. 过程控制

(1) 定位焊：由于厚板在定位焊时，定位焊处的温度被周围的“冷却介质”很快冷却，造成局部过大的应力集中，引起裂纹，对材质造成损坏。解决的措施是厚板在定位焊时，提高预加热温度，加大定位焊缝长度和焊脚尺寸。

(2) 多层多道焊：在厚板焊接过程中，应坚持多层多道焊，严禁摆宽道。由于母材对焊缝拘束应力大，焊缝强度相对较弱，摆宽道焊接容易引起焊缝开裂或延迟裂纹的发生。而多层多道焊，前一道焊缝对后一道焊缝来说是一个“预热”的过程；后一道焊缝对前一道焊缝相当于一个“后热处理”的过程，可有效改善焊接过程中的应力分布状态，保证焊接质量。

(3) 焊接过程中的检查：厚板焊接不同于中薄板，需要几个小时乃至几十小时才能施焊完成一个构件，为便于及时发现并处理问题，必须加强对焊接过程的中间检查。

(4) 焊后检测：厚钢板焊缝的超声波检测，应在焊后48h或更长时间进行，如进度允许，也可在构件出厂前再次进行检测，以确保构件合格，避免延迟裂纹对工件的破坏。

4. 变形控制

厚板、超厚板的角接、对接焊缝坡口大，焊接填充熔敷金属量大，焊接热输入量高，变形也大。对于超厚板焊接结构而言，若焊接变形得不到有效控制，将会直接导致构件的外形尺寸精度严重超差，构件质量达不到设计和规范要求。控制焊接变形的主要措施有：

(1) 厚板对接焊后的角变形控制

为控制变形，必须对每条焊缝正反两面分阶段反复施焊，或同一条焊缝分两个时段施焊。施焊时注意随时观察其角变形情况，准备翻身焊接，以尽可能减少焊接变形及焊缝内应力。对异形厚板结构，可设置胎模夹具，对构件进行约束来控制变形。由于本工程厚板异形结构造型奇特，断面、截面尺寸各异，在自由状态下施焊，尺寸精度难以保证；故根据构件的形状制作胎模夹具，将构件置于固定状态下进行装配、定位、焊接，进而控制焊接变形。

(2) 合理的焊接顺序

选择与控制合理的焊接顺序，既是防止产生焊接应力的有效措施，也是防止焊接变形的有效方法之一。根据不同的焊接方法制定不同的焊接顺序：埋弧焊一般采用逆向法、退步法；CO_2气体保护焊及手工焊采用对称法、分散均匀法；编制合理的焊接顺序其方针是“分散、对称、均匀、减小拘束度”。

(3) 采取反变形措施

由于本工程中钢板超厚，全熔透焊缝范围大，焊接后上下翼缘板外伸部分会产生较大的角变形，厚板的角变形往往不易校正。为减少校正工作量，可在板件拼装前将上下翼缘板先预设反变形。由于焊接角变形效应，构件焊后基本可以使翼板回复至平直状态，如图 3-1-7 所示。反变形角度通过对焊缝焊接过程中热输入量的计算及以往工程实践中的经验综合予以确定。

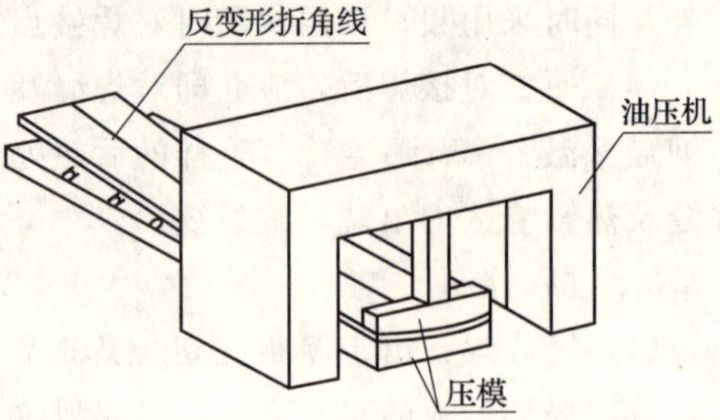

图 3-1-7 反变形设置示意

（4）对结构进行优化设计

结构中节点设计的合理性对构件的焊接变形影响很大，深化设计时应考虑的因素包括：构件分段易于切分；焊缝强度等级要求合理，易于施工；节点刚度分配合理，易于减少焊缝焊接时的拘束度等。

5. 降低残余应力措施

本工程中刚性大、板材厚的构件（如封闭的“日”字、“目”字形多向柱及蝶形节点等）焊接应力相当集中，若构件内积蓄的大量焊接残余应力无处释放，将会极大降低构件的承载能力和抗疲劳强度，造成结构脆性断裂。另外，在结构受载、内力均匀化的过程中，残余应力的存在往往会在未有裂纹产生的情况下导致构件失稳、变形甚至破坏。因本工程构件的特殊性，尽管采取了上述多项措施来控制焊接应力与变形，焊接完工后构件中依然存在相当大的残余应力；加工时，主要从以下几个方面来采取措施进一步减少残余应力。

（1）工件整平。在整平过程中，通过加大对工件切割边缘的反复碾压，可以有效降低收缩应力。

（2）局部烘烤。控制加热温度范围，在构件完工后对其焊缝背部或两侧进行烘烤，对降低残余应力非常有效（尤其对于“T”形连接）。

（3）超声波振动。经过对 650mm×650mm×80mm 箱柱进行超声波振动效应测试，证明此方法对降低焊接残余应力极为有效，消除率达 75%以上；厂内超声冲击如图 3-1-8、图 3-1-9 所示。

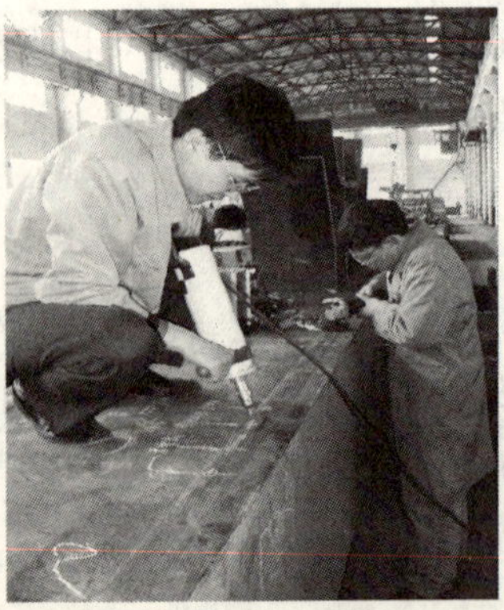

图 3-1-8 箱体纵缝超声冲击

图 3-1-9 电渣焊点超声冲击

（4）振动时效。振动时效法不受工件尺寸、形状、重量等限制，对降低工件残余应力有明显效果。

（5）冲砂除锈。冲砂除锈时，利用喷出的高压铁砂束对构件焊缝及其热影响区反复、均匀地冲击，不仅可以除锈，也可以降低构件部分残余应力。

采用上述措施降低构件焊接残余应力后，为测得实际效果并采取有效控制措施，采用盲孔法进行残余应力的检测，测量点主要选择电渣焊和埋弧焊焊缝，如图 3-1-10 所示。

图 3-1-10　残余应力的检测

三、复杂蝶形节点钢结构的制作工艺与过程控制

（一）结构介绍

1. 外框角柱

外框角柱位于塔楼的角部，构件在空间为双向 6 度内倾斜，构件的本体由地上段和埋入段组成，主体由板厚 100mm 的 Q390D-Z35 厚板构成，底板厚为 135mm 的 Q390D-Z35。角柱垂直于柱轴线的截面为菱形，水平截面为矩形，柱两侧面均有与斜撑相连的箱形牛腿，其中箱形牛腿的一块翼板为柱本体翼板的延伸。结构焊接为全焊透一级焊缝，角柱的净截面宽为 1000mm×1000mm，长度为 10m，单根净重 60t，见图 3-1-11。

2. 三箱柱

外框三箱柱位于塔楼的外立面，构件在空间为双向 6 度内倾斜，与外框梁连接的牛腿为水平设置，柱子本体由板厚 100mm 的 Q420D-Z35 厚板构成，多箱柱由 3 个箱体组成，外侧箱体的翼板通过蝶形板与箱形结构的斜撑相连，结构焊接形式为全焊透一级焊缝，三箱柱的净截面为 1400mm×1000mm，长度为 14.88m，单根净重 123t，如图 3-1-12 所示。

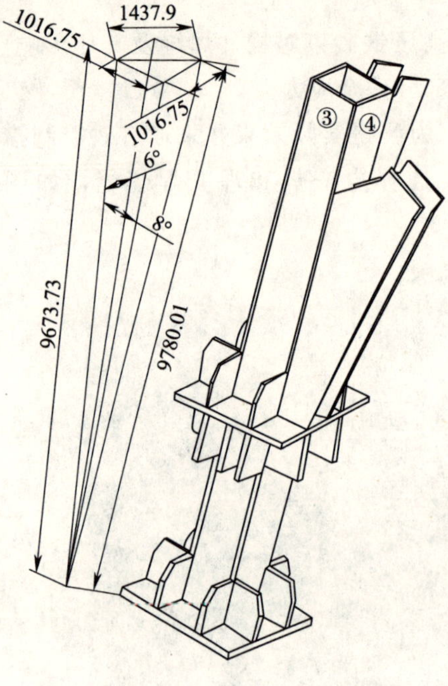

角柱示意

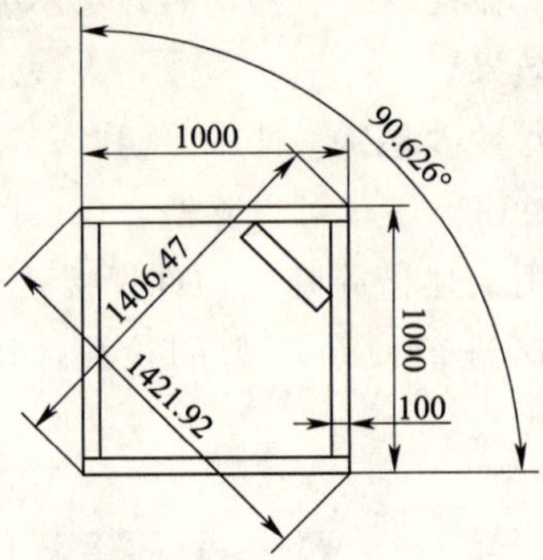

A—A

垂直柱轴线截面

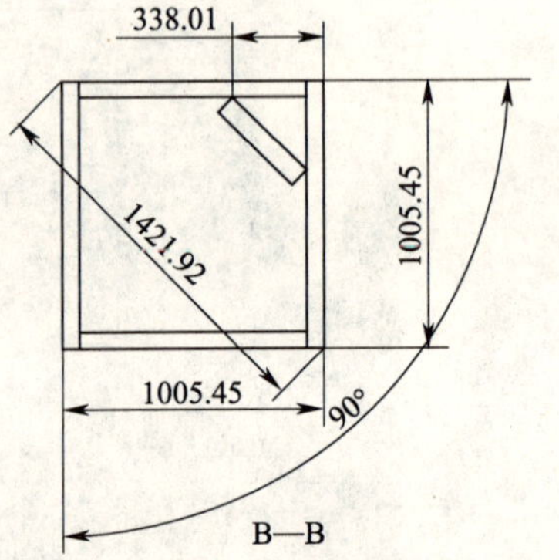

B—B

柱水平位置截面

图 3-1-11 外框角柱详图

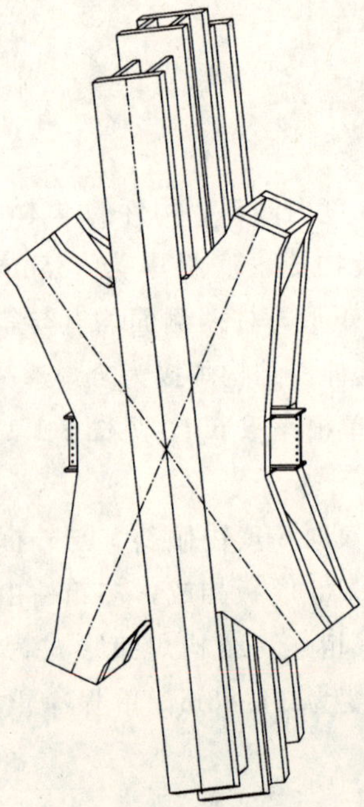

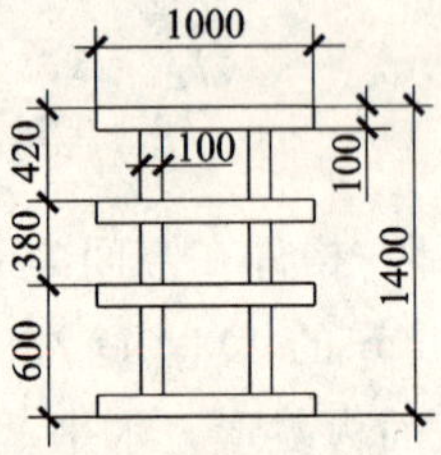

柱子的断面尺寸

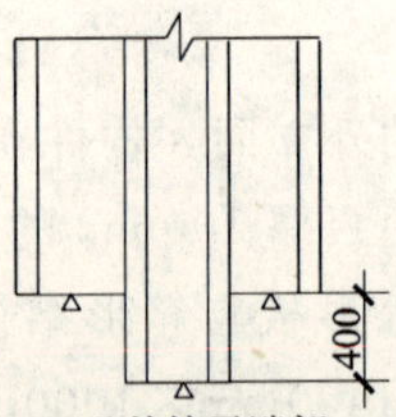

凹凸的柱子端部

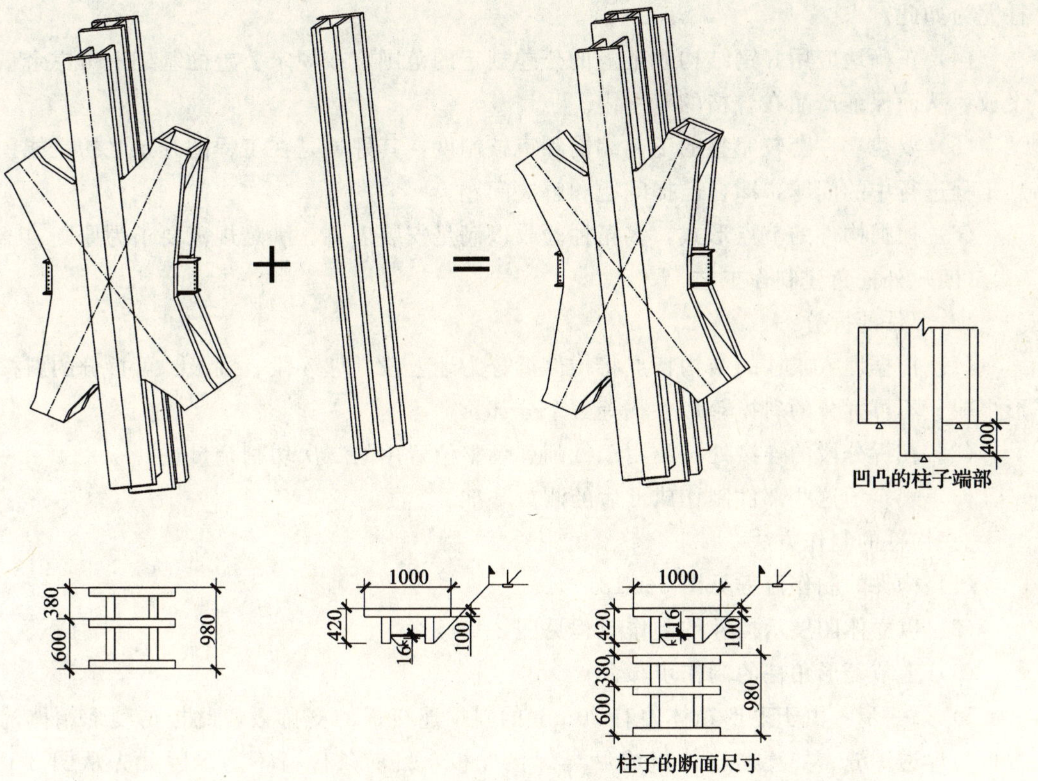

图 3-1-12　外框三箱柱详图

（二）问题提出

（1）厚板焊接收缩量的大小和制作时的预设。

（2）焊接变形预防和纠正。

（3）焊接引起的内应力如何控制。

（4）多箱柱子端部凹凸面的铣加工。

（5）多箱柱子的断面尺寸控制。

（6）多箱柱的焊接顺序设定。

（三）解决问题的思路

（1）从结构的整体考虑，应将构件拆分为几个独立而自身能稳定的部件，目的是使部件自身焊接内应力保持平衡，而拆分后的部件之间又以自由端相互焊接，这样就减少了焊接时部件相互的牵制。同时将部件之间在连接处的材料预放一定的余量，以消除部件焊接变形引起的尺寸误差，从而控制了构件整体的变形和将内应力降为最低，将不确定的因素转为可预见和可控制的因素。

（2）在部件的选择上，尽量考虑部件焊缝的对称性，对非对称的焊缝应通过计算及以往工程的经验比较后得出焊接引起的变形量，在零件准备和焊接顺序上下工夫，这也就要求制作和焊接工艺要相结合给出对策。

（3）对此类结构在编制工艺时要一切从焊接的可操作性、可控制性出发，安排组装次序。因为一旦构件变形，矫正工作受温度和结构形式的影响而很难进行和奏效，对于多箱柱尤为如此。

(4) 正确地应用好钢结构规范上的公差规定的范围，在规定公差的基础上考虑余量的设放，从而保证产品在合格的范围内。

(5) 要建立一套较完整的工艺编制和审核制度，其好处是在工程的开工之初就能预计到工程进行中的问题，即自己提问题和解决问题。

(6) 根据构件的节点形式，多箱柱验收以满足安装需要、满足规范要求为原则。

(四) 外框角柱制作工艺

1. 部件的拆分

(1) 根据埋入式柱的结构特点将构件拆分为地上段、埋入段、底板、可拆分的斜撑箱形牛腿、不可拆分的斜撑箱形牛腿等五个分部。

(2) 在拆分段的连接处预放用于铣削、调整位置用的二次切割余量。

(3) 规定了这些部件制作成形后的测量基准。

2. 构件的制作方法

(1) 构件的制作流程见图 3-1-13。

(2) 以立体图展示构件的制作流程见图 3-1-14。

(3) 上节菱形角柱的制作步骤。

1) 第一步：由于菱形箱体内有 80mm 的斜撑连接板的支持板，此板与菱形箱体的翼腹板为焊透焊缝。如菱形箱体组成后再焊接此板，目前条件行不通。因此先从图 3-1-15 所示的三角组件开始。图中详图显示垂直柱中心线截面和板组装后焊接前垂直柱中心线截面。

从图 3-1-15 可以看出，三角组件在组装时要考虑三条纵缝在焊接时的焊缝横向收缩量和收缩引起的截面变形的协调，根据焊接工艺试验的数据，同时考虑实际焊缝为拘束状态的角接焊缝，因此横向收缩量的大小取 2～3mm。根据此数值调整三角组件的装配角度从 90.626°调整为 91.459°，同时由焊透焊缝引起的角变形根据经验设置为 1°（图 3-1-16），此角度是在纵缝打底焊完成后用火工完成。焊接后使截面回复到图纸尺寸。

三角段在纵缝焊接时还存在扭曲问题，因此在三角组件的内部结构上采用工艺隔板，目的是增加面板在焊接时的抗扭刚度，缩短扭曲的计算长度。同时在焊接时采用同焊接参数、同方向的焊接顺序。

为了减少三角组件在长度方向的拱曲，两翼板间的焊缝仅焊 1/2 高度，目的是在组合成方箱体时，使方箱体的四条纵缝在焊接时对称进行，减少箱体在长度方向的拱曲变形。

2) 第二步：

① 由于构件在垂直于轴线的截面为菱形，必须采用工艺隔板来保证截面组装后的形状。因此在胎架上固定三角部分的一块翼板，加隔板和工艺隔板，利用隔板调整另一腹板的扭曲。加另外两块翼腹板，组合成方箱体。

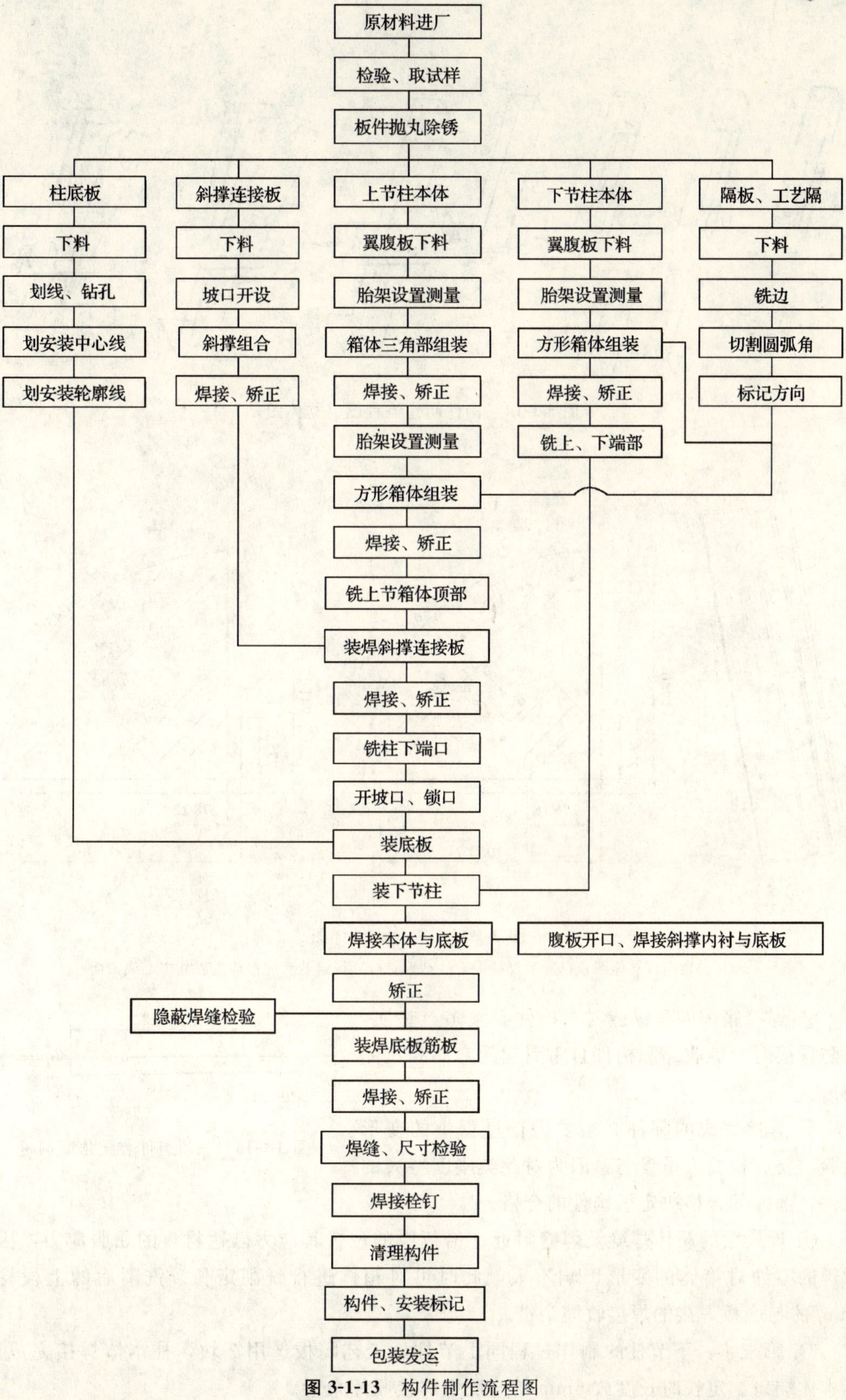

图 3-1-13 构件制作流程图

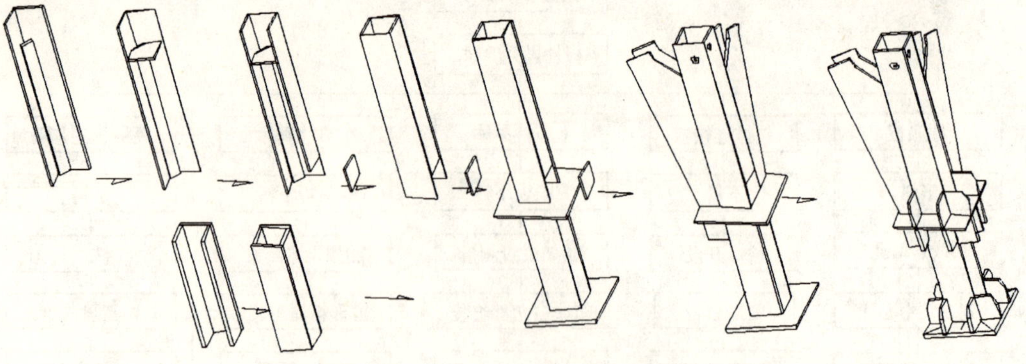

图 3-1-14　构件制作流程图（立体图）

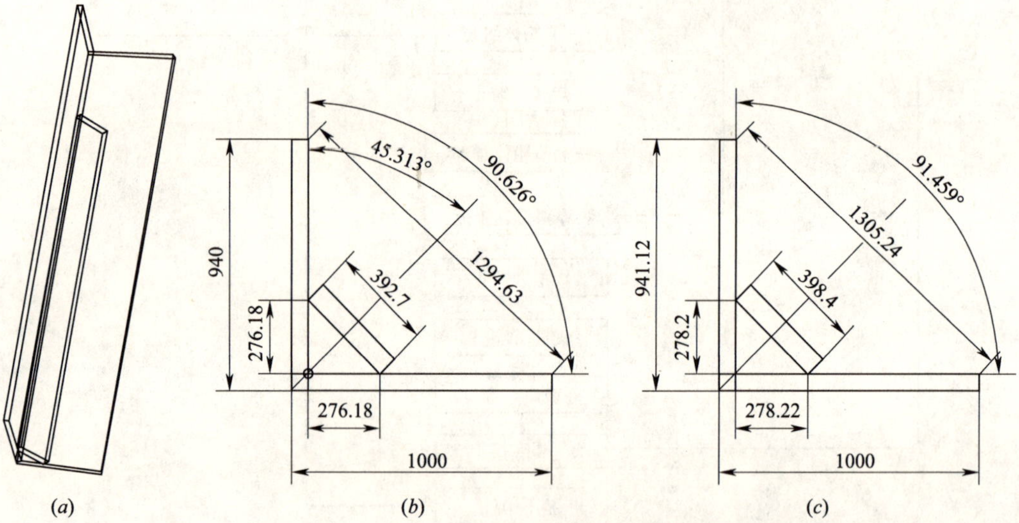

图 3-1-15　三角组件详图

(a) 三角组件立体图；(b) 垂直柱中心线截面；(c) 板组装后焊接前垂直柱中心线截面

② 焊接箱体四条纵缝时，构件必须多点垫实，以防焊接时焊缝收缩和构件自重引起的弯曲和扭曲变形。

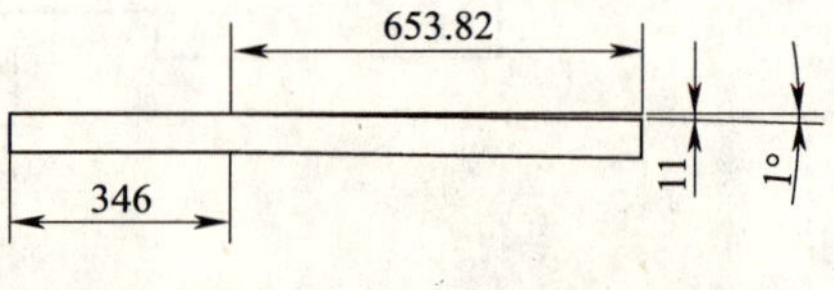

图 3-1-16　三角组件装配角度调整

③ 焊接完成的部件必须要进行过程中的变形检验，要有检验人员参与，因为对此类刚度特大的构件，部件的合格决定了构件的合格。

④ 焊接后的箱体焊缝及焊缝附近 1 倍板厚的位置其应力已达材料的屈服应力，因此后焊的零件对箱体的变形影响不大，此时可对箱体进行铣削定长。铣削后的上段柱放 3mm 的与底板焊接的焊接收缩余量。

3）第三步：下节柱的制作过程同上节柱，工艺隔板选用 2 块，柱本体焊接完成后，铣本体端口。定长时长度放 6mm 的与底板焊接收缩余量。

4）第四步：大斜撑连接牛腿的制作。

① 大斜撑牛腿有 2 种形式：

a）可单独制作的斜撑牛腿，如图 3-1-17 所示；

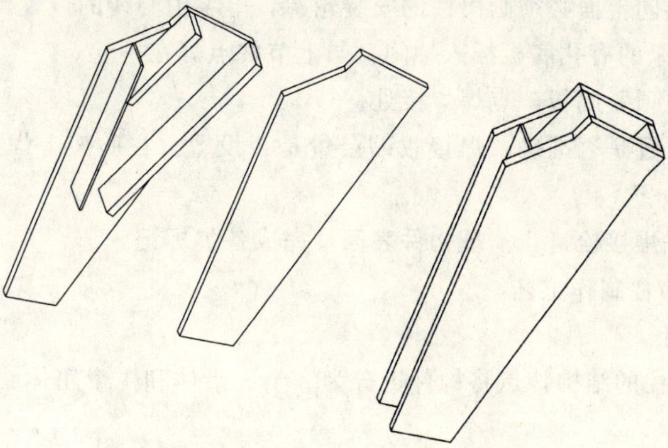

图 3-1-17　可单独制作的斜撑牛腿

b）不可独立制作的斜撑牛腿（与主体在同一块板上的斜撑连接板），如图 3-1-18 所示。

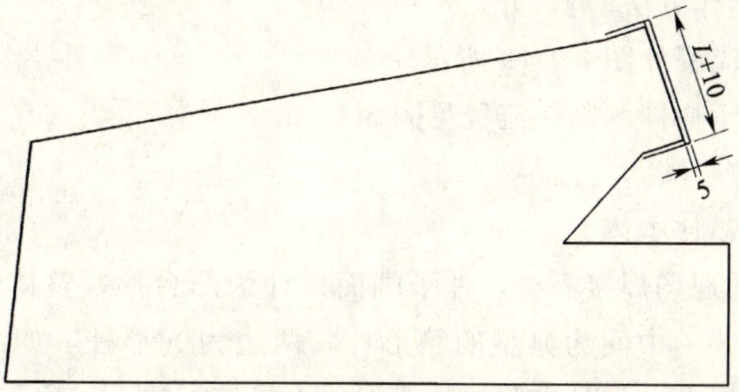

图 3-1-18　不可独立制作的斜撑牛腿

② 制作过程

a）图 3-1-17 中可单独制作的斜撑牛腿的制作要点是斜撑连接板要按图纸的最大轮廓切割，单独组合焊接完成后的斜撑牛腿与柱本体的焊接边要进行二次切割，以适合变形后的本体，目的是保证焊缝的尺寸间隙和保证斜撑上口与柱上端口的相对尺寸。

b）图 3-1-18 中与主体在同一块板上的斜撑连接板，在下料时其上端与斜撑连接口的 3 条边均应放宽 5mm 的调整余量，原因是此板为上节柱箱体的翼板之一，本体的纵缝焊接收缩导致斜撑上端的位置移动。本体焊接完成后可切除余量。在此板上组合牛腿的其余部分，当焊接另一斜撑连接板时要考虑焊缝收缩时导致的整个牛腿转动，解决的方法是在保证焊缝间隙的同时调整斜撑连接板的宽度。

5）第五步：底板的制作。

柱底板由数控切割外形。底板上的锚栓孔由钻小孔后火焰切割而成，检测孔切割面，打磨或补焊（按焊接工艺要求）孔表面。在底板的上、下面画出柱本体的轮廓线，用于组装。

6）第六步：总装，要求是使上、下节段的柱中心线调整在一条直线上。

① 胎架为水平状态。调整胎架间的高差小于 3mm。放入上、下段后，复查上、下柱段的对齐状态。

② 在柱底板的向上面必须画出柱的安装轮廓，十字中心线的位置。

③ 将 135mm 厚的有孔底板插入柱间，与上节柱点焊在一起。

④ 推动下节柱顶紧底板，点焊焊接处。

⑤ 测量安装位置是否准确，焊接收缩余量是否设置。在胎架上焊接底板与柱身直到完成。

⑥ 矫正底板，焊接栓钉，清理构件表面，完成各类标记。

（五）外框三箱柱制作工艺

1. 部件的拆分

（1）根据多箱柱的结构特点将构件拆分为 2 个 π 形体和 1 个箱体、2 个蝶形节点和牛腿等七个部件。

（2）在拆分时考虑各部件的焊接收缩余量和铣削余量。

（3）规定了这些部件制作成形后的测量基准。

2. 三箱柱子的制作方法

（1）构件的制作流程如图 3-1-19 所示。

（2）以立体图展示构件的制作流程见图 3-1-20。

3. 三箱柱的制作步骤

（1）第一步：三箱柱本体。

1）由于三箱柱的现场焊接需要，柱子端面设计为凸台形，整体焊接后无法铣削，所以把三箱拆散分别组装，中间为典型的箱形柱，两边为 π 形柱，如图 3-1-21 所示。由于三箱柱焊接后的刚性很大，而且内侧翼板成形后无法进行矫正，矫正的量极其有限，所以从一开始就要进行变形控制，如翼腹的旁弯、拱度矫正，使其直线度控制在 3～4mm 以内，而且弯曲的方向最好一致，避免部件组装后扭曲。装配的胎架进行校平，保证装配的质量。测量工艺隔板和隔板的对角线，使其在装配时处于同向。

2）从图 3-1-21 可以看出，三箱柱在断面高度方向中有 6 条全焊透焊缝，根据试验数据和加工经验每条焊缝放 2mm 收缩余量，每个部件放 4mm 收缩余量，则在三箱柱的高度方向总共放焊接收缩余量 12mm。

3）为了减少焊接变形（拱度方向），在焊缝设计时尽量保证焊接收缩的对称性（图 3-1-22），并按下列公式进行校核：

$$\Sigma 上 F \times L = \Sigma 下 F \times L$$

式中　F——焊缝面积；

L——焊缝中心至惯性轴线的距离。

如果差异很大，应调整焊缝坡口的角度和间隙（焊缝面积）来解决。

4）为了端面的铣削需要，先分别对箱形柱和 π 柱进行打底焊接。

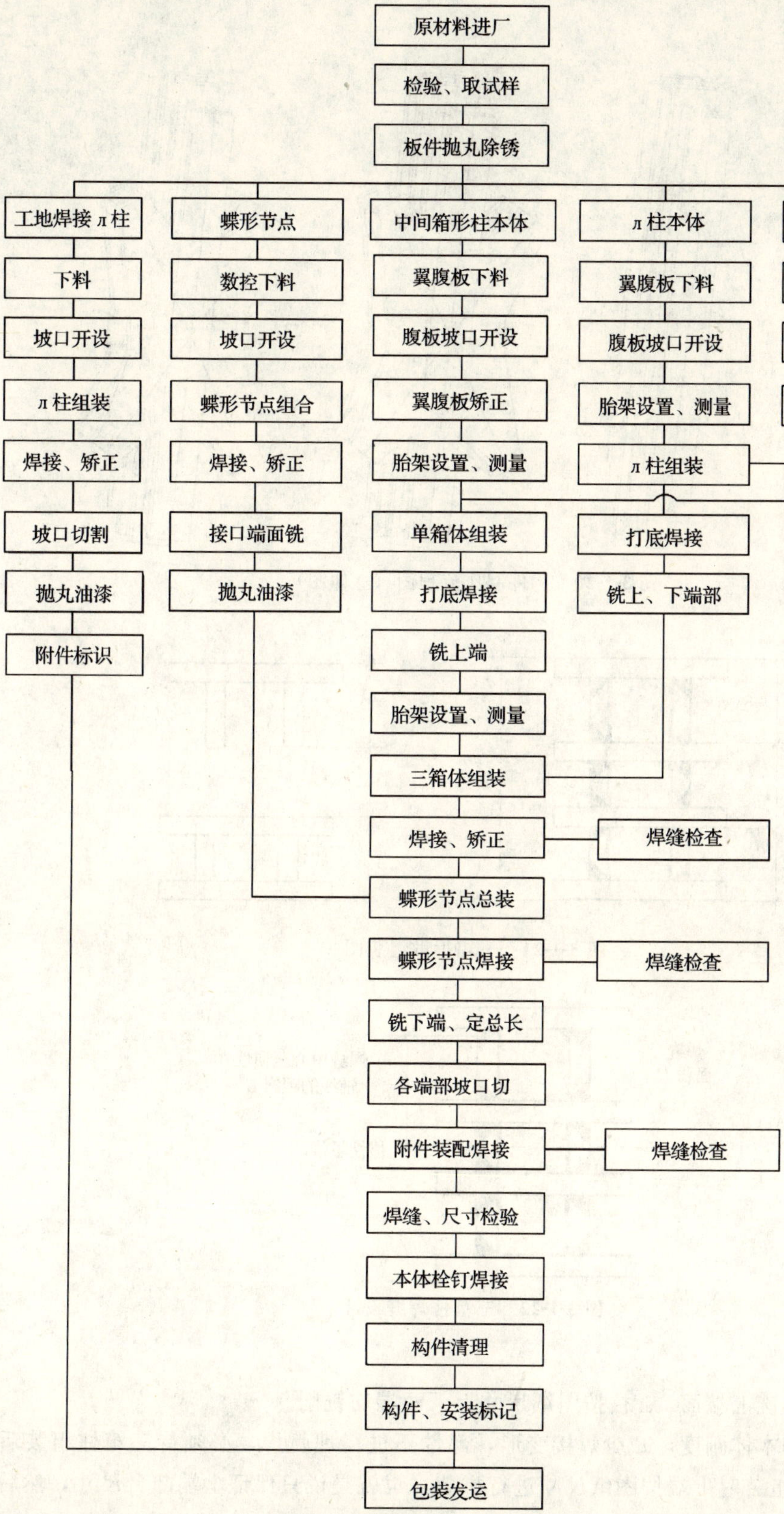

图 3-1-19 构件制作流程

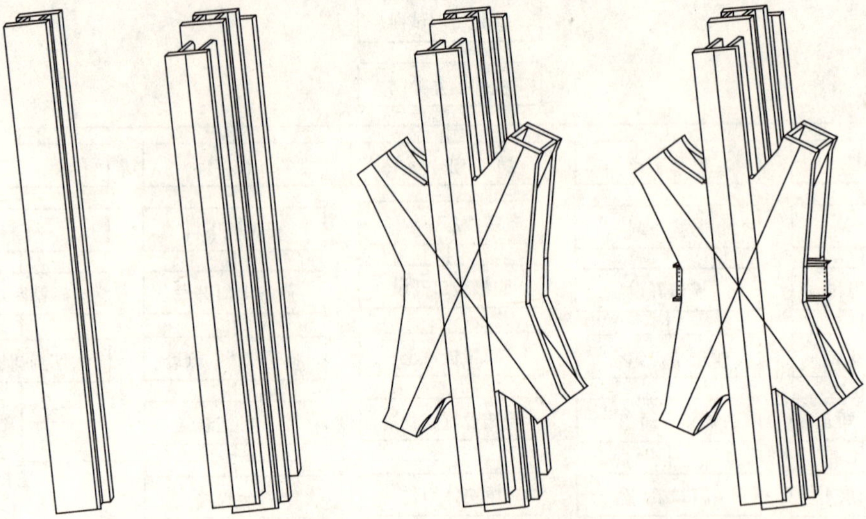

图 3-1-20 构件制作流程图（立体图）

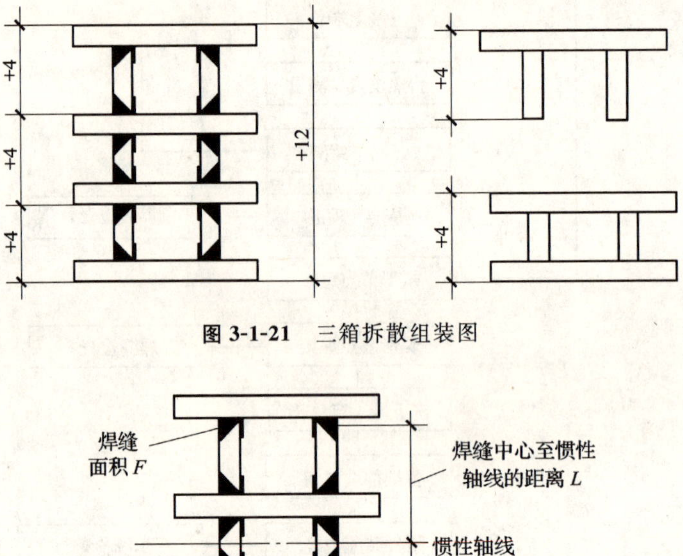

图 3-1-21 三箱拆散组装图

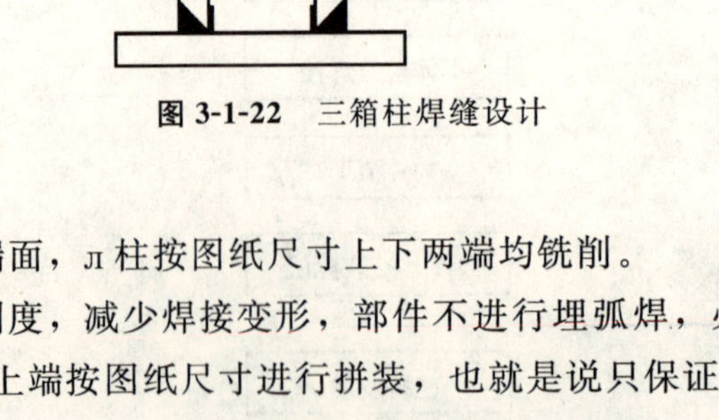

图 3-1-22 三箱柱焊缝设计

（2）第二步：

1）箱形柱只铣上端面，л 柱按图纸尺寸上下两端均铣削。

2）为了增加本体刚度，减少焊接变形，部件不进行埋弧焊，必须待三箱柱组装后进行焊接，三箱柱组装时上端按图纸尺寸进行拼装，也就是说只保证上端凸台尺寸，然后进行三箱柱的纵缝打底。

3）为了防止焊接变形，在埋弧焊焊接时应尽量按轴心线进行对称、同步、同向、同参数焊接，同时为了控制拱度，在焊接过程中应进行翻身焊接，不能一次焊完。外侧翼板在焊到 1/2 焊高时，应及时进行矫正。焊接顺序如图 3-1-23 所示，先焊距离中心较近的焊缝，再焊距离中心较远的焊缝。本体焊接完成后必须要进行过程中的变形检验，特别是外侧翼板，要有检验人员参与，因为对此类刚度特大的构件，如果把部件的变形放到构件成形后再矫正就很困难。

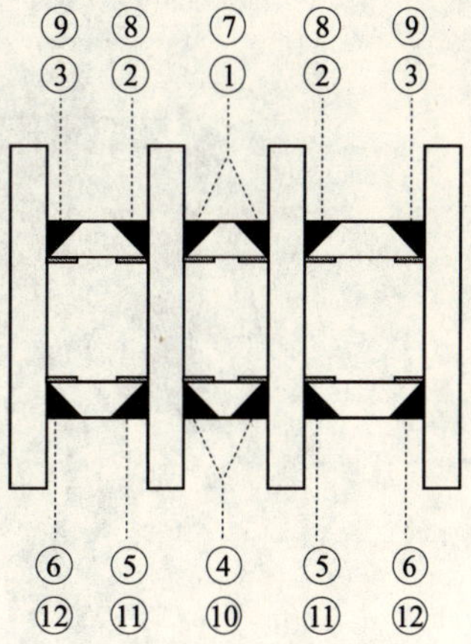

图 3-1-23 焊接顺序

4）本体矫正后进行焊缝的 UT 检查，有缺陷及时返修，最后按图纸的长度尺寸进行柱子下端的总长铣削，以柱子两端口的中心划出修正后的中心线，确定蝶形节点的中心基准线，同时测量下端凸台的尺寸，调整现场焊接的 л 段长度。

(3) 第三步：蝶形节点。

1）首先在蝶形板上划出基准中心线，按基准线组装蝶形节点，腹板的高度同样放 4mm 焊接收缩余量，在斜撑连接口处放 3mm 铣削余量，焊接后矫正蝶形板的平面度。

2）划出端口基准线，铣削上下连接端口。以柱子本体中心基准线到翼板边缘的实际尺寸，切割蝶形节点与本体的焊接坡口，安装衬垫板时放出 2mm 的焊接收缩余量。

(4) 第四步：总装。

1）装配蝶形节点，要求蝶形节点的各个连接端口与柱子本体在同一个平面内，在组装前先调整胎架的水平，测量蝶形节点各端口与本体的平面度（使其控制在 5mm 范围以内），测量各端口的坐标尺寸。

2）蝶形节点焊接时，应以柱子为中心进行对称焊接和翻身焊接，不能一次焊完，减少焊接变形。

(5) 第五步。

1）装配牛腿和其他吊装附件板，焊接、矫正附件板。对柱子进行整体的测量和检查。

2）焊接栓钉，清理构件表面，完成各类标记。

四、目字形柱加工方法

（一）概况

两座塔楼在建筑造型上的倾斜使结构的受力状况异常复杂，尤其是外框筒的受压面，在使用状态下结构自重（包括悬臂）对受压构件造成的附加弯矩非常大，为了防止受压面构件因压弯而发生失稳翘曲，结构设计师在外框筒的受压面大量采用了板厚 100mm 且截面抵抗矩巨大的目字形柱，其典型的效果图和截面如图 3-1-24 所示。

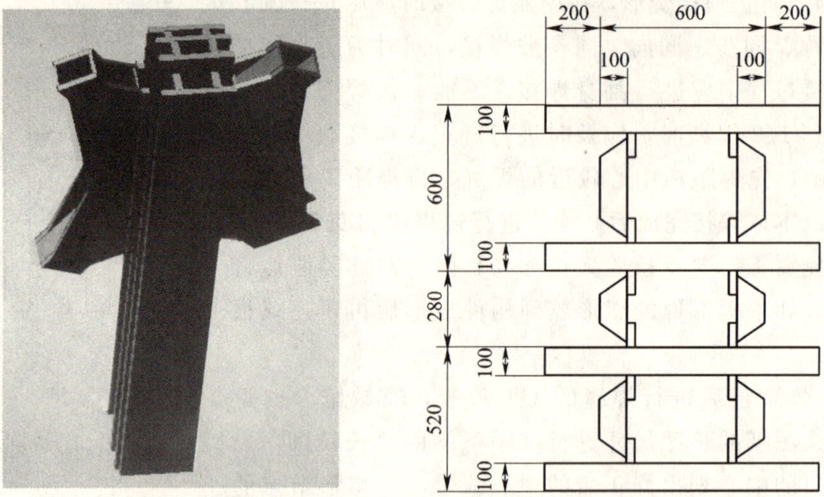

图 3-1-24　典型目字形柱

（二）目字形柱的两种加工方法

1. 整体制作法

(1) 制作前的准备工作

1) 组装胎架准备

由于目字形柱单体重量较大（一般都在 60t 以上），要求组装胎架具有很强的刚性，一般的箱形组装流水线胎架显然不能担此“重任”，所以为了保证组装精度，根据目字形柱的外形特点，我们专门设计了单箱和整体组装胎架（图 3-1-25、图 3-1-26）进行组装，整个胎架的平整度控制在 3.0mm 以内，有效地保证了构件的组装精度。

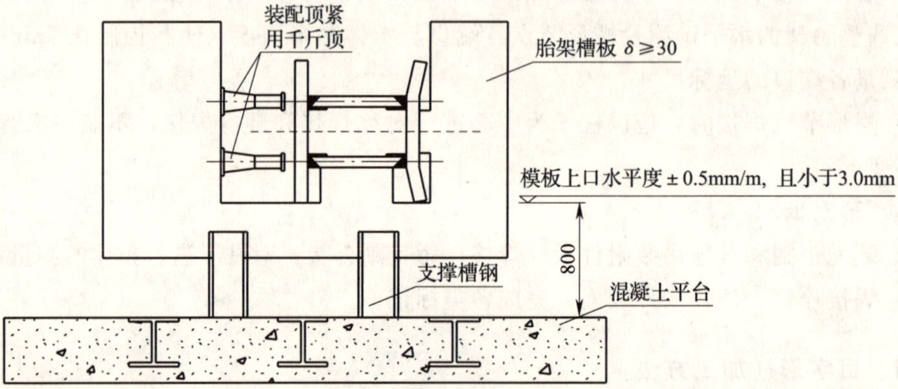

图 3-1-25　单箱组装胎架

2) 零件放样、下料和坡口切割

所有零件在放样时均要考虑焊接收缩补偿余量。

下料尺寸＝理论尺寸＋焊接收缩量＋加工余量－焊缝间隙。

为了控制钢板的切割热变形，盖板和腹板的下料必须采用多头自动切割机，以减小两条切割边因受热不均而产生的旁弯。

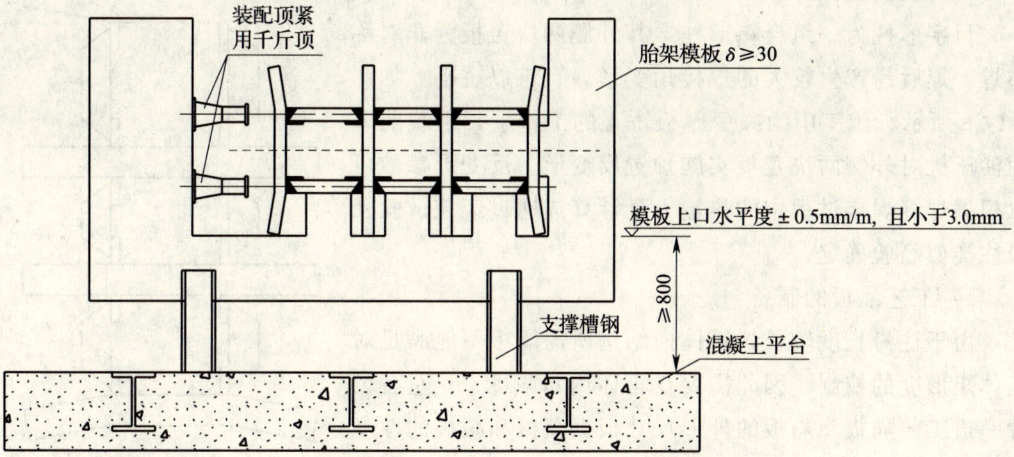

图 3-1-26　整体组装胎架

坡口质量直接影响厚板焊接质量，为确保坡口开制质量，零件坡口宜采用半自动切割机切割。对于腹板等长条形板的坡口应采用两台半自动切割机同时、同向切割，以减小切割热变形。

由于构件本体的焊透区域为蝶形节点板上、下 600mm 及柱底、柱顶各 100mm 的范围内，因此为了确保焊透焊缝的长度，我们考虑在焊透与非焊透焊缝的交接处将焊透焊缝延长 100mm，且根据规范要求将非焊透坡口的深度设置为（$t/2$）＋3mm，如图 3-1-27 所示。

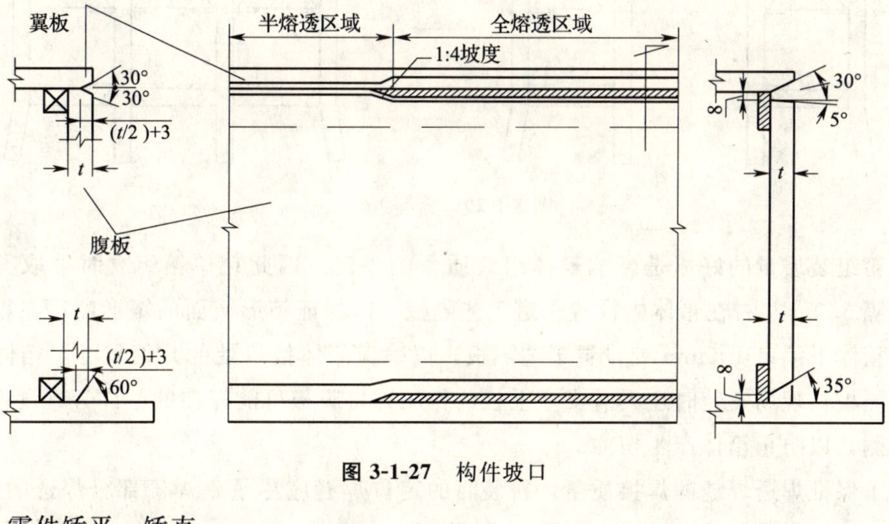

图 3-1-27　构件坡口

3）零件矫平、矫直。

好的装配质量来源于好的零件质量。针对目前国内超厚钢板普遍存在的平整度超标现象，盖板和腹板下料后应采用矫平机或油压机进行矫平，矫平后的平整度宜控制在 1.0mm/m^{2}以内。切割或坡口开制时产生的热变形（主要是旁弯）可以采用火焰矫正，矫直后的直线度为 1/1500，且≤3.0mm。

4）设置反变形

目字形柱为一组合箱形柱，其外侧两块盖板为非对称施焊，焊后易产生较大的焊接角变形，且难以矫平，如图3-1-28所示。施工中为减少厚板矫正的工作量，组装前采用油压机对外侧两块盖板实施预置反变形。反变形参数可以根据焊缝焊接过程中的热输入量计算或通过工艺试验及以往类似经验确定。

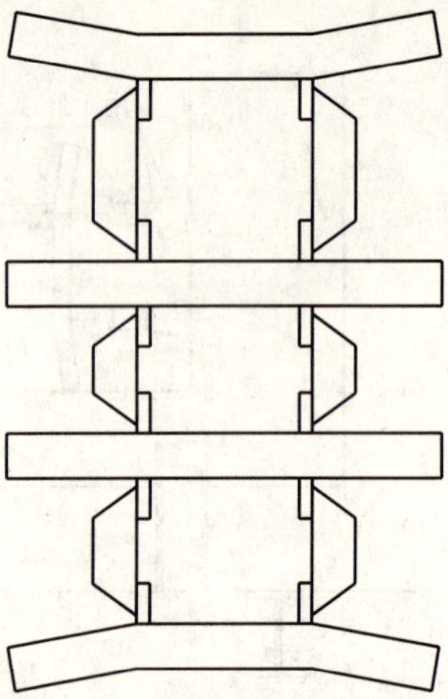

图 3-1-28 目字形柱焊接角变形

5）工艺隔板的制备

由于柱身长度较长，箱体内结构所需隔板不能满足对箱体矩形度的控制，因此需要在箱体内每隔3.0m左右设置一道工艺隔板。隔板的外形尺寸根据盖板和腹板的厚度可以加放2.0～4.0mm的焊接收缩余量，且两对角线长度之差必须控制在2.0mm以内。

(2) 目字形柱的组焊工艺流程和加工要点

1）箱体组立

目字形柱的截面较大、板厚较厚，整体组立由于其刚度巨大，焊缝间隙和截面尺寸都难以保证，因此我们采用分箱组立法（图3-1-29），即两侧箱体先分别在单箱组装胎架上组立，然后上整体组装胎架总拼，实践证明此方法有效解决了我们的担忧。

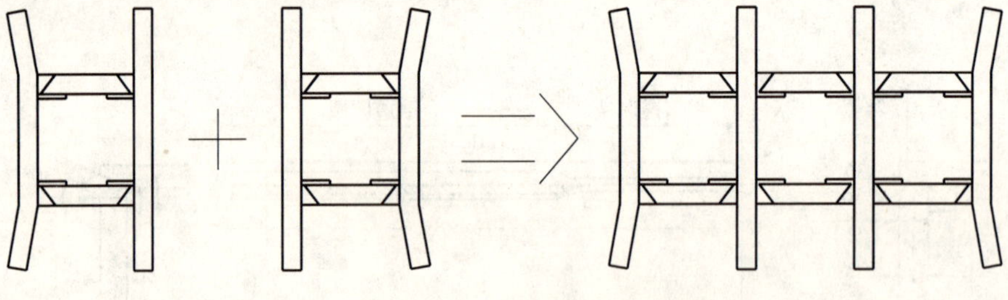

图 3-1-29 分箱组立法

单箱组装质量的好坏是影响整体组装质量的关键。因此在单箱组立时采取了以下措施：每隔3.0m左右在箱体内设置一道工艺隔板，以保证箱形截面的矩形度；在箱体上端口和距箱体下端口100mm处设置工艺隔板，以确保箱体接口处的几何尺寸，箱体上端口的工艺隔板在现场安装时还具有支承上柱的作用；将腹板可能存在的些许旁弯设置在盖板的同一侧，以防止箱体产生扭曲。

为了保证焊透焊缝的焊接质量，拼装时的定位焊缝应尽量施焊于部分焊透的焊道内，焊脚尺寸8～12mm，焊缝长度80mm，间距300～500mm。

定位焊缝的预热：为了保证定位焊缝的质量，防止出现冷裂缝，定位焊缝施焊前必须对母材实施焊前预热。预热设备宜采用电加热，且应沿着箱体长度方向满布。预热温度和预热范围严格按《建筑钢结构焊接技术规程》(JGJ 81-2002）的要求执行。

为了防止箱体在吊运和后续组装时不散架，应适时对焊透焊缝实施2～3道CO_2打底焊。

2）箱体焊接

焊前的预热要求同定位焊缝。正式焊缝施焊前应检查定位焊缝的质量，不得有裂纹、夹渣、焊瘤等缺陷存在；具有上述缺陷的定位焊缝，必须予以彻底清除。

箱体焊接应在平直的胎架上进行，且每隔 3.0m 左右用型钢垫实，以免箱体因焊接受热而产生下挠。

① 焊接顺序

如图 3-1-30 所示，按 1、2、3 顺序先焊正面焊缝，焊至坡口深度的 1/3；然后翻身按 4、5、6 顺序焊反面焊缝，焊至坡口深度的 1/2；再翻身焊 1、2、3 焊缝，焊至坡口深度的 2/3；反面再焊至 3/4；最后再翻身将正、反焊缝焊满；并且焊接时必须两两对称、同时、同向、同参数施焊。

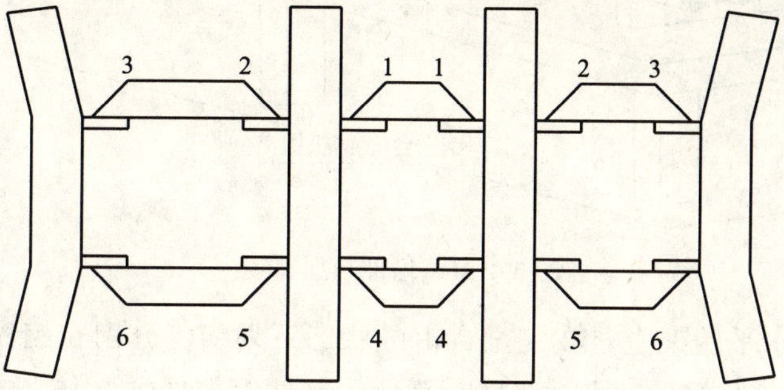

图 3-1-30 焊接顺序

② 厚板焊接工艺控制要点

刚开始的 1～2 道焊缝，采用的线能量应偏小，多道焊时，坡口两侧的焊道，宜采用较小的线能量焊接，焊中间焊道时可适当调高焊接参数；为了防止焊道间、接头处产生焊接缺陷，多道焊的接头应错开，多层焊应在端部做出 50mm 以上的台阶，焊缝结构应从坡口侧面开始焊接；焊接过程中应严格控制层间温度，并连续施焊，以保证稳定的热输入；对于板厚不小于 40mm 的焊接接头，焊后应立即进行后热处理，后热处理采用远红外电加热，加热温度应达到 200～250℃，保温时间为 1.5～2.0min/mm，且不小于 1h，然后缓冷至常温。

3）探伤和矫形

构件完全冷却 24h（Ⅳ类钢 48h）后对纵向焊缝实施探伤。探伤标准：超声波按 GB 11345—89检测，全熔透区域按Ⅰ级焊缝，评定等级为 BⅡ级；半熔透区域在焊缝深度范围内按Ⅱ级焊缝，评定等级为 BⅢ级；考虑到构件的板厚较厚、焊接残余应力较大，建议对板厚 $t \geqslant 60$mm、特殊部位（箱体焊缝的起落弧处及端面）的接头按 JGJ 81—2002 的规定加做磁粉探伤。

焊后矫正主要采用热矫正，矫正温度宜控制在 900℃以下，且应避开蓝脆区温度。矫正后应让构件自然冷却。

4）构件基准划线和定长铣削

目字形柱本体组装、焊接、矫正完成之后还有蝶形节点、牛腿、幕墙连接件等后续部件组装，这些后续部件的组装精度取决于构件本体基准线的划线精度。由于目字形柱的截面比较复杂，一般的划线方法难以保证基准线的划线精度，因此必须采用特殊的方法在专用的水平胎架上划线，如图 3-1-31 所示。

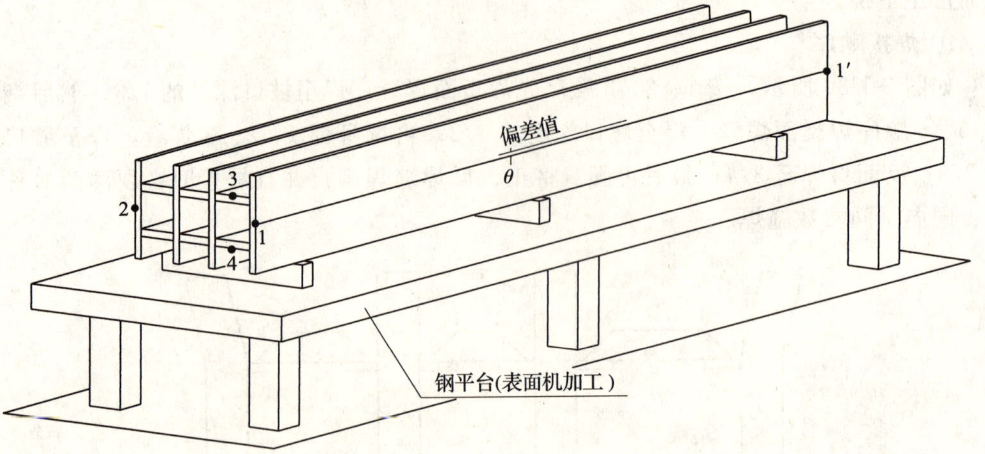

图 3-1-31 构件基准划线

钢柱应平置于水平胎架上，在完全自由的状态下划线。分别在钢柱主箱（截面高度 600mm 的箱体为主箱，蝶形节点、牛腿、幕墙连接件等部件主要与之连接）和最外侧盖板两端的截面高度、宽度上取中点 1（1′）、2（2′）、3（3′）、4（4′），测量 1、2、1′、2′的水平度和 3—4、3′—4′连线的垂直度，偏离值应控制在 3.0mm 以内，否则应进行修正；然后连接两端中点弹出主箱中心线。检验箱体中心线在长度方向上是否与箱体各截面的中心重合，最大偏离值应控制在 5.0mm 以内，否则应重新进行矫正，直至得出合格的箱体基准线。

以箱体中心基准线为基准，划出钢柱上端铣削线（保证最小铣削量 2.0mm），并以此为基准加放适当焊接收缩余量（后续部件组装之需）后划出钢柱下端铣削线，铣削定长后待用。以钢柱铣削后的下口和箱体中心基准线为基准组装蝶形节点、牛腿、幕墙连接件等后续部件。

2. 分箱制作法

分箱制作法，其制作前的准备工作和组焊工艺流程基本与整体制作法相同，唯一的不同点仅在于它是分箱组立，并且在焊接完成后才进行目字形截面整体组装。

（三）两种加工方法之比较

1. 整体制作法

由于目字形箱体 12 条纵缝的焊接是在构件整体组装后进行的，焊接时构件的刚度很大，理论上较不易产生旁弯、扭曲等焊接变形；实际加工过程中我们通过对焊接顺序和工艺参数的合理设置，有效控制了目字形柱的焊接变形，大大减小了焊后矫正的工作量。整体制作法虽然焊接时间长，但大大减小了矫正工作量，适合于焊接工位有限的加工场所采用。

2. 分箱制作法

分箱制作法的特点是分箱组立、分箱焊接，在有足够焊接工位的情况下（假设采用的焊接设备相同），理论上可以比整体制作法节约1/3的焊接时间。分箱制作法虽然焊接时间缩短了，但它焊后矫正的工作量相对较大，且整体拼装时截面尺寸不易控制，适合于矫正能力较强的加工场所采用。

第二节　钢结构深化设计与结构分析

一、复杂高层建筑施工模拟分析

主楼两塔楼倾斜并在上部连体的结构特点，决定了其施工过程中的结构状态与最终结构状态明显不同。参照一般方法采用一次性加载分析模拟恒载对结构的作用，相当于将所有恒载施加在成型的最终结构上，具有较大的分析误差，而考虑实际施工过程中结构刚度不断变化的施工模拟方法所得结果则可以反映实际情况。

主楼施工过程中，由于留有后浇带、延迟构件、悬臂合龙等较为复杂的施工阶段，应考虑采用施工分组较为方便的软件模拟，采用SAP、ANSYS、MIDAS等软件可以较为方便地实现分阶段分组，以下分析均采用SAP2000模拟。

（一）施工模拟分析概述

1. 施工模拟与结构设计的相关性

（1）施工模拟分析

施工过程显著影响结构受力和变形，合理的施工次序和加载顺序可以调整倾斜塔楼以及连体结构的内力分布，施工模拟分析尤其必要；在设计过程中也可预先考虑可能的施工顺序作为设计依据。主要影响因素有以下两点。

1）整体施工方案，包括塔楼与裙楼的连接方式，悬臂合龙方案。

2）施工进度，这对结构最终内力和变形有着不可忽略的影响。

设计中考虑塔楼、裙楼独立施工、悬臂逐渐伸出合龙的施工方案，并根据施工进度的上限、下限进行包络设计，对实际施工过程进行跟踪分析，确保实际施工过程变化对结构的影响在设计包络范围内。

（2）竖向荷载水平相关性

独特的建筑体形造成竖向荷载在水平方向产生许多结构行为，包括水平变形、连接体水平内力，为常规工程中所没有。

1）竖向荷载引起倾斜塔楼互相靠近，在连体间产生水平推力。

2）塔楼倾斜造成倾斜两侧竖向构件受力不均匀，其水平分量与楼面变形协调，楼面有一定水平变形，楼板内平面应力需要在设计中考虑。

3）竖向荷载产生水平变形，施工过程中需要考虑一定的施工预调，使得经历施工过程的最终结构达到设计位形。

(3) 结构变形控制

在竖向荷载作用下结构将产生较大的三维变形，与水平地震作用下的变形相当。结构最终变形与施工过程荷载施加顺序密切相关，因此变形形态非常复杂。变形控制的主要目的，一是施工完成后的建筑外形满足设计要求；二是减小施工误差，满足电梯筒体以及建筑隔墙的水平变形要求；三是幕墙结构能适应主体结构各阶段产生的变形。竖向荷载作用下的变形控制通过建立在理论分析基础上的结构安装预调值、工厂构件加工预调值等结构“预起拱”或“反变形”来实现。

2. 施工模拟分析原理

施工模拟本质上是一种分阶段变刚度分析方法。对应于施工状态的每一个实际阶段，分别对阶段结构状态（一般会与最终状态不同）施加阶段荷载（一般为对应于该阶段的大部分结构自重、部分附加恒载、少量施工活荷载），或移去荷载（例如结构完工阶段移去施工活荷载）；不同施工阶段之间状态叠加，即后一阶段的起始状态是前一阶段的结束状态，结构变形、内力分别在各阶段中与前一阶段中锁定变形、内力相叠加，从而实现实际结构施工的过程模拟。

从有限元角度来看，施工模拟是一种非线性分析方法，其非线性在于结构刚度矩阵在过程中发生变化。当然，根据各结构特点在分析时可以考虑一定的几何非线性甚至其他非线性。施工模拟分析可以通过 SATWE（施工模拟 3）、ETABS、SAP2000、MIDAS、ANSYS、ABAQUS 等软件模拟实现，理论上只要阶段划分的足够细即可准确地模拟实际施工过程。

（二）主楼结构施工模拟分析

对安装过程的各个阶段进行施工模拟分析，可以准确反映安装过程中各阶段的结构变形、受力特征，临时结构等构件的安装和拆除过程也可以通过程序的“添加/移除”功能实现。

1. 施工阶段说明

细化后的施工阶段共 28 步，包括塔楼施工、悬臂合龙、后期施工阶段等各个阶段，全过程各施工阶段说明见表 3-2-1。

全过程模拟的施工阶段 **表 3-2-1**

施工阶段	说明
1	2006 年 08 月 18 日施工进度
2	2006 年 10 月 04 日施工进度
3	2006 年 11 月 28 日施工进度
4	2007 年 01 月 04 日施工进度
5	2007 年 01 月 24 日施工进度
6	2007 年 03 月 15 日施工进度
7	2007 年 05 月 15 日施工进度

续表

施工阶段	说　明
8	2007 年 9 月，悬臂外挑之前，塔楼一外筒施工至 F45，塔楼二施工至屋顶
9	悬臂对接第 1 步：Ⅰ、Ⅱ区第 1 跨，塔楼一外筒施工至屋顶，屋顶梁尚未安装
10	悬臂对接第 2 步：Ⅰ、Ⅱ区第 2 跨，塔楼一屋顶施工完成
11	悬臂对接第 3 步：Ⅰ、Ⅱ区第 3 跨
12	悬臂对接第 4 步：Ⅱ区第 4 跨
13	悬臂对接第 5 步：Ⅲ区第 1 跨
14	悬臂对接第 6 步：Ⅲ区第 2 跨
15	悬臂对接第 7 步：7 根构件合龙
16	悬臂对接第 8 步：
17	悬臂对接第 9 步：10 根构件合龙
18	悬臂对接第 10 步：Ⅰ、Ⅱ区第 1 跨上部
19	悬臂对接第 11 步：Ⅰ、Ⅱ区第 2 跨上部
20	悬臂对接第 12 步：Ⅰ、Ⅱ区第 3 跨上部
21	悬臂对接第 13 步：Ⅰ、Ⅱ区第 4 跨上部
22	悬臂对接第 14 步
23	悬臂对接第 15 步
24	悬臂对接第 16 步
25	悬臂对接第 17 步
26	悬臂对接第 18 步：悬臂转换层完成，塔楼、裙楼 F1～F10 延迟构件安装完成
27	悬臂对接第 19 步：悬臂上部钢结构安装完成
28	剩余构件（14 根延迟构件，内筒支撑、其他模型临时构件）安装，荷载完成

悬臂不同阶段的施工状态如图 3-2-1 所示。

施工阶段 9：悬臂对接第 1 步——Ⅰ、Ⅱ区第 1 跨，塔楼一外筒施工至屋顶，屋顶梁尚未安装

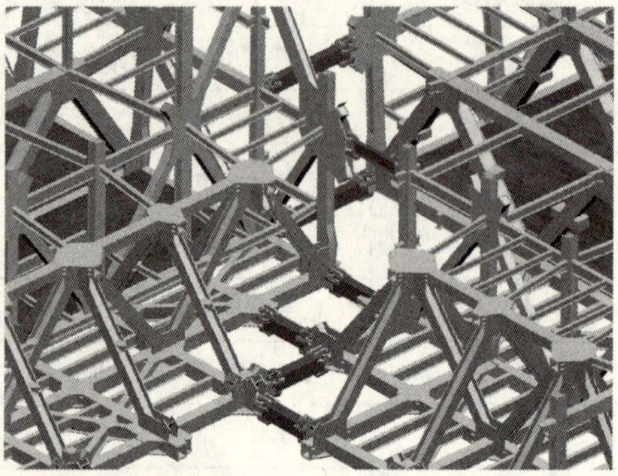

施工阶段 15：悬臂对接第 7 步——7 根构件合龙

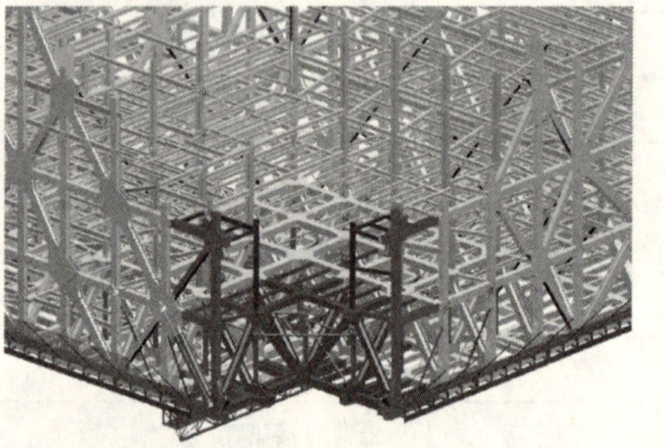

施工阶段 24：悬臂对接第 16 步

图 3-2-1 主楼施工阶段模型图

2. 悬臂结构合龙施工阶段

主楼悬臂安装采取“悬臂独立阶梯延伸、空中阶段逐步合龙”的安装方法，即以少量构件分别从塔楼一、二逐步延伸，合龙分三个阶段进行，直至完成转换层结构。

经计算分析表明，由于不同的施工阶段、工程进度对过程中及最终的结构特征具有显著影响，因此准确模拟施工进度非常重要。在前期设计阶段施工进度不定，设计单位采取了上限、下限两种施工模拟状态用以模拟工程进度的最快状态和最慢状态，实际的施工进度一般在上限、下限两者之间。在进行悬臂合龙过程分析时，结构分析以根据施工进度逐步更新的最新 SAP2000 模型为基准进行分析，以保证结构模型能够准确反映实际工程进度和结构实际变形、受力情况等力学特征。

根据合龙方案，悬臂合龙施工模拟共计算 18＋1 个施工阶段过程，即对每一组工况进行计算分析，对构件应力和位移变化情况进行分析，确保结构安全。针对施工方案，分析阶段划分为：塔楼施工到一定阶段后，从悬臂开始悬挑，到 F37、F39 第 1 阶段合龙，再到 F37、39 完成（即悬臂转换层完成），最后到所有悬臂钢结构完成的全过程。主要分为以下 3 个阶段：

（1）第1阶段：悬臂开始从塔楼向外悬挑施工，至第1阶段7根杆件合龙前，如图3-2-2所示。

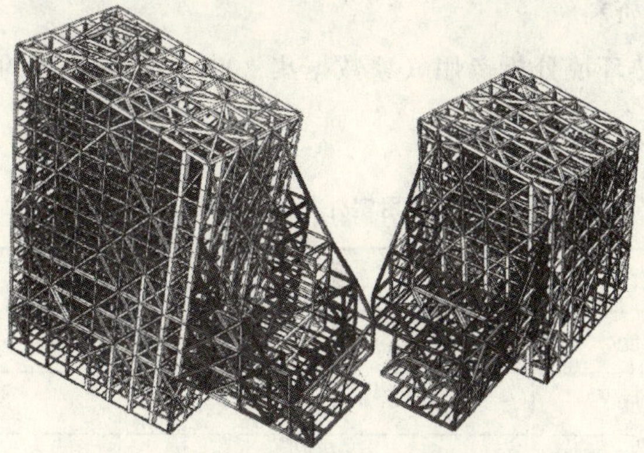

图3-2-2 第1阶段状态

（2）第2阶段：所有悬臂F37～F39转换层完成，如图3-2-3所示。

图3-2-3 第2阶段状态

（3）第3阶段：所有悬臂钢结构连接完成，如图3-2-4所示。

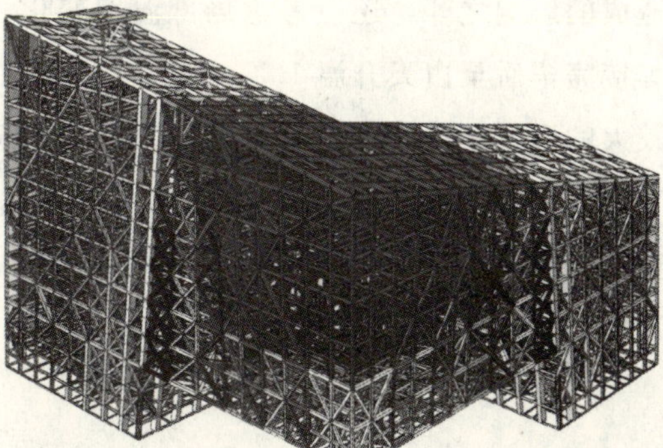

图3-2-4 第3阶段全部构件安装完成

3．悬臂结构合龙的荷载与作用

(1) 温度作用

1) 北京地区温度资料

参照“中国建筑热环境分析专用气象数据集 2005”北京地区的数据，设计用室外气象参数如表 3-2-2 所示：

设计用室外气象参数表　　　　表 3-2-2

设计用室外气象参数	单位	数值
冬季通风室外计算温度	℃	−7.6
夏季通风室外计算温度	℃	29.9
冬季空气调节室外计算温度	℃	−9.8
冬季室外平均风速	m/s	2.7
冬季室外最多风向的平均风速	m/s	4.5
极端最低温度	℃	−18.3
极端最高温度	℃	41.9

2) 均匀温差影响

自由构件在温度变化时只产生变形而不受约束力作用。在两塔楼合龙前，两塔楼合龙处自由变形，温度应力单独存在于各塔楼中。第 1 次合龙时，两塔楼之间的变形差开始在 7 根构件中产生内力，温度作用产生的变形差需要着重考虑。

合龙方案设计时预定合龙在 2007 年 11～12 月份，同时也考虑了可能在 2008 年 1 月份，合龙预计在 1 个月内（5d＋25d）完成，所以考虑合龙过程中温度变化影响时，只需考虑 1 个月内的温差变化。实际合龙施工在 2007 年 11～12 月份完成。

3) 局部温差影响

除均匀温差对结构造成的影响之外，还应考虑局部温度变化（阳面、阴面）的影响。较不利的情况为：夜间焊接完毕后至白天升温 10℃，随后太阳直射钢结构表面升温 30℃，此时合龙构件可能承担较大的温度变化。在悬臂合龙前我们对环境温度进行了连续 24h 的监测，确定昼夜温度的变化，并与计算模拟分析时的温度荷载相符。

上述日照考虑南面直射（模拟正午）、西南直射（模拟下午温度最高时）两种情况，其温度变化单向升温无正负。

(2) 风荷载作用

1) 风荷载设计取值

与温度作用影响类似，风荷载影响重点在局部连接及连接之后。

由于合龙过程的持续时间约两个月，偏于安全考虑按 10 年一遇风荷载，参照现有荷载规范，北京地区 10 年一遇风荷载基本风压 $w_0=0.3\text{kN/m}^2$，相当于 100 年一遇风荷载基本风压（$w_0=0.5\text{kN/m}^2$）的 60%。

2）风级与风速对应见表 3-2-3。

风级风速风压对应表　　表 3-2-3

风级	风速（m/s）	风压（kN/m^2）	形容
2	1.6～3.3	0.002～0.007	树叶动有微响，软风
3	3.4～5.4	0.007～0.018	细小的树枝连也摇动不息，微风
4	5.5～7.9	0.019～0.039	小树枝摇动，和风
5	8.0～10.7	0.040～0.072	大树枝摇动，清劲风
6	10.8～13.8	0.073～0.119	整棵树摇动，强风
7	13.9～17.1	0.121～0.183	小树枝折断，疾风

注：根据北京地区气象资料：冬季室外平均风速 2.7m/s，冬季室外最多风向的平均风速 4.5m/s，可知北京地区冬季室外主要风力相当于风级 2～3 级。

（3）塔楼荷载增加的影响

连接后随塔楼施工的进展，塔楼荷载增加，两塔楼互相靠近，悬臂局部合龙时可能在局部连接构件及周边构件产生较大内力。

从合龙开始到悬臂 F37～F39 完成大约为 30d 时间，上述影响较小，可基本忽略。F37～F39 完成以后，悬臂转换结构完成，可以承担较大的内力，进一步施工的影响不会引起结构不安全因素。

（4）基础沉降的影响

悬臂施工计划从开始到结束约 3 个月时间，合龙过程从 7 点合龙（见图 3-2-1 施工阶段 15）到 10 点合龙再到悬臂转换结构施工完成所经历的时间较短，这段时间内塔楼荷载变化不大，新产生的基础沉降很小，对合龙基本无影响。

（5）地震荷载作用

地震是一种偶然作用，悬臂合龙构件对接最多持续两周，且合龙前根据地震预报尽量避免地震时间合龙，考虑 1 年地震作用偏于安全。

根据现有抗震设计资料，1 年重现期地震作用约为 100 年重现期地震作用的 11%（10 年重现期地震作用约为 100 年重现期地震作用的 33%）。地震影响采用考虑三向地震的反应谱分析模拟。

（6）荷载组合

荷载组合参照现行规范，主要组合见表 3-2-4。

CCTV主楼构件承载力校核用分项系数、组合系数、调整系数　　表 3-2-4

	不利					有利					γ_0/γ_{RE}
	恒	活	水平地震	竖向地震	风	恒	活	水平地震	竖向地震	风	
	DL	LL	EH	EV	WL	DL	LL	EH	EV	WL	
LC1（DL控）	1.35	0.98	0	0	0	1	0	0	0	0	$\gamma_0=1.1$
LC1（LL控）	1.2	1.4	0	0	0	1	0	0	0	0	$\gamma_0=1.1$
LC2	1.2	0.98	0	0	1.4	1	0.98	0	0	1.4	$\gamma_0=1.1$
LC3	1.2	1.4	0	0	0.84	1	1.4	0	0	0.84	$\gamma_0=1.1$
LC4	1.2	0.6	1.3	0	0	1	0.5	−1.3	0	0	$\gamma_{RE}=1$
LC5	1.2	0.6	0	1.3	0.28	1	0.5	0	−1.3	0.28	$\gamma_{RE}=1$
LC6	1.2	0.6	1.3	0.5	0	1	0.5	−1.3	−0.5	0	$\gamma_{RE}=1$
LC7	1.2	0.6	1.3	0	0.28	1	0.5	−1.3	0	0.28	$\gamma_{RE}=1$
LC8	1.2	0.6	1.3	0.5	0.28	1	0.5	−1.3	−0.5	0.28	$\gamma_{RE}=1$
LC9	1.2	1.4	0.7		0.84	1	0	−0.7		−0.84	$\gamma_0=1.1$
LC10	1.2	0.98	1		0.84	1	0	−1		−0.84	$\gamma_0=1.1$
LC11	1.2	0.98	0.7		1.4	1	0	−0.7		−1.4	$\gamma_0=1.1$

4. 悬臂合龙的关键工况分析

关键工况为包括 7 点合龙工况在内的以下 4 个种工况，也是施工过程中的不利（控制）工况：

——7 点合龙时：焊接过程中需要临时连接，适应各种荷载、作用引起的变形并能够承担较大的作用力。

——7 点合龙后：此时两塔楼在 7 点连接，为连接后的相对最薄弱阶段，7 点连接附近存在局部应力集中，应确保 7 点及相关构件安全。

——10 点合龙后：结构刚度较 7 点合龙时略有增强，部分构件内力可能会增大，应确保结构和构件满足强度要求。

——第 2 阶段完成（即 F37、F39 转换桁架完成）：此时，悬臂转换结构完成。

（1）合龙前

合龙前（即 7 点合龙前）由连接件连接合龙构件就位，时间最长 7d，需要计算塔楼施工进度、温度作用、风荷载、地震作用引起的整体变形对连接件的影响。

连接件的位置同合龙构件的位置，F37 5 处，F39 2 处。以关键点的相对位移表示上述变形，关键点位置及编号如图 3-2-5 所示，变形详见表 3-2-5。

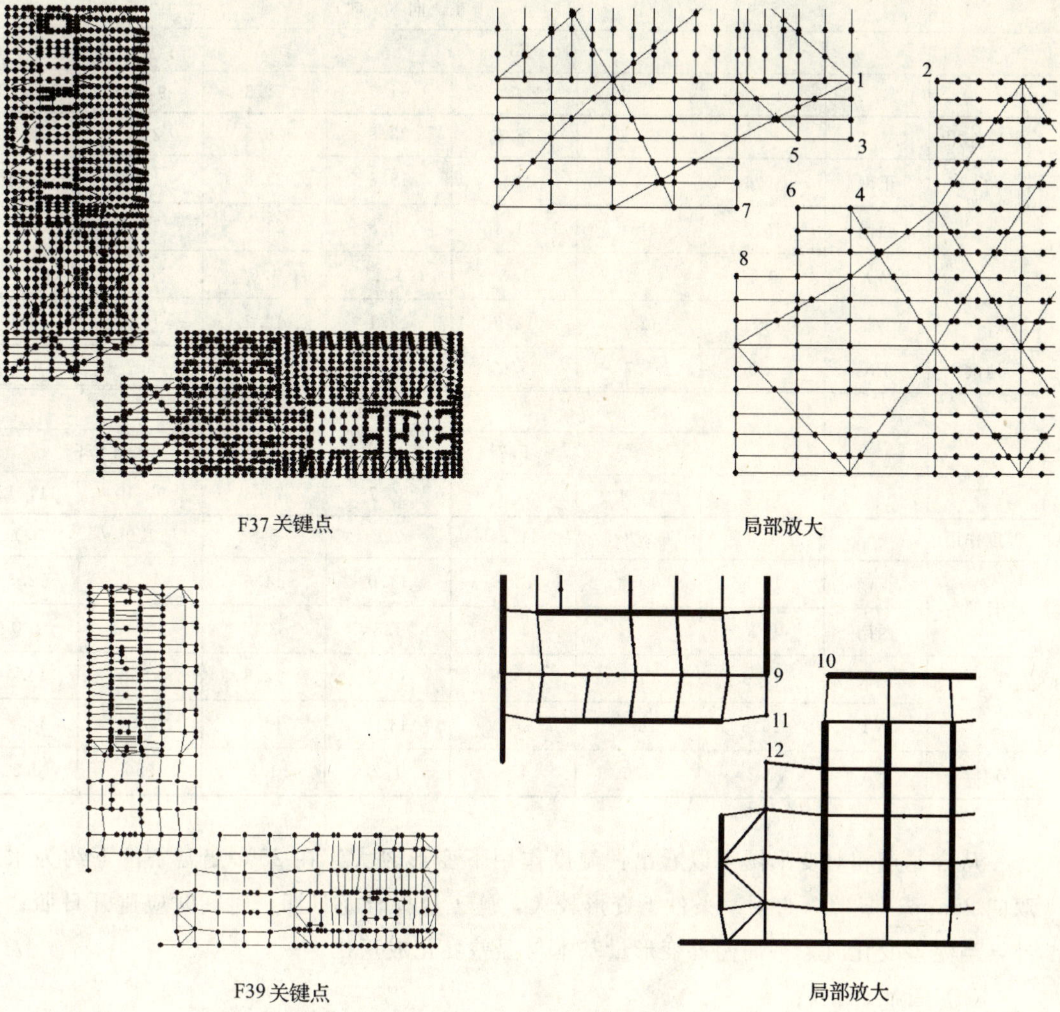

图 3-2-5 变形监测的关键点

合龙前合龙点各工况相对变形（mm） **表 3-2-5**

		南北向（X向）						
		F37					F39	
		1，2	3，4	5，6	6，7	7，8	9，10	11，12
温度作用		22.0	20.8	24.0	24.5	23.0	22.4	20.4
日照	正南	21.7	19.7	20.3	23.0	21.1	21.3	20.5
	西南	21.1	19.3	20.2	22.9	21.1	21.5	19.4
风	WX	1.3	2.0	3.4	2.3	2.9	0.9	1.8
	WY	6.6	6.7	6.1	5.2	5.3	6.9	7.3
地震	EX	1.0	0.7	1.3	0.6	0.5	0.7	0.6

续表

		东西向（Y向）						
		F37					F39	
		1，2	3，4	5，6	6，7	7，8	9，10	11，12
温度作用		20.8	25.2	25.6	23.8	26.5	21.7	28.0
日照	正南	16.1	21.5	21.5	18.8	21.8	17.3	23.6
	西南	16.2	21.4	21.4	18.8	21.9	16.4	22.2
风	WX	0.1	1.2	1.3	1.1	1.6	0.2	0.9
	WY	13.4	12.9	12.9	12.1	12.2	15.4	14.5
地震	EX	5.5	5.7	5.6	5.6	5.8	5.7	6.6
		竖向（Z向）						
		F37					F39	
		1，2	3，4	5，6	6，7	7，8	9，10	11，12
温度作用		1.0	2.8	1.6	2.8	5.5	1.0	3.1
日照	正南	10.5	12.3	13.8	14.0	14.6	12.0	12.3
	西南	0.3	1.1	1.7	1.8	2.2	0.4	1.0
风	WX	15.3	14.0	13.9	14.3	12.8	15.3	14.0
	WY	16.8	18.2	17.0	14.4	14.9	17.0	18.3
地震	EX	0.2	0.6	1.8	1.2	1.3	0.0	0.5

从合龙点相对变形图可以看出：温度作用下变形较大，在25℃变温条件下约为水平双向25mm；日照（直射）条件下变形较大，施工选择合龙日期、时间时应避开日照；另外，当温差变化时，平面构件变形量基本与温差变化成正比。

（2）首次合龙后

第1阶段末，第1次合龙（7点合龙），7根构件同时连接（先用连接板、螺栓定位，焊接在1h内完成），此时，结构已连接完毕，两结构初步连接，因风、温变会引起整体变形导致构件局部应力过大，故分析时考虑温度、风、地震的影响，该阶段计划历时5d，不考虑施工进度引起塔楼变形造成的影响；

此时，两塔楼连接相对后续工况最弱（仅7根构件相连），上述构件可能存在较大的应力集中，需要确保两种状态下的结构和构件安全。

1）焊接时间为1d之内完成，此时为防止焊接过程中构件承受较大内力，临时连接杆件要能够承担温度变化、风荷载等产生的构件应力。

2）焊接完毕、临时连接拆除后，7根合龙构件开始独立受力，7根构件应具有足够的强度适应温度变化、风荷载的作用。

计算分析采用SAP2000软件分析主楼的局部结构（子结构），主要结果如下：

1）基底反力如表3-2-6所示。

主要工况基底反力　　**表 3-2-6**

工　况		StepType	GlobalFX	GlobalFY	GlobalFZ
		Text	kN	kN	kN
恒载	DL	Max	0	0	3236924
	DL	Min	0	0	3236160
风	WL	Max	21536	23120	5527
	WL	Min	−21536	−23120	−5527
水平地震	EH	Max	19074	17035	3282
	EH	Min	−19074	−17035	−3282
竖向地震	EV	Max	1687	1511	29999
	EV	Min	−1687	−1511	−29999

2）恒载、温度、风、地震等因素影响下的主要结构构件内力（略）。

3）主要结构构件应力比（略）。

通过计算主要结构构件应力比在 0.5 以下，结构在 7 点合龙的状态是安全的。

4）合龙点包络内力如图 3-2-6 所示。

合龙点 7 根构件包络内力用于设计临时连接件，7 根合龙构件最大设计包络轴力 4975kN。

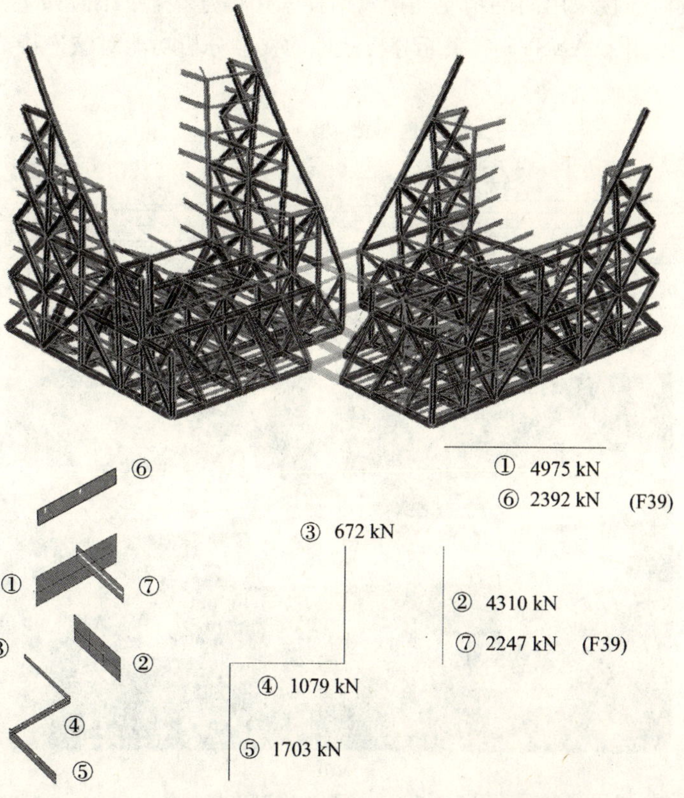

图 3-2-6　合龙构件编号及包络轴力（1～5 号构件位于 F37）

(3) 首次合龙后 5d，悬臂内桁架 1、2 跨安装完成。

第 1 阶段末，合龙施工步 9 后，10 根构件连接完毕，风、温度对结构的影响。第 1 次合龙 7 根构件连接后，5d 后又有 3 根构件连接完成，此时，转换桁架 1、2 跨完全连接完毕，连接刚度进一步加强。此后，两塔楼上部结构分别从塔楼向悬臂施工，直至第 2 阶末悬臂转换结构全部完成，完成的前、后作为两种状态进行验算，过程中的状态可认为包含在开始与结束两种状态之间。

分析时考虑温度、风、地震影响，该阶段计划历时 25d，可不考虑施工进度引起塔楼变形造成的影响。

主要结构构件应力比在 0.5 以下，说明结构在 10 点合龙的状态是安全的。与 7 点合龙状态相比，结构构件应力比更小。

(4) 第 2 阶段末

第 2 阶段末，悬臂转换桁架连接完毕，风、温度对结构的影响。

主要结构构件应力比在 0.5 以下，说明结构在本状态是安全的。与 7 点合龙、10 点合龙状态相比，构件应力比更小。

以上说明 7 点合龙相对更为不利，是控制状态。

5. 悬臂合龙的关键措施分析

(1) 合龙构件的连接措施

合龙构件临时连接采用两端销栓连接，销栓采用键连接，如图 3-2-7 所示，为验证销栓连接的安全性，采用了 ANSYS 有限元分析软件的接触分析功能对该连接节点进行分析。

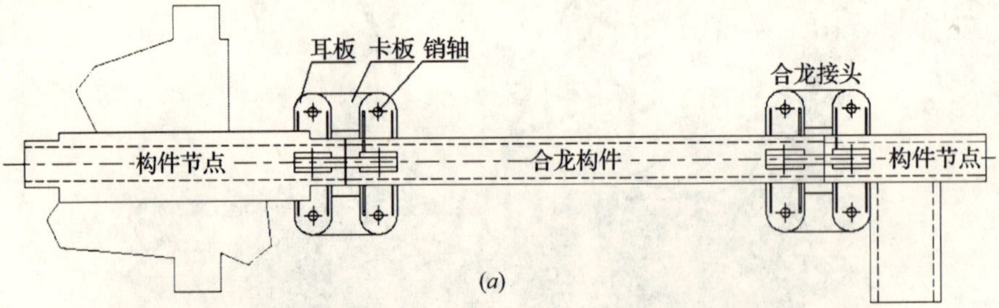

(*a*)

(*b*)

图 3-2-7 合龙构件临时连接接头

(*a*) 示意图；(*b*) 实物照片

1）计算模型

销轴直径 120mm，销孔直径 140mm，键的厚度为 20mm，建立简化分析模型如图 3-2-8 所示。

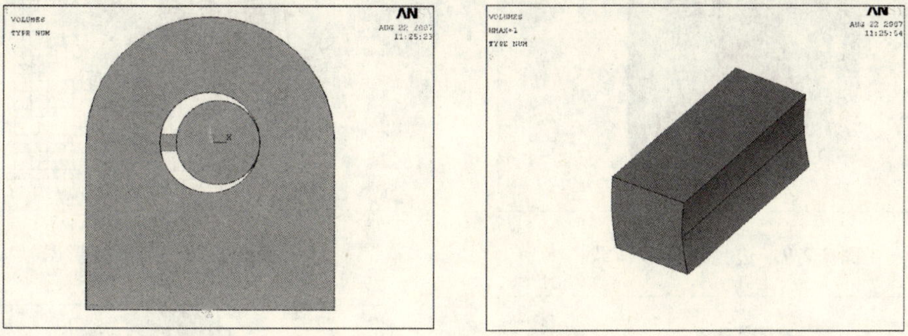

图 3-2-8　ANSYS 分析模型

分析工况：① 工况 1：销轴受 X 正方向剪力，在此工况下连接键不起作用，属于偏安全情况；② 工况 2：销轴受 X 负方向剪力，力通过连接键传递，为不利工况。

2）荷载取值

① 最大设计内力包络值为：轴力 $N_t=4975\text{kN}$，$M_2=1021\text{kN}\cdot\text{m}$，$M_3=3685\text{kN}\cdot\text{m}$。取上述内力作为控制内力设计销轴，经计算得出单销轴最大内力 $V=4514\text{kN}$。

② 销轴抗剪承载力：销轴直径 $D=120\text{mm}$，钢材采用 Q460，

$$f=\frac{460}{1.11}=414\ (\text{N/mm}^2),\quad f_v=\frac{f}{1.732}=239\ (\text{N/mm}^2)$$

截面积 $A=11310\text{mm}^2$，

双剪抗剪承载力 $V=2\times f_v\times A=2\times239\times11310=5406\ (\text{kN})$

③ 耳板抗剪承载力：

耳板钢材采用 Q345，板厚 60mm，

$$f=\frac{345}{1.11}=310\ (\text{N/mm}^2),\qquad f_v=\frac{f}{1.732}=180\ (\text{N/mm}^2)$$

耳板最不利抗剪截面：$A_n=2\times60\times(600-140)=55200\ (\text{mm}^2)$

耳板最小抗剪承载力：$V=f_v\times A_n=180\times55200=9936\ (\text{kN})$

取上述 3 个力中的最小值，为 4514kN，分析时在销轴两侧面上加 X 负方向的剪力 4514kN，如图 3-2-9 所示。

3）分析结果

①变形计算结果：最大变形值为 1.9mm，如图 3-2-10 所示。

②计算应力结果如图 3-2-11～图 3-2-13 所示：

耳板最大应力为 258N/mm^2，小于钢材设计强度 310N/mm^2；销轴除局部应力集中外最大应力为 262N/mm^2，小于钢材设计强度 414N/mm^2，局部应力集中处发生塑性变形，但变形较小，最大变形为 1.9mm，可以满足使用要求。连接键最大应力为 554N/mm^2，大于钢材设计强度 $414\ \text{N/mm}^2$，会发生塑性变形，但变形较小，最大变形为 1.8mm，可以满足使用要求。

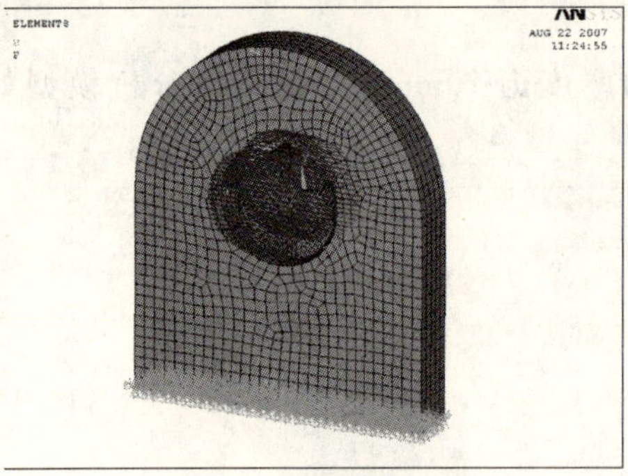

图 3-2-9　边界条件和荷载

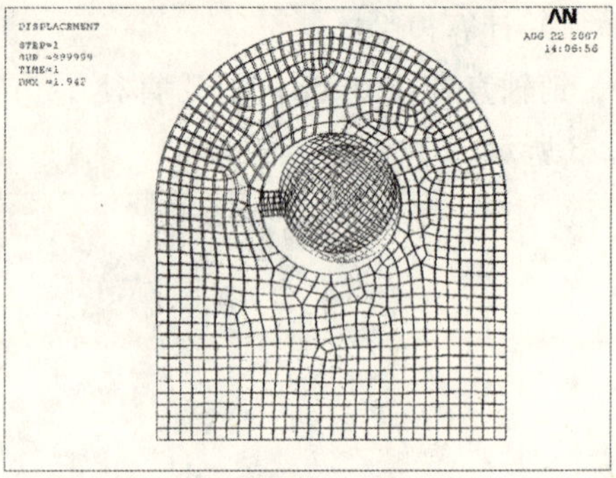

图 3-2-10　节点变形图

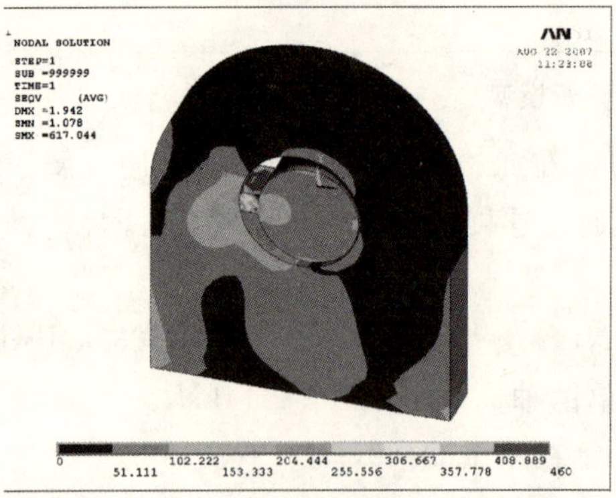

图 3-2-11　节点应力云图

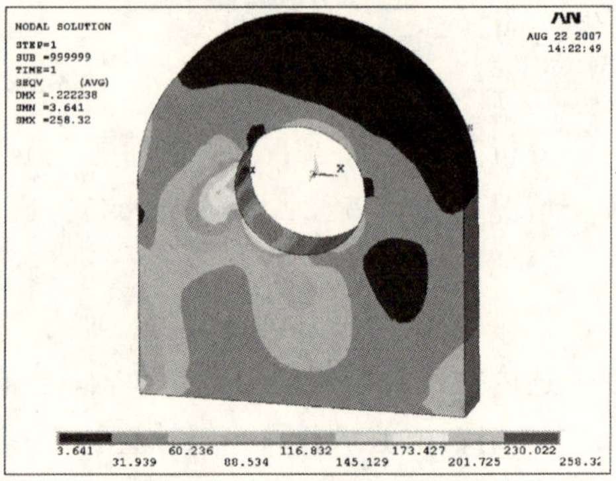

图 3-2-12　耳板应力云图

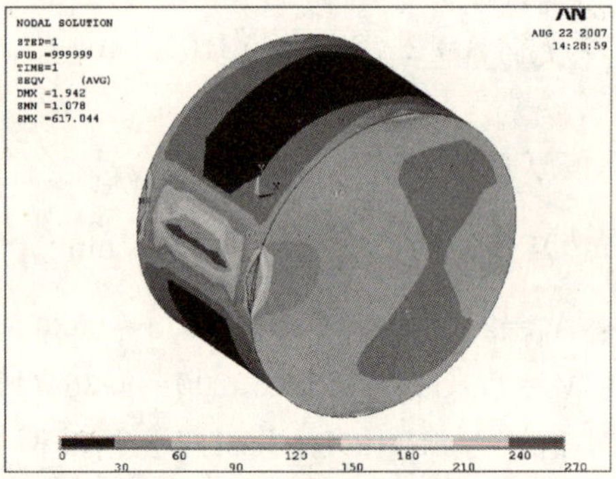

图 3-2-13　销轴应力云图

（2）悬臂 F37 阴角的临时支撑措施

合龙节点的设计是顺利合龙的前提，考虑到悬臂 F37 阴角处构件即 7 点合龙时内力最大构件，施工期间在 F37 阴角处增加了一根临时平面支撑构件，用以减小合龙构件内力。

1）支撑选用

钢管 ϕ529×10，Q235。支撑截面参数为：$A=16305\text{mm}^2$，$i_2=i_3=184\text{mm}$；计算长度 13.0m（柱边中点间距 13.0m，计算长度系数取 1.0）。支撑布置如图 3-2-14 所示。

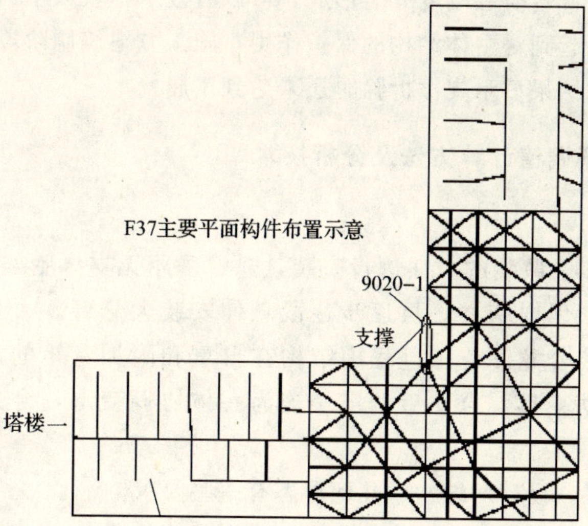

图 3-2-14　支撑位置示意图

2）加撑后对周围杆件内力影响

对设置支撑前后的情况进行结构分析，分析设置支撑对合龙构件内力的影响。分析仍然考虑施工模拟的方法，分析结构在经历各施工阶段后到达合龙前状态，此时设置（或不设置）支撑进行 7 点合龙，分析合龙构件内力变化。以包络内力最大的合龙构件（图 3-2-14 中编号为 9020-1 的构件）为例，内力变化如表 3-2-7 所示。

临时支撑 9020-1 内力对比（包络内力设计值）　　**表 3-2-7**

内力	轴力 kN		弯矩（kN·m）	
	Max	Min	M_2	M_3
加撑	4474	−3685	906	4061
不加撑	4976	−4157	1021	4066
（加撑/不加撑）−1	−10.1%	−11.4%	−11.3%	−0.1%

表 3-2-7 表明，加撑与不加撑相比，9020−1 轴力、平面内弯矩减少约 10%，竖向弯矩基本不变；由此可知设置支撑可以在一定程度上减小合龙构件内力，对合龙节点设计有利。

3）支撑校核

① 7 点合龙时支撑校核

如按 ϕ529mm×10mm 考虑，长细比 $\lambda=13000/184=71$，按 Q235a 类截面计算，稳定系数 $\phi=0.834$，则其抗压承载力设计值为：$N=\phi Af=0.834\times16305\times215/1000=2923$（kN）；其抗拉承载力设计值为：$N=Af=16305\times215/1000=3505$（kN）；

设计包络内力为 1384kN、1031kN，应力比为 0.553，杆件满足承载力要求。

② 支撑拆除时间的确定：

经分析对比，在第 2 阶段结束（即 F37～F39 混凝土楼板浇筑完毕并达到设计强度）

后拆除支撑，此时悬臂转换层刚度完全形成，可以有效承担较大平面内力。考虑到临时支撑作为临时构件主要起到对主体结构的保护作用，施工方案编制阶段允许支撑构件本身出现屈曲或屈服，实际结果显示支撑拆除时还未达到压屈。

二、主楼整体预调值计算方法及分析技术

（一）概述

主楼塔楼采用高空散装的方法进行安装，悬臂采用无支撑胎架悬伸的安装方案，施工过程中先安装两个斜向塔楼，再逐步逐段悬伸安装大悬臂。大悬臂分别从两塔楼伸出，在高空正交对接合龙。施工过程中结构在自重和附加弯矩的共同作用下，悬臂结构合龙前两塔楼独立变形，合龙后两塔楼连为一体协调变形，合龙前后变形的发展有着本质的不同。

对于主楼的施工，设计对结构的几何形态有一些要求。

（1）竣工时两塔楼顶点的水平位形与设计位形的偏差须在一定范围内。

（2）竣工时悬臂底部不下挠，即在结构自重及恒荷载（包括楼板混凝土、装饰和幕墙等荷载）作用下悬臂底部必须保持水平或略微上翘。

（3）施工过程中电梯等设备要能够顺利安装，并在使用阶段能够正常运行。

（4）竣工时各楼面的倾斜度要控制在一定范围内，否则将影响结构的使用。

（5）幕墙和装饰等附属结构能够顺利安装，且在使用阶段能够满足相关功能要求。

由于主楼为倾斜的高层建筑物，施工过程中已装结构在不断变形，未装结构的安装位形未知，且与设计位形存在一定的差别。从理论上讲，各构件只有按照特定的位形进行加工和安装，才能够确保施工的顺利进行，且竣工时的结构位形才能满足上述设计和施工的要求。然而各构件的安装位形是未知的，因此施工过程中结构位形控制是本工程最大的技术难题之一，直接关系到结构能否顺利施工，悬臂能否顺利合龙，以及竣工时的结构位形能否满足要求。

对于主楼钢结构建筑，若按照设计位形进行构件加工，设计位形作为结构安装的初始位形，竣工状态结构的位形与设计位形一定存在偏差，由此导致建筑造型不满足建筑美学上的要求，也可能导致建筑在正常使用中不满足建筑适用性上的要求，甚至可能导致电梯等辅助设施无法安装或无法正常运行。这就要求在施工过程中须对结构的位形进行控制。对于刚性结构，控制措施主要是通过对结构设置变形预调值来补偿施工过程中的结构变形，从而达到控制位形的目的。钢结构施工变形预调值包括构件的加工预调值和安装预调值。构件的加工预调值为构件的加工长度与设计长度的差值，用来补偿施工过程中构件的轴向压缩或拉伸所产生的变形。构件的安装预调值为构件节点的安装坐标与设计坐标的差值，用来补偿施工过程中节点所产生的位移。同一结构采用不同的施工方案，其变形预调值的设置方案会不同，且不同的设置方案其计算的方法也不同。

（二）结构施工变形预调值概念

结合主楼的结构特点，下面以悬臂梁采用无支撑悬伸施工法的成型过程为例，说明设置变形预调值后结构的施工过程，并图解相关的位形以及构件加工预调值和安装预调值的

具体含义。

1. 设计位形

建筑结构施工图给出的几何位形如图 3-2-15（*d*）所示，这是设计师所期望的建筑结构终极位形。一般情况下，设计位形是考虑了施工过程中结构自重、装修、机电设备等荷载作用所产生的变形，是建筑竣工验收所要求达到的几何状态。

2. 一次成型位形

数值模拟分析中结构一次成型且荷载一次施加分析所得到的位形，未考虑施工过程的影响。一次成型位形与采用下部支撑（如满堂脚手架）施工法获得的结构成型位形一致，而与采用无支撑悬伸施工法得到的结构成型位形存在一定偏差。传统设计分析所得到的位形即为一次成型位形，没有考虑施工过程的影响。

3. 分步成型位形

数值模拟分析中构件按照施工步骤依次建立依次加载分析所得到的位形如图 3-2-15（*d*）所示，它考虑了施工过程的影响。分步成型位形与一次成型位形存在一定的偏差，不同的结构形式，二者偏差不尽相同。对于静定结构该偏差很小，而对于超静定结构该偏差较大。同一结构采用不同的施工方法，其偏差的大小亦不同，采用满堂脚手架施工法其偏差很小，而采用无支撑悬伸施工法偏差较大。另一方面，如果根据设计位形进行构件加工，设计位形作为结构安装的初始位形，分步成型位形与设计位形亦存在一定的偏差，而设置变形预调值后的分步成型位形才与设计位形相吻合。

4. 目标位形

目标位形是建筑师所期望的竣工验收时结构所要达到的位形。建筑结构的变形从产生的时间上可以分为施工阶段和使用阶段。对于高层建筑，使用阶段的期望位形为设计位形，是施工阶段变形完成后所要达到的位形，施工须把设计位形作为目标位形。对于倾斜高层建筑，施工过程中结构不断地产生竖向和侧向变形。对于空间曲面屋盖结构，其屋盖在施工过程中的变形一般不会影响建筑物的视觉效果和正常使用，可不设置变形预调值，但某些情况下会影响次结构和维护结构的安装，此时亦须把设计位形作为施工的目标位形，对施工过程中的位形进行控制。

5. 初始位形

施工第一步构件的安装位形如图 3-2-15（*a*）所示。不设置变形预调值时，结构施工的初始位形即为设计位形。设计位形作为目标位形经反复迭代可得到设置变形预调值后结构施工的初始位形，同时可获得各构件加工和安装的位形。

6. 构件安装位形

各施工步构件的安装位形，同时也是已施工完成部分变形后的位形，如图 3-2-15（*b*）和图 3-2-15（*c*）分别是构件 2 和 3 的安装位形，也分别是构件 1 和 2 安装完毕结构变形后的位形。为控制结构的位形，施工过程中的各构件须在特定的位形上进行安装。

7. 构件加工位形

各施工步构件的加工位形，宜与构件安装位形一致，否则会给构件安装带来一定困难。施工过程中，次结构和维护结构若在主体结构安装完成前进行安装，需采取一定的构造措施来吸收施工过程中由于主体结构的变形所引起的变形，以保证施工过程中以及叠加上使用阶段的变形后满足正常使用的要求。电梯等辅助设施同样需要吸收主体结构施工阶段和使用阶段的变形，否则可能会导致安装困难或安装后无法正常运行。

8. 构件加工预调值

构件安装位形上的长度与设计位形上长度的差值即为构件的加工预调值，用来补偿施工过程中构件的轴向压缩或拉伸所产生的变形。对于在第 $n+1$ 个施工步安装的构件，其构件的实际加工尺寸是第 n 个施工步完毕且结构变形后，即时位形上第 $n+1$ 步所安装构件的长度。如图 3-2-15 中，L_{1d}、L_{2d}和 L_{3d}分别为构件 1、2 和 3 的设计轴向尺寸，而各构件实际安装的轴向加工尺寸分别为 L_{1e}、L_{2e}和 L_{3e}，则 $\Delta1=L_{1e}-L_{1d}$、$\Delta2=L_{2e}-L_{2d}$和 $\Delta3=L_{3e}-L_{3d}$分别称为构件 1、2 和 3 的加工预调值。

9. 构件安装预调值

构件节点安装位形上的坐标与设计位形上坐标的差值即为构件的安装预调值，用来补偿施工过程中构件节点所产生的位移。对于在第 $n+1$ 个施工步安装的构件，其构件节点的实际安装坐标是第 n 个施工步完毕且结构变形后，即时位形上第 $n+1$ 步所安装构件节点的坐标。如图 3-2-15 中构件 1 两端节点为节点 1 和 2，设节点 1 和 2 在设计位形图 3-2-15（*d*）中的坐标分别为而 x_{1d}、y_{1d}、z_{1d}和 x_{2d}、y_{2d}、z_{2d}，而节点 1 和 2 在实际安装位形图 3-2-15（*a*）中的坐标分别为 x_{1e}、y_{1e}、z_{1e}和 x_{2e}、y_{2e}、z_{2e}，则构件 1 两端节点 1 和 2 的安装预调值分别为 $\delta_{1x}=x_{1e}-x_{1d}$、$\delta_{1y}=y_{1e}-y_{1d}$、$\delta_{1z}=z_{1e}-z_{1d}$和 $\delta_{2x}=x_{2e}-x_{2d}$、$\delta_{2y}=y_{2e}-y_{2d}$、$\delta_{2z}=z_{2e}-z_{2d}$，此即为构件 1 的安装预调值，依此类推可以得到构件 2 和 3 的安装预调值。

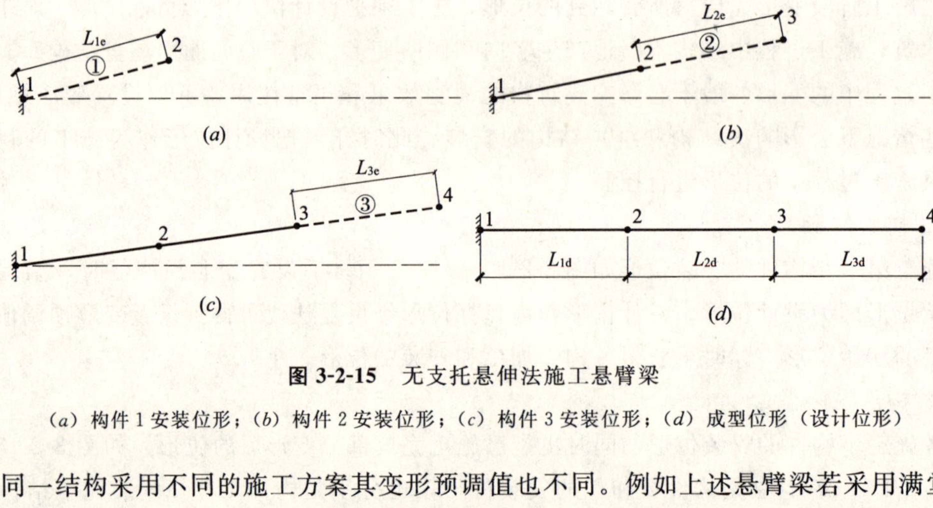

图 3-2-15　无支托悬伸法施工悬臂梁

（*a*）构件 1 安装位形；（*b*）构件 2 安装位形；（*c*）构件 3 安装位形；（*d*）成型位形（设计位形）

同一结构采用不同的施工方案其变形预调值也不同。例如上述悬臂梁若采用满堂脚手架施工法，其构件可以认为是同时安装，同时落架至设计位形（图 3-2-16），这时结构的变形预调值相当于通常所讲的预拱值。在结构预调后的位形上，构件的长度即为加工长度，与设计长度的差值等于加工预调值；同理，在预调后的位形上，构件节点的坐标即为实际的安装坐标，与设计坐标的差值等于安装预调值。采用满堂脚手架施工法，构件的加工和安装位形与悬伸施工法不同，两种情况下变形预调值的大小也不同，即变形预调值与施工方案存在密切的相关性。

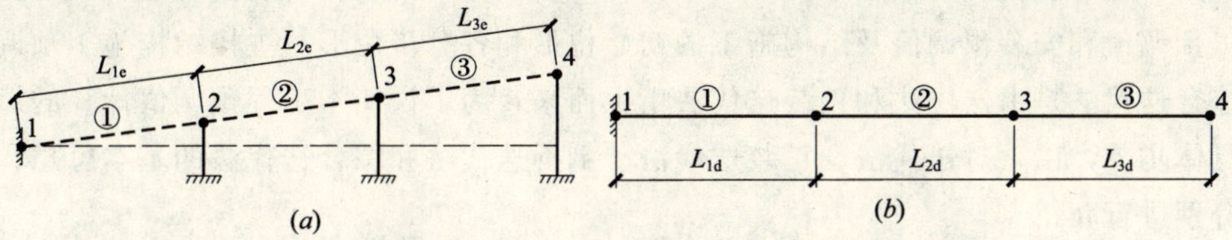

图 3-2-16　满堂脚手架法施工悬臂梁

(*a*) 构件安装位形；(*b*) 成型位形（设计位形）

主楼的安装采用无支撑胎架的施工方案，其两塔楼变形预调值的设置类似于倾斜结构，悬臂结构变形预调值的设置类似于大跨结构。整个结构的施工，类似于简化结构的成型过程，如图 3-2-17 所示。

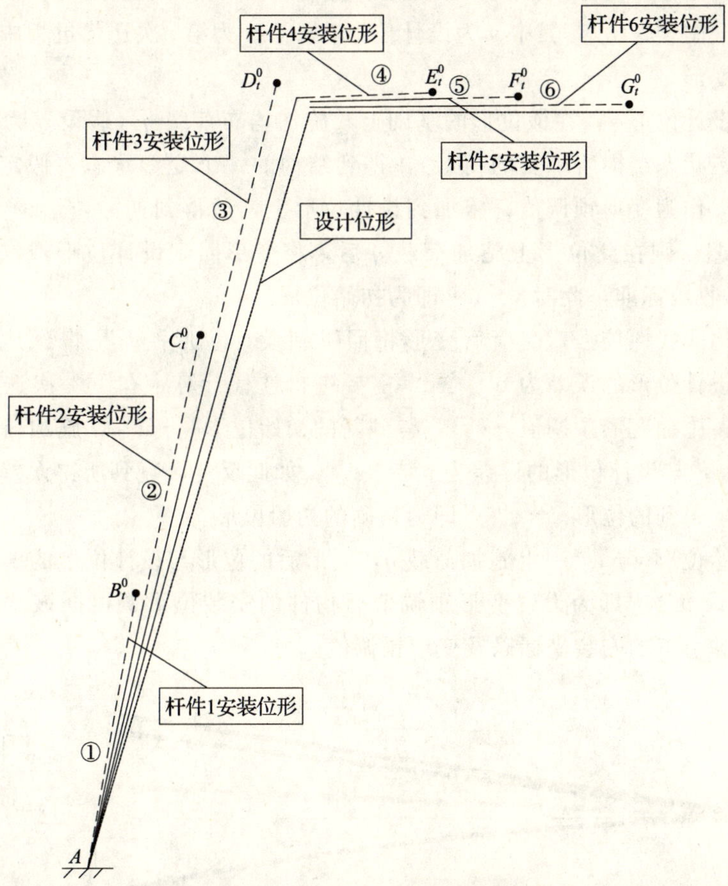

图 3-2-17　CCTV 主楼成型过程

（三）倾斜结构预调值计算方法

主楼施工过程中悬臂部分合龙前后结构的体系发生了较大的转变，合龙前两塔楼各自独立且相向变形，合龙后两塔楼连为一体相互支撑、共同工作、协同变形。合理、真实、准确地确定合龙状态关系到结构施工能否顺利的进行及成型结构内力和位形能否满足设计容差要求。针对主楼结构的特殊情况，本工程施工可以分为合龙前和合龙后两大阶段。为了与实际的施工相吻合，准确地计算出结构施工预调值，采用两阶段综合迭代法计算构件的加工预调值和安装预调值及结构施工的初始位形和各分步位形。主楼结构施工预调值计算的综合迭代法是由迭代法和正装迭代法衍生而来，为了说明本工程预调值计算的综合迭代法具体步骤，以下对迭代法、正装迭代法、倒拆迭代法和综合迭代法的基本思想和计算流程分别进行介绍。

1. 一般迭代法

一般迭代法确定变形预调值的基本思想：一般情况下，把结构在自重及附加恒载作用下的变形值，反号叠加到设计位形上，可得到初始位形，即构件加工和安装的位形，进而可获得变形预调值。但因非线性等因素的影响，该预调值只是近似的数值，需通过反复迭代来确定满足误差要求的预调值。

以下以悬臂梁采用满堂支撑施工法的施工过程为例，来说明一般迭代法确定变形预调值的具体步骤（图 3-2-18），其中 v 为设计位形，u（i）为第 i 次迭代过程中结构成型时相对初始位形的变形。

（1）给定设计位形 v，在该位形的基础上，施加均布荷载 q（假设 q 为自重与附加恒载之和，即竣工状态结构所承受的荷载），得到结构的一个变形状态，假定该位形为 $v+u^{(1)}$，则以 $-u^{(1)}$ 作为变形预调值，施加到设计位形上，就得到初始位形 $v-u^{(1)}$。如果结构的非线性较弱，则在此位形上施加荷载 q 后，将变形回到设计位形或二者误差 $u^{(1)}-u^{(2)}$ 较小满足了收敛标准，此时 $v-u^{(1)}$ 即为初始位形。

（2）若结构非线性较强，受荷后变形将回不到设计位形，而是将到达新的位形 $v-u^{(1)}+u^{(2)}$，与设计位形的误差为 $u^{(1)}-u^{(2)}$ 需要进行迭代计算，在下一次迭代时，仍以设计位形为基准，施加变形预调值 $-u^{(2)}$，得到新的初始位形 $v-u^{(2)}$，施加荷载 q 后得到位形 $v-u^{(2)}+u^{(3)}$，与设计位形的误差为 $u^{(2)}-u^{(3)}$。如此反复，直到所得误差 $u^{(n)}-u^{(n-1)}$ 满足收敛标准时，得到的位形 $v-u^{(n-1)}$ 即为精确的初始位形。

（3）在初始位形 $v-u^{(n-1)}$ 上施加荷载 q，变形后的位形与设计位形的误差将在允许范围之内。位形 $v-u^{(n-1)}$ 即为设置变形预调值后构件的安装位形，根据该位形即可确定构件的加工长度和节点的安装坐标以及变形预调值。

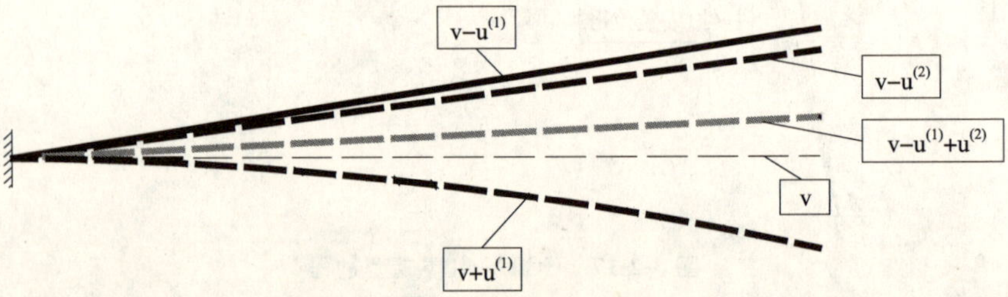

图 3-2-18　一般迭代法计算过程

2. 正装迭代法

正装法对桥梁施工过程进行分析的基本思路为：对实际结构的施工过程进行正序分

析，即按照施工方案依次安装各施工步的构件，并施加相应施工步的荷载，来跟踪模拟施工过程中结构的一系列受力状态，从而分析施工过程中结构的内力和变形。正装法可以考虑非线性、混凝土徐变等因素的影响，计算精度高。

正装迭代法计算钢结构施工变形预调值的基本思路为：设计位形作为安装的初始位形，按照实际施工方案对结构进行全过程正序跟踪分析，得到施工成型时的变形，把该变形反号叠加到设计位形上，即为初始位形。类似迭代法，若结构非线性较强，基于该初始位形施工成型的位形将不满足设计要求，需要经过多次正装分析反复设置变形预调值才能得到精确的初始位形和各分步位形，进而确定构件的加工预调值和安装预调值。该方法可考虑非线性等因素的影响，计算精度高。

以下仍以悬臂梁采用无支撑悬伸施工法的成型过程为例（分三步施工），来说明正装迭代法确定变形预调值的具体步骤（图 3-2-19），其中 v 为设计位形，u（i）为第 i 次迭代过程中结构施工成型时相对初始位形的变形。

（1）设计位形 v 作为施工的初始位形，对结构进行正装跟踪模拟分析，可得到成型状态结构的变形 $u^{(1)}$ 和位形 $v+u^{(1)}$。

（2）利用模型更新功能把变形 $u^{(1)}$ 反号施加到设计位形上，即把 $-u^{(1)}$ 施加到设计位形上，就得到初始位形 $v-u^{(1)}$。如果结构的非线性较弱，则以此位形作为初始位形正装成型的位形，将落到设计位形上或二者的误差 $u^{(1)}-u^{(2)}$ 较小满足了收敛标准，此时，$v-u^{(1)}$ 即为初始位形。

（3）若结构非线性较强，以 $v-u^{(1)}$ 作为初始位形，正装成型结构变形后将不会回到设计位形，而是将到达新的位形 $v-u^{(1)}+u^{(2)}$，与设计位形的误差为 $u^{(1)}-u^{(2)}$。类似迭代法，需要进行迭代才能得到精确的初始位形。在下一次迭代时，仍以设计位形为基准，在设计位形的基础上施加 $-u^{(2)}$，以 $v-u^{(2)}$ 作为初始位形，正装成型结构的位形为 $v-u^{(2)}+u^{(3)}$，与设计位形的误差为 $u^{(2)}-u^{(3)}$。如此反复，直到误差 $u^{(n)}-u^{(n-1)}$ 满足了收敛标准时，得到的位形 $v-u^{(n-1)}$ 即为精确的初始位形。

（4）以 $v-u^{(n-1)}$ 作为初始位形通过正装分析，将得到结构施工的各分步位形以及构件的加工预调值和安装预调值。

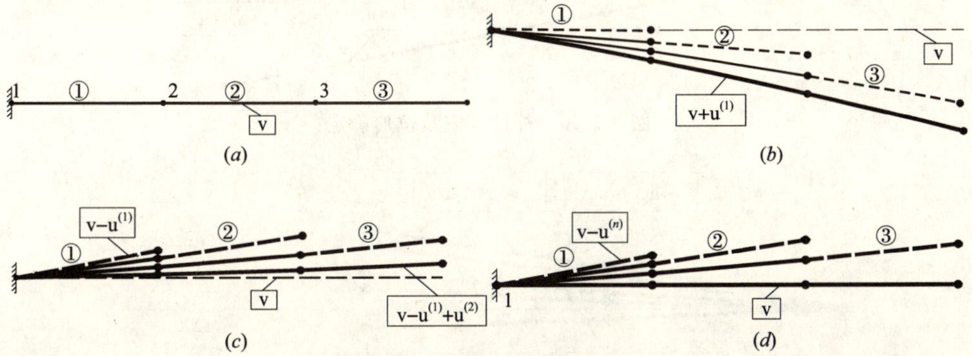

图 3-2-19　正装迭代法计算过程

（*a*）设计位形；（*b*）不设变形预调值正装成型；（*c*）第 1 次设置变形预调值；（*d*）第 n 次设置变形预调值

3. 倒拆迭代法

与正装法不同，倒拆法是对施工过程的逆序分析，主要是分析所拆除的构件对剩余结构变形和内力的影响。分析过程中，在每一步的分析中考虑非线性的影响，而总的内力和变形采用叠加的方法进行求解。

倒拆迭代法计算钢结构施工变形预调值的基本思路为：根据设计位形，计算最后一施工步所安装的构件对剩余结构变形的影响，根据该变形确定最后一施工步构件的安装位形。如此类推，依次倒退分析各施工步的构件对剩余结构变形的影响，从而确定各构件的安装位形。使得构件按照施工正序依次安装完成时结构的位形与设计位形的误差满足要求。

以下仍以图 3-2-48 中的悬臂梁采用无支撑悬伸施工法的成型过程为例，来说明倒拆迭代法计算钢结构施工变形预调值的具体步骤：

(1) 倒拆迭代法第一步就是要找到杆件 3 的安装位形，具体步骤如图 3-2-20 所示，为：① 在设计位形 v 上，激活杆件 1 和 2，同时把作用在其上的荷载置零，只保留它们的刚度，在此基础上激活杆件 3，结构在杆件 3 的自重作用下会产生变形 $u_3^{(1)}$；② 把变形 $u_3^{(1)}$ 反加到设计位形 v 上得到位形 $v-u_3^{(1)}$，按此位形重新安装杆件 3，若结构的非线性较弱，变形后将落到设计位形 v 上；③ 若结构的非线性较强，类似迭代法需要反复迭代才能得到杆件 3 的安装位形 $v-u_3^{(n-1)}$，使得成型位形与设计位形相吻合。

(2) 在杆件 3 安装位形 $v-u_3^{(n-1)}$ 的基础上，即把结构的模型更新为 $v-u_3^{(n-1)}$，以杆件 3 的安装位形为阶段目标位形，来确定杆件 2 的安装位形。具体步骤为："杀死"杆件 3，不考虑杆件 3 的刚度和作用在其上的荷载。对于已安装的杆件 1，不考虑其上作用的荷载，只考虑其刚度，然后安装杆件 2。用类似确定杆件 3 安装位形的方法即可得到杆件 2 的安装位形 $v-u_3^{(n-1)}-u_2^{(n-1)}$，见图 3-2-21。同理可以得到杆件 1 的安装位形 $v-u_3^{(n-1)}-u_2^{(n-1)}-u_1^{(n-1)}$，见图 3-2-22。

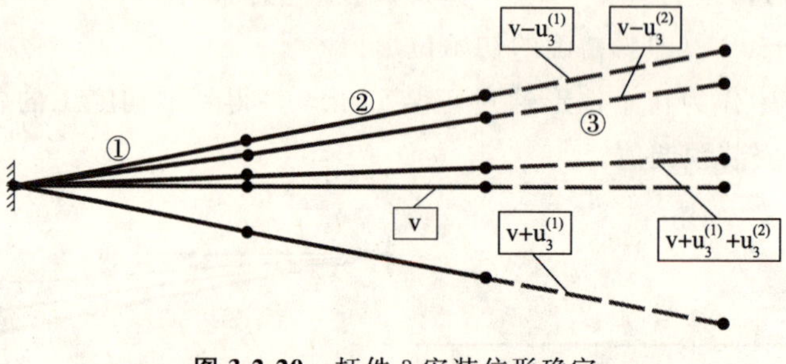

图 3-2-20　杆件 3 安装位形确定

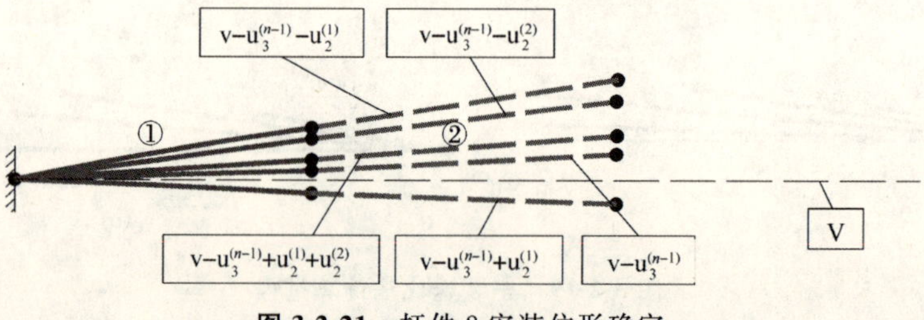

图 3-2-21　杆件 2 安装位形确定

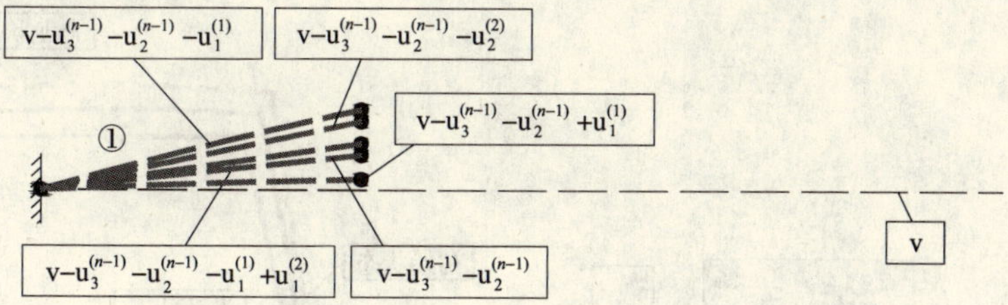

图 3-2-22　杆件 1 安装位形确定

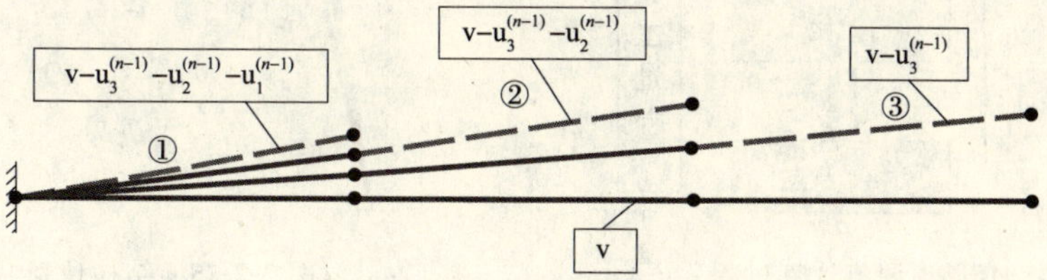

图 3-2-23　悬臂梁施工过程

(3) 通过上述过程即可得到各构件的安装位形，即构件 1、2 和 3 依次按位形 $v-u_3^{(n-1)}-u_2^{(n-1)}-u_1^{(n-1)}$，$v-u_3^{(n-1)}-u_2^{(n-1)}$和 $v-u_3^{(n-1)}$进行安装，结构的成型位形与设计位形的误差满足计算要求（图 3-2-23），进而可确定构件的加工预调值和安装预调值。

4. 分阶段综合迭代法

综合正装迭代法和倒拆迭代法的优点，提出了一种精确计算钢结构施工变形预调值的方法，称为分阶段综合迭代法，其基本思想为：充分利用正装法和倒拆法的优点，把两者结合起来对结构的变形进行分析，从而确定结构施工的变形预调值。

分阶段综合迭代法可以分为以下两种分析思路。

(1) 部分结构变形预调值的确定采用倒拆迭代法，其他部分变形预调值的确定采用正装迭代法，从而确定整个结构的变形预调值。

(2) 分阶段采用正装迭代法确定结构施工的变形预调值。

该分析方法可以考虑几何非线性等因素的影响，计算精度高；算法稳定，可避免因“死”单元漂移过大而导致算法不收敛的问题，计算量和后处理的工作量小，实用性强，可用来确定大型复杂钢结构施工的变形预调值。

主楼整个施工过程可以分为悬臂合龙前和合龙后两大阶段。悬臂结构合龙前两塔楼独立变形，合龙后两塔楼连为一体协调变形。合龙状态是结构施工过程中体系转变和变形变化的中间状态，也是施工过程中变形预调值计算的关键状态。

为了真实地反映实际施工过程中结构的受力发展和变形变化的过程，以便准确地计算变形预调值。基于分阶段综合迭代法的思想，本工程构造了精确计算 CCTV 主楼钢结构施工变形预调值的两阶段正装迭代法，其基本思路如图 3-2-24 所示。

(1) 根据设计状态通过正装迭代得到合龙状态（中间状态）。

(2) 根据合龙状态通过正装迭代得到初始状态。

通过中间状态和初始状态，即可获得各分步位形，进而可确定构件的加工预调值和安装预调值。结构位形状态见图 3-2-25。

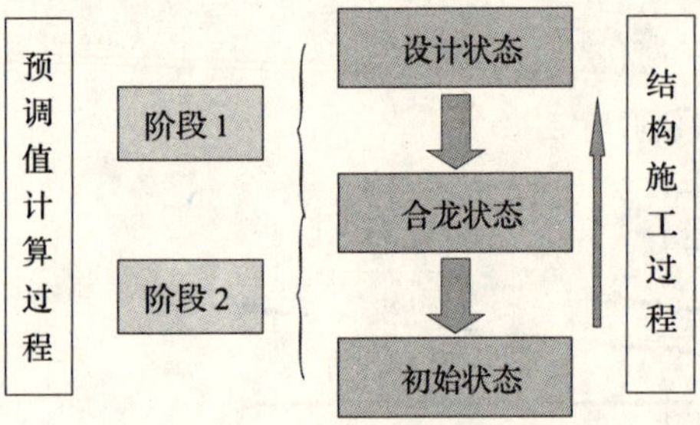

图 3-2-24　变形预调值计算过程

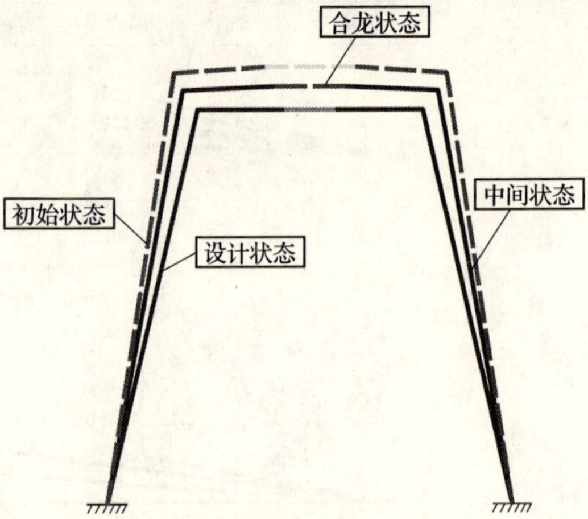

图 3-2-25　结构位形状态

两阶段正装迭代法计算主楼钢结构施工变形预调值的具体步骤为：

(1) 根据结构的设计参数、施工步骤建立其施工过程模拟分析的有限元模型，且把模型划分为合龙前和合龙后两大阶段。

(2) 阶段 1 分析的具体步骤（图 3-2-26）为：

1) 在设计位形 v 上，“激活”合龙前施工的构件，但只保留它们的刚度，且把合龙前所施加在结构上的荷载置零，“杀死”合龙后要施工的构件；

2) 按照施工步骤依次“激活”合龙后施工的构件，并施加相应施工步的荷载，即进行合龙后阶段的正装分析，可获得成型时结构的变形 $u_1^{(1)}$；

3) 把变形 $u_1^{(1)}$ 反加到设计位形 v 上，得到位形 $v-u_1^{(1)}$，基于此位形重新依次安装合龙后的构件，若结构的非线性较弱，变形后将落到设计位形 v 上，则合龙状态的位形为 $v-u_1^{(1)}$；

4) 若结构的非线性较强，类似正装迭代法需要反复迭代才能得到合龙状态的精确位形 $v-u_1^{(n-1)}$，使得成型位形与设计位形吻合。

(3) 阶段 2 分析的具体步骤（图 3-2-27）如下。

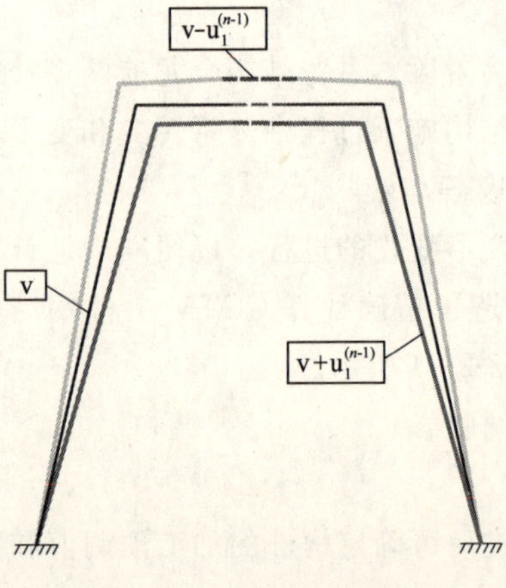

图 3-2-26　合龙状态的确定

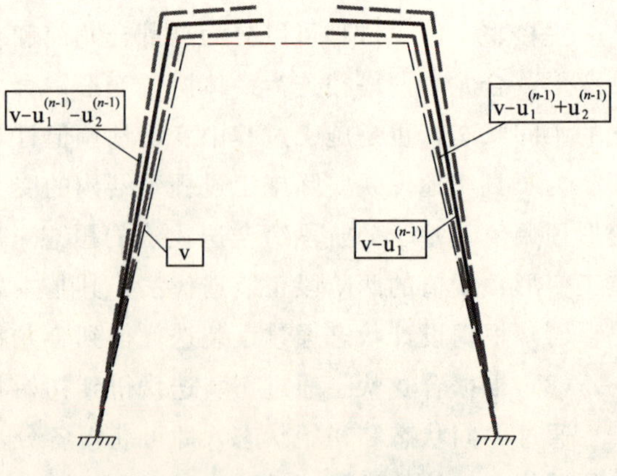

图 3-2-27　初始状态的确定

1）在合龙状态位形 $v-u_1^{(n-1)}$ 的基础上，"杀死"所有杆件。

2）依次安装合龙前的构件，并施加相应施工步的荷载，即进行合龙前阶段的正装分析，可获得合龙状态变形 $u_2^{(1)}$。

3）把变形 $u_2^{(1)}$ 反加到合龙状态位形 $v-u_1^{(n-1)}$ 上，得到位形 $v-u_1^{(n-1)}-u_2^{(1)}$，按此位形重新依次安装合龙前的构件，若结构的非线性较弱，变形后将落到合龙状态位形 $v-u_1^{(n-1)}$ 上，则结构初始状态的位形为 $v-u_1^{(n-1)}-u_2^{(1)}$。

4）若结构的非线性较强，类似正装迭代法需要反复迭代才能得到精确的初始状态的位形 $v-u_1^{(n-1)}-u_2^{(n-1)}$，使得合龙时的位形与位形 $v-u_1^{(n-1)}$ 相吻合。

（4）通过上述两阶段的分析，即可得到合龙状态和初始状态以及各施工步构件的安装位形，即结构以 $v-u_1^{(n-1)}-u_2^{(n-1)}$ 作为初始位形进行安装，合龙时的位形为 $v-u_1^{(n-1)}$，以及竣工状态的位形为设计位形 v。根据各施工步构件的安装位形即可确定构件的加工预调值和安装预调值。

工程以 ANSYS 有限元分析软件的非线性计算模块为基础，编制了两阶段正装迭代法确定主楼构件加工预调值和安装预调值的计算程序，计算流程如图 3-2-28 所示。

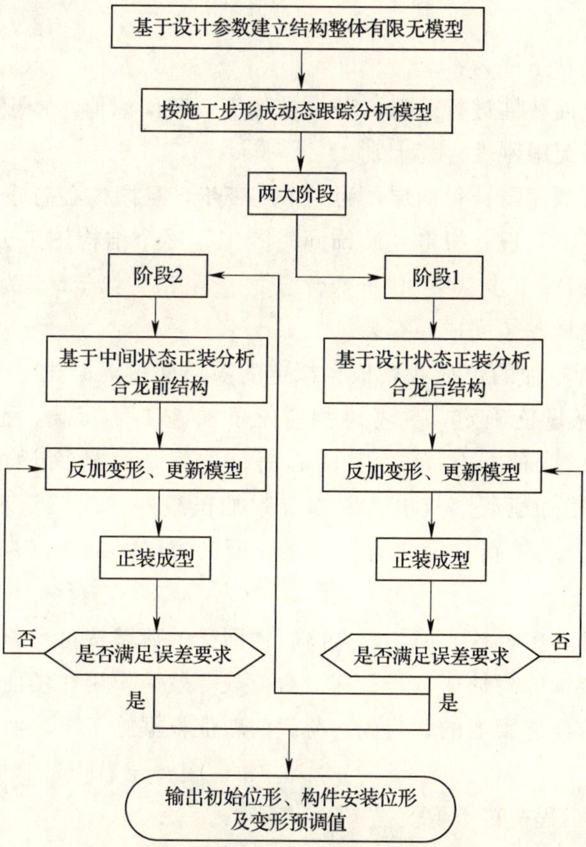

图 3-2-28 两阶段正装迭代法流程图

（四）主楼结构变形预调值计算结果

1. 预调值计算软件及模型

结构预调值采用 ANSYS 有限元软件进行计算，见图 3-2-29。

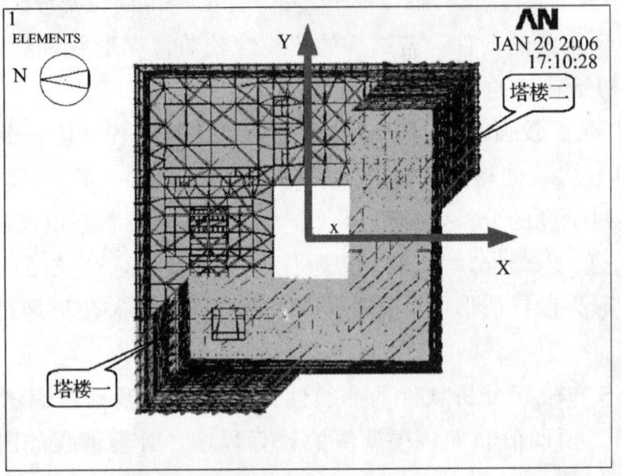

图 3-2-29　预调值计算模型

结构建模的假定和条件为：

（1）各构件按截面特性进行赋值，SRC 柱按等效截面取值，楼板按实际厚度取值。

（2）基础筏板为无限刚性。

（3）施工步骤及顺序是：每两层作为一个施工步，且内核心筒施工始终领先外框筒两层；楼面混凝土和压型钢板、机电和装饰同时施工。整个结构施工分 53 步，其中第 1～第 34 步为悬臂合龙前施工步，第 35 步悬臂合龙，第 36～第 53 步为悬臂合龙后施工步。延迟构件在悬臂钢结构安装完成后安装。

（4）各施工步所施加的恒荷载，根据拟定的各层楼板混凝土、装饰和机电以及幕墙等的施工时间按实际量值确定，并考虑相应阶段的施工活荷载，不考虑温度和风荷载等作用的影响。荷载取值具体为：① 核心筒、外框筒、楼面梁的荷载按自重施加；② 楼板自重、楼面附加恒载（机电、装饰等附加恒载）和施工活荷载则等效为作用在楼面上的面荷载；③ 幕墙荷载简化为作用在外框筒边梁上的线荷载；④ 塔式起重机按自重考虑。

在主楼预调值计算中，核心筒、外框筒、楼面梁的荷载按自重施加，楼板自重、楼面附加恒载（机电、装饰等附加恒载）和施工活荷载等效为作用在楼面上的面荷载，幕墙荷载简化为作用在外框筒连梁上的线荷载。荷载的取值根据施工阶段实际的荷载确定，荷载工况如下。

1）钢框架分项工程按自重取值。

2）楼板混凝土分项工程完成时楼面荷载：楼板自重＋施工活荷载（施工活载取值为 $0.6N/mm^2$）。

3）幕墙分项工程（幕墙线荷载按面荷载 $1.5kN/mm^2$ 在高度范围内换算取值）。

4）室内装饰及机电分项工程施工完成时楼面荷载：楼板自重＋附加恒载＋施工活载（施工活载取值为 0.6N/mm²）。

5）塔式起重机荷载按塔式起重机爬升荷载考虑。

各楼层施工成型总恒荷载统计按照荷载取值等效为楼面荷载考虑，如表 3-2-8 所示。

施工成型总恒荷载统计表 **表 3-2-8**

楼层	恒载对应的楼面荷载（kN/m²）			楼层	恒载对应的楼面荷载（kN/m²）		
	裙楼/悬臂	塔楼一	塔楼二		裙楼/悬臂	塔楼一	塔楼二
B2	11.97	11.97	11.97	F27		6.82	7.00
B1	13.02	13.02	13.02	F28		7.82	7.96
F1	13.01	13.01	13.01	F29		6.82	7.02
F2	11.53	11.53	11.53	F30		7.89	7.91
F3	8.28	8.28	8.28	F31		6.87	
F4	15.37	15.37	15.37	F32		7.71	15.34
F5	9.51	9.51	9.51	F33		6.88	
F6	10.69	10.69	10.69	F34		7.71	
F7	9.36	9.36	9.36	F35		6.92	
F8	9.82	9.82	9.82	F36		15.07	
F9	11.39	11.39	11.39	F37	7.79	7.79	7.79
F10	13.93	13.93	13.93	F38	8.34	8.34	8.34
F11		7.18	7.60	F39	6.99	6.99	6.99
F12		8.08	9.05	F40	7.07	7.07	7.07
F13		7.13	7.53	F41	7.64	7.64	7.64
F14		8.16	9.10	F42	7.32	7.32	7.32
F15		7.14	7.63	F43	9.48	9.48	9.48
F16		8.28	9.03	F44	7.73	7.73	7.73
F17		7.10	7.54	F45	9.96	9.96	9.96
F18		8.24	9.05	F46	7.77	7.77	7.77
F19		7.06	7.37	F47	11.26	11.26	
F20		8.22	8.67	F48	9.42	9.42	
F21		6.91	18.28	F49	9.65	9.65	
F22		8.06	8.03	F50		13.96	
F23		13.09	7.14	F51		14.03	
F24		11.52	7.94	F52		3.84	
F25		10.54	7.15	F53		10.32	
F26		7.73	8.18	屋顶	2.62	2.62	2.62

2. 预调值计算结果

通过采用分阶段综合迭代法进行主体结构预调值计算，得出了所有竖向构件及外框筒水平向结构的加工预调值和安装预调值，下面给出了外框筒棱线部分节点安装预调值。为

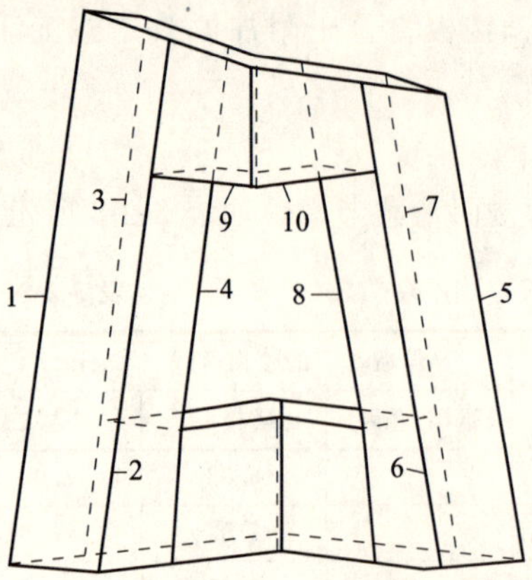

图 3-2-30 预调值计算模型

了把结果表述得简洁明确，对所给出结果有关的棱线和节点进行了编号（图 3-2-30）。

（1）构件加工预调值

分析塔楼棱线构件的加工预调值（图 3-2-31 和图 3-2-32），可得出以下结论。

1）对于塔楼的同层柱，斜倾方向内侧柱在自重和附加弯矩的共同作用下其轴压应力较大，轴向压缩变形大，其加工预调值比较大；倾斜方向外侧柱在自重和附加弯矩的共同作用下其轴压应力较小甚至受拉，其加工预调值比较小甚至为负值。

2）随着楼层的增高，构件的轴压应力总体趋势在减小，其加工预调值基本上在逐渐减小。然而，设计中棱线构件的截面沿高度会有一定的突变，导致棱线构件轴应力沿高度会有所跳跃，相应的构件加工预调值也会有一定的跳跃。

3）塔楼二与塔楼一相应棱线柱加工预调值的大小及其分布规律基本相同。

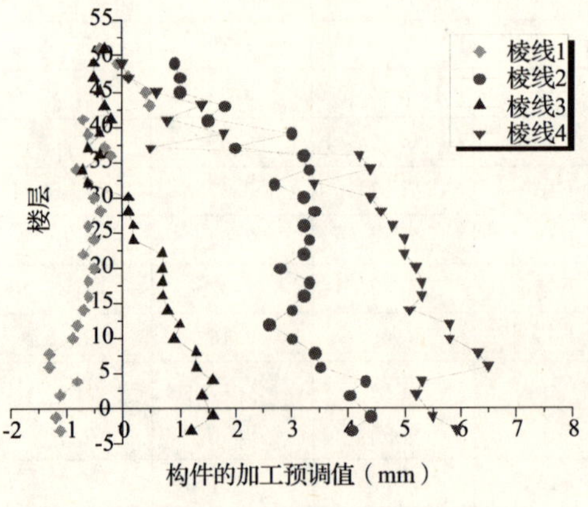

图 3-2-31 塔楼一棱线构件的加工预调值

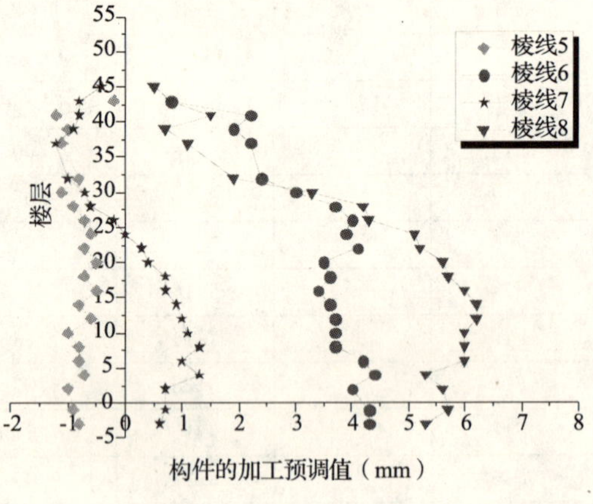

图 3-2-32 塔楼二棱线构件的加工预调值

（2）构件安装预调值

以下给出了结构 4 条棱线节点的安装预调值，塔楼棱线构件的安装预调值见图 3-2-33～图 3-2-36，由此得出以下结论。

1）塔楼外框筒同层柱的安装时间基本相同，且楼板的面内风度相对较大，其节点的 X 和 Y 方向的位移基本相同，而在 Z 方向上由于自重和附加弯矩的共同作用导致各点的位移不同。因此，同层柱节点 X 和 Y 坐标的预调值相同，Z 坐标的预调值不同，塔楼倾斜方向内侧柱节点的安装预调值比外侧柱节点的安装预调值大。

2）对于塔楼一而言，棱线构件节点 X 坐标的安装预调值沿高度逐渐增大；Y 坐标的安装预调值沿高度先逐渐增加后再逐渐减小；塔楼倾斜方向内侧构件节点 Z 坐标的安装预调值沿高度基本上在逐渐增加，而倾斜方向外侧构件的安装预调值先逐渐增大后再逐渐减小。

3）塔楼二与塔楼一相应棱线柱安装预调值的大小及其分布规律基本相同。

4）塔楼一棱线1顶点的安装预调值在X向为－282mm、Y向为－11mm、Z向为5mm，塔楼二棱线5顶点的安装预调值在X向为31mm、Y向为222mm、Z向为3mm。

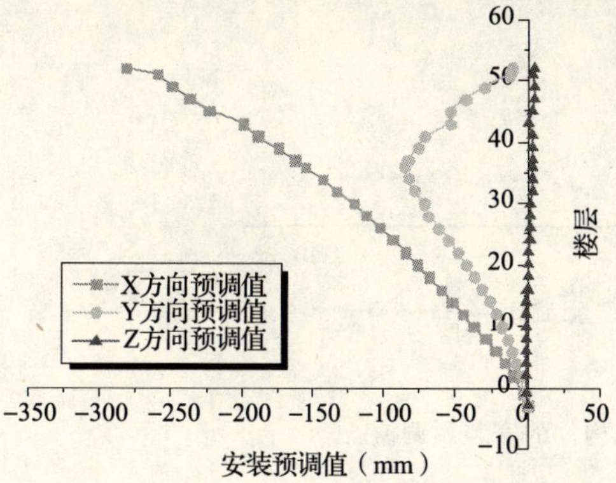

图 3-2-33　塔楼一棱线1构件的安装预调值

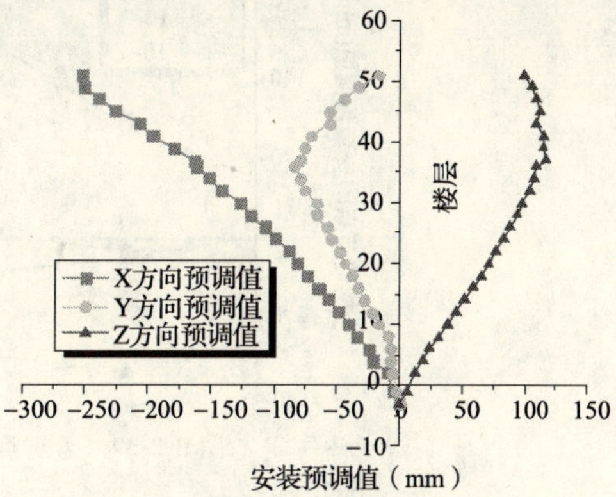

图 3-2-34　塔楼一棱线4构件的安装预调值

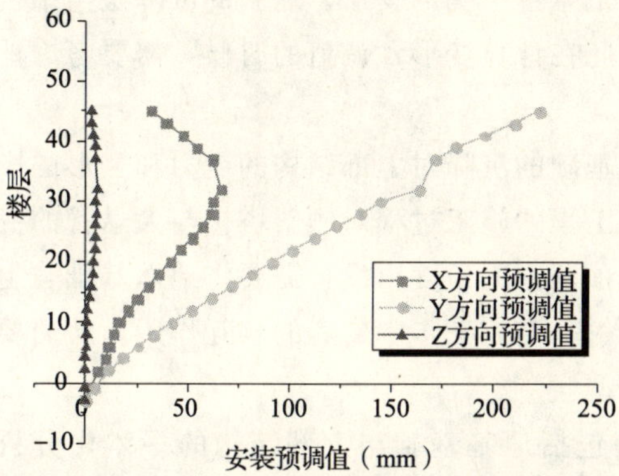

图 3-2-35　塔楼二棱线5构件的安装预调值

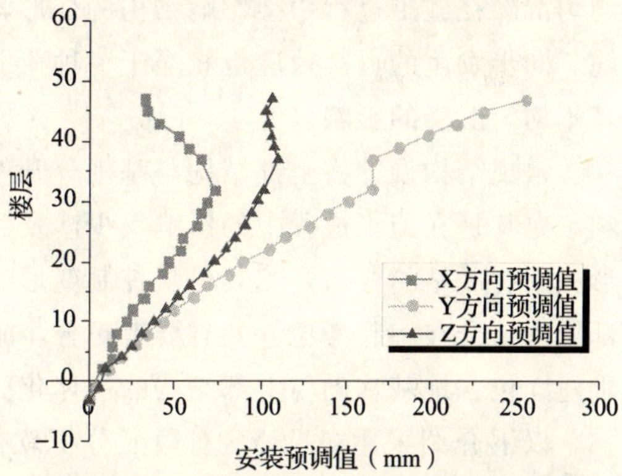

图 3-2-36　塔楼二棱线8构件的安装预调值

图3-2-37中给出了悬臂底部棱线节点的安装预调值，图中节点1位置靠近塔楼，节点10为悬臂底部棱线9和10的交点，且节点1比10的安装时间早。

1）对于棱线9而言，在X方向上，施工工程中各节点的位移持续增大，且由于节点1先安装，则其X方向位移比节点10大，因此节点1在X方向坐标预调值最大，而节点10最小，期间渐变；在Y和Z方向上，塔楼可以看作是悬臂结构的弹性约束，在悬臂自重的作用下，节点10的位移比节点1大，因此节点10在Y和Z方向的坐标预调值最大，节点1最小，期间渐变。

2）棱线10节点安装预调值的大小和分布规律与棱线9基本相同。

3）悬臂底部交叉节点（节点10）的安装预调值在X向为－73mm，Y向为44mm，Z向为260mm。

三、地基不均匀沉降对主楼预调值的影响及修正技术

（一）概述

主楼施工过程中，上部结构除了在自身荷载作用下产生变形外，还会随着地基的沉降

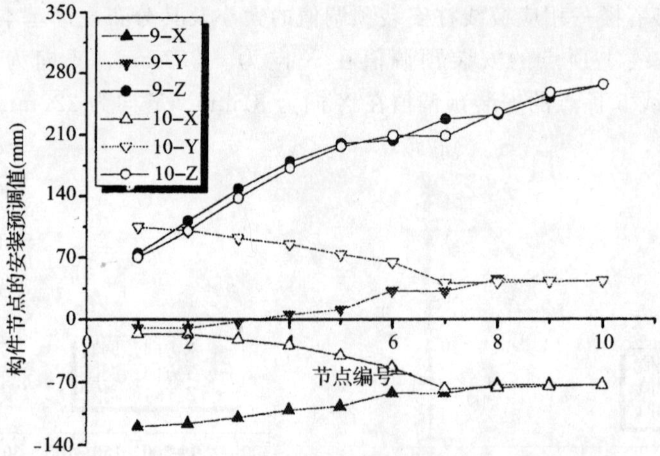

图 3-2-37　悬臂底部棱线构件的安装预调值

而发生变形。此外，倾斜的塔楼和大悬臂产生巨大的倾覆力矩，造成地基不均匀沉降，不均匀沉降在施工过程中会影响结构的变形，尤其是悬臂结构的变形。地基的沉降是与结构施工同步发生的，其效应也相当于一种荷载。因此在计算变形预调值的时候，需要考虑地基不均匀沉降的影响。

常规结构设计将上部结构与基础分开考虑，基础的沉降对上部结构的受力和变形的影响，尤其是在施工过程中的影响很少涉及。但本工程的施工过程对倾斜塔楼与大悬臂的变形控制有严格的要求，尤其是从控制变形的安装预调值的角度出发，需要将地基基础与上部结构结合在一起考虑，并且要考虑分步施工的每一个施工步中二者的相互作用，从而要求建立包含地基基础与上部结构的一体化分析模型。

以下介绍采用 ANSYS 有限元分析软件建立包括地基基础与上部结构的一体化分析模型，进行结构变形分析和施工预调值计算，并对比分析地基不均匀沉降对主楼预调值的影响。

（二）含基础一体化施工分析模型的建立

1. 工程地址情况和桩基础概况

根据北京市勘察设计研究院的现场勘探、原位测试以及室内土工试验结果，按照地层沉积年代、成因类型，将主楼区域内最大勘探深度 111m 范围的土层划分为人工堆积和第四纪沉积层两大类，并按照底层岩性及其物理力学数据指标，进一步划分为 17 个大层及亚层。

主楼采用桩筏基础，可以划分为 4 个区域，分别是塔楼一、塔楼二、裙房区和 W 区，筏板分区情况如图 3-3-28（*a*）所示。4 个区域一共 1140 个桩基础，3 种直径尺寸为：ϕ1200mm、ϕ800mm 和 ϕ600mm。其中 ϕ1200mm 分布在塔楼一和塔楼二区，ϕ800mm 分布在裙房区，ϕ600mm 作为抗拔桩，分布在裙房、基座、大堂入口和地下三层北面车库等区域。所有桩均采用钻孔灌注桩。ϕ1200mm 桩受压承载力为 11000kN，持力层为第 9 大层细中砂层；ϕ800mm 桩受压承载力为 5000kN，持力层为第 7 大层卵砾石层；ϕ600mm 桩分为 20、15m 长两种，20m 桩抗拔承载力为 1100kN，15m 桩抗拔承载力为 850kN，桩的分布情况如图 3-2-38（*b*）所示。

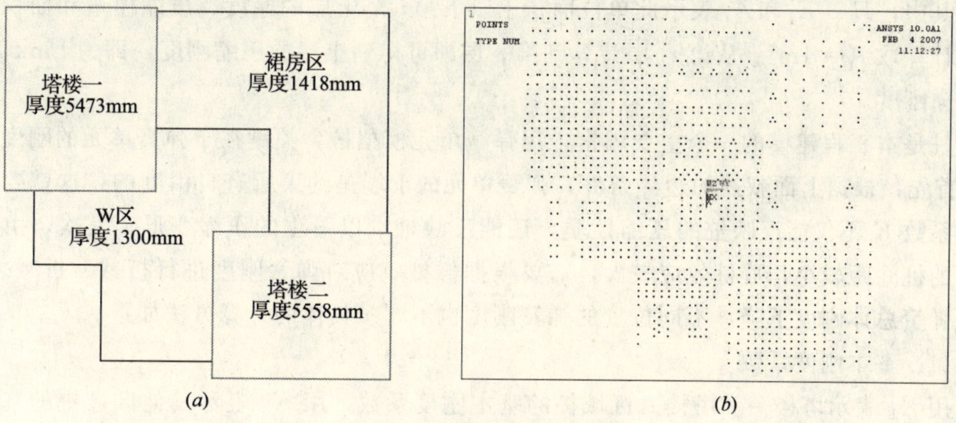

图 3-2-38　桩和筏分布图

(*a*) 筏板分区情况；(*b*) 桩的分布情况

2. 含基础的一体化结构分析建模

土与基础本身就是一个很复杂的系统，如果完全按照地基与基础工程中的方法进行分析，计算量极大，耗费时间过长。在本工程中，采用了一种模拟地基与基础的建模方法——用弹簧单元模拟桩基础，将桩、土的性质及其相互作用近似用弹簧刚度系数等效。在建模过程中，没有采用《建筑桩基技术规范》(JGJ94—94) 给出的群桩效应的计算方法，而是采用了弹性理论的计算结果。用此种方法进行了施工过程的变形分析，得出了与实际较为符合的结果。

上部结构包括主楼 B3 层以上的楼层，以南北方向为 X 方向，东西方向为 Y 方向。采用 Beam 188 单元模拟梁柱，Shell 181 单元模拟楼板。下部结构包括筏板和桩。为了使得计算模型和实际情况更加接近，在裙房区域桩较为稀疏的地方，建立土单元，以减少与实际不符的局部沉降。筏板采用 Solid45 单元；桩采用线性弹簧 Combin 14 单元；土简化为线性杆 Link 10 单元。

约束桩基础底部节点的全部 6 个自由度和筏板侧面上的节点在水平面内 x 和 y 方向的自由度，释放其他自由度。筏板与桩基础、筏板与主楼柱脚铰接。后浇带设置在筏板分区的边线上，开始时“杀死”后浇带单元，当塔楼一外筒施工到 F28 时激活后浇带单元。

3. 物理参数取值方法

筏板弹性模量取 $3\times10^{10}\mathrm{N/m^2}$，密度取 $0\mathrm{kg/m^3}$。密度置零的原因是，上部结构安装时筏板已建成，其自重所产生的沉降已完成，故在对上部结构安装过程中的变形进行分析时可不考虑筏板自重作用的影响。

将单位面积以下的土层等效为一根连杆 Link 10 单元，需要把土的压缩模量 E_s，转换成为连杆的轴向刚度 K。换算方法参考了《建筑桩基技术规范》(JGJ94—94) 中的分层总和法进行了推导，公式为：

$$K=\frac{1}{\sum_{i=i_0}^{n}\frac{H_i}{E_{si}A_i}}$$

其中，H_i、E_{si}和A_i表示此单位面积土以下第i个土层的厚度、压缩模量和面积。为方便计算取$A_i=1m^2$。从第i_0层计算到第n层即可得到土层的压缩刚度，即为Link 10单元轴向刚度。

桩是本工程建模的一个重要因素。用弹簧单元模拟桩，关键在于弹簧单元的刚度系数K。首先，根据上面叙述的边界条件，弹簧单元的下端是约束所有自由度的，这就要求其刚度系数K不仅能反映桩的压缩性质，还能反映桩端以下土的压缩变形。其次，由于本工程的桩间距较小，群桩效应较大，需要根据群桩效应对弹簧刚度进行折减。折减之后，不但弹簧总体刚度下降，不同位置的弹簧刚度也不同。具体的计算方法如下。

（1）基本刚度系数

用K_1表示塔楼一和塔楼二区域桩的基本刚度系数，用K_2表示其他区域桩的基本刚度系数。K_1和K_2的取值参考现场检测报告试验结果。

（2）群桩效应折减系数

从概念上判断，由于群桩效应加大了沉降，所以应当给桩的刚度系数乘以一个小于1的群桩效应折减系数。一个区域内，中心部分的桩沉降大，群桩效应折减系数最小；角上的桩沉降小，群桩效应折减系数最大；边上的桩沉降介于以上两种情况之间，群桩效应也介于二者之间。

桩基规范中，将群桩以及桩间土作为一个整体，只计算桩端以下土层的压缩，采用的是分层总和法。经过比较，采用了《实用桩基础工程手册》中摩擦桩群桩（本工程塔楼区域桩为摩擦桩）按照弹性理论解得到的折减系数表。群桩效应与桩土的刚度比、桩间距、桩长和桩数等参数都有关系，确定了这些关系，就可以在《实用桩基础工程手册》的表格中查出数据。在本工程中，图3-2-39的边桩1折减系数为0.14，边桩2折减系数为0.19，中间桩折减系数为0.10。

（3）综合刚度系数

在取得了桩的基本刚度系数和群桩效应折减系数之后，二者相乘就是塔楼区域桩的综合刚度系数。如图3-2-39所示，边桩2最大，边桩1次之，中间桩7最小。其他区域由于为抗拉桩，不进行群桩效应的折减。

按照上述边界条件和参数建立了含基础和上部结构的一体化结构分析模型。正如前文所述，模型考虑了在施工过程中地基、基础和上部结构的相互作用，突破了以往结构设计中将上部结构和地基分开考虑的局限性，对于CCTV主楼这种复杂结构，施工过程中结构变形与安装预调值的计算非常重要。在分析计算中，又将模型位移计算结果与实际检测结果按照“比较—修正—再比较”的模式进行反复完善和改进，使计算模型和实际工程条件接近，从而保证计算结果的可靠性。

（三）地基沉降对结构变形的影响

为了评估地基沉降对结构变形的影响，选取了主楼上的若干关键点进行横向和纵向比较。横向比较是将含地基模型的计算结果与不含地基模型的计算结果对比，以分析地基沉降对结构变形的影响；纵向比较是将计算结果和实际测量结果对比，以分析模型和参数的准确度。

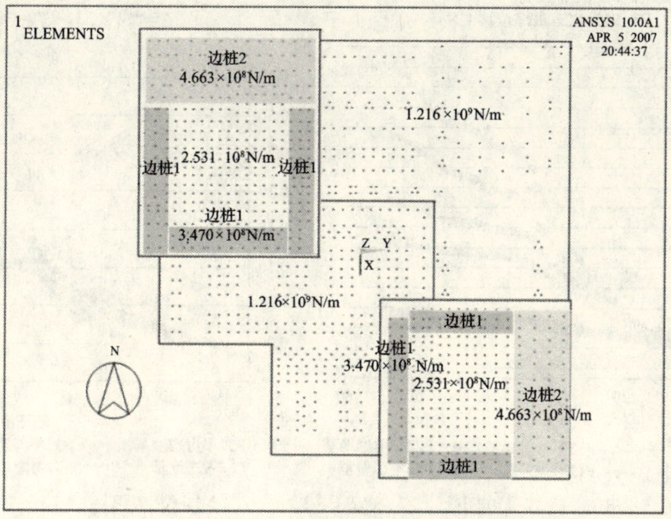

图 3-2-39 桩的综合刚度系数分布图

从变形趋势上判断，由于结构存在的倾覆力矩较大，塔楼一有向东南方向变形的趋势，塔楼二有向西北方向变形的趋势。对每一层楼板而言，则有绕着其“东北—西南”角点的连线转动的趋势，即塔楼一的东南角点和塔楼二的西北角点的 Z 方向向下变形大，塔楼一的西北角点和塔楼二的东南角点的 Z 方向向下变形小，甚至可能出现向上的变形。在塔楼合龙前，地基的沉降会加大这种变形趋势。

1. 塔楼棱线 1 关键点位移计算结果

为比较考虑地基沉降和不考虑地基沉降两种情况下塔楼位移在整个施工过程中的差别，提取了塔楼棱线 1 部分节点位移的计算值，在施工过程中进行了跟踪比较，如图 3-2-40～图 3-2-42 所示。

比较的结果显示，地基沉降对不同层的影响不同，层数越高，地基影响越大。对棱线 1 而言，由于结构在地基影响下向东南方向倾斜的趋势增加，所以 X 方向的位移改变大于 Y 方向。随着施工步的推进，变形发展在合龙点存在明显转折。这一转折是在预调值分析中提到的“两阶段迭代法”的分界。这一转折，说明了结构在合龙前后的变形趋势和受力形式完全不同。

2. 悬臂关键点位移计算结果

悬臂最前部最下端点是控制施工的一个关键点。目标是在施工结束、恒荷载施加完毕的时候，该点达到设计位形，也就是悬臂下部达到水平状态，如图 3-2-43 所示。

跟踪计算了该点从安装开始到施工结束，考虑地基与不考虑地基相比，UX、UY 和 UZ 方向的位移分别改变了 23.5mm、－14.8mm 和－17.2mm。

（四）地基沉降对变形预调值的影响

在以上结构位移计算的基础上，下面对考虑地基不均匀沉降影响的变形预调值进行了分析，与原不考虑地基沉降影响的变形预调值进行了对比，以下为塔一棱线 1、塔二棱线 5、悬臂棱线 9 和棱线 10 的考虑地基与不考虑地基预调值差，即考虑地基影响时棱线的预调值变化量，具体如图 3-2-44～图 3-2-47 所示。

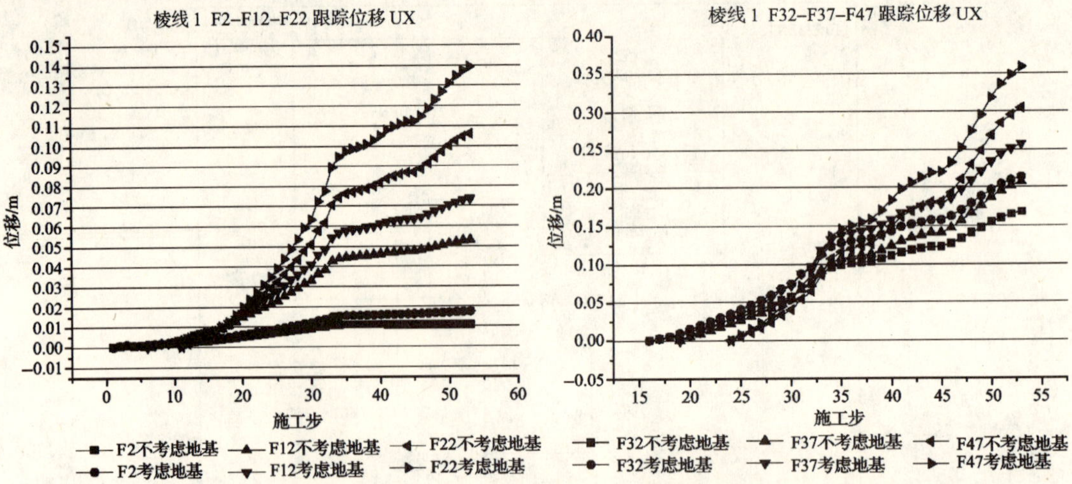

图 3-2-40 棱线 1 的 F2、12、22、32、37、47 层位移跟踪比较（UX）

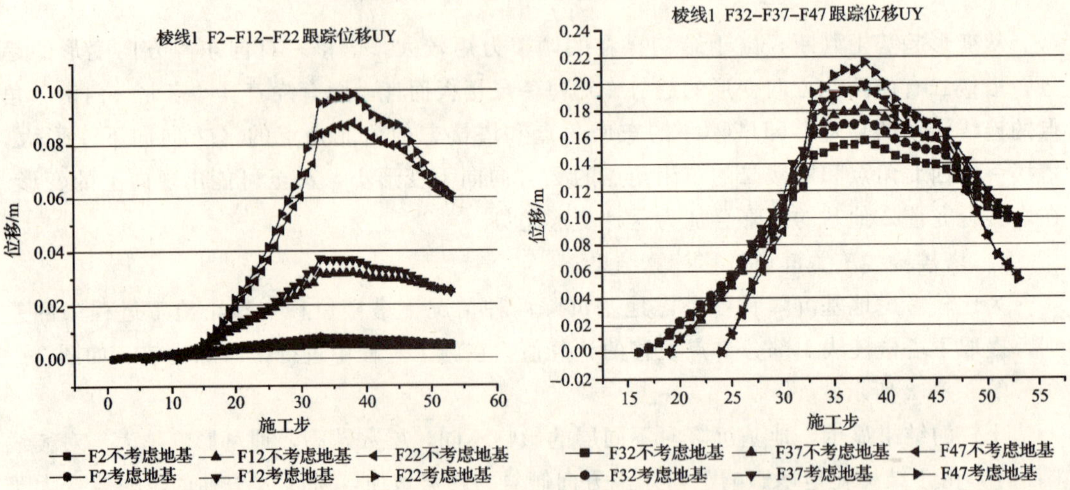

图 3-2-41 棱线 1 的 F2、12、22、32、37、47 层位移跟踪比较（UY）

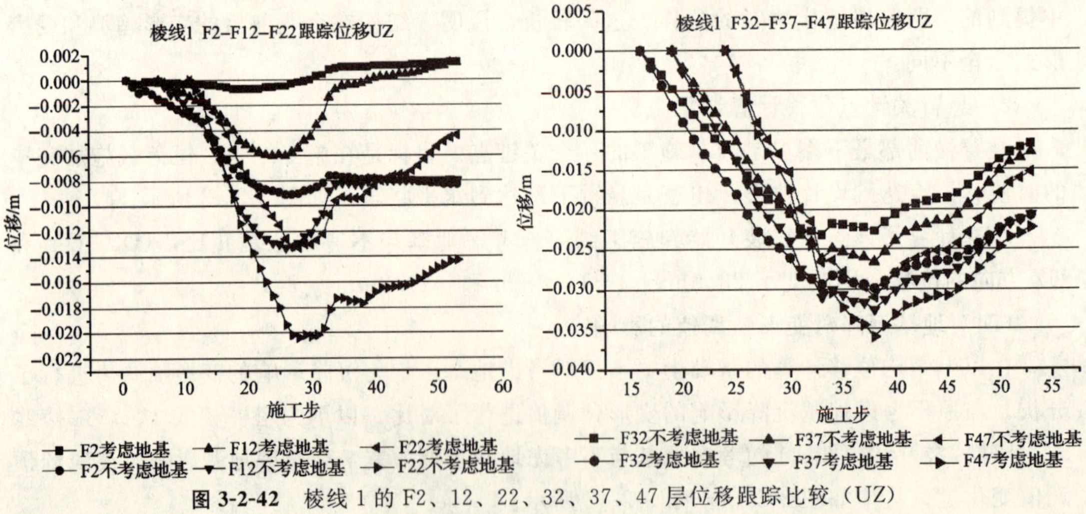

图 3-2-42 棱线 1 的 F2、12、22、32、37、47 层位移跟踪比较（UZ）

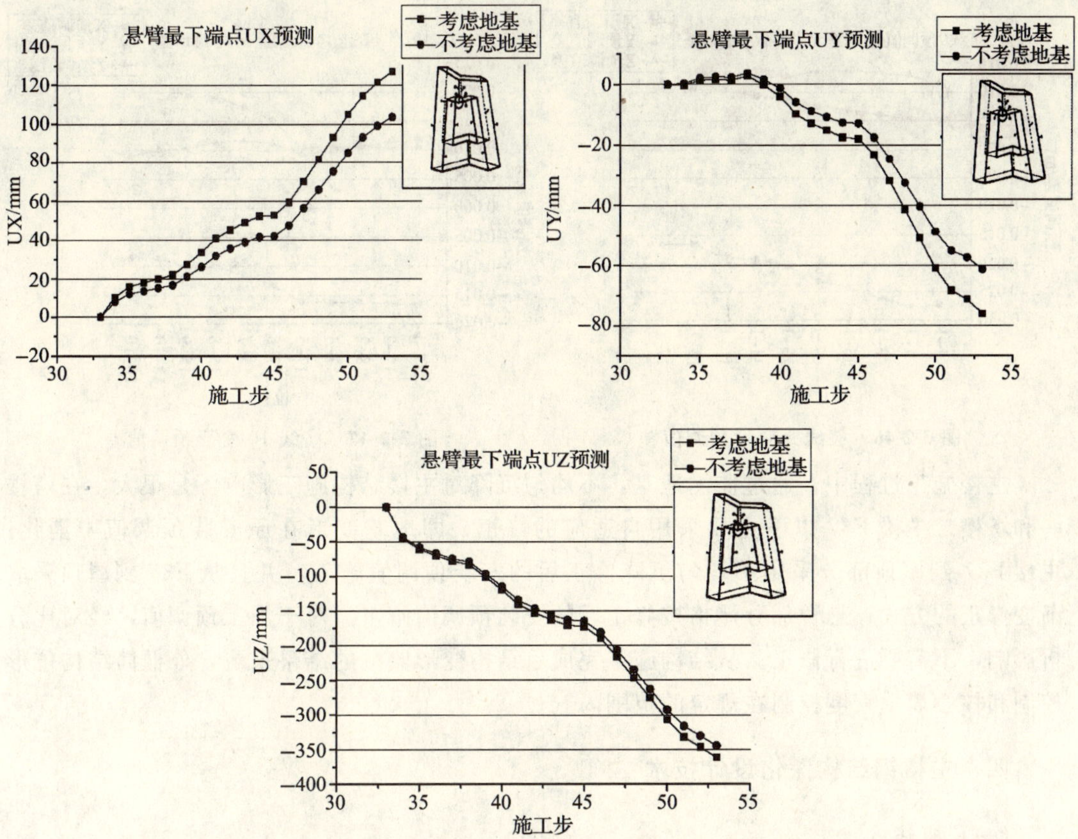

图 3-2-43 悬臂最下端点位移跟踪比较（UX、UY 和 UZ）

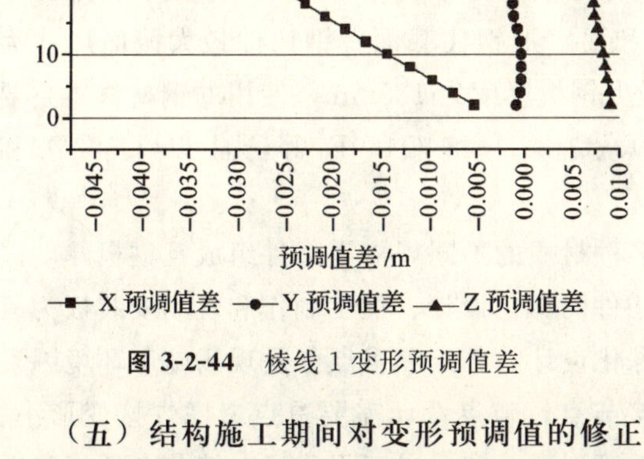

图 3-2-44 棱线 1 变形预调值差

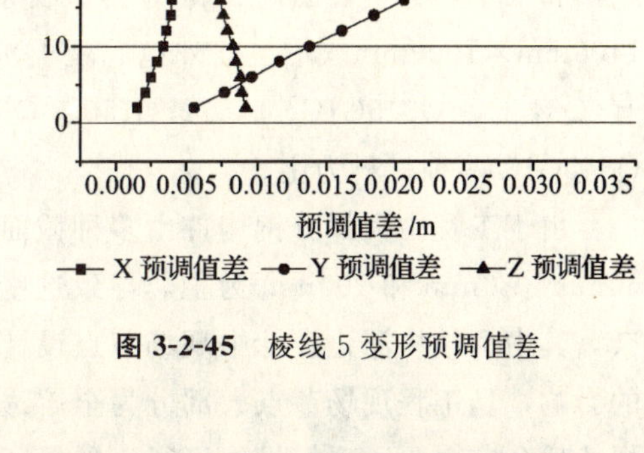

图 3-2-45 棱线 5 变形预调值差

（五）结构施工期间对变形预调值的修正

地基不均匀沉降是随着主楼施工逐渐形成的，在筏板和地下室混凝土施工阶段地基已有较大的沉降，主楼上部结构施工主要对地基不均匀沉降造成影响。

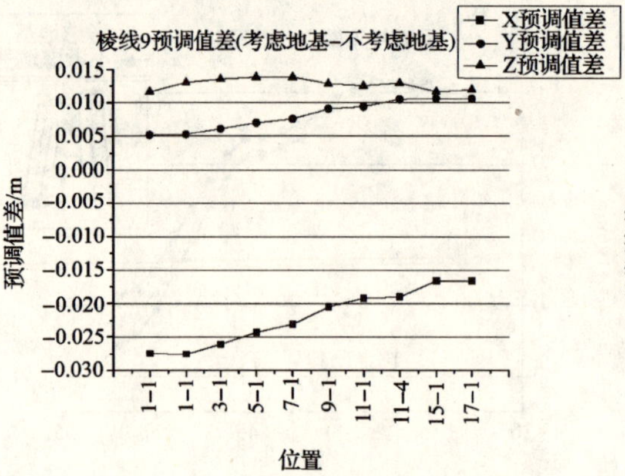

图 3-2-46　棱线 9 变形预调值差

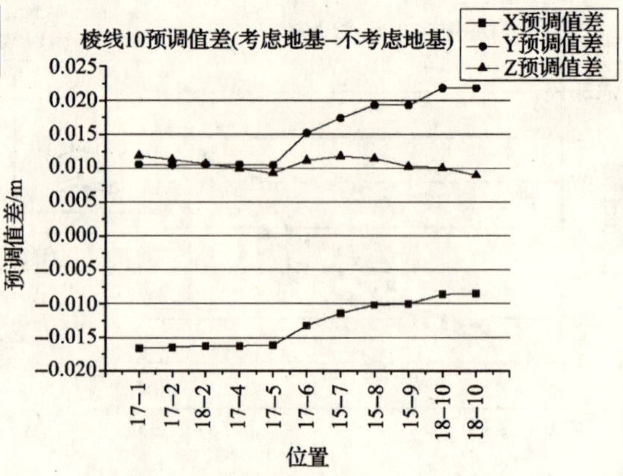

图 3-2-47　棱线 10 变形预调值差

主楼施工过程中，通过监测地基，不均匀沉降对主楼结构施工影响不是很大，在塔楼一和塔楼二主楼 F37 以下主要采用自适应的修正，即地基变形在原安装预调值中消化；主楼 F37 到屋顶部分采用不均匀沉降修正后的安装预调值施工，并且从 F37 到屋顶采取渐变修正的方式；悬臂部分严格按修正后的安装预调值施工。对于加工预调值，经对比分析影响，不需要进行修正。从结构施工完成后结构变形监测的结果来看，外框筒结构位形控制和核心筒垂直度控制在规定的范围内。

四、主楼钢结构深化设计技术

（一）概述

主楼钢结构深化设计具有体量大、构件非标准、节点设计复杂且还需预调等特点，深化设计对整个工程后续施工起着非常关键的作用，钢结构深化设计主要包括节点设计和详图绘制等工作，以下重点介绍钢结构深化设计的组织形式、工作流程及技术等方面的内容。

主楼钢结构主要构件有重型钢柱、蝶形节点、钢梁、钢支撑和巨型转换桁架，最重构件为 80t 的钢柱和蝶形节点，构件有单箱形、目字形、日字形、西字形、DBOX 形等多种截面形式，其中钢柱和蝶形节点以目字形、日字形和西字形为主，支撑、钢梁和桁架以单箱形和工字形为主，图 3-2-48 为典型目字形和西字形钢柱截面。钢构件最大截面尺寸为 1400mm×1000mm（不包括外包混凝土），最大钢板厚度为 135mm，使用的钢材材质主要有 Q345C、Q345GJC、A572. Gr50、Q390D、Q420D 和 Q460E 等，且以 Q390D 和 Q345GJC 两种材料为主。

由于工程中大部分钢构件由多种截面和多种材质的不同规格零部件组成且钢板厚度以 60mm、80mm 和 100mm 为主，导致这些钢构件的深化设计、加工制作和现场安装极为复杂，其中钢结构深化设计中现场节点设计是深化设计的难点和重点。受现场施工环境因素的影响，且工程现场节点大部分为全熔透焊接节点，节点设计需要重点考虑焊接变形小、焊接残余应力小、现场操作可行、易保证质量等因素。针对本工程现场对接节点的特殊性和复杂性，我们从结构设计、制作和安装等多个角度对各种现场节点形式进行仔细的分析

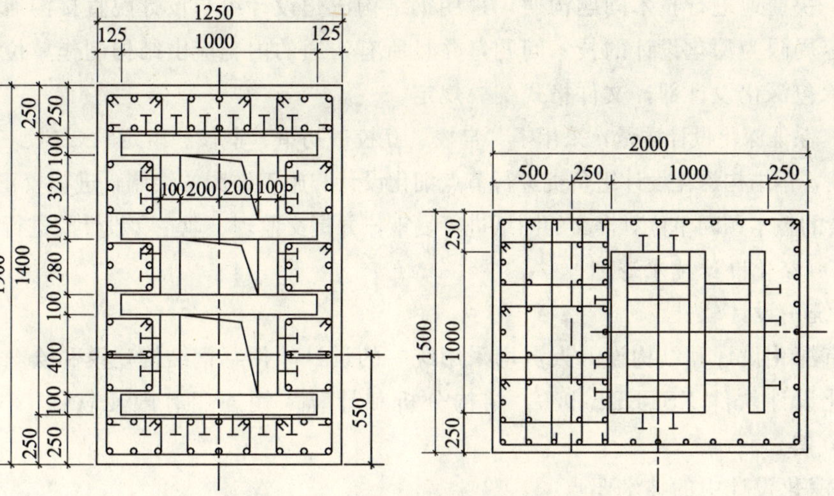

图 3-2-48　典型目字形和西字形钢柱截面

和研究，并且在实际施工中进行了摸索和实践，最后全面得以实施。图 3-2-49 是典型的蝶形节点形式。

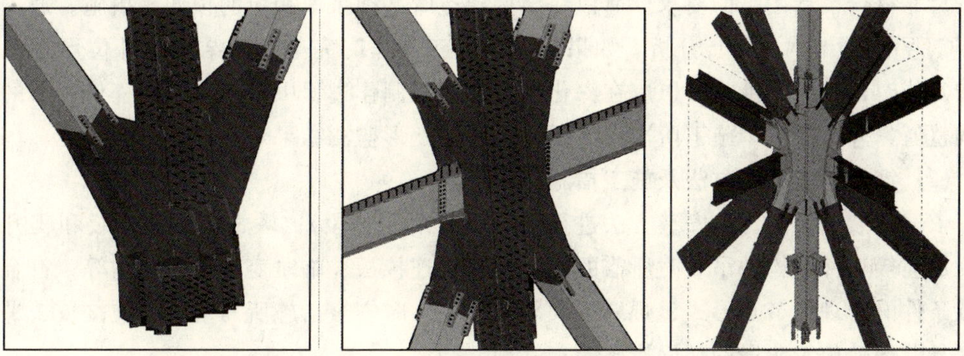

图 3-2-49　典型蝶形节点

（二）**深化设计工作流程**

主楼钢结构工程量大、内容多，且涉及的专业多，为准确、快捷地完成钢结构深化设计工作，特制定了以下工作流程。

(1) 技术文件的传递方式，以总承包钢结构深化设计部为枢纽，做到所有技术文件快速传递至各单位，具体体现在以下几个方面。

1) 接受由业主和设计院发放的所有技术文件、施工图纸和变更等。

2) 接受总承包内部相关专业部门、其他分包单位应在施工详图设计中考虑的相关技术措施，并协调制定解决问题的方案。

3) 接受钢结构深化设计组提交的施工详图和相关技术文件。

4) 向钢结构深化设计组传递技术文件，部分技术文件应审核后传递。

5) 向总承包内部相关专业部门、其他分包单位等传递相关技术文件。

6) 向业主、设计院、监理提交施工详图和相关技术文件。

（2）快捷地进行技术问题沟通，采用钢结构深化设计组与设计院直接沟通的方式，但沟通内容局限为深化设计的技术问题，并且所有沟通的内容应由结构制作单位以文件形式报送总承包深化设计部，文件格式统一规定。

（3）保证深化设计质量，采用了“自校、互校、初审、审核、审定”（二校三审）的层层校审方式，钢结构深化设计组负责进行节点细化设计和施工详图的绘制，进行校正和审核；总承包聘请的技术顾问单位对提交的图纸进行复审，并提交监理、业主和设计院进行审定。

（三）深化设计技术管理

1. 统一设计软件

所有深化设计和结构设计人员均采用统一的设计软件。钢结构建模和绘图采用大型钢结构深化设计软件 XSTEEL10.0，结构分析和计算采用通用有限元软件 ANSYS9.0 和 SAP2000 等。

2. 深化设计中的技术要点

（1）结构施工预调整值

本工程因塔楼的倾斜设计和大悬臂结构的影响，在建造过程中主体结构将不断地产生变形，结构位形的控制目标是在建筑物恒载加载完成后（即建筑建造完成时），结构的位形、尺寸符合设计图纸的要求，所以在结构建造时必须采取相应的预调整措施。通过前期对 CCTV 主楼结构的初步分析，如果钢构件加工制作时完全依照结构设计位形图，则会增加安装时调整的难度。所以应在深化设计和构件制作过程中就考虑结构杆件变形的部分预调整值，并且在各个施工阶段还必须根据实际变形监测结果对预调值进行修正。

（2）钢结构安装的方法及施工措施

依据吊装设备选型和安装方法进行合理的分节（分段）；塔式起重机安装和爬升所需的附加连接板件；构件吊装时所需的吊耳、临时连接板、临时变形加固结构等；符合现场安装条件的合理的节点形式、焊缝形式等；吊装临时安全措施所需增加的连接板、螺栓孔等；悬臂部分施工阶段的加固措施等。

（3）与土建结构施工的衔接措施

土建专业所需的钢筋接驳器；需穿过钢筋的孔眼；工地现场不易焊接的栓钉；固定模板可能需要的连接件；钢柱底板灌浆需开设的孔洞；楼板混凝土施工需增加的钢支撑（包括永久性的和临时性的）等。

（4）机电各专业的需求

机电管线穿过构件的预留孔洞及其开孔的加固措施；需预设的连接件；机电设备基座需与钢结构连接的板件；设备吊装所需的与钢结构临时连接的板件；电梯系统与钢结构的连接、固定板件等。

（5）幕墙系统及装饰专业的需求

幕墙系统及装饰工程与钢结构的连接、固定板件、孔眼等，此限于尺寸精度符合钢结构制作及安装施工精度的部分。

（6）其他施工措施的需求

施工电梯与钢结构的连接板件；混凝土输送泵管与钢结构连接的板件；卸料平台与结

构连接的板件；安全措施需临时固定在钢结构上的连接板件等。

（7）钢结构制作工艺及运输所需考虑的因素

符合相关规范、标准要求；满足制造加工工艺需要；满足焊接工艺需要；适于运输的需要。

3．深化设计准则

（1）深化设计的通用规则

通用规则主要对焊缝形式、高强度螺栓的使用、连接板规格、设计绘图表达等进行原则性的规定，此部分为深化设计工程师必须遵守的技术规定。

例如：焊接锁口的倒圆角尺寸按下面规则执行，但工字梁腹板的锁口按“焊接接头基本形式”开设：

当 $t<40$mm 时，$R=35$mm；

当 $40\leqslant t\leqslant 60$mm 时，$R=50$mm；

当 $t>60$mm 时，$R=75$mm，或与直线段相结合。

（2）节点设计

节点设计应严格按照结构设计方提供的杆件内力报告进行计算。若结构设计无明确要求时，所有节点按等强连接设计。节点的形式原则上采用结构设计给定的样式，若确需调整，应事先提交结构设计确认。所有节点的设计，除满足强度要求外，尚应考虑结构简洁、传力清晰以及现场安装的可操作性。所有节点设计图和计算书都必须由原设计工程师认可。

（3）深化图绘制

准则中对深化设计图绘制的形式、技术要点及规则进行了详细的规定，如：

1）规定绘制深化设计图内容要齐全，须包括安装布置图（平面布置图、立面布置图和索引图等）、构件详图、图纸清单、深化设计说明等；

2）图纸的形式，包括图纸尺寸、图纸比例、书写原则等作出具体规定；

3）钢结构构件的分区和编号设定，必须具体且易识别和查找，如外框柱：区域号-C原设计序号-分节序号，T11-C153-11 表示位于 T11 区域外框部分原设计标号为 153 的第 11 节柱。

4）对设计变更和修改，应圈出修改部位，在修改记录栏内写明修改原因、修改时间、修改和校审人员签名，并注明更改版本号。

5）保密的规定，必须对原设计所提供的图纸、规范、资料、技术数据、软件及其信息进行保密处理，不准部分或全部复制、挪作他用。

4．深化设计质量管理

深化设计应严格按照最新的结构施工图和技术要求、国家现行标准和规范、其他专业的技术要求等进行。各制作单位派专人驻施工现场全权负责与总承包商进行深化设计方面的技术沟通。总承包商派专业工程师驻深化设计现场，监督深化设计过程、控制深化设计进度和协调相关技术问题。

制作单位组织经验丰富的专业深化设计工程师进行深化设计，并且设计工程师必须按准则的规定进行设计和绘图，以保证深化的正确性和整个工程项目深化设计图的图面统一性。

钢结构深化设计深度和表示方法应满足《钢结构设计制图深度和表示方法》(03G102) 的要求，并且结合本工程特殊性和复杂性，钢结构施工详图还应完全满足后续工程及现场相关专业工程施工的要求。

（四）深化设计构件分段

构件分段是钢结构深化设计非常重要的一项工作，分段一定要易保证现场质量且经济合理。分段分节的好坏对钢结构的加工制作和安装的影响都是非常大的，分段合理既可以节省制作和安装时间，又可以减少施工措施，且易保证现场施工质量。主楼钢结构深化设计中钢构件分段确定了几项主要原则。

1. 外框柱分段原则

外框柱截面形式复杂且与外框钢梁和钢支撑交叉形成蝶形节点。主楼部分立面外框筒 XSTEEL 深化设计模型如图 3-2-50 所示。

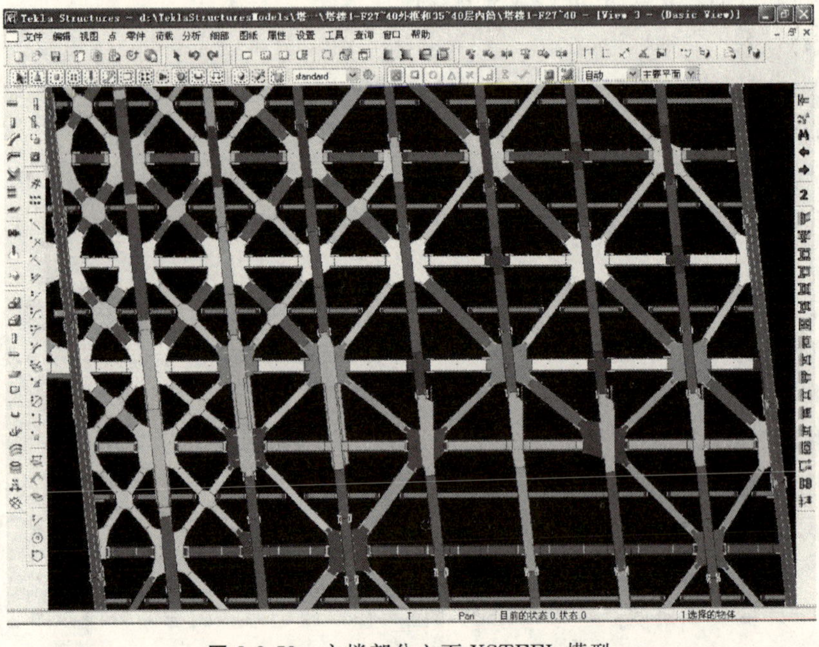

图 3-2-50　主楼部分立面 XSTEEL 模型

外框柱的分段首先应考虑两个基本原则：划分的单根构件重量满足现场吊装设备的起重性能要求；单根构件的尺寸应满足运输的要求。由于大量蝶形节点的存在，与普通超高层钢结构不同，外框钢柱的分段不能按照《高层民用建筑钢结构技术规程》(JGJ99—98) 中建议的设于钢梁顶面以上 1.1～1.3m 处。下面对不同的钢柱截面和不同情况进行介绍。

(1) 一般而言，断口 BS 尺寸（即钢柱分段点到蝶形板与柱翼板边相交点的距离）按设计要求是一个翼板的宽度。但是，如果钢柱翼板的宽度越小，断口位置离斜撑根部太近，则现场焊接的空间太小，造成腹板无法进行焊接，故必须把 BS 进行放大，以确保现场焊接的必要焊接空间。为保证现场焊工的操作空间，确定柱子分段处应位于蝶形板与柱翼板边相交的最高点向上 1000mm 处，及蝶形板与柱翼板边相交的最低点下去一个钢柱截面翼板宽度，且不小于 800mm；单箱外框柱的分段点位置示意如图 3-2-51 所示。

（2）若柱截面为日字形（双箱钢柱），则外箱（与蝶形板相连的一箱）断点距蝶形板根部位置尺寸增大到 1000mm，内箱断点比外箱低 400mm，日字形外框柱的分段点位置示意如图 3-2-52 所示。

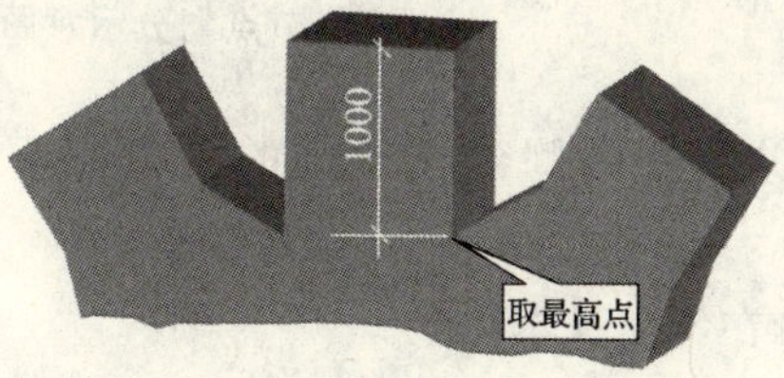

图 3-2-51　单箱外框柱的分段点位置示意图

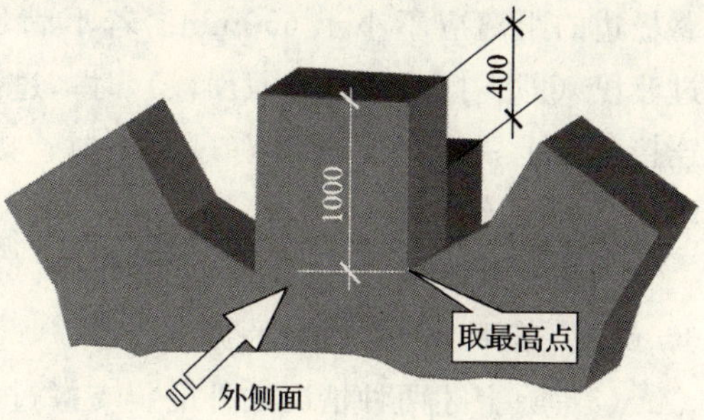

图 3-2-52　日字形外框柱的分段点位置示意图

（3）若柱截面为目字形（三箱钢柱），则中间一箱断点距蝶形板根部位置尺寸增大到 1400mm，外箱（与蝶形板相连的一箱）及内箱断点分别比中箱低 400mm，目字形外框柱的分段点位置示意如图 3-2-53 所示。

（4）钢柱节点部位的分段以满足上述详图设计为原则，如果构件重量超过吊机起重能力，则把断点尺寸全部加大或者调整分段，如图 3-2-54 所示。

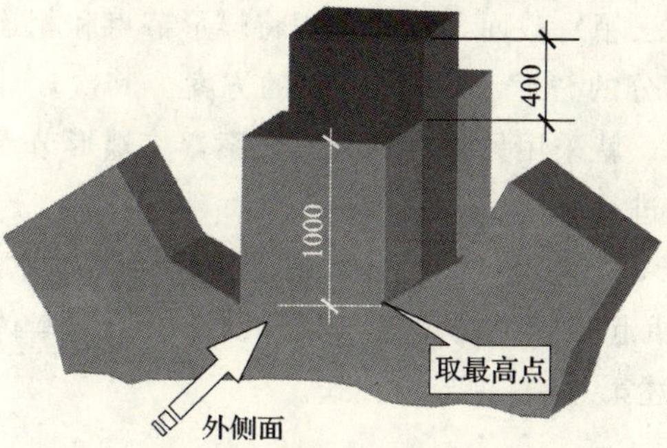

图 3-2-53　目字形外框柱的分段点位置示意图

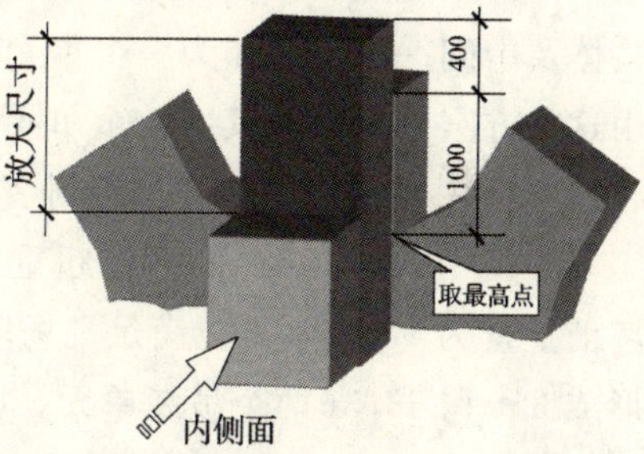

图 3-2-54　外框柱的分段断点加大示意图

（5）如柱子上下均有蝶形板且中间段较短时，在满足起重要求的前提下，中间段应带到上节柱，其板材取柱本体的材质及板厚等，拼接焊缝位于蝶形节点板下一个钢柱截面宽度的位置；若带到上节柱将超重，则带到下节柱，工厂拼接位置的原则同上；若带到上下节柱均会导致超重，则单独设计成一节柱。

2. 内筒柱分段原则

内筒钢柱有 DBOX 形钢柱（双箱钢柱且中间采用缀板连接）、箱形柱和工字形钢柱，内柱分段同样需满足如外框柱的两个基本原则。DBOX 形钢柱的分段原则如下。

（1）将核心筒 DBOX 形钢柱划分两个单箱钢柱，如图 3-2-55 所示。

（2）两个单箱钢柱分别以楼面钢梁梁顶标高以上 1300mm 处为分段点，跃三层为一节，并且两单箱柱分段点按错开一楼层处理，单箱钢柱间以缀板现场焊接连接。

3. 外框支撑分段原则

为保证现场焊接空间，外框筒斜支撑与蝶形板相拼接节点，其与外框柱间距应满足一定要求。

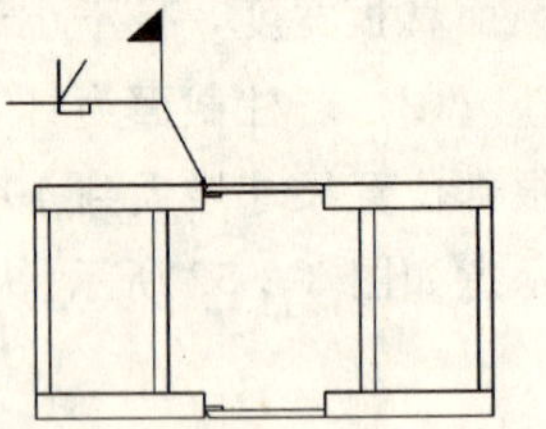

图 3-2-55　DBOX形钢柱的现场节点划分示意图

(1) 当斜支撑位于钢柱斜上方时，其现场拼接处内侧到柱翼板边的距离应不小于650mm。若不满足，当斜支撑节点有过渡段（即支撑截面有变截面段）时，过渡段带入柱的斜支撑连接节点上；当斜支撑没有过渡段时，则放大蝶形板的直线段，以满足该要求。

(2) 当斜支撑位于柱子斜下方时，其现场拼接处内侧到柱子边的距离应不小于600mm。若不满足，调整原则同上。

(3) 除上述两种情况之外的斜支撑过渡段均带在斜支撑本体上。

4. 构件超重处理原则

根据深化设计实际放样，发现构件出现超重现象主要集中在带蝶形节点的外框筒柱，通过与原设计方讨论和研究后，采用了以下几点处理原则。

(1) 首选是分离蝶形节点，即卸下一侧或两侧蝶形节点，采用现场焊接的方式。

(2) 如果采用分离蝶形节点的方式仍然超重，则采取分离柱本体的方式，若超重构件柱本体截面为日字形（双箱）截面，则与蝶形节点板相连的一箱柱体作为一个单元，剩余部分的“л”形单元作为一个单元进行分离，两单元采用现场焊接方式。

(3) 如果超重构件柱本体截面为目字形（三箱）截面，首先采用将蝶形节点和相连一箱柱体及中间一箱主体作为一个单元与剩余部分的“л”形单元分离的方案。其次，如果采用这种方案分离后，其中较重单元仍然超重，就采用另外一种分离方案，将蝶形节点板和相连一箱柱体作为一个单元与剩余部分柱体进行分离。

本工程中共计有11根钢柱超重，图3-2-56为C71－4目字形超重钢柱分离示意图。分离前重量为98.3t，不能满足现场塔式起重机起重能力的要求，深化设计中将柱本体分离形成65t和33.3t两个吊装单元，即采用上述第（3）种分离方式。

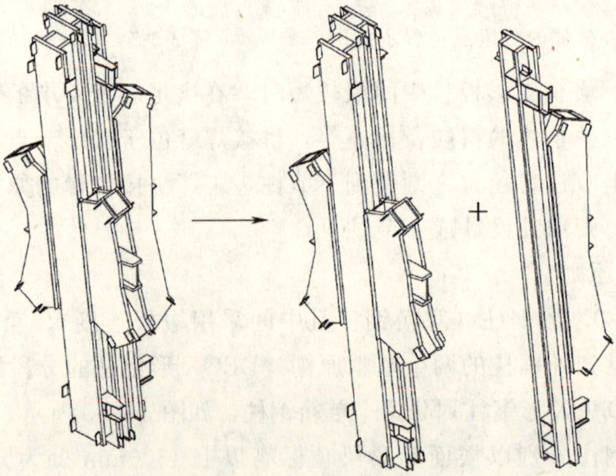

图 3-2-56　C71－4目字形超重钢柱的分离方法示意图

（五）典型节点设计

由于本工程结构形状奇特，导致节点连接形式多样且复杂，加上地处抗震设防 8 度区，在结构设计中考虑抗震要求而采取了多种抗震措施，如支撑、隅撑的设置等，使节点设计工作更为复杂。由于主楼节点大多数为非标准节点，体量大、焊接量大，且多数节点在国内没有设计先例。下面介绍一下本工程的一些典型节点。

1. 主次梁铰接节点

由于本工程为了提高钢梁的利用率，楼面梁采用组合梁设计，且应力比很高，使得梁截面高度相对较小，高强度螺栓连接形式对截面削弱非常明显，截面削弱很容易出现节点不能满足受力要求的现象。

对于主次梁铰接节点，梁端弯矩为零，通常只需按梁端实际剪力作用进行节点设计。在标准图集《多、高层建筑钢结构节点连接》（03SG519-1）附录 A 中提出考虑偏心附加弯矩，但若按图集考虑附加弯矩，势必大大增加螺栓数量，节点超大，一方面很不经济，另一方面给施工带来很大不便。关于这一问题，在《高层民用建筑钢结构技术规程》等规范中没有明确规定。若不考虑附加偏心弯矩，节点设计显然偏不安全，若考虑偏心弯矩，其取值方法尚存争议。对本工程而言，偏心弯矩的影响是控制因素。基于工程设计的安全性并尽可能简化节点连接形式考虑，经与原设计方及《高层民用建筑钢结构技术规程》编写组协商，也参考了国外规范，本工程中对主次梁铰接连接节点设计确定了一些原则。

（1）节点梁端剪力设计值取为整个结构所有楼层中同类型构件在最不利工况组合下的最大内力值。

（2）对梁上铺设刚性楼板且次梁与主梁两侧对称布置的情形，可忽略附加偏心弯矩的影响，但其剪力设计值需放大至 1.3 倍；

（3）对只在主梁一侧存在次梁或主梁两侧次梁非对称布置的情形，均按考虑附加偏心弯矩进行设计，偏心弯矩取值原则依据标准图集《多、高层建筑钢结构节点连接》（03SG519-1）附录 A。

图 3-2-57 为工程中典型的主次梁铰接连接节点示意图。对于不考虑附加偏心弯矩的节点连接形式，为考虑现场安装方便，一般采用图中 A 节点形式；对于考虑附加偏心弯矩影响的节点连接形式，根据设计原则，为了尽可能减小附加偏心弯矩，一般采用图中 B 节点形式；另外，如果图中 B 节点单剪形式仍不能满足受力要求时，需要采用双剪连接形式来解决。

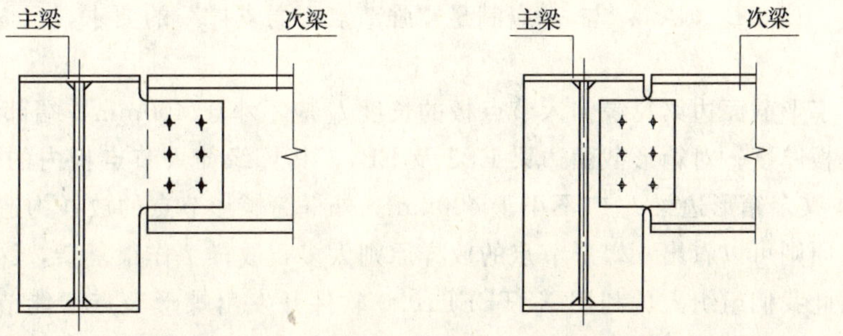

图 3-2-57 主次梁铰接连接节点示意图

2. 梁柱刚接节点

梁柱刚接节点作为超高层超限钢结构的重要连接形式，节点设计计算须考虑到结构进入弹塑性阶段时，实现“强柱弱梁”、“强节点弱杆件”的抗震设计要求，控制塑性铰产生的位置出现在节点区域之外，达到耗能的目的。为达到这一目的，在节点设计时须采取一些相关的构造措施，在标准图集中这类构造节点有多种形式。本工程中梁柱刚接节点连接形式主要采用图 3-2-58 所示的节点形式，并且在悬臂部分结构深化设计时，考虑到悬臂结构预调值引起钢梁定位会有小的变化，对主梁腹板安装螺栓孔全部采用长圆孔。

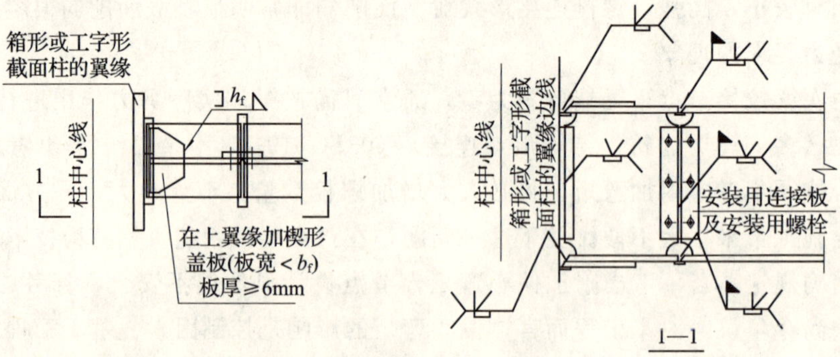

图 3-2-58 梁柱刚接连接节点

3. 外筒蝶形节点

外筒蝶形节点是本工程中最为复杂的节点，节点构造有以下一些取用原则。

(1) 除特殊注明外，节点范围内钢柱、边梁与支撑截面组装焊缝及连接焊缝均为完全熔透焊，节点范围外采用部分熔透焊。

(2) 蝶形板厚度取与连接的边梁、支撑与钢柱的板厚较大者（不包括 Z 向性能），且不小于 50mm，如支撑截面在节点区有调整，节点板厚按调整后截面取值；节点板钢号取支撑与柱的较大者；节点区域内兼做 SRC 柱模板的竖向加劲板材质为 Q345C，与蝶形板的连接可采用 PP 焊缝（部分熔透焊缝）；蝶形板内与支撑腹板连接的加劲肋强度和厚度同支撑。

(3) 支撑腹板端部至 SRC 柱竖向加劲肋或钢柱外边缘及边梁外边缘的距离 d 不小于 50mm。

(4) 支撑腹板延伸至节点板内的长度 l_f 不小于 700mm；B_s 指 SRC 柱钢骨或钢柱截面的宽度。

(5) L_1、L_2、L_3、α、α_1 与 α_2 应满足“强节点、弱支撑”的要求，且 $\alpha_1 \leqslant 30°$，$15° \leqslant \alpha_2 \leqslant 30°$。

(6) 工字形截面边梁翼缘伸入节点板的长度 l_b 应不小于 400mm，端部封板厚度 t_{sb} 应不小于其腹板厚度；对箱形截面边梁 EB3 及 EB4，其翼缘伸入节点板内的长度 l_b 应不小于 600mm，其余箱形边梁 l_b 应不小于 400mm。外框筒蝶形节点的放样构造见图3-2-59。

从上述原则可以看出，蝶形节点的放样原则太多，放样工作很复杂，深化设计非常容易出错，为此我们组织人员利用 XSTEEL10.0 软件开发出蝶形节点智能节点，图 3-2-60 为蝶形板智能节点参数对话框界面。智能节点不仅避免了节点放样错误，而且大大提高了深化设计的效率。

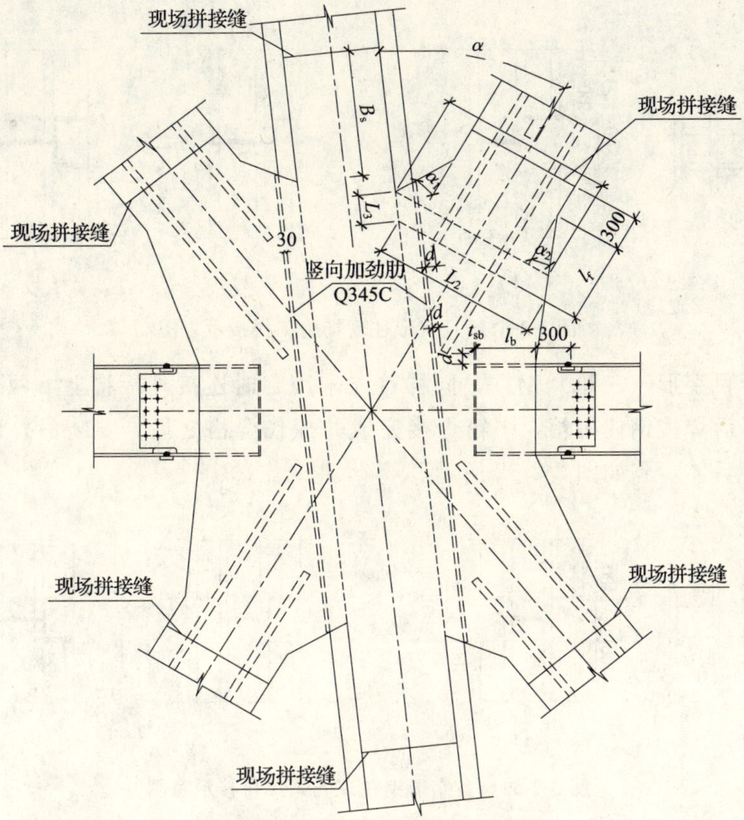

图 3-2-59　蝶形节点板构造详图

4. 外筒复杂多箱柱现场拼接节点

主楼外筒柱截面复杂多样，给现场施工带来一定难度，通过对各种截面形式分析和讨论，确定出比较合理的现场节点对接方案和方法。

(1) 对于日字形（两箱）钢柱，首先采用临时连接耳板将上下两节钢柱连接定位，校正完毕后焊接第一箱，第一箱焊接完成并探伤合格之后，安装“л”形活络接头，具体步骤如图 3-2-61 所示。

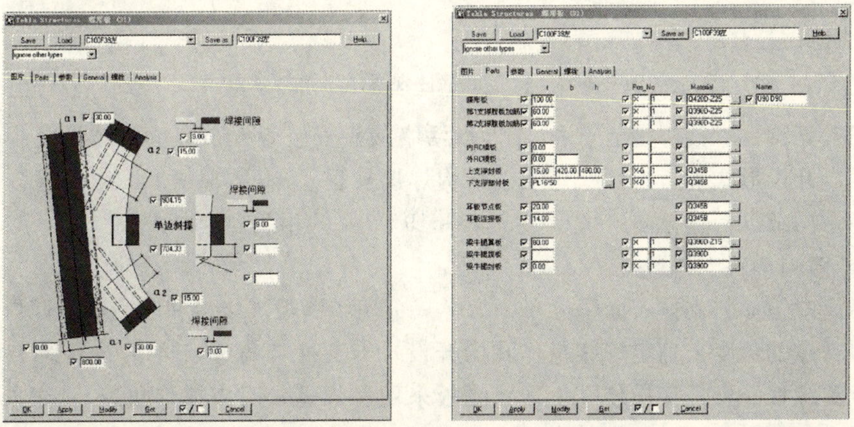

图 3-2-60　蝶形板智能节点参数对话框

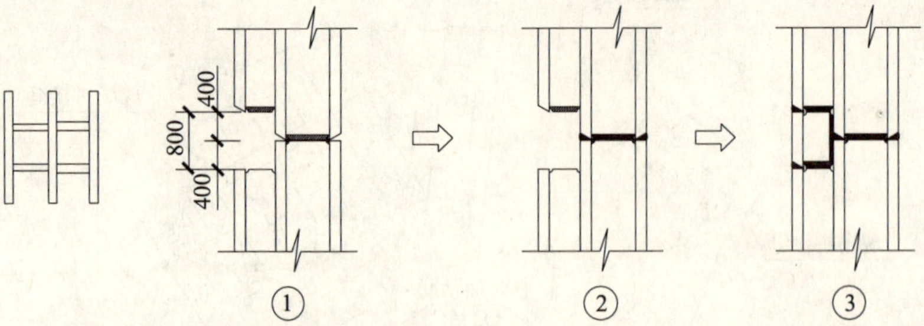

图 3-2-61 日字形柱现场施工拼接示意图

（2）对于目字形（三箱）钢柱，同样首先采用临时连接耳板将上下两节钢柱连接定位，校正完毕后焊接钢柱中箱，中箱焊接完成并探伤合格之后，安装另外两箱上的“л”形活络接头，具体步骤如图 3-2-62 所示。

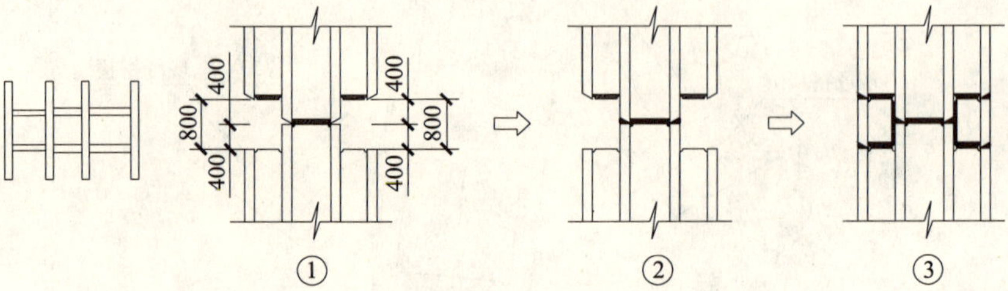

图 3-2-62 目字形钢柱现场施工拼接示意图

（3）对于西字形钢柱，安装顺序类似两箱柱，只是最后一步增加一项，安装并焊接截面两侧的两块腹板封板，具体步骤如图 3-2-63 所示。

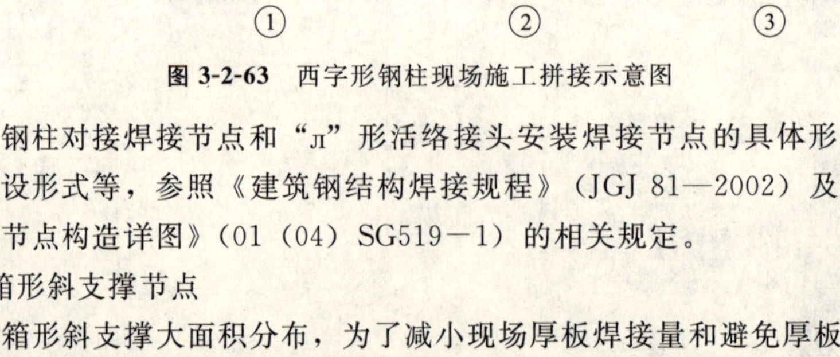

图 3-2-63 西字形钢柱现场施工拼接示意图

现场上下钢柱对接焊接节点和“л”形活络接头安装焊接节点的具体形式，包括坡口形式、锁口开设形式等，参照《建筑钢结构焊接规程》（JGJ 81—2002）及《多、高层民用建筑钢结构节点构造详图》（01（04）SG519－1）的相关规定。

5. 外筒箱形斜支撑节点

外框筒中箱形斜支撑大面积分布，为了减小现场厚板焊接量和避免厚板仰焊，现场根据箱形斜支撑的角度来确定焊接操作孔的开设。当支撑仰角≤45°时，按传统方法在箱形斜支撑上翼缘板开设焊接操作孔，下翼缘板采用平焊缝；当支撑仰角＞45°时，箱形截面上不用开设焊接操作孔，但是翼缘板的焊接坡口应开设在对接口的上一块板上，即支撑上接口的焊接坡口开设在牛腿上，支撑下接口的焊接坡口开设在支撑上。

第三节　钢结构安装技术

一、倾斜超重复杂节点高层钢结构安装与测量控制技术

（一）施工特点

1. 安装技术与施工措施要求高

主楼钢结构构件重、节点构造复杂，对构件吊装、测量定位、变形控制以及施工管理的要求非常高，需要有与之相匹配的特大型垂直运输设备、施工管理水平以及先进的建造施工技术和施工措施。

2. 测量定位与变形控制难度大

因塔楼的双向倾斜设计和超大悬臂结构大距离悬挑影响，在建造过程中主体结构的三维空间位形将受自重、日照、温差、风载摆动、基础不均匀沉降等因素影响而不断发生动态变化，为使结构完成后达到设计位形的要求，施工中需采取预调值反变形措施加以控制。

3. 悬臂结构安装难度大

悬臂结构体形庞大、外挑距离长、构件重，而且在安装过程中构件容易失稳，因此只有形成整体受力后，方能确保结构的整体稳定性和安全性。设计要求主体钢结构、楼面混凝土、幕墙、内装饰和机电设备等施工完成后，在增加活荷载的情况下，悬臂底部需呈水平，其施工过程具有很大的难度和技术风险。

4. 高强钢厚板焊接量大、质量高

本工程使用的钢材材质有Q235、Q345、Q390、Q420、Q460等系列，现场焊接70%为高强厚板焊接，焊接母材强度高、焊接量大、焊缝长、焊接收缩变形大、焊接质量要求高，如何控制焊接变形和消除应力，将直接影响结构安装成型，特别是双向倾斜重型钢柱的空间位置。

（二）施工控制方法

1. 结构施工全过程模拟计算分析

随着钢结构工程逐渐大型化，其施工技术要求越来越高，结构施工全过程模拟计算分析越来越重要，它是制定施工方案、采取施工措施、检验和校核结构施工安全以及控制施工质量的最关键的技术手段之一，因此主楼钢结构各项施工方案在实施前就运用了结构分析软件（SAP 2000、ANSYS、Midas 等）进行结构施工全过程模拟计算分析，利用XSTEEL钢结构深化设计软件将安装所需的各项临时稳固措施和定位校正措施纳入深化设计模型；建立施工各步骤、各阶段的力学计算模型，模拟相应的施工荷载、日照、温度、风载以及其他专业施工状况，分析各阶段结构变形和受力特征，确定出结构构件在各施工步中变形位移值的动态变化情况，以及各临时措施的工作性能，从而判定施工方案的先进性和可操作性，同时确定出控制钢构件的位置和标高安装误差应采取的施工措施，并且力求措施简单方便、误差调整快捷易行。悬臂合龙时结构计算分析模型如图3-3-1所示。

图 3-3-1　结构计算分析模型

2. 制定专项施工质量验收标准

本工程大量使用 Q390D、Q420D 和 Q460E 高强钢材，主要构件都是由厚板焊接而成、截面形状多样、多杆件汇交节点十分复杂。而现行的钢结构施工规范对于这种特大型复杂高层重钢结构有一定局限性，不能完全满足施工需要，因此通过产学研相结合，行业内众多专家和北京市标办等多方论证，在国家现行钢结构施工质量验收规范基础上，制定了《中央电视台新台址钢结构工程施工质量验收标准》，作为钢结构施工的质量控制依据，以确保安装精度符合设计和使用功能要求。

3. 构件分段与辅助连接耳板及吊点布置

按照尽量降低对吊装设备的起重性能要求、减少吊装次数、满足结构受力和加工运输要求的原则，外筐筒钢柱按 F2 分 1 节，核心筒和内筒钢柱按 F3 分 1 节。

分段后的构件大部分为大、重型构件，为便于吊装就位、校正和临时稳固，需根据钢构件倾斜角度和构件重量，在构件上设置临时连接、吊装吊点、倾斜角度调节等临时连接耳板，这些临时连接耳板在深化设计图中与构件一起体现，在工厂制作中将其焊接在构件上的规定位置，如图 3-3-2 所示。

图 3-3-2 构件吊耳与临时连接耳板设置形式

4. 钢柱安装坐标值与标识

根据结构施工全过程模拟计算分析，确定构件反变形控制值即钢柱安装预调值，由此分别计算出钢柱顶部的深化设计坐标值和安装坐标值。每节钢柱选取四个点位进行坐标控制，在制作中将这些点位进行明显标识，它是钢柱吊装就位时的唯一控制依据，关系着构件安装的准确性，必须做到万无一失、高精确。钢柱安装坐标控制点的选取如图 3-3-3 所示。

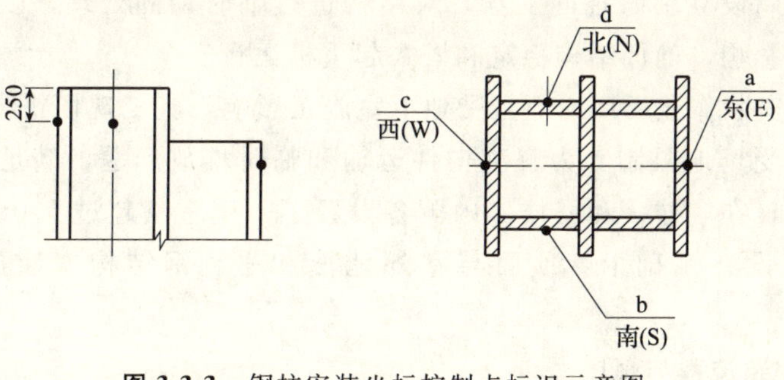

图 3-3-3 钢柱安装坐标控制点标识示意图

5. 吊装设备选择与施工平面布置

根据主楼钢结构单重在 20～80t 范围的构件较多、吊装就位距离远的实际情况，通过吊装工况计算分析，每座塔楼各选择了一台澳大利亚生产的内爬式 M1280D 动臂塔式起重机和一台内爬式 M600D 动臂塔式起重机，分别作为主吊和辅吊设备，各塔式起重机随主体钢结构的安装上升而爬升。塔楼一和塔楼二内的塔式起重机分别爬升 11 次和 14 次，并移位 2 次，以满足倾斜塔楼和悬臂结构的吊装。塔式起重机布置如图 3-3-4 所示。

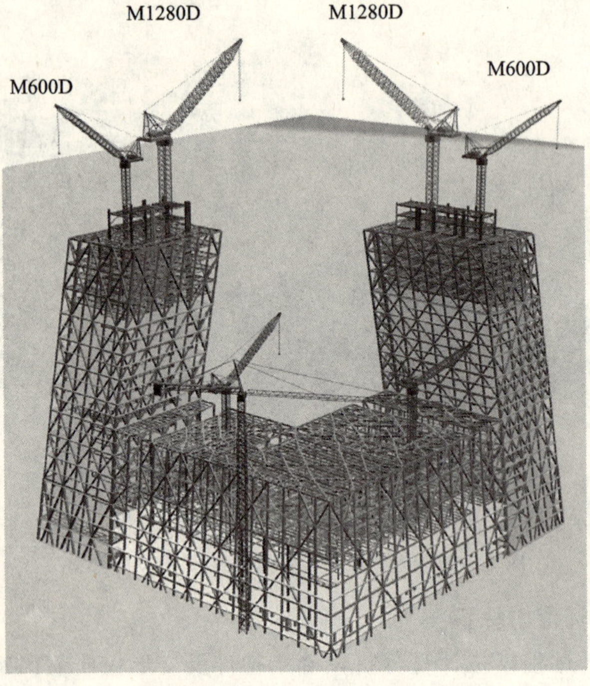

图 3-3-4　塔式起重机布置示意图

对于这种内筒结构刚度比外框结构刚度弱的“内弱外强”型倾斜结构形式，因塔楼内筒为钢框架结构，没有剪力墙，而特大型塔式起重机在内筒钢结构中进行附着爬升，加大了塔式起重机安全控制的难度。因此运用计算机技术模拟施工工况分析结果，对塔楼内筒钢柱四周设立临时柱间支撑，对结构进行临时加固处理，以减少塔式起重机运行中对结构的影响，确保结构稳定和塔式起重机运行安全。

由于钢结构安装作业面广，而且受地下室施工影响，施工现场狭窄，构件的现场运输和起吊区设置受场地限制，为解决构件运输和临时堆放问题，满足现场塔式起重机的最大起重性能，在塔楼一和塔楼二内侧各设置了一座重量超过 600t 的大型临时施工钢栈桥，栈桥架设在基础上，顶面与室外地面相平。钢结构安装施工平面布置如图 3-3-5所示。

（三）总体安装流程与顺序

1. 总体安装流程

总体安装流程如图 3-3-6 所示。

2. 总体安装顺序

本工程钢结构采用多台动臂塔式起重机同时对两座塔楼、裙楼展开安装，核心筒与内框筒钢结构由中间向四周对称安装并领先外框筒钢结构 2～3 层，而外框筒钢结构安装随建筑物的倾斜方向以平面对角为分界线依次对称进行。如图 3-3-7、图 3-3-8 所示。

主体钢结构安装与压型钢板、混凝土施工、幕墙等专业施工保持 4～6 层的施工节奏。

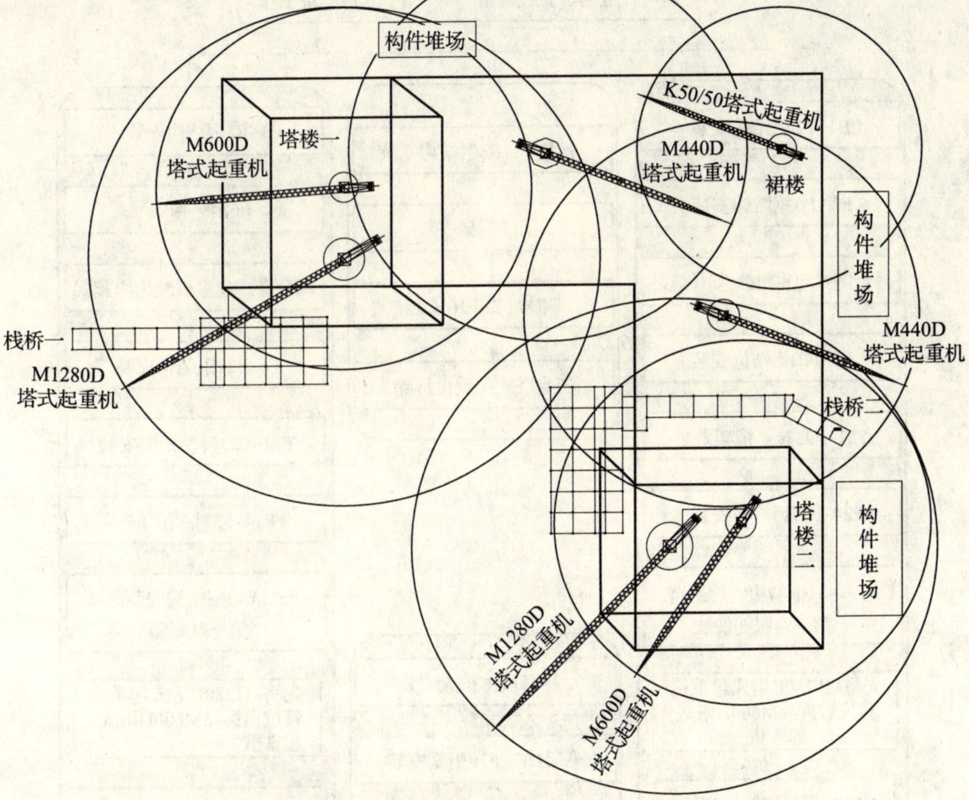

图 3-3-5　钢结构安装施工平面布置示意图

（四）倾斜外框结构安装

由于主楼外框钢柱双向倾斜，大部分构件单件重量达 20～80t，吊装就位时采用双塔式起重机（M1280D 和 M600D）同时作业，以 M1280D 为主塔式起重机，M600D 为辅助塔式起重机，前者吊装钢柱时，后者配合安装外框柱与内筒之间的钢梁，确保钢柱就位的稳定。

在起吊前，通过设置大吨位倒链和长短吊索的方式，使构件基本处于倾斜 6°的状态进行吊装就位。钢柱吊装到位后以临时连接板为主、缆风绳和刚性支撑为辅，对钢柱进行临时稳固，利用缆风绳、千斤顶和刚性校正装置等工具进行定位校正。

外框双向倾斜钢柱、梁、支撑的安装步骤如下，如图 3-3-9 所示。

第一步：用 M1280D 塔式起重机安装无蝶形节点的一根外框钢柱。

第二步：拉设外框轴线方向的缆风绳。

第三步：保持 M1280D 塔式起重机不松钩，用 M600D 塔式起重机安装此钢柱与内柱之间的钢梁，对钢柱校正到位。

第四步：同样的方法安装相邻的另一根无蝶形节点的外框钢柱，并对钢柱校正到位。

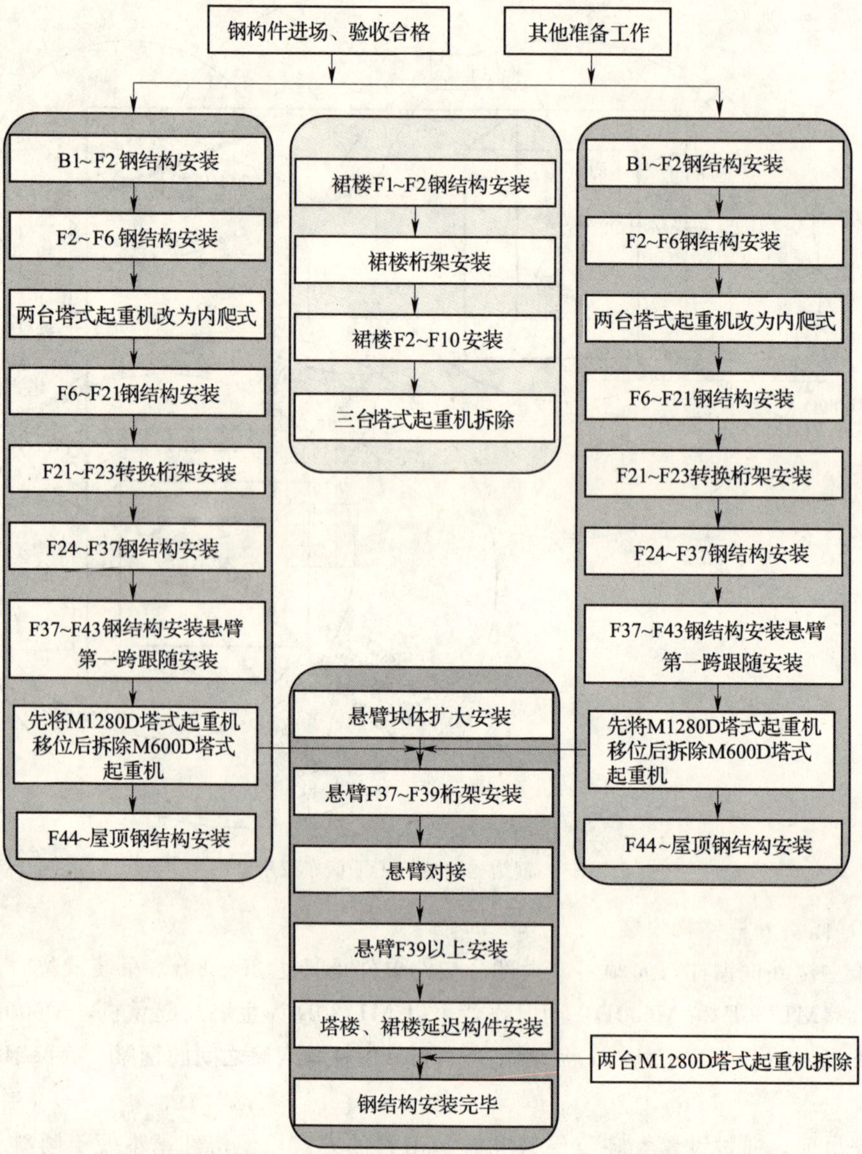

图 3-3-6 钢结构总体安装流程图

第五步：安装中间蝶形节点钢柱，M1280D 不松钩，用 M600D 吊装外框筒柱间钢梁以及与内筒连接的钢梁，校正蝶形节点到位。

第六步：安装外框筒间斜撑（蝶形节点两侧的斜撑），采用在地面用塔式起重机和导链将斜撑基本预调到位，进行安装。

第七步：用同样的方法从此单元向另一边依次安装，并最终完成整个外框柱、梁、支撑的安装。

图 3-3-7　钢结构竖向安装工况图

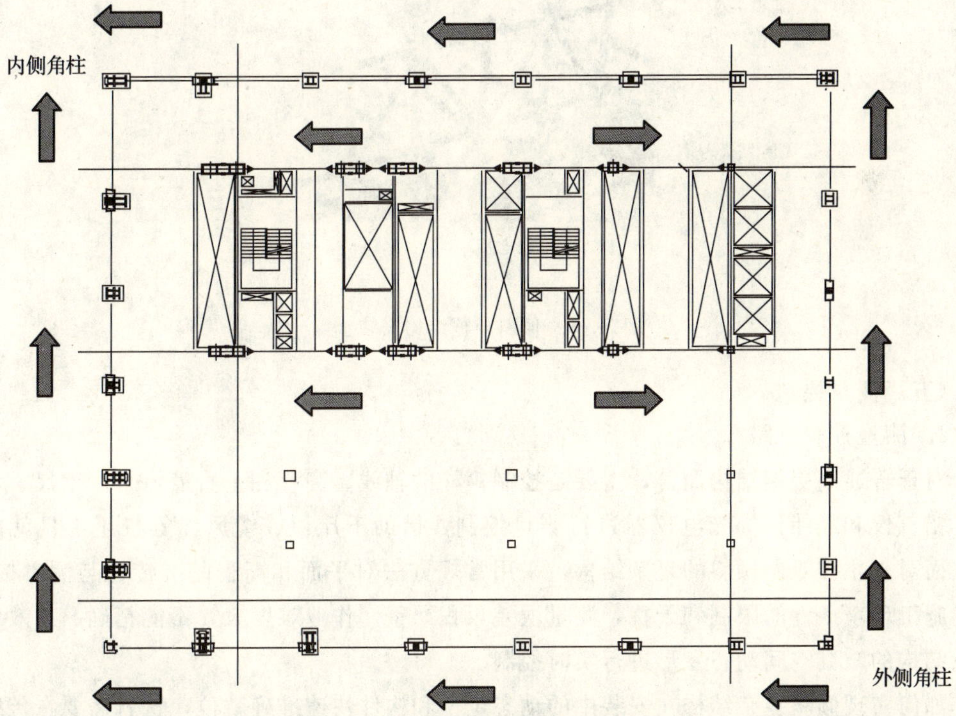

图 3-3-8　钢结构平面安装顺序示意图

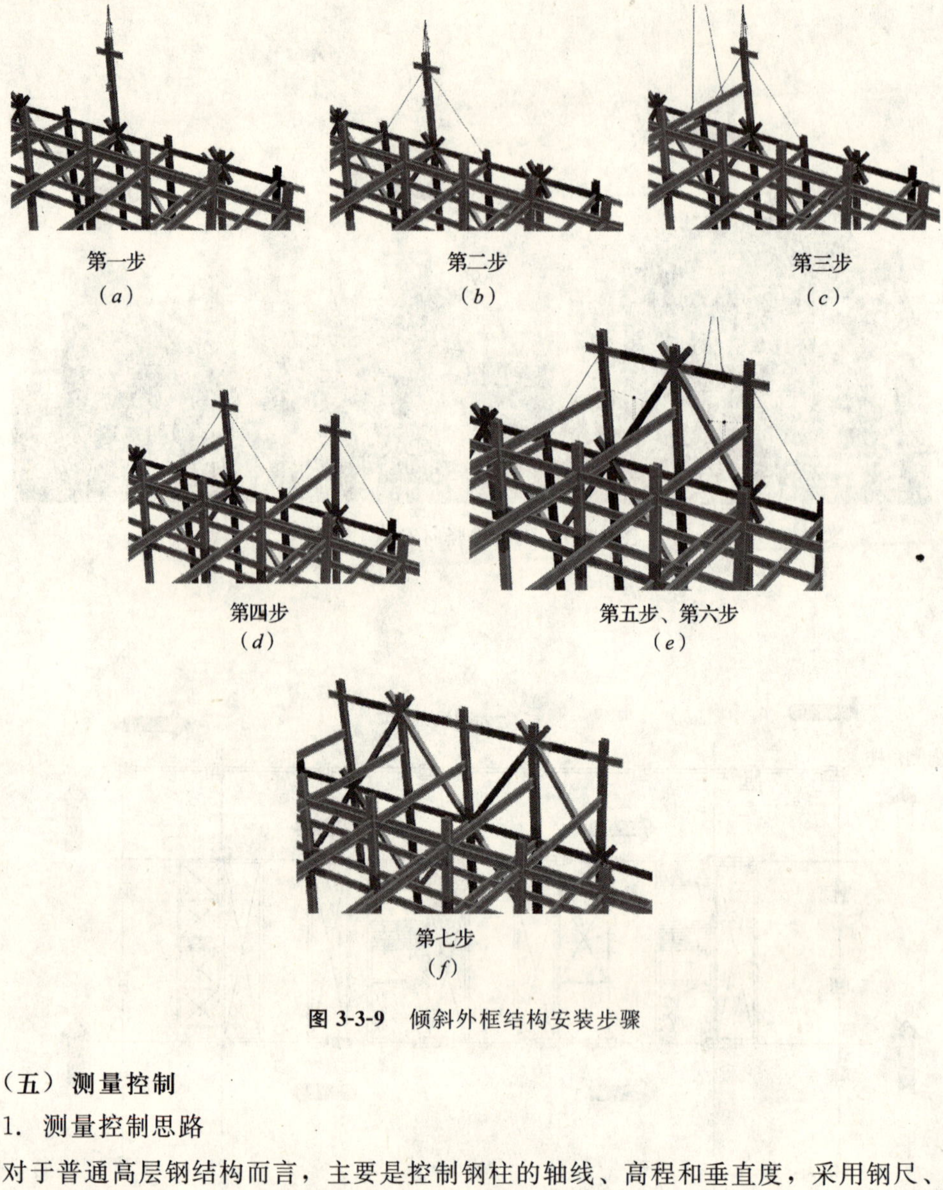

图 3-3-9　倾斜外框结构安装步骤

（五）测量控制

1．测量控制思路

对于普通高层钢结构而言，主要是控制钢柱的轴线、高程和垂直度，采用钢尺、水准仪、铅直仪和经纬仪等光电仪器进行测量控制，借助千斤顶或缆风绳等校正工具就能实现；而对于主楼双向倾斜的复杂结构，采用常规方法对平面和高程基准传递与测量控制，会受施工环境条件的限制和干扰，测量误差累积严重，作业难度大，不能精确、有效地对复杂结构的三维空间动态变形进行实时控制。

如何实现倾斜复杂结构在安装中的动态定位和构件快速准确就位，这就需要在传统的测量技术上进行改进与创新，采用新工艺和新设备，以满足安装精度的要求。因此在主楼钢结构施工中采用“内控法”与“外控法”相结合的测量技术进行钢结构安装测量控制。

(1) 在塔楼安装阶段采用高精度激光铅直仪进行平面基准控制点位传递、高精度全站仪高程传递和空间三维坐标测量技术，借助专门的刚性调节装置进行测量校正，采用具有自动捕捉跟踪功能的高精度智能全站仪进行监测与复核，确保悬臂结构安装前，两座塔楼的整体精度达到预控目标。

（2）在悬臂安装阶段用激光铅直仪从 F2（地面基座）开始引测测量控制点至悬臂底部楼层，采用智能全站仪进行构件的空间三维坐标测量，采用 GPS 全球卫星定位技术进行基准点位的校核，确保悬臂结构在两种测量技术的“双控”下实现快速、高精度合龙。

2．测量控制网的建立

（1）轴线控制网布设

轴线控制网主要在建筑物外部和内部分别布设外主控制网和内控制网，外主控制网以二级导线控制网 K1、K2、K3 点为基准，通过在主楼周围地面和相邻建筑屋顶设立 6 个控制点建立闭合的主控制网，并按照现场安装坐标系进行转换，安装坐标向东为 Y 正方向，向北为 X 正方向。外主控制点布置如图 3-3-10 所示。

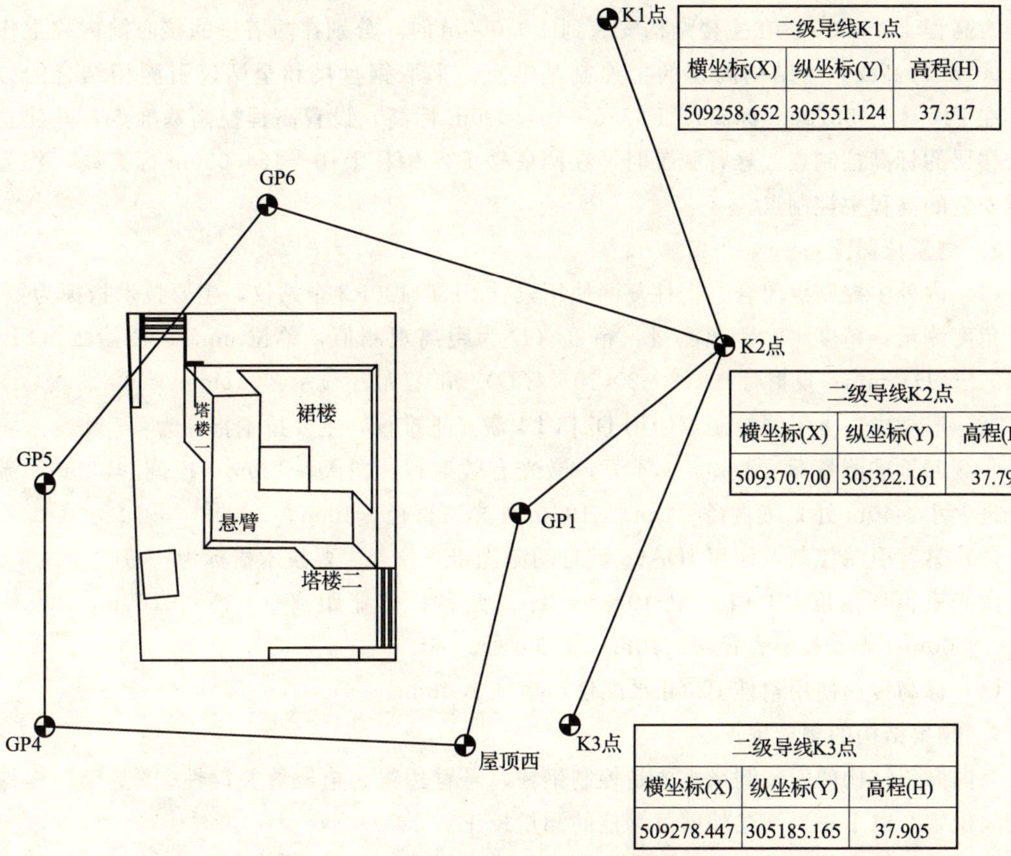

二级导线K1点		
横坐标(X)	纵坐标(Y)	高程(H)
509258.652	305551.124	37.317

二级导线K2点		
横坐标(X)	纵坐标(Y)	高程(H)
509370.700	305322.161	37.796

二级导线K3点		
横坐标(X)	纵坐标(Y)	高程(H)
509278.447	305185.165	37.905

图 3-3-10　外主控制点布置图

主控制点转换成安装坐标系后，其坐标值见表 3-3-1。

主控制点坐标　　表 3-3-1

测量控制点	X 坐标	Y 坐标	测量控制点	X 坐标	Y 坐标
K2 点	98.003	308.684	GP4	−70.898	−42.099
K3 点			GP5	84.570	−58.913
GP1	80.089	231.651	GP6	236.410	26.183
屋顶西	−42.810	197.709			

在两座塔楼、悬臂底部的地面上布设内主控制点，建立内控制网，以满足现场的钢结构安装测量校正、复测、监测工作。由于结构的倾斜，使布设在两塔楼 F1 的内控点在向上传递时不能通视，需要设置转换控制点，每隔 40～50m 转换一次，即以 F10、F18、F26、F37 作为内控点转换层。在悬臂施工时，用塔楼 F37 内控点与悬臂的内控点进行闭合校核控制点精度，满足悬臂安装测量需要。

（2）高程控制点布设

将二级导线的 K1、K2、K3 点绝对高程与建筑高程进行转换，绝对高程 38.900m 等于建筑高程±0.000m。在主楼结构安装到±0.000m 时，分别在两塔楼的核心筒内柱上作+1.000m 标高线作为结构高程的主控制基准点。采取钢盘尺和全站仪引测相结合的方法，在 F10（+45.700m 标高）、F37（+164.000m 标高）设置高程控制基准点，并建立每个楼层的标高控制点。悬臂施工时，在两塔楼 F37 钢柱上作+164.000m 标高线，作为悬臂安装的高程主控制点。

3. 测量仪器配备

（1）内外主控制点闭合、钢柱复测使用索佳 SET1130R3 全站仪，主要技术指标为：

角度测量：精度 1″；距离测量：精度（D 为距离观测值，单位 mm）；棱镜±（$2+2\times10^{-6}\times D$）mm；反射片±（$3+2\times10^{-6}\times D$）mm；最小显示：0.1mm。

（2）塔楼内向上引测控制点使用 DZJ3-L1 激光垂准仪，主要技术指标为：

一测回垂准测量标准偏差：1/4 万；激光有效射程：白天≥120m、夜间≥300m；激光光斑大小：40m 处光斑直径≤4mm、100m 处光斑直径≤6mm。

（3）悬臂引测控制点使用 JDA95 型自动激光铅直仪，主要技术指标为：

激光束铅直精度（4 档）：±10、5、3、1 角秒；作业距离（4 档）：100m、200m、400m、500m；光斑核心直径：＜10mm/100m 处。

（4）标高传递使用索佳 B20Ⅱ水准仪，精度 1.0mm。

4. 倾斜结构的测量校正

双向倾斜结构的安装测量主要是控制钢柱、悬臂边梁、桁架等关键性、“基础”构件的空间位置，以下主要阐述外框筒钢柱的测量校正。

外框筒钢柱安装测量主要采用全站仪+激光反射贴片进行直接观测，根据深化设计和预调处理确定的安装坐标值进行控制。

一般测量校正选择在上午 9：00～11：00、下午 15：00～17：00 点的时间段进行，钢柱吊装时，测量跟踪，当钢柱 X、Y 坐标基本达到安装坐标值时，使用临时连接板和缆风绳进行稳固，先校正柱顶标高，后校正柱顶平面轴线位置，当钢柱形成框架后再进行复校。采取楼面上和钢柱上架设仪器两种方式，将全站仪架设于选定的测量观测点上，根据安装坐标值，并结合当日气象条件设好坐标参数及温度修正值，照准粘贴于钢柱顶上的激光反射贴片，经观测得出钢柱顶空间位置的实测三维坐标，通过调节上下节钢柱之间的间隙控制钢柱顶标高；比较钢柱顶侧面相对应的两反射贴片的北坐标 N 和东坐标 E，得出钢柱柱顶平面轴线偏差，然后通过倒链、千斤顶或刚性支撑调节，校正钢柱顶的 X、Y 向坐标偏差，使柱顶平面位置达到预控状态。

当楼层标高达到一定位置后，用激光垂准仪从首层控制点垂直投点至安装作业层，为了检查控制点的精度每次至少要投 2～3 个点，当视线受阻时也可以用后方交汇的方法确定新点，以保证钢柱坐标的测量校正精度。外筒钢柱安装测量控制方式如图 3-3-11 所示。

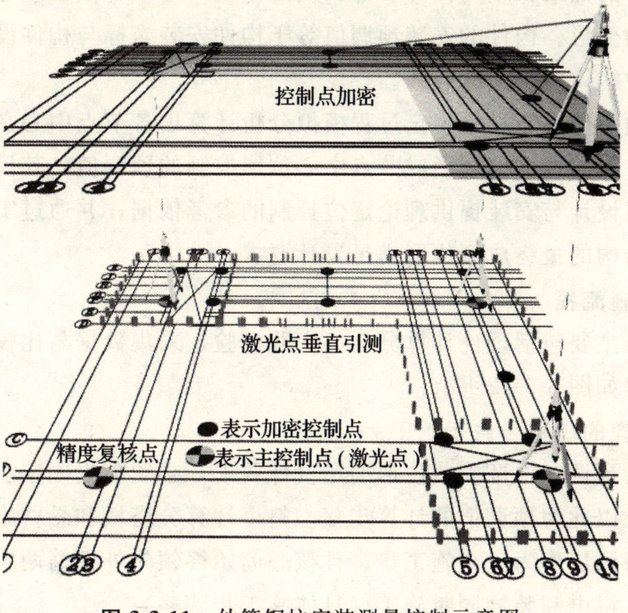

图 3-3-11　外筒钢柱安装测量控制示意图

（六）施工预调值处理与结构变形监测

1. 施工预调值处理

（1）施工预调值计算分析

倾斜塔楼在施工各阶段不同荷载的变化，导致两塔楼的水平位移和竖向位移不断发生变化，为了使结构完成以后，在主要荷载作用下构件位置达到设计要求，必须对结构进行整体预调。根据工程结构的特征以及施工前拟定的施工步骤，进行结构施工工况分析，从而计算出构件的预调值，用于指导构件的加工预调以及安装预调。

（2）预调值控制部位

在施工中，根据理论计算的预调值，主要控制外筒钢柱和部分内筒钢柱的顶部，以及悬臂外框边梁端部的空间三维坐标进行加工预调整或安装预调整。施工过程中，设定多个观测点，动态监测实际变形情况，将实测数据与理论计算相比较，及时对上部各阶段的预调值进行修正。

2. 结构变形监测

施工过程中对结构棱角、外廓中部、腋部、转换桁架、悬臂等关键部位选取600多个监控点，采用静力水准仪系统、全自动跟踪全站仪、GPS静态差分测量系统进行高程和水平方向的位移监测，即控制点的X、Y、Z三维坐标变化情况。

二、主楼钢结构预调实施与变形控制技术

（一）预调方法与目的

为了使施工成型结构的位形满足设计要求，施工中需要对结构构件的加工长度和构件的安装坐标（X，Y，Z）设置预调整值，即构件的加工预调值和安装预调值。构件的加工预调值等于构件的加工长度与构件设计长度的差值，用来补偿施工过程中构件的轴向压缩和拉伸所产生的变形。构件的安装预调值等于构件安装坐标与构件设计坐标的差值，用来补偿施工过程中构件所产生的位移。

预调首先必须由内业通过施工全过程模拟分析计算出各节点中心在施工过程中的位形变化情况，通过一定的迭加处理形成节点中心位形控制的预调值，其目的就是为钢结构加工、安装以及幕墙设计与安装提供理论定位控制的参考依据，并通过实施过程的不断修正调整，从而保证结构的最终成型位形满足设计要求。

（二）预调实施流程

主楼预调实施主要包括理论计算分析、实践检验、采集数据与比较、误差分析、修正等程序，实施流程如图3-3-12所示。

（三）施工步骤的确定与修正

要实现结构的预调，保证安装位形满足设计要求，必须事先确定能真实反映施工工况的施工步骤，以及以此为预调值的计算步骤。整个计算分塔楼和悬臂施工两个阶段，在塔楼施工阶段，以每两层作为一个施工步，且核心筒始终领先外框筒两层；楼面混凝土和压型钢板同时施工；机电和装饰同时施工（具体施工步骤略）。

在悬臂施工阶段，由于各种因素影响以及各专业进展情况，并且悬臂合龙由一次合龙改为分阶段渐近式合龙，先前制定的悬臂施工步骤需要根据实际工况进行修正（悬臂施工阶段的施工步骤和各专业施工状态略）。

（四）构件施工预调值计算

通过全过程模拟分析所得出的预调值为构件节点中心线点位的预调值，在实际施工时需要将计算分析所得的预调值通过平移、插值等方法转换成构件端部表面点位的预调值，作为施工控制的依据。

1. 构件加工预调值实施计算

构件加工预调主要体现在外框柱与斜撑、内筒柱与斜撑、悬臂底部边梁以及悬臂转换桁架等构件，依据计算出的轴线方向两节点中心之间的加工预调值，采用线性插值法进行换算，求得各构件端部及节间的加工预调值。

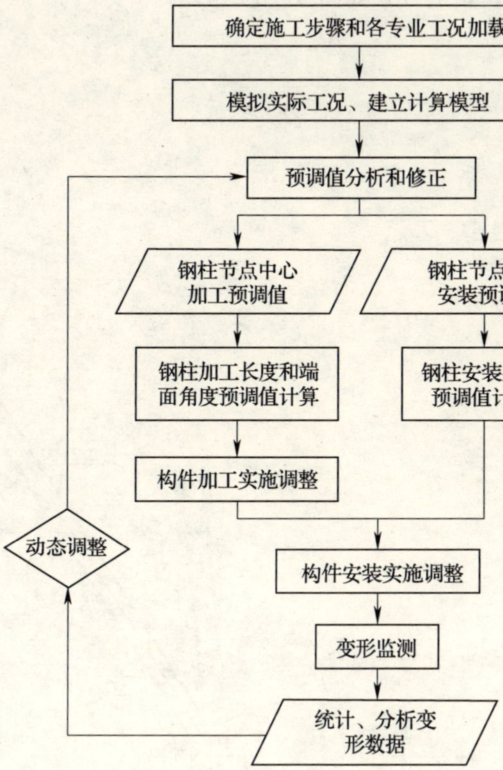

图 3-3-12 CCTV 主楼钢结构预调实施流程图

(1) 外框柱构件加工预调值

1) 外框钢柱

已知钢柱 A、B 两节点中心的加工预调值为 Δ，而实际分段点为距 A 点往下 L_1 处，构件需考虑的加工预调值为：分段点上下端的预调值，即 Δ_a，Δ_b 和 L_3 长度范围内的节间预调值 Δ_c，其公式如下：

$$\Delta_a = \Delta \times L_1 / (L_1 + L_2 + L_3) \tag{3-1}$$

$$\Delta_b = \Delta \times L_2 / (L_1 + L_2 + L_3) \tag{3-2}$$

$$\Delta_c = \Delta \times L_3 / (L_1 + L_2 + L_3) \tag{3-3}$$

钢柱加工预调值计算表示方式如图 3-3-13 所示。

2) 蝶形节点的外框钢柱

钢柱可以按上面的方式进行加工预调值的计算，蝶形节点板大小不作预调整；斜支撑节点域内的加工预调值折算到支撑加工预调值中。

(2) 外框支撑构件加工预调值

1) 单向支撑

已知斜支撑 AB 两节点的预调值为 Δ，加工中仅对支撑段进行预调，而对钢柱蝶形节点板大小不做预调，支撑上端和下端的加工预调值公式如下：

$$\Delta_{上端} = \Delta_{下端} = \Delta/2 \tag{3-4}$$

单向支撑加工预调值计算表示方式如图 3-3-14 所示。

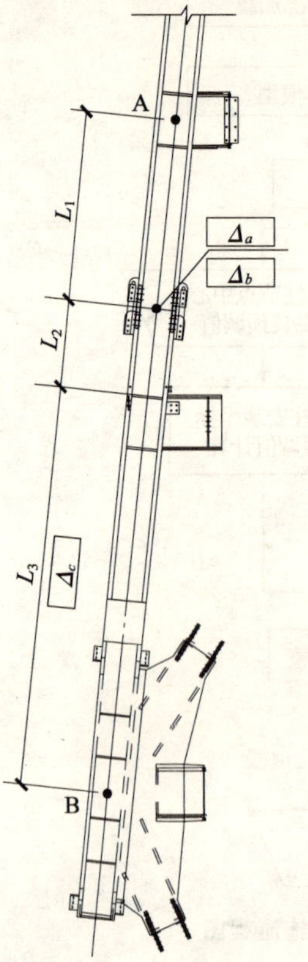

图 3-3-13　钢柱加工预调值计算表示方式

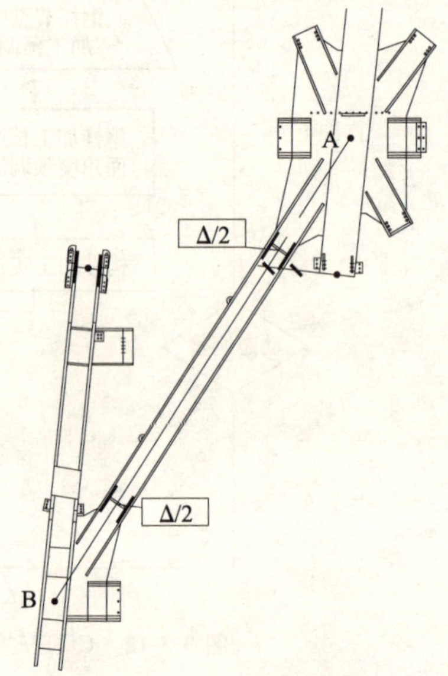

图 3-3-14　斜撑加工预调值计算表示方式

2）交叉支撑

已知斜支撑 AC 两节点的预调值 Δ_1 和斜支撑 BD 两节点的预调值 Δ_2，支撑 AC 深化设计为通长，而斜支撑 BD 为断开，加工中仅对交叉支撑段进行预调，而对钢柱蝶形节点板大小不做预调，需求各支撑上端和下端的加工预调值公式如下：

① AC 通长支撑：

$$\Delta_{AC上端}=\Delta_{AC下端}=\Delta/2$$

② BD 各段支撑：

$$\Delta_{BE上端}=\Delta_{BE下端}=\Delta/4$$

$$\Delta_{DE上端}=\Delta_{DE下端}=\Delta/4$$

交叉支撑加工预调值计算表示方式如图 3-3-15 所示。

（3）内筒柱加工预调值

内柱构件长度较长，大多在 12～16 m 之间，跨越三至四个楼层，并且分段点不在梁柱连接处，计算分析时加工预调值按一个刚性层给出（即两个楼层高度），而实际加工需考虑分段节点处预调值（如 Δ_1 和 Δ_4）和各楼层节间预调值（如 Δ_2 和 Δ_3），如图 3-3-16 所示。

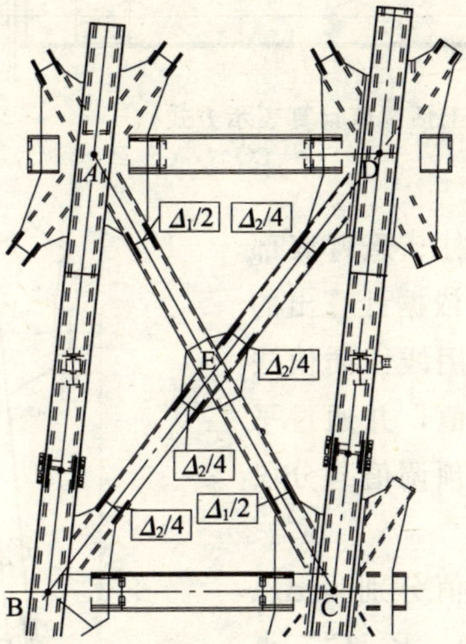

图 3-3-15 交叉支撑加工预调值计算表示方式

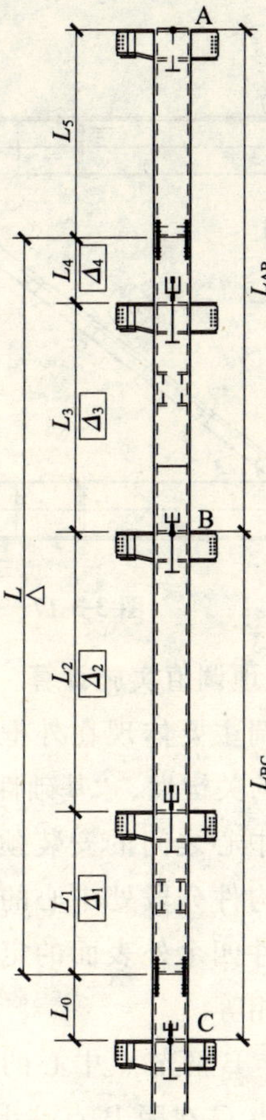

图 3-3-16 内柱加工预调值计算表示方式

已知两刚性楼层间的加工预调值分别为 Δ_{AB} 和 Δ_{BC}，单根柱构件的预调值 Δ_1、Δ_2、Δ_3 和 Δ_4 的计算公式如下：

$$\Delta_1=\Delta_{BC}\times L_1/L_{BC}$$

$$\Delta_2=\Delta_{BC}\times L_2/L_{BC}$$

$$\Delta_3=\Delta_{AB}\times L_3/L_{AB}$$

$$\Delta_4=\Delta_{AB}\times L_4/L_{AB}$$

即单柱总的加工预调值为：$\Delta=\Delta_1+\Delta_2+\Delta_3+\Delta_4$

（4）内筒支撑加工预调值

已知斜支撑 AB 和 AC 两节点的预调值分别为 Δ_1 和 Δ_2，加工中仅对支撑进行预调，而对连接板大小不做预调，支撑构件的长度加工预调值的计算公式如下：

$$\Delta_{AB}=\Delta_1$$

$$\Delta_{AC}=\Delta_2$$

内筒支撑加工预调值计算表示方式如图 3-3-17 所示。

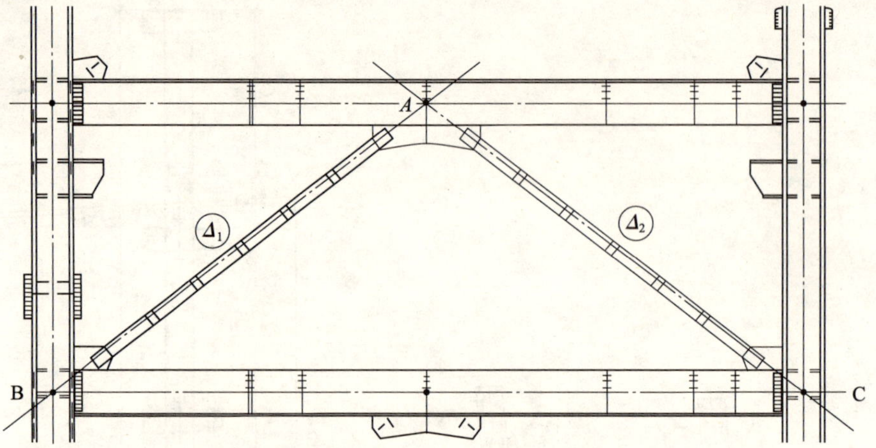

图 3-3-17　内筒支撑加工预调值计算表示方式

2. 构件安装预调值实施计算

构件安装预调主要体现在外框柱、内筒柱、悬臂底部边梁和转换桁架的关键性、"基础性"构件，依据计算出的轴线方向两节点中心之间的安装预调值，采用线性插值法进行换算，求得构件分段处中心的安装预调值，并通过平移使柱或边梁构件四个外表面的定位控制点预调值与分段处中心点预调值相等。

已知钢柱 A、B 两节点中心的安装预调值分别为 Δ_A、Δ_B，而实际分段点 C 在距 B 点往上 H_1 处，A、B、C 三点的标高分别为 Z_1、Z_2、Z_3，构件需考虑的安装预调值为分段点处的安装预调值，即 Δ_C。其公式如下：

$$\Delta_C=(\Delta_A-\Delta_B)\times H_1/H+\Delta_B$$

其中 $H_1=Z_3-Z_2$，$H=Z_1-Z_2$

钢柱安装预调值计算表示方式如图 3-3-18 所示。

以钢柱 C37-11 为例，计算分段位置的安装预调值结果如表 3-3-2 所示。

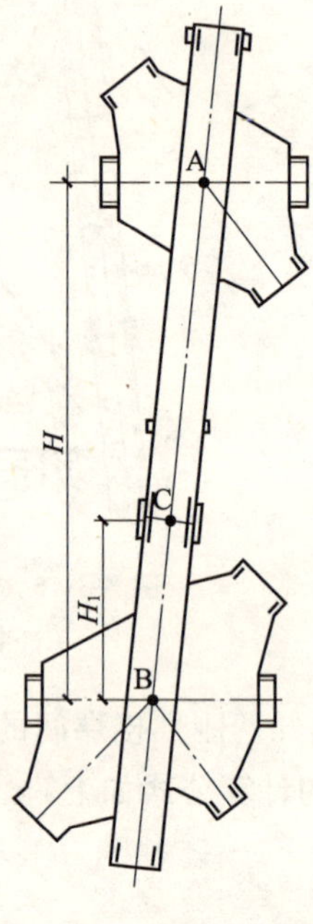

图 3-3-18　钢柱安装预调值计算表示方式

钢柱顶的安装预调值计算实例　　**表 3-3-2**

柱子编号	坐标方向	分段柱顶 C 标高 Z_3（m）	下节点 B 标高 Z_2（m）	上节点 A 标高 Z_1（m）	下节点 B 中心预调值 Δ_B（mm）	上节点 A 中心预调值 Δ_A（mm）	分段柱顶预调值＝分段中心预调值 Δ_C（mm）
C37-11	Δ_X 预调	88.94485	85.15	95.15	33.2	40.2	35.9
	Δ_Y 预调	88.94485	85.15	95.15	75.4	88.3	80.3
	Δ_Z 预调	88.94485	85.15	95.15	16.4	19.2	17.5
	Z 标高				85.15	95.15	88.9449

（五）预调实施控制方法

1．预调值的调整原则

（1）构件的预调长度调整范围在3mm以内的，通过调节安装间隙实现；如超过3mm则在工厂加长调整，并调整构件端部角度。

（2）安装预调值的实现主要是调整安装焊缝间隙与角度；在悬臂施工时，钢梁与柱连接的螺栓孔加工成长孔。

2．预调实施控制流程

以下主要介绍安装预调值的控制，其控制程序流程如图3-3-19所示。

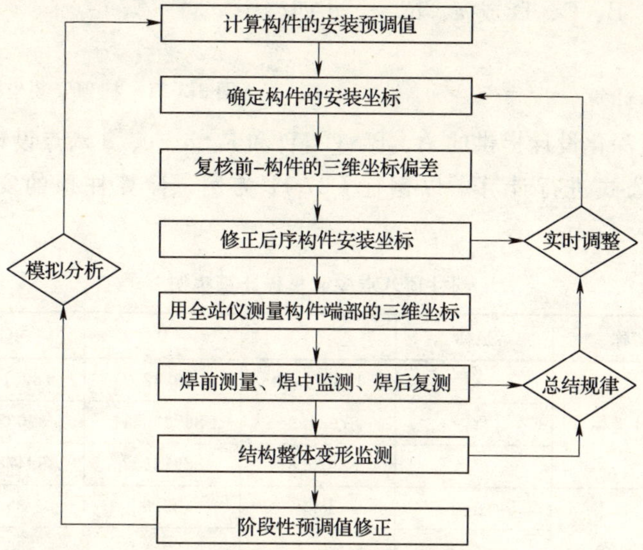

图3-3-19　预调实施控制流程

3．构件安装坐标确定

（1）坐标系的转换

由于预调值计算坐标系、设计坐标系、安装坐标系（此坐标系根据测量全站仪内置坐标系而定义，X对应仪器N方向，Y对应仪器E方向）三者互不相同，需要进行坐标转换，以安装坐标系实施控制。三种坐标系如图3-3-20所示。

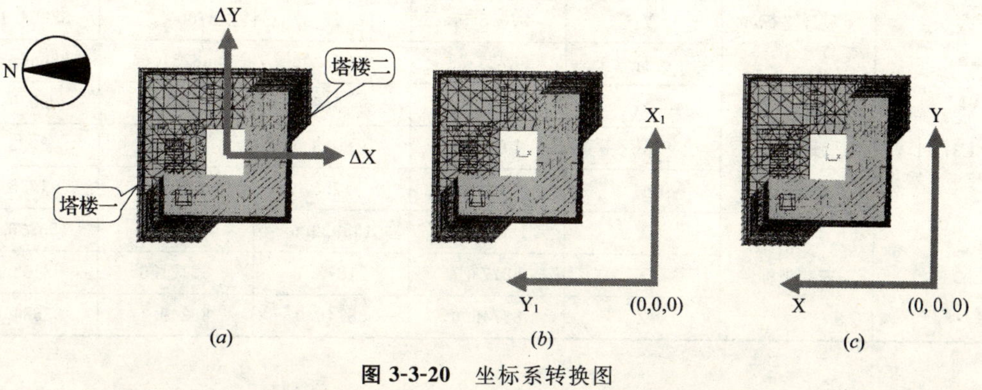

图3-3-20　坐标系转换图

（*a*）预调值坐标系；（*b*）设计坐标系；（*c*）现场安装坐标系

安装坐标的计算公式如下：

$X=Y_1-\Delta x-C_1$，$Y=X_1+\Delta y-C_2$，$Z=Z_1+\Delta z$，其中 C_1 和 C_2 分别为安装坐标系原点在 Y_1、X_1 方向上距离设计坐标系原点的距离。

(2) 安装控制坐标点设置

柱顶采取八点坐标控制，即图 3-3-21 中 A、B、C、D 四点为柱顶四面安装控制点，a、b、c、d 为柱顶以下 250mm 的四面控制点，这些点位在加工中进行标识，钢柱东、南、西、北四边分别对应 A、B、C、D 或 a、b、c、d 四个点。

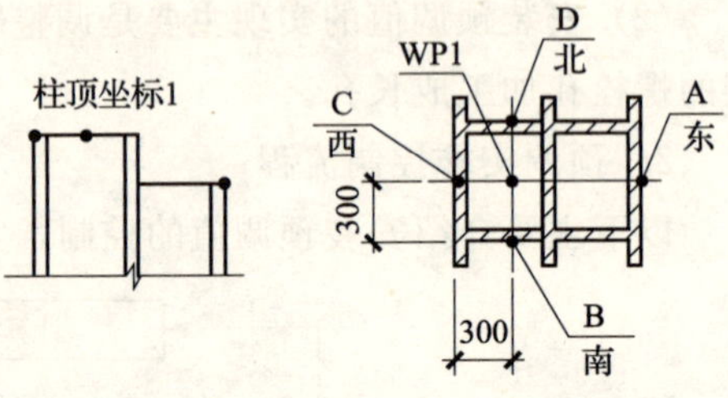

图 3-3-21　柱顶安装坐标控制点设置图

(3) 安装坐标计算

安装坐标通过深化设计提供的 A、B、C、D 和 a、b、c、d 八点设计坐标值，按照前述安装坐标计算公式进行计算。以钢柱 C37-11 为例，计算柱顶的安装坐标，结果如表 3-3-3所示。

钢柱顶八点安装坐标计算实例　　**表 3-3-3**

柱号	名称	坐标	A	B	C	D
C37-11	设计坐标	X_1	189944.38	189642.7	189011.22	189649.22
		Y_1	87084.96	86783.31	87032.76	87380.1
		Z_1	88975.87	88975.87	88478.88	88913.83
	预调值	ΔX	35.9	35.9	35.9	35.9
		ΔY	80.3	80.3	80.3	80.3
		ΔZ	17.5	17.5	17.5	17.5
	安装坐标	Y	156205.3	155903.6	155272.1	155910.1
		X	52199.7	51898.1	52147.5	52494.8
		Z	88993.3	88993.3	88496.3	88931.3
柱号	名称	坐标	a	b	c	d
C37-11	设计坐标	X_1	189970.34	189668.69	189037.21	189675.21
		Y_1	87058.98	86757.32	87006.78	87354.11
		Z_1	88728.58	88728.58	88231.6	88666.54
	预调值	ΔX	35.9	35.9	35.9	35.9
		ΔY	80.3	80.3	80.3	80.3
		ΔZ	17.5	17.5	17.5	17.5
	安装坐标	Y	156231.2	155929.6	155298.1	155936.1
		X	52173.7	51872.1	52121.5	52468.9
		Z	88746.0	88746.0	88249.1	88684.0

(4) 预调实施

预调值计算建立在整个结构模型从基础到屋顶，从空间 X、Y、Z 三个方向进行预调，对于塔楼结构，分摊在每节钢柱顶上的 X、Y 向预调值相对于下节柱顶为 10～20mm 左右，Z 向的预调值较小，仅为几毫米；而对于悬臂结构底部边梁，单个构件的 Z 向预调整相对值达到 15～36mm，X、Y 向达到 10mm 左右。

而钢梁和斜撑在空间的位置随"两钢柱"的整体同向预偏而偏移，钢梁与柱身连接处因柱身连接件不调整而存在一定的角度偏移，可能会产生螺孔相互错位现象，经模拟放样得出错位最大值为 0.7mm（最顶部的螺栓孔），而且实际螺栓孔径大于螺栓直径 2mm，这样，螺栓安装调节间隙最小为 1.3mm，可以满足螺栓螺栓穿入。同样，斜撑与钢柱是焊接连接，有一定的安装间隙，就位调整相对钢梁容易，因此安装中主要通过钢柱的顶部坐标的控制、调整达到结构预调目的。

根据换算后的安装坐标，通过全站仪观测，利用设在柱顶的倒链或刚性支撑调整上下节柱间的间隙（一般调整 1mm，柱顶调整值就达到 10mm 左右），使相对于安装坐标的实测偏差值控制在规范允许范围内，之后通过钢梁或临时支撑或钢板对钢柱进行稳固。

（六）变形控制

1. 结构预调的修正

由于施工模拟计算不能准确地反映施工工况的实际状况，特别是地基沉降的影响。施工初期地基沉降影响不明显，随着结构荷载的增加，地基会出现明显的不均匀沉降，对结构顶部的位形控制会带来较大影响。因此，在施工中必须对地基沉降进行跟踪监测，及时修正预调，即分两阶段进行预调、修正控制，第一阶段为悬臂以下结构施工阶段，第二阶段为悬臂以上结构施工阶段。

对于单根构件，受温度、日照因素影响，构件安装后会出现一定的变形偏差，因此测量校正、复核工作就必须尽量选在早上 9：00～10：00、下午 15：00～16：00 这些时段，同时通过全站仪自带的温度修正功能进行修正，以减少温度、日照对构件位形控制精度的影响。

对于焊接变形引起的预调偏差，通过焊前、焊中、焊后的实时跟踪监测，采集几组变形数据进行分析，找出变形规律和趋势，及时调整局部焊接顺序，采取局部加固措施，并在下一节柱安装前对已安装的钢柱进行坐标复核，及时对下节柱的柱顶安装坐标进行修正，确保上部预调值处于受控状态。经过观测，一般钢柱焊接成型后，柱顶朝倾斜方向偏差 5～10mm，因此，测量校正时以此为修正值，反向预调处理。

2. 变形监测

施工过程中对关键部位选取 600 多个监控点，进行高程和水平方向的位移监测，便于掌握结构在温度、日照、风载、地基沉降、自重压缩变形等因素影响下的整体变形情况，为结构预调实施和修正提供数据保障。

（七）实施效果

在主楼施工中，严格按照既定的施工步进行施工，使实际工况与模拟计算工况尽量吻合，这是结构预调成功的关键。整个预调实施严格控制工况分析、预调值计算、安装坐标转换计算、气候与变形监测、作业监测、预调修正等环节的质量，并综合运用了静力水准仪、智能全站仪、GPS卫星定位等测控技术保障测量数据的精确性，使主楼预调实施和变形控制达到了设计要求。主楼结构完成后，2008年10月10日主体结构验收时的测量成果如表3-3-4、图3-3-22所示。

屋顶轮廓（角柱角点）测量成果表 表3-3-4

柱子编号	设计坐标（mm）			实测坐标（mm）			偏差（mm）		
	X	Y	Z	X	Y	Z	ΔX	ΔY	ΔZ
C1 西北角 d	139950	30120	233071	139967	30125	233078	17	5	7
C7 东北角 e	140701	67962	225931	140716	67951	225941	15	−11	10
C107 西南角 c	27323	28352	216255	27344	28375	216290	21	23	35
C118 东北角 f	65756	66786	214741	65773	66810	214756	17	24	15
C37 东北角 a	64161	144495	199628	641501	44511	199635	−11	16	7
C43 东南角 b	24933	145138	193516	24925	145150	193524	−8	12	8

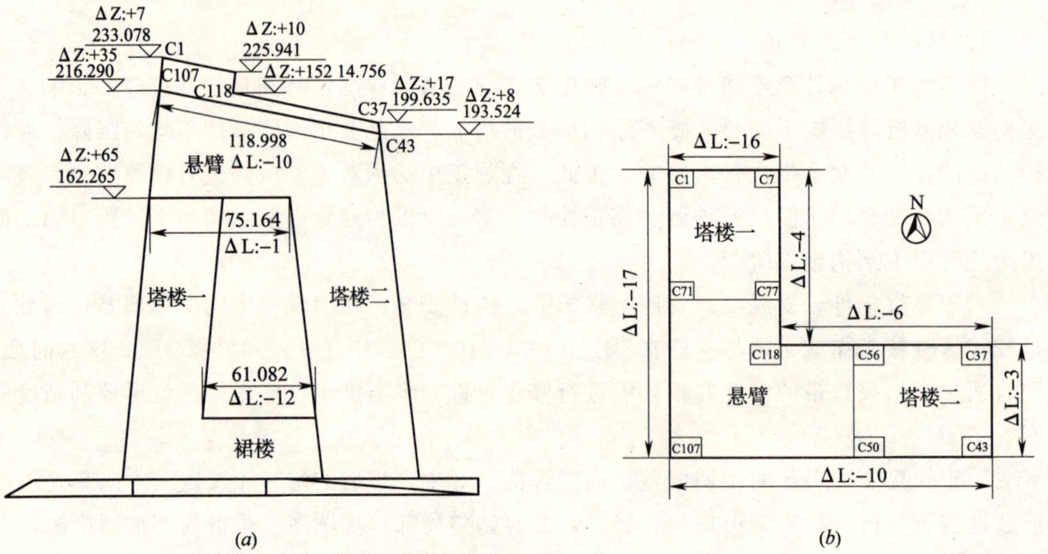

图3-3-22 主楼结构成型后外形尺寸测量成果图

（*a*）南立面；（*b*）屋顶平面

三、主楼结构施工监测技术

主楼结构施工监测具有多项特点：监测周期长，测量精度要求高，监测内容和测点数量多，监测和施工过程分析作比对，监测设备和监测方法先进等。

监测包括多方面内容：主体结构三维空间变形监测、关键部位杆件应力监测、基础筏板不均匀沉降、大悬臂合龙监测等内容，以下主要介绍结构变形监测和应力监测。

（一）监测依据和方法

1. 变形监测

变形监测测量等级根据工程复杂性并结合《建筑变形测量规程》(JGJ/T 8—97)，按规范一级变形测量等级进行，沉降观测——观测点测站高差中误差≤0.15mm；水平位移观测——观测点坐标中误差≤1.0mm。主要测量方法简述如下。

(1) 在场区内设立高程基准点和平面测量基准点，定期对基准点的高程和平面坐标进行复核，其中平面测量基准点首次测量采用静态 GPS。在基坑周边设水准测量工作基点和平面测量控制网，平面工作基准点控制网用高精度全站仪按一级平面导线要求定期进行测量，以最近测量数据进行结构变形测量。

(2) 对角柱外框棱镜测点，用全站仪在平面基准点上用极坐标法进行测量。以当前最新的平面基准点坐标来推算棱镜测点坐标。

(3) 在两塔楼内分别设立一个由 6 点组成的二级平面控制网，由一级平面导线控制网引测确定。利用二级平面控制网的强制对中装置，通过天顶仪传递平面坐标到各监测楼层，在楼层内用钢尺量距，按测边交汇法计算测点的平面坐标。

(4) 将基准点的高程引测至塔楼内部首层，利用悬挂张力钢尺将首层内部高程向上或向下传递到各监测楼层，在楼层内进行一级水准测量。

2. 应力监测

应力监测采用表面应变计对钢结构应变进行测量，对型钢混凝土柱，用钢筋计测量截面的应变。应变测量主要采用振弦式应变计和钢筋计（按姊妹杆方式），在局部关键构件采用光纤钢表面应变传感器。振弦式应变计和光纤应变计均能准确测量构件的应力状况。

(1) 振弦式应变计监测原理

应变计可直接测量绝对应变值和相对零点的差值，如果需要监测钢弦的频率可不连接蓝线与绿线，此时仪表自动显示振弦频率（分辨率为 0.1Hz），应变与频率的计算公式为：

$$A=K_1\times K_2\times f^2$$

其中：A 为应变值，单位为 $\mu\varepsilon$；f 为振弦频率；K_1、K_2 为系数，由厂家给定。

当受温度影响显著时，对测量结果进行温度修正：

修正后应变为 $$\varepsilon_{修}=\varepsilon-(T-T_0)(F-F_0)$$

其中：F 为温度修正系数；测量应变为 ε，单位为 $\mu\varepsilon$；测量温度为 T，初读数时温度为 T_0。

(2) 光纤应变计监测原理

当宽带光在光纤布拉格光栅中传输时，将产生模式耦合，满足布拉格条件式的一个窄带光谱将被反射回来 $\lambda_b=2n_{eff}\Lambda$。

其中：λ_b 为光栅布拉格反射波长；n_{eff} 为导模的有效折射率；Λ 为光栅周期；

当外界应力发生变化时，引起光纤光栅布拉格波长的偏移量为 $\frac{\Delta\lambda_b}{\lambda_b}=(1-P_e)\varepsilon_z$

P_e 为有效弹光系数；$\Delta\lambda_b$ 为外界应力作用下光栅布拉格波长的移动量。光纤的轴向应变，可以表示为 $\varepsilon_z=\frac{\Delta\lambda_b}{\lambda_b}/(1-P_e)$。

光纤光栅的中心波长在外界应变的作用下产生波长移位，解调出波长变化，即可确定应变的变化情况，进而实现应变的测量。

受温度变化影响时，其波长偏移变化特征亦通过光解调仪测定，从而测出测点温度，对应变进行温度影响修正。

（二）主要监测设备的精度指标

根据项目监测要求，主要采用的仪器设备和精度指标如表 3-3-5 所示。

主要监测设备的主要精度指标　　表 3-3-5

仪器名称	主要精度指标
GPS Leica1200/AX1202 等	
Leica TC2003 全站仪	测角精度 0.5″，测距精度 1mm＋1ppm
Zeiss Dini12 水准仪	每公里往返高差中误差为±0.3mm
静力水准仪	线性度和重复性均≤1%FS
激光垂准仪	一测回垂准测量标准偏差≤1/20 万
钢弦应变计	1με
振弦读数仪	1Hz
光纤应变计	1με
光解调仪	1pm

（三）测点布置

1. 变形监测测点布置

位移监测点统一编号，保证同一柱上各层测点编号一致，以便于监测结果的使用，在测点编号前加上楼层序号以区分不同楼层的测点。结构分区及测量坐标系统如图 3-3-23 所示；上部结构测点的平面布置如图 3-3-24所示。

2. 应力监测测点布置

在选择应力关键构件时充分考虑了主楼的复杂受力特点及关键构件分布，根据设计单位要求，主要确定以下几类构件作为关键构件：特征位置构件（如 F10、F37、大屋顶处构件）；本身应力较大构件（如转换桁架构件）；施工过程中内力变化较大构件（如悬挑构件、后装构件周围的部分构件）。

（1）待测杆件上测试截面的确定原则

1）支撑及转换桁架构件主要承受轴力，每根测试构件设一个测试截面。

测试截面位置：柱间支撑构件位于支撑跨越非刚性楼层楼面以上 500mm 处；桁架斜腹杆测试截面位于构件下端距节点区 500mm 处，楼

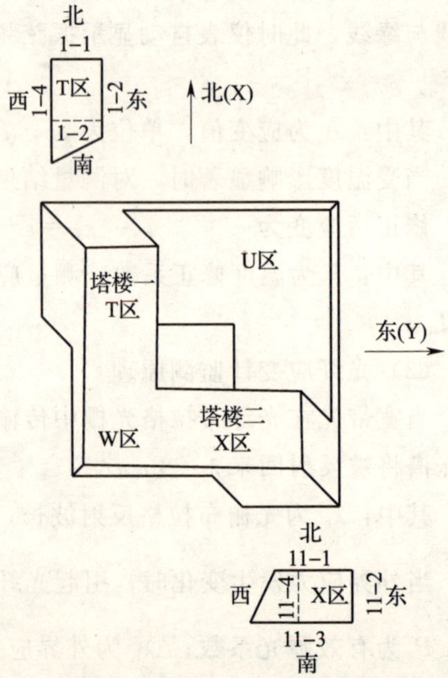

图 3-3-23 结构分区、立面编号及坐标系三维示意图

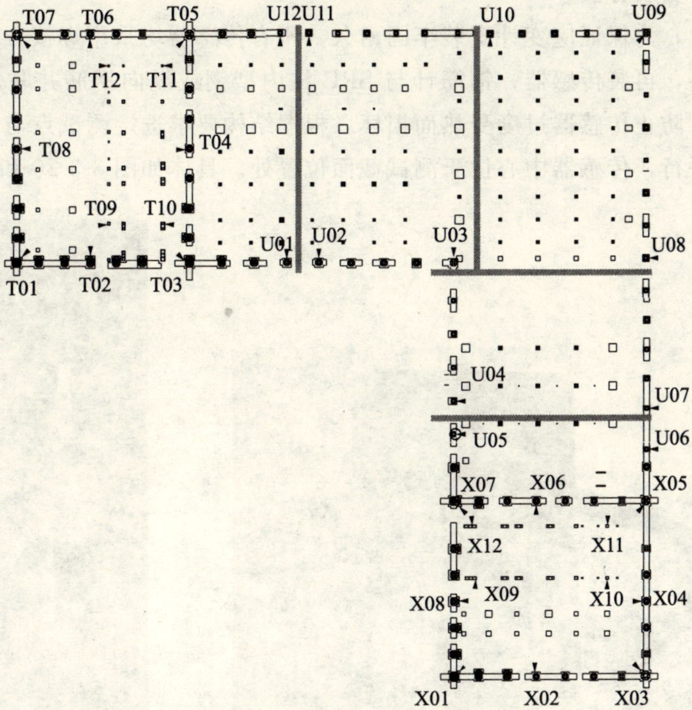

图 3-3-24　上部结构测点布置图

面斜撑测试截面位于构件跨中。

2）每根测试柱设一个测试截面，安装截面位于柱下端节点区以上 1000mm 处。

3）每根梁设一个测试截面，位于梁端距节点区外 500mm 处。

（2）测试截面上传感器的布置原则

1）斜撑及转换桁架构件的每个测试构件上布置 2 个传感器；梁、柱构件承受有较大弯矩，在每个测试截面上安装 4 个传感器，具体布置编号和形式如图 3-3-25 所示。

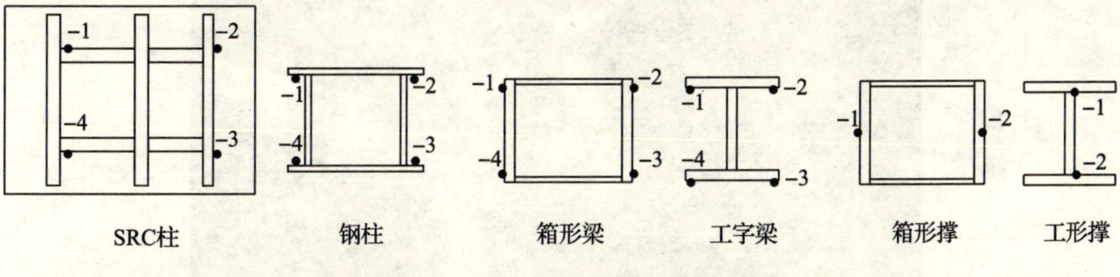

图 3-3-25　测试截面传感器布置示意图

2）带温度测量功能的传感器布置：

① 在相似环境温度下的梁、柱构件上选择一个测试截面，布置成带温度测量功能的应变传感器；

② 在相似环境温度下的支撑及桁架构件上选择一个测试截面，布置成带温度测量功能的应变传感器。

(3) 传感器安装方法

监测周期长，为保证应变计安装牢固耐久，所有传感器均采用焊接方式安装，表面应变计先焊接底座，再装传感器；钢筋计与 SRC 柱内型钢或纵向钢筋并联焊接，焊接时湿敷传感器部位，防止传感器过度受热而损坏。根据结构要求选定测试点与测力方向，应变计与受力方向平行，传感器中心位于测试截面位置处。具体如图 3-3-26 和图 3-3-27 所示。

图 3-3-26 振弦式应变传感器及采集设备

图 3-3-27 斜撑上平行安装的光纤和振弦式传感器

(4) 传感器测点编号原则

应力监测构件以标高及轴线定位，每个监测断面按顺序编号，断面上传感器按顺时针方向以短划线加数字后缀标识。安装完成后，记录每个监测面的传感器安装的详细位置，并在引出导线末端进行标识，标识要做到醒目、统一、耐久、防水、美观。现场测点布设完毕后，及时绘制测点布设分布图，详细记录各监测点的布置位置和各相关尺寸，作为计算分析的一个依据。

（四）变形测量结果

外框测点棱镜在楼面梁将结构连接成整体后开始安装，各层变形监测点在结构楼面混凝土浇筑完成后开始安装，测点安装完成后随即开始监测。变形监测时间跨度较长，为将监测结果同施工进度直接联系，将结构楼面混凝土浇筑施工进度绘制于图 3-3-28。

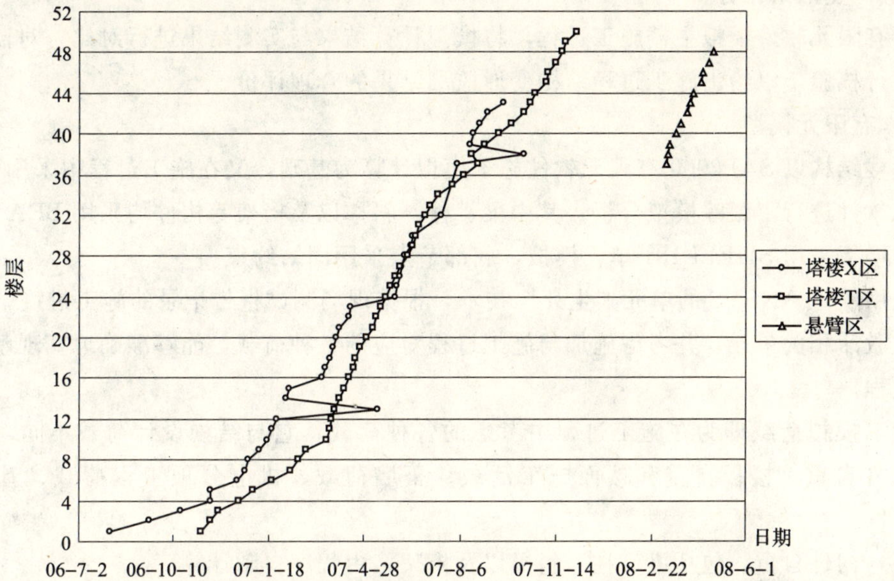

图 3-3-28 楼面混凝土浇筑施工进度

1. 高程测量

高程基准点高程为 39.796m。上部结构在两塔楼分别进行测量，其中塔楼 T 区：F1、F6、F10、F12、F16、F20、F24、F28、F32、F36、F37、F41、F45 和 F49，共 14 个监测楼层；塔楼 X 区：F01、F06、F10、F12、F16、F20、F24、F28、F31、F37 和 F41，共 11 个监测楼层；每个塔楼每监测层设 12 个高程监测点，共计 300 个测点。首次测量于 2006 年 11 月 23 日开始，以后每两周测一次，到 2008 年 4 月 30 日，共进行了 38 期测量。

监测结果表明，结构竖向变形连续，层间差异不大；受季节温差影响，总体竖向变形呈季节波动。

2. 平面变形测量

平面变形测量包括从外部用全站仪直接测量两塔楼角柱变形和从塔楼内部用钢尺量距测量塔楼内部测点变形。受幕墙安装影响，面板安装时须拆除棱镜，受此影响的测点中止测量；内部测点由于楼面有临时堆场，监测会受影响故重点测量少量楼层。塔楼 T 区外框棱镜角点监测楼层为：F2、F6、F10、F12、F16、F20、F24、F28、F32、F36、F37、

F39、F41、F45和F52（屋面），每个监测楼层外框角柱上布置4个测点；塔楼X区外框棱镜角点监测楼层为：F2、F6、F10、F12、F16、F20、F24、F28、F31、F37、F39、F41和F45（屋面），每个监测楼层外框角柱上布置4个测点。内部变形受施工和施测条件限制，在两塔楼能实施较长监测周期的楼层为：F1、F6、F16、F24和F37，每个塔楼内的每个监测楼层在外框角柱和内框筒角柱上布设测点，每层8个。

外框角柱平面变形测量每周进行一次，内部测点两周测量一次。监测结果表明，结构平面变形连续，无明显突变位移；季节温差变化对结构变形有影响，但总体平稳。

（五）变形结果分析

用有限元软件模拟主楼施工过程，将模拟计算结果与实测结果进行对比，对监测测量结果进行核验，以给出施工过程结构变形监测结果的合理评价。

1. 有限元模型

主楼结构以SAP2000有限元软件施工模拟计算为基础，又在施工过程中采用ANSYS有限元软件进行了跟踪模拟分析。其中梁、柱、斜撑以及桁架等构件均采用BEAM4单元模拟，楼板采用SHELL181单元模拟，底部节点采用固结约束。

采用软件ANSYS的单元“生死”技术，根据现场测试报告记录的施工进度，有步骤地依次激活相关单元，并考虑施加与施工过程对应的各种荷载，能够准确地实现整个施工模拟过程。

施工模拟荷载即为在施工过程中考虑的各种荷载，它与结构设计荷载不同，主要包括：构件自重、楼板自重和楼面施工活载、幕墙荷载、机电分项工程荷载、基础沉降等。

（1）构件自重：包括梁、柱、斜撑以及桁架，由程序自动计算。

（2）楼板自重和楼面施工活载：楼板自重由程序自动计算，并在楼板施工过程中考虑0.6kN/m^{2}的施工活载，该活载施加到楼板面单元上，在当前楼层施工完毕后即取消。

（3）幕墙荷载：幕墙面荷载1.5kN/m^2，按楼层高度换算成线荷载，作用在外框筒边梁上；

（4）室内装饰和机电分项工程荷载：其中室内装饰荷载按0.5kN/m^{2}考虑；机电分项工程荷载为设计附加恒载减去室内装饰荷载，等效面荷载分布。

（5）基础沉降：随着施工进度的推进，上部结构和基础的相互作用更加明显，因此基础底部的沉降对上部结构变形的影响不能忽略。由于地质特性较复杂，难以准确模拟基底的沉降量，故在计算中将实测B3层沉降量作为位移荷载施加到模型相应的节点位置。

2. 变形对比结果

结构变形测点安装时间相对滞后于钢结构结构构件安装时间，尤其是高程测点是在楼面混凝土浇筑完成后开始安装。为使测试结果与理论计算在时间上取得一致，模拟计算的变形值取测量日期对应时间步的计算变形值减去测点安装时对应时间步产生的变形值。

实测与理论计算对比结果表明，结构实测变形与理论计算值趋势一致，结构变形连续；数值上，结构实测变形受温差影响，实测结果在计算值上下出现波动，但总体平稳，未出现异常变形。

3. 变形监测综述

主楼结构施工过程的变形监测工作从2006年4月开始，定期对结构竖向和平面变形进行监测，期间每两周形成一次监测过程报告，直到结构工程施工结束。

经对监测数据进行对比计算分析，实测和分析结果表明：

(1) 结构在施工过程中变形连续，无异常变形出现。

(2) 对测点高程实测结果进行分析后可知：测点高程变化主要受三方面的综合影响：一是结构受力引起的压缩和拉伸变形；二是大部分上部结构受环境气温变化影响而产生的伸缩变形；三是基础的沉降变形。通过对比理论计算结果和实测高程变形，季节温度变化对高程变形影响较为明显。

(3) 对塔楼外部角点棱镜测试结果进行分析后可知：塔楼一（T区）四个角点向南变形趋势逐步增大，四角点沿东西向变形呈现向东变形值先增大后减小的趋势；塔楼二（X区）四个角点向西变形趋势逐步增大，四角点沿南北向变形呈现出向北变形值先增大后减小的趋势。塔楼一（T区）产生向南方向的显著变形，塔楼二（X区）产生向西方向的显著变形，与建筑物上部超大L形悬臂的建筑特征是相符的。

（六）应力监测结果

应变计在构件安装且形成整体稳定结构后开始安装，根据施工进度和具体工作条件，现场共安装了78根测试构件，共211个传感器；另安装监测7根合龙构件应力。监测过程中，应变计有少数受到破坏的情况，发现后及时修复，并累计已记录的应变值。应变计安装完成后，每周测试一次。

应变传感器记录的应变值中包含结构自重等直接荷载引起的应变，也包括基础沉降引起的应变，还包含温度变化、混凝土收缩等产生的应变，是结构在各种荷载作用下的总体反应。将监测记录的应变值乘以钢材弹性模量，得到测点处的名义应力，将其绘制成时间变化曲线，按安装顺序号进行排列。

（七）应变对比结果

应力应变监测通过应变计测量构件应变，应力为材料弹性模量与应变的乘积，用测试记录的应变值和施工模拟计算的截面应变值进行对比。结构应力监测的测点安装时间相对滞后于钢结构构件安装时间，为使测试结果与理论计算在时间上取得一致，模拟计算的应变值取测量日期对应时间步的计算应变减去测点安装时对应时间步已产生的应变。

实测与理论计算对比结果表明：结构构件实测应变与理论计算值趋势基本一致；对应变处于较低水平的构件，实测结果与施工模拟计算误差相对较大，这与结构构件受环境温度影响等有关；整体应变对比结果无异常。

经对主楼进行施工过程关键构件的应力应变监测，完整记录了构件在施工过程中的应力变化规律；通过实测结果与施工模拟计算分析可以看出：杆件实测轴向平均应变值与有限元模型计算结果的规律性相似，量级相当，两者之间吻合程度良好。总体表明：①杆件应力发展稳定，数值合理，受力性质合理；②有限元计算模型与实际结构之间模拟性较好，计算模型中的荷载取值和施工模拟计算方法合理。

四、双向倾斜高强预应力锚栓设计和施工技术

主楼的外框柱共 97 根，除 12 根钢柱为埋入式钢柱外，其他钢柱都设计有高强预应力锚栓，共计 586 根，图 3-3-29 为设计有高强度预应力锚栓钢柱的分布图。

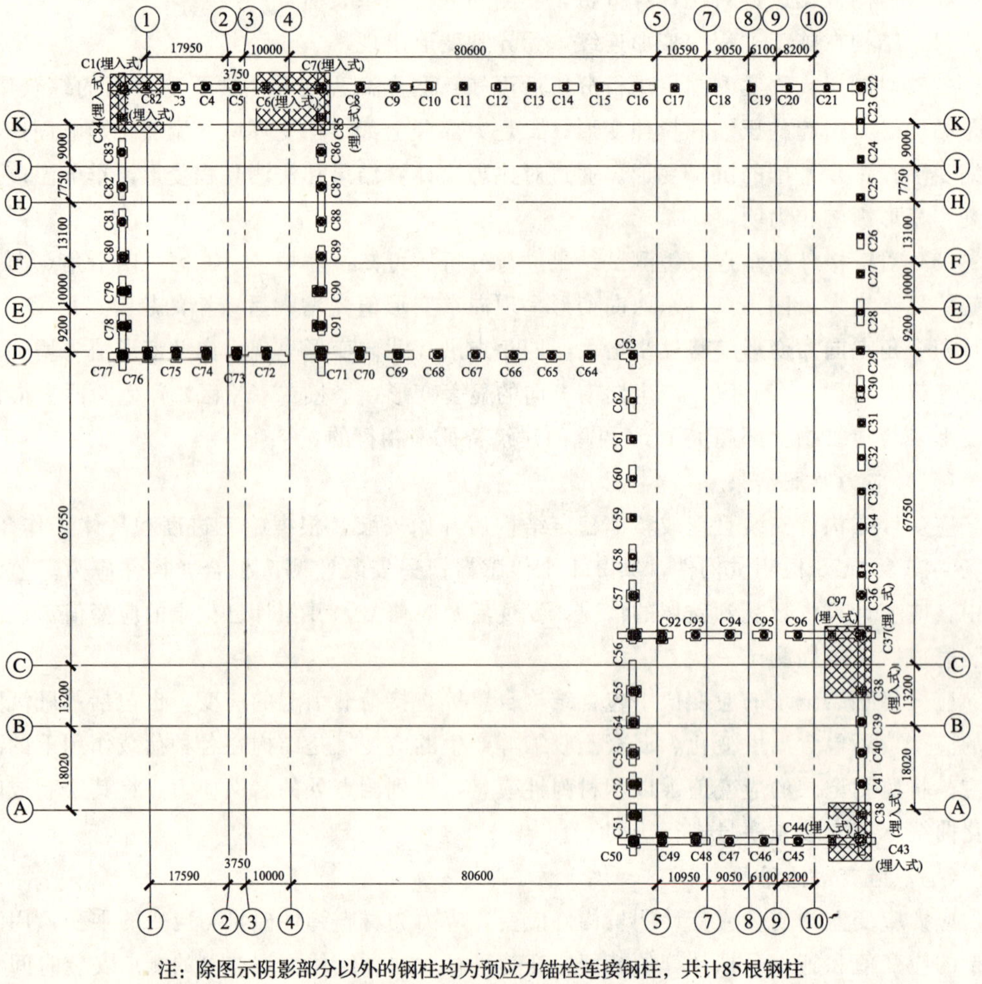

注：除图示阴影部分以外的钢柱均为预应力锚栓连接钢柱，共计85根钢柱

图 3-3-29　预应力锚栓钢柱布置图

外框筒钢柱柱脚通过大直径高强预应力锚栓与筏板紧密连接，将上部结构与筏板连成整体，以承受钢柱脚拔力。高强预应力锚栓埋深至筏板底部受力钢筋表面处，将锚栓承受的拉力直接传递到基础筏板底部，锚杆长度随着钢柱处筏板厚度和底筋高度变化而不同，锚杆的倾斜角度与钢柱角度相同。高强预应力锚栓主要由直径为 75mm 的高强预应力锚杆（或钢棒）、护管、灌浆管、螺母、垫片等配件组成，锚杆（或钢棒）由碳一铬合金材料热轧制。

（一）锚栓的技术要求和设计简图

1. 设计图纸要求

高强预应力锚栓的屈服强度（0.2%残余应变下对应的屈服强度）835N/mm²，极限抗拉强度 1030N/mm²。高强预应力锚栓预张拉控制应力根据设计要求张拉到 35%材料极限抗拉强度，对于个别锚栓加劲板间距较小的柱脚，可以张拉到 30%。

2. 锚栓的选用及组装设计

锚栓的相关参数如表 3-3-6 所示。

锚栓的相关参数　　　　**表 3-3-6**

名义直径（mm）	锚杆直径（mm）	螺纹直径（mm）	截面积（mm^2）	螺纹处有效截面积（mm^2）	理论重量（kg/m）
75.0	73.5	77.2	4243	4025	33.0

锚杆张拉控制力应根据螺纹处有效截面积进行计算：$F_p = 1030 \times 35\% \times 4025 = 145.1 \times 10^4$（N）＝1451（kN），高强预应力锚栓设计装配简图如图 3-3-30 所示。

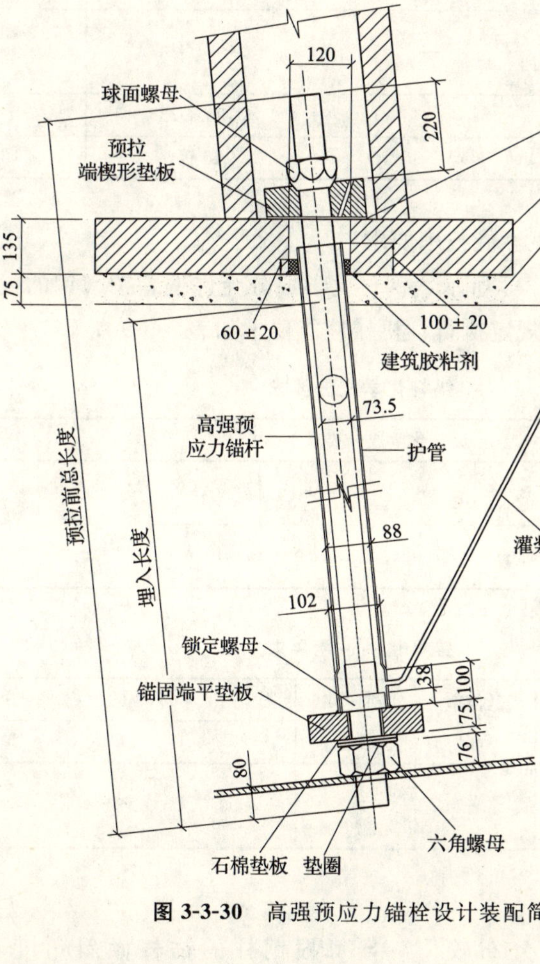

图 3-3-30　高强预应力锚栓设计装配简图

锚栓装配选用的配件及相关标准和要求如表 3-3-7 所示。

锚栓的相关参数 **表 3-3-7**

序号	内容	有关标准	级别/材料	备注
1	锚杆	ASTM A722	抗拉强度≥1070MPa；屈服强度≥870MPa	
2	锚固端平垫板	GB 699—88	45 钢	用手弧焊时 45 钢的可焊性良好
3	六角螺母	GB/T 1231—91	10H/45 钢	表面硬度 HRB98～HRC28
4	预拉端楔形垫片	GB 699—88	45 钢	
5	球面螺母	GB/T 1231—91	10H/45 钢	表面硬度 HRB98～HRC28
6	橡胶石棉板	GB 3985—83	橡胶石棉板	用于防止泥浆和其他杂物进入护管内（厚度 2mm）
7	垫圈	—	45 钢	用于压紧石棉垫板
8	护管 ϕ88，δ=2	—	Q195/Q235	一端管口扩至外径 102mm
9	灌浆管 ϕ12，δ=2	—	Q195/Q235	—
10	锁定螺母	—	45 钢	用于防止六角螺母返松

3. 锚杆的化学成分和机械性能技术要求

锚杆化学成分要求如表 3-3-8 所示，钢材化学成分允许偏差按《钢的成品化学成分允许偏差》（GB/T 222—2006）规定执行；机械性能要求如表 3-3-9 所示。

锚杆化学成分要求 **表 3-3-8**

锚杆化学成分要求（%）									
C	Si	Mn	P	S	V	Al	Cr	Mo	Ni
0.18～0.45	≤0.45	0.5～1.45	≤0.04	≤0.04	≤0.02	0.01～0.05	0.7～1.35	≤0.4	≤0.4

锚杆机械性能要求 **表 3-3-9**

钢材供货状态	抗拉强度（N/mm²）	屈服强度（N/mm²）	延伸率（σ_s）	断面收率（%）	V 形冲击功（J）			洛氏硬度
					+20℃	0℃	−20℃	
热处理后（感应加热）	≥1030	≥835	≥12	≥45	≥50	≥34	≥20	HRC33.5～40.0

（二）锚栓埋设工艺

主楼中高强预应力锚栓分布较广，且每根钢柱的锚杆倾斜角度不同（范围在

6°～8.45°之间），每根柱的锚栓数量也不完全相同（范围在4～12根之间）。表3-3-10为塔楼一所有高强预应力锚栓的倾斜角度、埋深、数量及长度统计表。

塔楼一高强锚杆角度、数量和长度统计表 表3-3-10

序号	钢柱编号	倾斜角度（°）	埋入筏板长度（mm）	锚栓数量（套）	锚栓总长度（mm）
1	C86	6.0000	3871	6	4404
2	C3、C83	8.4545	3892	24	4437
3	C88	6.0000	3972	6	4504
4	C81	8.4545	3993	6	4538
5	C87	6.0000	4022	6	4554
6	C4～C5、C82	8.4545	4044	30	4588
7	C89、C90	6.0000	5028	16	5560
8	C79～C80	8.4545	5055	16	5599
9	C71、C91	6.0000	5731	18	6264
10	C72～C78	8.4545	5763	76	6307
	总计			204	

1．锚栓套架设计和加工

以每根钢柱为单位设计锚栓支撑套架，截面主要采用角钢和钢板。锚栓套架立柱垂直设计，套架上下设计有两层钢板用于定位锚杆，所有预应力锚杆全部固定在套架内且倾斜布置，在钢板上按照锚杆的倾斜角度放样出锚栓的定位孔，锚杆上端与套架上表面钢板连接，下端与下层钢板连接，每根锚栓的倾斜角度为上下定位孔的空间角度。上层钢板表面与筏板表面平齐以便确定柱底定位控制点（即钢柱的轴线点），下层钢板标高结合锚杆长度确定。图3-3-31为塔楼一典型钢柱C79锚栓套架设计图。

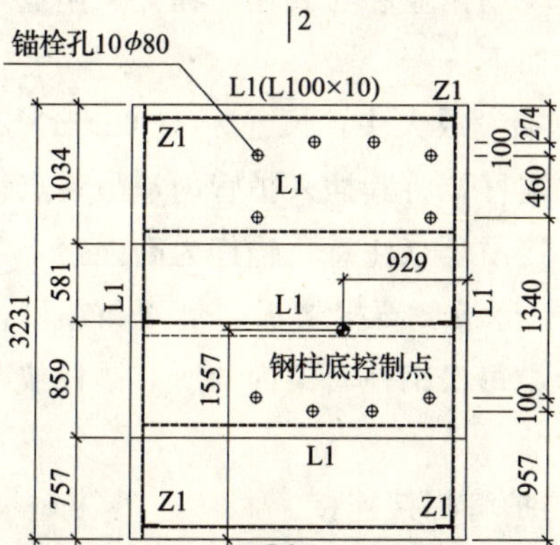

C79钢柱锚栓套架图

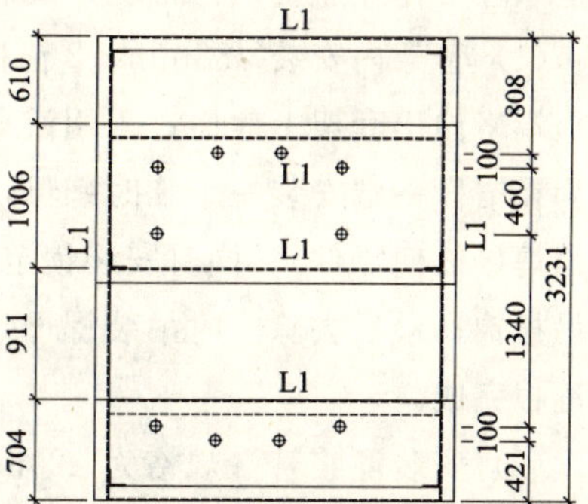

3—3

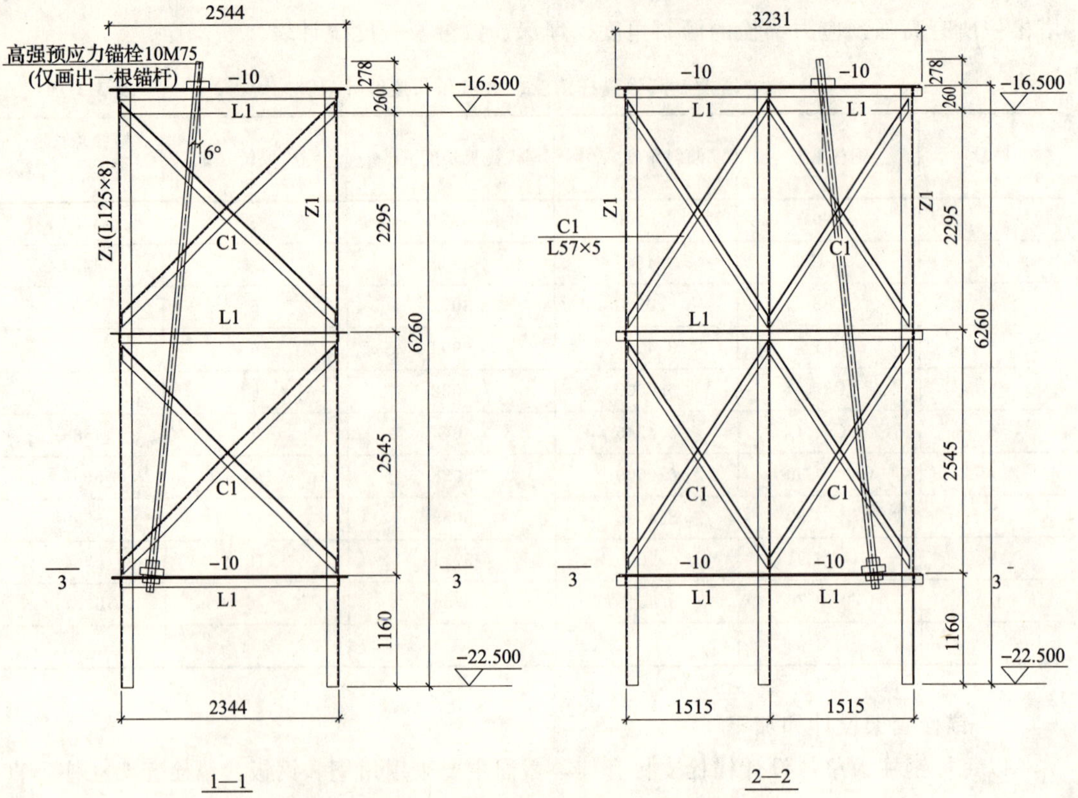

图 3-3-31 典型钢柱 C79 锚栓套架设计图

锚栓套架结构较为简单，采用现场加工以便运输，且可立即进行下道锚杆装配工作，可以节省安装工期。锚栓套架加工全部采用焊接连接。

2. 锚栓系统装配

在套架加工地点将锚杆装配到套架内，以减少现场作业和与其他工程交叉作业，降低安全风险且作业速度快。锚栓系统装配的具体步骤如下。

(1) 套架内安装 ϕ88mm×2 锚杆护管（护管下端设放大头，尺寸为 ϕ102mm×2），护管上端略伸出套架上表面；采用汽车式起重机安装锚杆，将其插入护管内，吊装点设置方式为在锚杆一端安装一个临时螺母，并在螺母上焊接吊耳（注意：锚杆为高强钢，不得在上面焊接任何零件）；同时安装锁定螺母、锚固端平垫板、石棉垫板、垫圈和螺母，然后起吊松钩；最后去除临时吊装螺母，安装球形螺母。每根钢柱套架内的所有锚杆按上述顺序逐根完成。

(2) 安装灌浆管（规格为 ϕ20mm×2），将其与护管焊接连接。

(3) 套架上表面标出钢柱控制点（即钢柱定位轴线控制点），校正每根锚杆的定位尺寸和倾斜角度，然后紧固上下螺母；护管与锚固端平垫板围焊连接；最后将锚固端平垫板与套架下层钢板焊接连接。

3. 锚栓埋设方法

（1）预埋件安装：在筏板防水垫层施工阶段，根据外围轴线控制点及标高控制点测放出套架的每个预埋件的准确位置，安装套架预埋件；对较高和较重的锚栓套架，应增加四周斜支撑预埋件。垫层混凝土完成后，对埋件定位进行复测。

（2）锚栓系统埋设：筏板底筋绑扎前，开始预应力锚栓支撑套架埋设工作。采用塔式起重机将锚栓套架吊装就位，待套架定位校正完毕后，套架角钢支腿与垫层预埋件焊接；为了防止筏板混凝土浇筑和钢筋绑扎对锚杆产生位移和变形，在套架四角加设角钢斜支撑，以增强套架刚度，同时在斜支撑与套架之间的中部增设临时横向支撑。图 3-3-32 为锚栓系统埋设示意图。

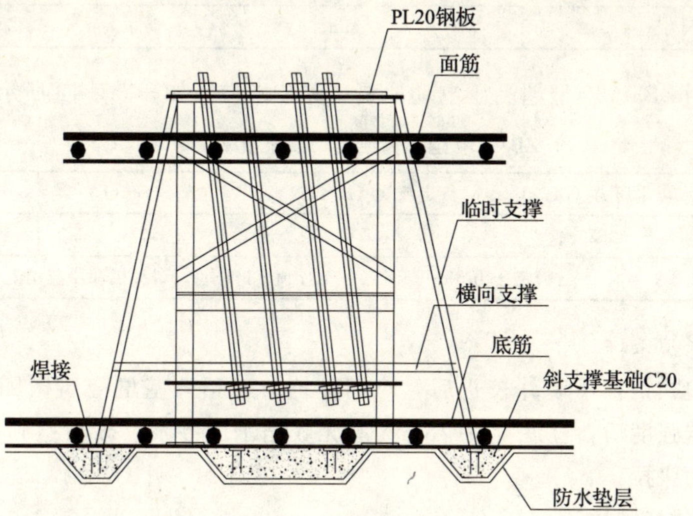

图 3-3-32　锚栓系统埋设示意图

（3）混凝土浇筑前的精确定位复测：在钢筋绑扎完后和筏板混凝土浇筑前，对预应力锚杆进行最后复测，可调节锚杆与套架之间的连接以校正其位置及标高，最后采用临时夹具将每根锚杆固定锁死，进入下道混凝土浇筑工序。

（4）混凝土浇筑时的保护措施：混凝土浇筑前需将锚杆的上端螺纹处涂刷黄油、包上塑料纸并套上塑料管，还要将灌浆管上端口用胶纸完全封闭，并且伸出混凝土浇筑顶面400mm。在混凝土浇筑过程中，派专人对其进行监控，并且避免振动棒接触锚杆或离锚杆太近，以免影响定位精度；同时在混凝土浇筑时，在基坑四周采用全站仪对锚杆位置进行监控，随时控制混凝土浇筑对锚栓定位的影响。

（三）预拉力张拉工艺

1. 张拉设备和张拉条件

（1）张拉设备的选用

根据柱脚高强预应力锚栓设计需要预拉力为 1451.1kN，以及钢柱底板加劲板间空间狭窄的特点，选用 YCQ150 型穿心式千斤顶即可满足张拉力的要求，该千斤顶具有体积小、重量轻、密封性能好、可靠性高、操作方便等特点，其技术参数如表 3-3-11 所示。

YCQ150 型穿心式千斤顶技术参数 表 3-3-11

项目	单位	YCQ150 型
额定油压	MPa	51
张拉活塞面积	m^2	2.926×10^{-2}
张拉力	kN	1490
回程活塞面积	m^2	1.609×10^{-2}
张拉行程	mm	200
穿心孔径	mm	$\phi105$
重量	kg	104
外形尺寸	mm	$\phi275\times372$

千斤顶采用 ZB3-630 型超高压电动油泵，其技术参数如表 3-3-12 所示。

ZB3-630 型超高压电动油泵技术参数表 表 3-3-12

型号	额定压力（MPa）	额定流量（L/min）	油箱容积（L）	重量（kg）
ZB3-630	63	2×1.5	50	140
适用范围	与额定压力 63MPa 的各种千斤顶、挤压机、镦头机和压花机配套适用			

（2）锚栓张拉条件

外框筒外包式钢柱吊装并校正后，对钢柱抗剪件预留基坑浇筑微膨胀 C50 混凝土，混凝土达到预定强度后，柱底灌注 75mm 厚无收缩水泥砂浆，砂浆达到一定强度后方可进行锚杆预应力张拉。

2. 预应力锚杆张拉

预应力锚杆张拉组装图见图 3-3-33，张拉操作具体步骤如下。

（1）依次安装备母、连接套、工具锚杆、张拉撑脚及扳手、接长筒、千斤顶、工具锚板、工具螺母、支架和滑轮等，调整设备和辅助配件确保安装正确，最后拧紧工具螺母，准备张拉。

（2）开始张拉，随着张拉不断进行，将高强螺母拧紧。

（3）当张拉力达到设计值时，停止张拉，拧紧高强螺母，油泵回油，千斤顶卸载。

（4）张拉完毕后，依次卸下工具螺母、工具锚板、千斤顶、定位板、张拉撑脚及扳手、连接套、工具锚杆等。

（5）用同样的方法进行下一根锚栓的张拉施工，以对称的方式依次完成每根钢柱锚栓的张拉。

对锚杆周围空间满足千斤顶布置的情况下，即锚栓中心线到周围净空距离大于 145mm 时，可以取消接长筒直接张拉，步骤与上述相同，图 3-3-34 为无接长筒的张拉组装图。

3. 锚栓张拉的要求

（1）张拉力及伸长值：按设计要求的张拉力值进行张拉，张拉伸长值应与设计理论伸长值进行校核。发现异常及时处理，分析原因，采取可靠措施后方可继续张拉。

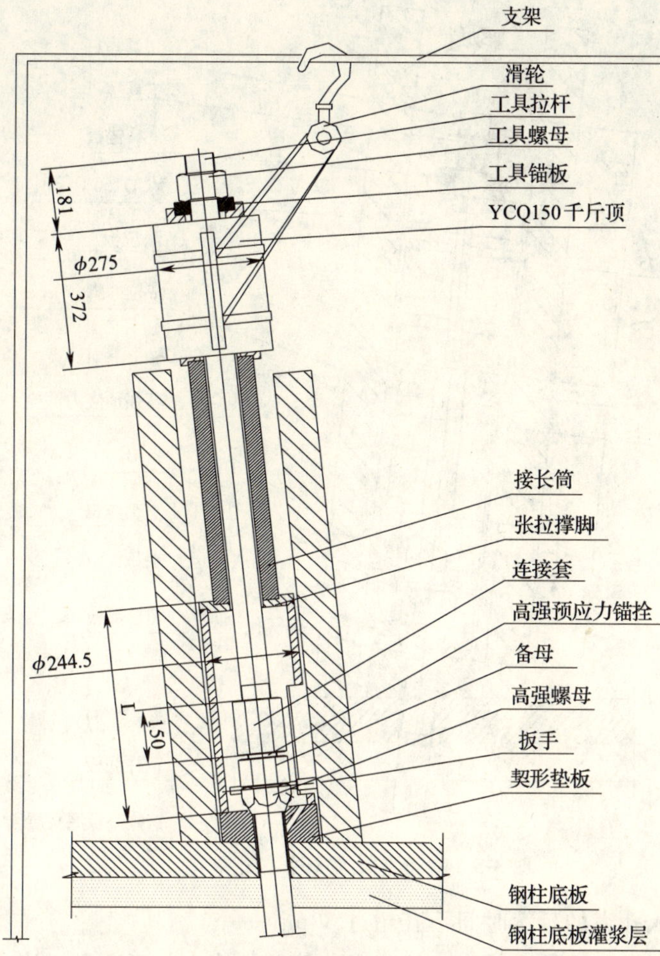

图 3-3-33　预应力锚杆张拉组装图（无接长筒）

（2）张拉顺序：锚杆张拉顺序应使混凝土及钢柱构件不产生超应力、构件不扭转与侧弯、结构不变位等。同时，还应考虑到尽量减少张拉设备的移动次数。

（3）实际伸长值与计算伸长值的偏差应在－6%～＋6%范围内，超出时应停止张拉，检查原因、采取措施后才能继续张拉。

（四）灌浆工艺

本工程灌浆的特点是：灌浆孔道狭窄，锚栓与护管间距约 4mm（如果考虑安装误差可能只有 2mm）；灌浆距离较长，最长为 12m。这就要求灌浆料具有较好的流动性，并且要求压力灌浆，灌浆速度快等。

1．灌浆工艺要求

灌浆用水泥采用 P·O42.5 普通硅酸盐水泥，水泥浆体标准强度大于 40MPa，水泥浆的水灰比采用 0.4。水泥浆中可掺入减水剂以增加流动度，搅拌后 3h 的泌水率控制在 2%以内，流动度符合规范要求。为增加孔道灌浆的密实性，在水泥浆中应掺入适量外加剂，达到减水、缓凝、膨胀的效果。灌浆应缓慢均匀地进行，不得中断，并应排气通顺，

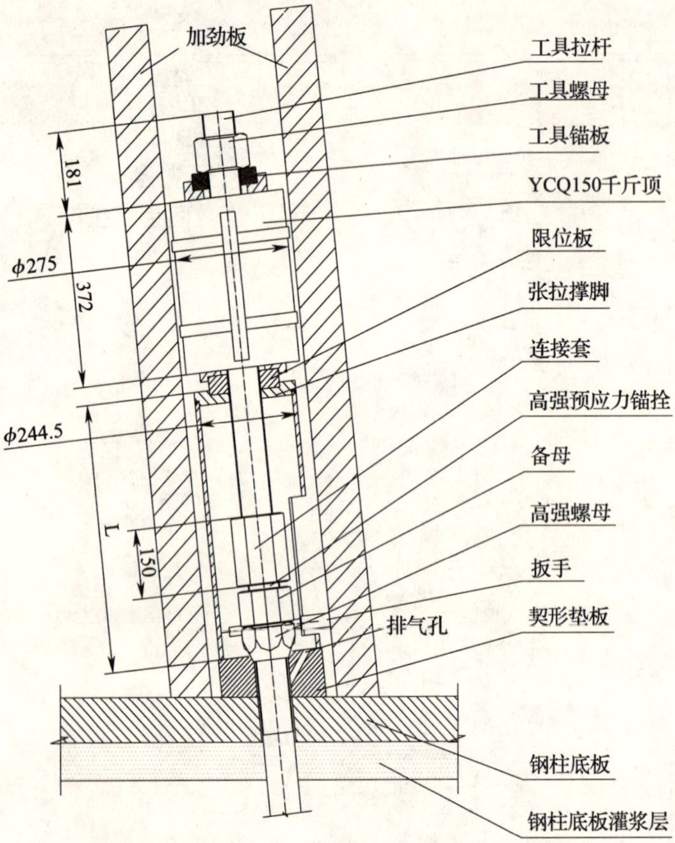

图 3-3-34 预应力锚杆张拉组装图

水泥浆自调制至灌入孔道的延续时间不宜超过 30min。

灌浆前，应进行机具准备和试车，检查灌浆管及护管内是否通畅、洁净。灌浆前应按配合比要求用量具盛取水泥及其他材料，在磅秤上称重，做好标记，施工时按标记量取材料，确保配合比准确。

2. 灌浆机相关参数

锚栓灌浆采用 UB3 型灌浆机，其性能技术参数如表 3-3-13 所示。

手动灌浆机技术参数 **表 3-3-13**

输送量（m^3/h）	工作压力（MPa）	输送距离		重量（kg）
		水平（m）	垂直（m）	
1.0	0.6	100	60	30

3. 灌浆方法

采用手动灌浆机进行灌浆，以灌浆管为入口，通向护管内，楔形垫块上排气孔流出浓浆后，封闭排气孔，并继续加压至 0.5～0.6MPa，然后封闭灌浆管口，待水泥浆凝固后，拆卸连接接头，按设计要求对锚杆张拉端进行封端。依次进行下一根锚栓的灌浆。

主楼工程中采用的直径为 75mm 的高强度预应力锚栓为国内房屋建筑领域的首例，

国内目前尚无先例可以借鉴，也无现成的设计和施工规范可参考。在工程实施过程中，通过分析和研究，制定了科学的高精度锚栓定位埋设工艺、锚栓张拉工艺及灌浆工艺，形成了双向倾斜大直径高强预应力锚栓安装施工技术，高质量地完成了现场安装施工。

五、高强异型节点多箱体钢柱超长焊缝高空焊接技术

随着当前众多特大型钢结构工程的涌现，各种超大超重型复杂构件，特别是多杆件汇交形成的高强异型节点构件也随之出现，为满足加工、运输、吊装和结构受力的要求，需要采取节点分离加工、高空组拼焊接的施工工艺，也由此形成了高空超长焊缝，增加了焊接难度。

在主楼钢结构安装中，通过运用半自动药芯焊丝CO_2气体保护焊、电加热、分段退焊等一系列焊接技术和手段，成功攻克了这类构件因节点分离安装而造成的超长焊缝的焊接难题，为解决超重型钢构件加工、运输与吊装难题，提供了可借鉴的方法。

（一）概况

主楼钢结构外框筒主要由双向倾斜6°的多箱体重型钢柱、边梁和斜支撑形成以蝶形节点为主的三角形网状框架钢支撑结构体系。

在外框转角处的部分钢柱为单箱形、日字形和目字形的箱体结构，节点为T形、L形和蝶形节点。柱体上连接接头最多达15个，其构造十分复杂，体形巨大，主要材质为Q420D和Q390D低合金钢，钢板较厚（最大板厚达100mm），单件重量达123t，属于大型“三超”构件（超宽、超高、超重），其典型结构形式如图3-3-35所示。

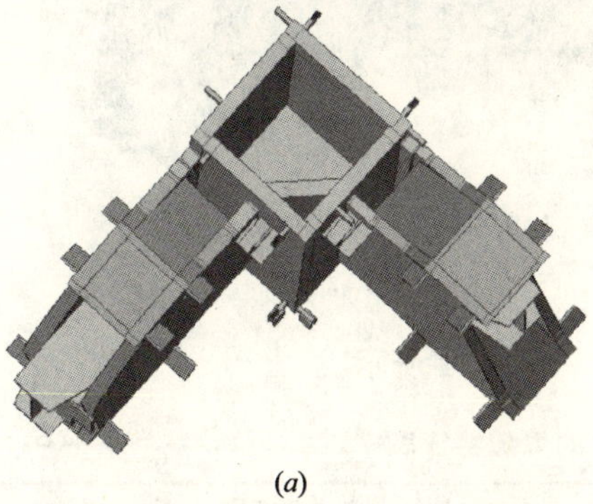

(a)

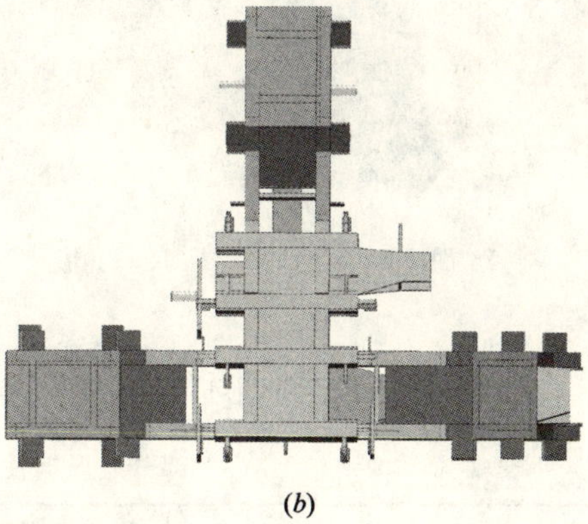

(b)

图 3-3-35 超重钢柱典型结构形式

(a) 塔楼外框转角柱形式；(b) 塔楼外框转角与裙房连接处钢柱形式

（二）超长焊缝高空焊接形成的原因

构件外形超宽、超高，加工运输十分困难，而且构件单体重量超出现场吊装设备的起重能力（最大吊装设备为M1280D塔式起重机，在25m工作半径内最大起重能力为80t），根据设计要求钢柱不能进一步减小分节，若采用现场双机抬吊，大部分不能实现，有的虽能实现，但风险巨大。

多接头构件一旦加工偏差过大或者运输过程中发生变形，势必影响构件的安装精度和其他构件的顺利就位，造成安装困难。因此，为解决吊装受限，需要减少单节钢柱重量，满足吊装和构件构造要求，其方法是：将钢柱节点处的部分箱体或牛腿与主体分离后进行安装。安装时先将主箱体吊装、测校、部分焊接，然后再进行分体部分的高空拼装，校正后进行焊接。这样，在工厂地面完成的焊缝就变成了在现场高空焊接。

钢柱节点分离形式分为取一箱体、一л形体和双牛腿三种，分离形式如图 3-3-36～图 3-3-38 所示。

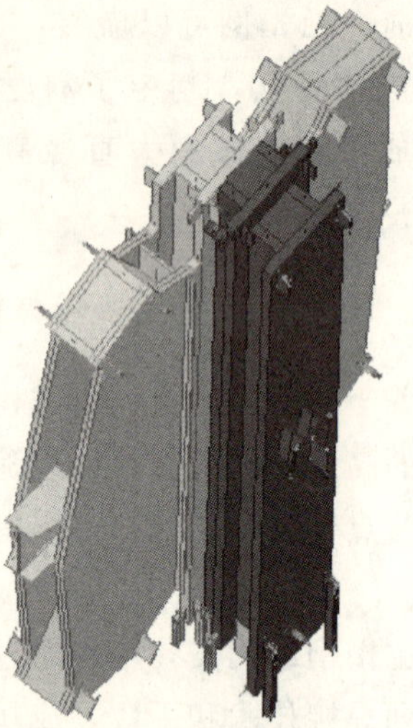

图 3-3-36　目字形柱取一箱体分离形式

图 3-3-37　目字形柱取一л形体分离形式

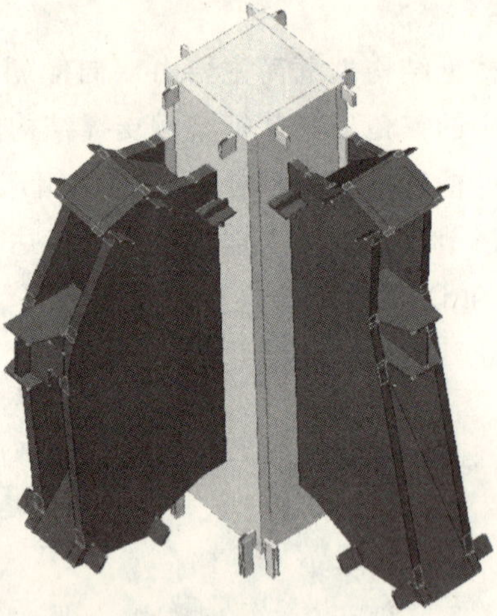

图 3-3-38　箱形柱取两牛腿分离形式

钢柱节点分离后所形成的现场焊接焊缝特征如表 3-3-14 所示。

部分超重钢柱节点分离产生的焊缝特征表　　**表 3-3-14**

序号	构件名称	母材材质	柱顶标高（m）	焊缝长度（mm）	焊接板厚（mm）	分离形式
1	C56－2	Q390D	8.388	14880×2	100	取一л形体
2	C78-3	Q390D	4.124	10043×2	100	取一箱体
3	C71－2	Q420D	1.707	11586×2	100	取一л形体
4	C76－2	Q390D	4.408	10726×2	100	取一л形体
5	C50－3	Q390D	4.479	10399×2	100	取一л形体
6	C71－4	Q420D	21.821	11902×2	100	取一л形体
7	C01－5	Q390D	18.774	7462×4	100	取两牛腿

(三)焊接特点、难点与对策

1. 焊接特点

(1) 焊缝长、焊接连续填充量大

焊缝最长 14.88m，连续成对焊接近 30m；单条焊缝填充达 0.55t，成对焊接连续填充 1.1t。

(2) 焊接位置复杂

多为高空、倾斜 6°～8.45°、立焊；

(3) 母材强度高、厚度较厚

母材为 Q420D 和 Q390D 低合金钢，板厚为 80、100mm。

超长焊缝的形式如图 3-3-39 所示。

图 3-3-39　超长焊缝形式

2. 焊接难点

(1) 经验缺乏，技术风险大

无先例可借鉴，焊接不可遇见性的因素太多，在施焊中易产生巨大的焊接应力，易出现柱体变形和焊缝冷裂纹及母材层状撕裂等缺陷，如何选取焊接工艺至关重要。

(2) 焊接组织与管理难

焊接量大，每组焊缝需要大量技术过硬的焊工在高空昼夜连续施焊，对人员、焊接设备组织和安全保障方面有较高的要求。

(3) 焊接质量控制难

无成熟的规范可循，焊接参数选取、焊接应力和变形控制受焊接位置、作业环境影响大。在焊接技术措施、质量控制手段和质量检查等方面需要进行专家论证，制定有针对性的焊接工艺。

3. 焊接对策

(1) 在遵循国家有关现行规范和《中央电视台新台址CCTV主楼钢结构施工质量验收标准》的企业标准基础上，开展科技攻关，并通过专家论证，制定合理的焊接方案。

(2) 在工厂加工焊接工艺试验所得参数的基础上，模拟工况进行现场焊接工艺评定试验，并严格控制焊接坡口质量。组织焊接培训与考试，选取优秀焊工，加强技术交底。

(3) 使用半自动药芯焊丝；CO_2气体保护焊，进行气渣联合保护，增强焊接中的抗风挺度，提高防风能力。

(4) 采用微电脑控制电加热技术进行焊前预热、焊中层温控制和焊后后热保温以及红外线测温仪测温等手段，保障焊接质量。

(5) 采用分段退焊、多人同步对称、昼夜连续施焊的工艺，并在焊前、焊中、焊后用高精度全站仪进行实时监测，以控制焊接变形，在焊后48h进行100%超声波探伤检测和15d后延迟裂纹超声波检测。

(6) 沿焊缝长度搭设多层封闭式焊接防风棚，每层布设防火装置和每节柱配备2～4名专职看火人和焊工安全监护人，在焊接中随时监测焊接环境温度与焊接母体温度，并对焊接区域进行看护，及时消除安全隐患。

(7) 为确保焊接质量，必须挑选技能高、质量和安全意识突出的优秀焊工不间断、三班倒连续施焊作业，直至整条焊缝全部焊接完成，焊接人员固定到位不得随意更换。

(四) 关键的焊接技术

1. 半自动药芯焊丝CO_2气体保护焊现场焊接技术

使用具有气渣联合保护作用的药芯焊丝CO_2气体保护焊，能使焊缝及热影响区晶粒较细，提高焊接接头力学性能。模拟现场实际工况，通过大量焊接工艺试验，选取最佳焊接工艺参数。

药芯焊丝CO_2气体保护焊兼有气保护焊和手工焊两方面的优点，工艺性能好、易操作，施工效率高，是焊条电弧焊的3～4倍，冶金反应完善、工艺性能好、晶间腐蚀性能及低温冲击性能均较理想；特别是弧稳，飞溅少，焊缝成形光滑美观，熔敷效率高，一般可达75%～85%，而且可以采用大电流进行全位置焊等独特优点。

(1) 焊丝选择

根据钢结构母材和焊接方法，选用匹配的焊接材料，母材、焊丝的化学成分和力学性能分别见表3-3-15～表3-3-18。

母材化学成分表 **表3-3-15**

材料名称	化学成分（%）									
	C≤	Mn	Si≤	P≤	S≤	V	Nb	Ti	Al≥	Cr≤	Ni≤
Q390D	0.2	1.0～1.6	0.55	0.03	0.03	0.02～0.2	0.015～0.6	0.02～0.2	0.015	0.3	0.7

母材力学性能表　　表 3-3-16

材料名称	屈服点 $\sigma_s \geqslant$（MPa）厚度（mm）80～100 不小于	抗拉强度 σ_b（MPa）	伸长率 δ_5（%）	冲击功 Akv（J，−20℃）	180°弯曲试验：（d 为弯曲直径）	屈强比	Ceq≤	Pcm≤
Q390D	330	490～650	≥20	≥34	$d=3a$	≥1.2	0.5	0.29

钛型药芯焊丝化学成分表　　表 3-3-17

焊丝型号	化学成分（%）					
	C	Mn	P	S	Si	Cu
E501T－1	≤0.10	≤1.75	≤0.03	≤0.03	≤0.75	≤0.50

钛型药芯焊丝力学性能表　　表 3-3-18

焊丝型号	机械性能				
	抗拉强度（MPa）	屈服强度（MPa）	伸长率 δ_5（%）	冲击试验	
				冲击功 Akv（J）	试验温度
E501T－1	≥480	≥400	≥22	≥27	－30℃

（2）焊接辅材选择

1）焊接气体

CO_2气体纯度≥99.9%，水蒸气与乙醇总含量（m/m）不得高于 0.005%，并不得检出液态水。

2）焊缝钢衬板

材质 Q345，厚度为 8mm、宽度为 30mm，长度根据需要下料。

（3）焊接设备选择

采用多功能大容量微电脑数字可控硅半自动 CO_2气体保护焊机，其工作性能应具备：

1）通过恒定电流，自动调节最佳电压，确保电弧稳定；

2）瞬间起弧率高，具有弧坑处理功能，能有效防止焊接结束处产生凹坑引起裂纹等焊接缺陷；

3）节电、节气，安全、环保，利于焊工高空复杂条件下作业。

（4）焊接工艺参数选择

焊接预热、层间温度、后热温度参考和焊接参数分别见表 3-3-19、表 3-3-20。

焊前预热、层间温度、后热温度参考表　　表 3-3-19

材料	预热温度（℃）	层间温度（℃）	后热温度（℃）	恒温时间（h）	保温时间（h）
Q390D	120～150	120～150	250～300	2	5

半自动药芯焊丝 CO_2 气体保护焊的焊接参数（立焊） 表 3-3-20

层位	焊接方法	焊丝		保护气体	气体流量 (L/min)	电流 (A)	电压 (V)	焊接速度 (mm/min)
		型号	规格 ϕ (mm)					
打底层	FCAW－G	E501T－1	1.2	CO_2	30～50	160～180	20～22	200～300
填充层	FCAW－G	E501T－1	1.2	CO_2	30～50	180～200	22～25	300～350
盖面层	FCAW－G	E501T－1	1.2	CO_2	30～50	180～200	22～25	300～350

(5) 焊前接头检查与处理

焊接前先对焊接坡口两侧的母材进行超声波无损探伤检测，检查母材内部有无缺陷，同时用焊缝量规对焊缝坡口间隙、大小、角度以及安装组对情况进行检查。若坡口间隙超过设计要求，应在坡口表面用小热输入、多层、多道堆焊方法减小间隙，使坡口角度和间隙达到标准后方可正常施焊。

检查接头边缘是否光滑，确保不出现影响焊接的割痕缺口，质量应符合 GB 50205—2001《钢结构工程施工质量验收规范》规定的要求，若发现问题应用磨光机认真进行打磨处理，合格后方可进行焊接。

2. 电脑自动控温、密集电加热技术

高强钢厚板焊接预热的目的是减少焊缝区与两侧母材的温度差，降低焊接区的冷却速度，减少焊接应力，加速氢的扩散，避免产生淬硬组织，防止产生焊接裂纹。对于低合金高强度钢的焊接，焊前预热尤为重要。

由于超重钢柱分离吊装，现场焊接的单条焊缝长度长，母材厚度大，材质高，为了克服传统火焰加热的不均匀性、升温缓慢、工效低以及易破坏母材化学成分的缺点，保证焊缝两侧母材快速升温和受热均匀，决定采用电脑温控仪进行控温，在焊缝两侧对称布设磁铁式陶瓷电加热器，沿焊缝通长进行密集电加热，确保焊缝无“冷”区。

工件正面加热，正面测温，加热升温速度应缓慢，一般情况应控制在 50℃/h 以内，保证温度的均匀性。严格控制预热温度和层间温度，测温点应选在距坡口边缘 50mm 处，平行于焊缝中心的两条直线上。焊接过程中随时监控，严禁出现过热和过冷现象。

在焊接完成后，立即对焊件进行电加热后热处理，确保焊接接头中的残余氢能扩散逸出，减少延迟冷裂纹的产生。后热温度应不低于 250℃，加热到所需温度后，由电脑控制恒温 2h，然后停止供电，在不拆除加热器的情况下，保温 5h。

3. 多人同步对称、分段分层退焊技术

根据异型节点钢柱的结构特征，钢柱母体与子体的焊接连接采用薄层多道窄摆幅、分段分层退焊、多人同时对称焊接的方法。焊前将整条焊缝按 1～2m/段进行分段，每段焊缝又分成两小段或三小段，在每组焊缝的每个分段对称位置处同时配备两名焊工按照规定的焊接顺序从下至上、沿焊缝斜立方向开始分层多道退焊，焊接选择相同的焊接电流参数及每层的焊接厚度，并尽量保持同时、同速施焊，以保证相同的焊接热输入，使收缩趋于同步。焊缝分段与焊接顺序如图 3-3-40 所示。

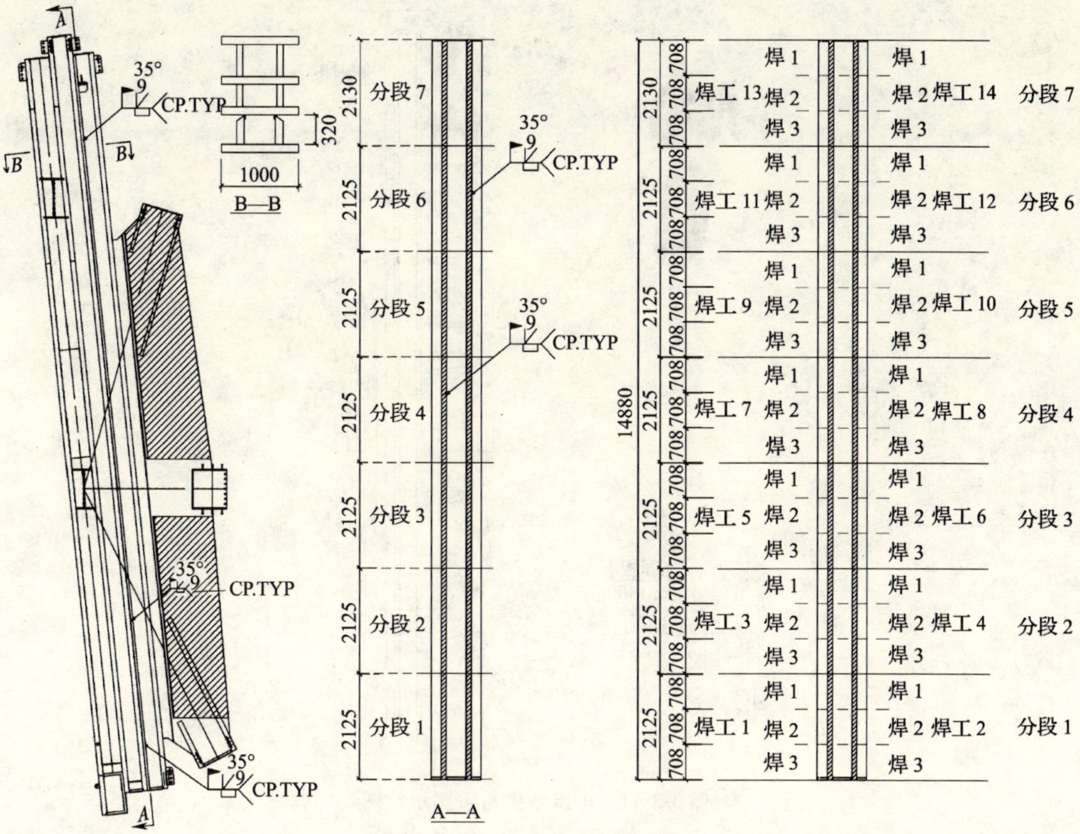

图 3-3-40　焊缝分段与焊接顺序

4．焊接加固与实时监测技术

在焊缝两侧，沿焊缝长度方向，每隔 1.5m 设置刚性约束板，减少焊接变形。同时在焊前预热、焊中和焊后热处理过程中，用具有自动捕捉功能的高精度全站仪对钢柱的柱顶三维坐标变化进行实时跟踪测量，避免焊接变形过大，引起柱顶位形的偏移，影响下一节柱的安装定位。一旦出现偏差过大，则调整电加热位置和加热温度，并合理控制升温与恒温时间，为上部构件的安装创造有利条件。

焊接加固与监测如图 3-3-41 所示。

（五）焊缝检测

（1）整条焊缝焊接完毕并经后热保温处理，待冷却 48h 后，按设计要求对焊缝进行 100％的超声波探伤和磁粉探伤检测。

（2）为保证焊接质量、防止冷裂纹的发生，在焊接 15d 后对焊缝再次进行超声波探伤检测。

（六）实施效果

在特大型复杂钢结构安装中，针对超大、超重、高强异型节点钢构件的体型特征，结合工程实际，充分利用现有技术装备对构件进行合理分解、高空组拼焊接，并采用半自动药芯焊丝 CO_2 气体保护焊、密集式电脑自动控温电加热以及多人同步分段对称退焊等施工

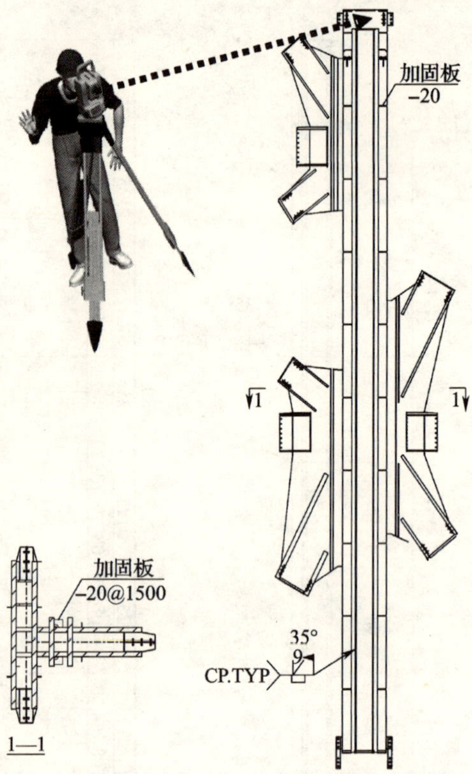

图 3-3-41　焊接加固与监测示意图

技术和工艺，减小了大型吊装机械的投入及大量安装措施的增加，从而降低了施工成本。

通过革新传统焊接工艺，确保了焊接质量和构件安装精度，提高了施工效率，加快了焊接时间，缩短了工期，为下部结构的安装插入创造了条件。

高强异型节点多箱体钢柱的超长焊缝高空焊接所取得的技术成果，经专家鉴定，填补了国内外空白、达到国际先进水平，同时为超大、超重型复杂钢构件的安装施工提供了一套新的思路和方法，为今后类似工程的理论与实践开创了先例。

六、超大悬臂钢结构安装技术

（一）概况

主楼顶部的悬臂结构从两座塔楼一 62.2m 标高处（F37）分别延伸 67.165m 和 75.165m，在空中折形对接。

悬臂结构共有 F14，宽 39.1m，最远端高 56m，钢结构总重超过 1.8 万 t，包括混凝土楼板、幕墙、装饰等荷载，整个悬臂约为 5.1 万 t。

悬臂由外框筒、底部转换层和内筒框架结构组成。底部转换层采用 6～20mm 厚钢板组合楼面。

钢构件主要采用 Q390D 钢材，局部节点区域采用 Q420D 和 Q460E，大部分构件的板厚在 40mm 以上，最大板厚达 100mm。

主要构件有：双向倾斜6°～8.45°的外框蝶形节点钢柱；底部15榀连接外框的巨型转换桁架和倒L形多接头重型边梁；内筒H型钢柱、钢梁。整个悬臂钢构件数量达6000多件。

悬臂底部由15榀重型转换桁架跨越F37～F39，支承于外框结构，主要承担内框结构荷载。转换桁架高8.5m，长38.592m，单榀重量达245t，主杆件均为箱形截面，靠近塔楼一和塔楼二分别为2榀、3榀桁架，悬臂端部纵横各5榀桁架正交。悬臂典型构件如图3-3-42～图3-3-45所示。

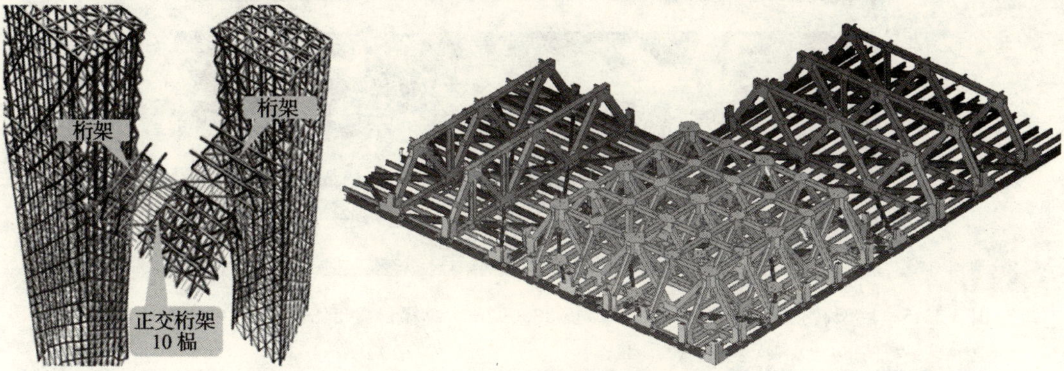

图3-3-42　悬臂底部桁架分布图

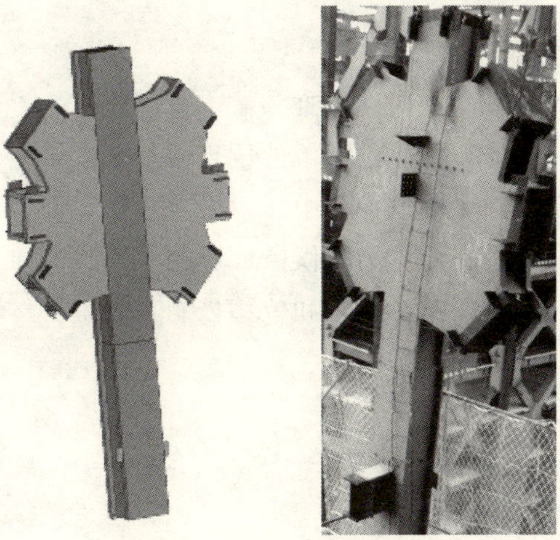

图3-3-43　外框柱（单件最重25t）

图3-3-44　底部边梁（单件最重41t）

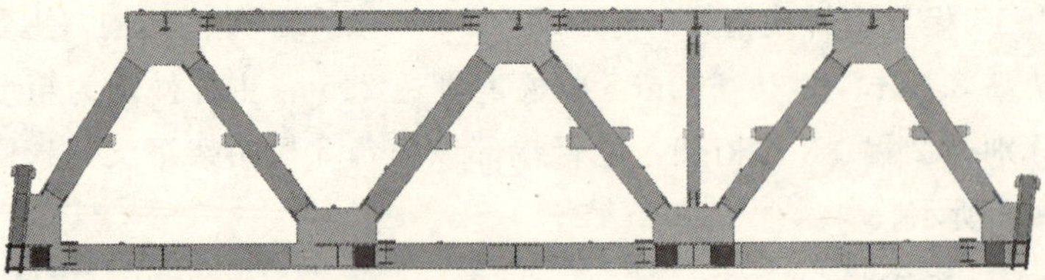

图 3-3-45 巨型转换桁架（高 8.5m、跨长 38.592m，单榀最重 245t，分段单杆件最重 36t）

（二）主要施工特点与难点

1. 施工特点

（1）超重超大、高空悬挑。

（2）悬挑跨度大、高空作业安全保障难。

（3）节点构造复杂，多接头异型构件单件重且数量较多。

（4）高强厚钢板焊接多、焊接位置集中。

（5）安装精度受结构倾斜、自重和气候条件影响大，控制难度大。

（6）需要进行反变形预调措施，应力和位移控制是关键。

（7）不可预见因素多，安装风险大。

2. 施工难点

（1）施工中结构的稳定性。

（2）合龙安全性与精度控制。

（3）结构反变形预调处理与变形控制。

（三）施工部署

1. 现场平面规划

大型塔式起重机爬升移位后，必须满足悬臂最远端构件的吊装要求，随着塔楼升高，现场临时钢栈桥的可使用面积将逐渐减小，因此需要合理考虑构件的转运、临时堆场与起吊区的设置问题。悬臂安装阶段的现场平面布置如图 3-3-46 所示。

2. 构件分段与供应计划

根据吊装设备的最大起重性能和安装定位的便利性，对悬臂底部 F37、F39 结构进行合理分段，并制定出详细的安装顺序进行配套供应。

3. 悬臂安装与主塔楼钢结构及其他专业的搭接关系

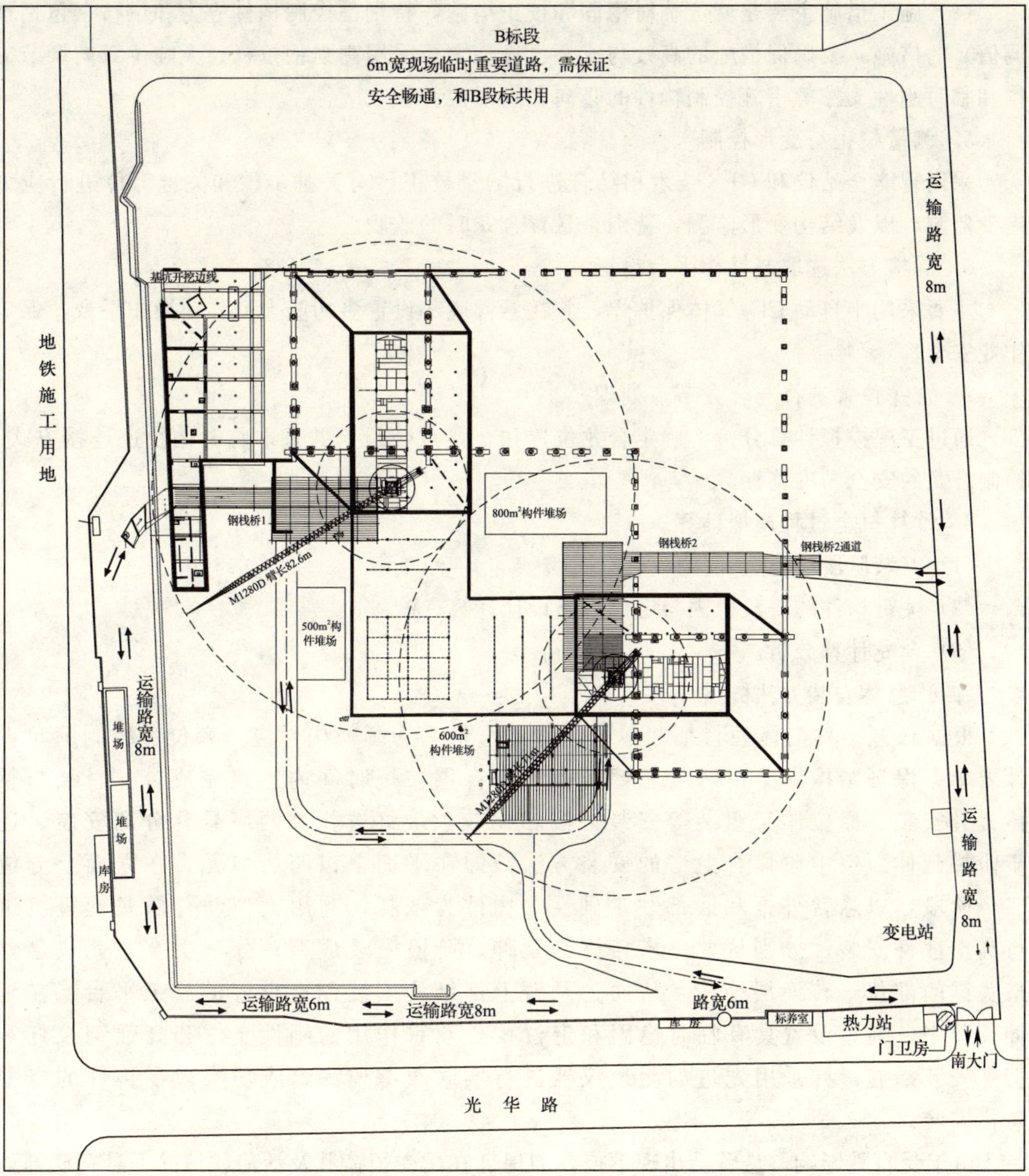

图 3-3-46　悬臂安装阶段现场平面布置

（1）塔楼施工至 F41，部分悬臂外框先行安装，以检验施工措施的工作性能。

（2）在塔楼封顶后，正式安装悬臂结构，此时幕墙格构在 F37 以下，塔楼混凝土楼板还滞后 F4～F6。

（3）悬臂安装完，进行幕墙格构和其他附属结构安装。

4. 悬臂安装方法选取与施工措施的确定

（1）悬臂安装方法要考虑合龙前后安装构件的区域和数量，还要考虑以最小的悬挑重量进行安装合龙，以及安装步骤的确定和临时措施拆除时间的确定。

（2）施工措施主要是就位临时稳固和校正措施，特别是控制构件应力和位移（包括预调值）的措施，要确保措施的高效与安全可靠。主要采用高强钢拉杆、大吨位双向调节支撑和临时刚性支撑等措施控制构件的竖向和水平位移。

5. 测量校正与变形控制

采用智能全站仪和GPS技术相结合进行测量校正，对关键步骤和关键部位进行应力应变监测，以及结构变形监测，特别是悬臂合龙时的监测。

6. 焊接方法选取与操作平台设置

主要采用半自动CO_2气体保护焊，并在悬臂底部设置多功能大型移动操作平台，保障作业安全。

7. 合龙位置选择与合龙节点处理

通过工况模拟计算分析，确定合龙位置和合龙点数量，并采取临时的快速连接方式，控制合龙的安全与准确性。

8. 计算机全过程模拟计算

（1）安装阶段的应力和位移变化情况。

（2）关键构件的安装稳固与定位措施设计计算。

（3）合龙计算分析。

（四）总体安装方法概述

根据悬臂结构的体型特征和单个构件的重量，为了使构件应力和位移控制满足设计要求，保证结构安全，两段悬臂需以最小自重在短时间内迅速完成合龙。经与整体提升安装、原位胎架组装等安装方法相比较，最终选择“两塔悬臂分离安装、逐步阶梯延伸、空中阶段合龙”的安装方法。即在平面上以跨为单元，在立面上分成三个阶段，以悬臂外框和底部“基础性”构件为依托，利用大型动臂塔式起重机进行高空散件安装，分别从两座塔楼逐跨延伸、阶段安装成型；分三次合龙完成悬臂最关键的部位－转换层结构，从而为悬臂上部结构安装创造良好的施工平台。在延伸安装中，通过设置具有临时稳固和定位校正双重作用的刚性支撑和高强钢拉杆等特殊安装措施，并采用先进的测量仪器进行实时跟踪监测，成功实现了构件的空中悬挑安装。

由于受自重影响，悬臂会出现下挠，为保证在承受恒荷载及活荷载情况下悬臂底部处于水平状态，施工时需要进行反变形预调处理，根据内业计算分析的预调值结果，采取工厂制作预调和现场安装预调相结合，在安装中将理论变形值与实际变化相对照，及时修正预调值，使结构的变形处于可控状态。

1. 安装分区分跨

以悬臂底部转换桁架构成的稳定结构为单元，将悬臂从根部到远端相交处分成Ⅰ、Ⅱ、Ⅲ共三个施工区，每区依次划分成三、四、五个单元跨。具体划分如图3-3-47所示。

2. 安装阶段划分

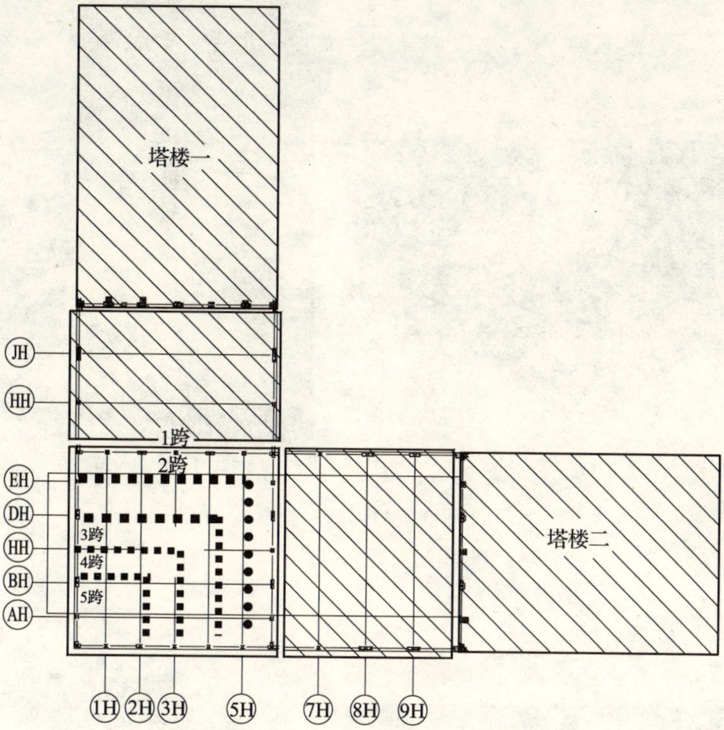

图 3-3-47　悬臂安装分区分跨示意图

(a)　(b)　(c)

图 3-3-48　第一阶段

按照悬臂外框钢柱、水平边梁以及斜撑构成的稳定结构体系，将悬臂分成三个阶段进行安装，具体如图 3-3-48～图 3-3-50 所示。第一阶段：两塔楼悬臂分离施工→F37～F39 刚性件 7 处合龙→完成 10 处合龙；第二阶段：逐跨阶梯延伸安装→F37～F39 的转换层结构全部完成；第三阶段：合龙后，F39 以上内外结构逐跨延伸安装→完成全部悬臂结构。

(a)　　(b)

图 3-3-49　第二阶段

(a)　　(b)

图 3-3-50　第三阶段

3. 安装流程

悬臂安装采取分离安装、阶段合龙的方法，其安装流程如图 3-3-51 所示。

（五）主要安装工艺

1. 计算机全过程模拟分析

采用 XSTEEL 钢结构深化设计软件将悬臂安装所需的各项临时稳固措施和定位校正措施纳入悬臂深化设计模型，采用 SAP 2000 有限元软件建立施工各步骤、各阶段的力学计算模型，模拟相应的施工荷载、日照、温度、风载以及其他专业施工状况，以最不利工况条件分析各阶段结构变形和受力特征，确定出各临时措施的工作性能，从而判定安装步骤、分区分跨、阶梯延伸安装、阶段合龙的可行性和安全性，以及施工过程中构件位移的动态变化情况，用以指导施工。

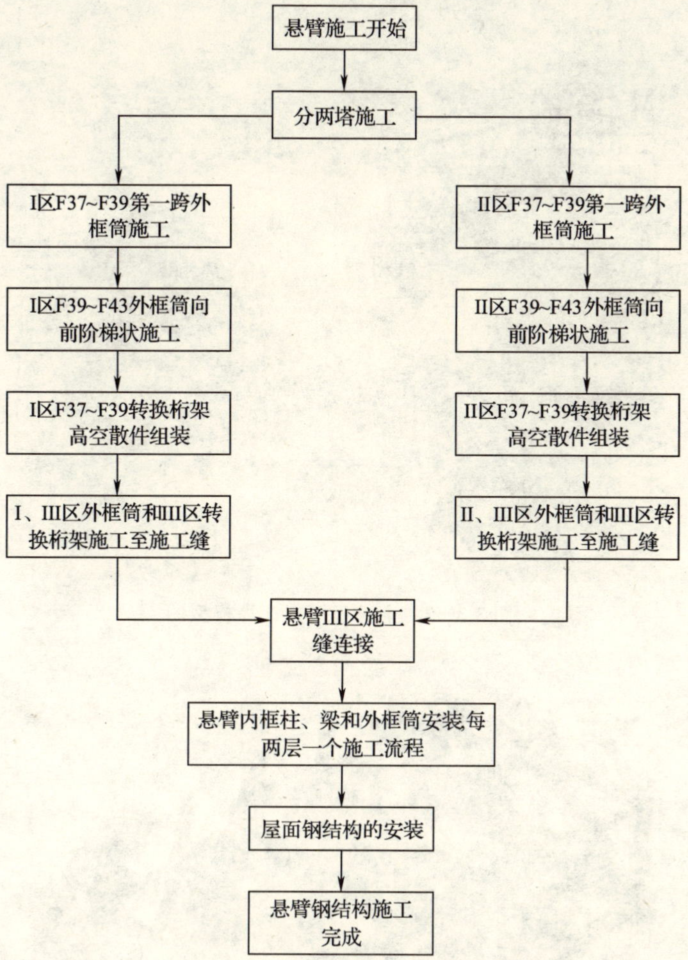

图 3-3-51　悬臂安装流程图

同时，通过计算机模型确定临时安装措施的布设位置、截面规格和长度，为悬臂构件安装定位的准确性创造条件。悬臂安装计算模型与临时措施设计模型分别如图 3-3-52、图 3-3-53 所示。

主要模拟分析的工况有：① 单杆件就位；② 加设支撑；③ 局部未焊接状态；④ 局部焊接成型状态，单元未焊状态；⑤ 单元焊接成型状态；⑥ 支撑拆除状态；⑦ 合龙过程的状态；⑧ 全部成型的状态。

2. 钢构件悬挑定位工艺

悬臂底部构件以悬挑边梁和桁架下弦为主要基础构件，因所在部位特殊，连接接头较多，构件截面不规则性较强，单件最重达 41t，单件长约 10m，要保证大、重型复杂构件在悬挑状态下的准确就位和空间稳定性，为其他构件安装提供良好的连接基准点，直至最终顺利合龙，就需要有可靠的临时支撑系统和定位校正系统。因此施工中主要采用了斜拉双吊杆与水平可调刚性支撑相结合的精确定位工艺。

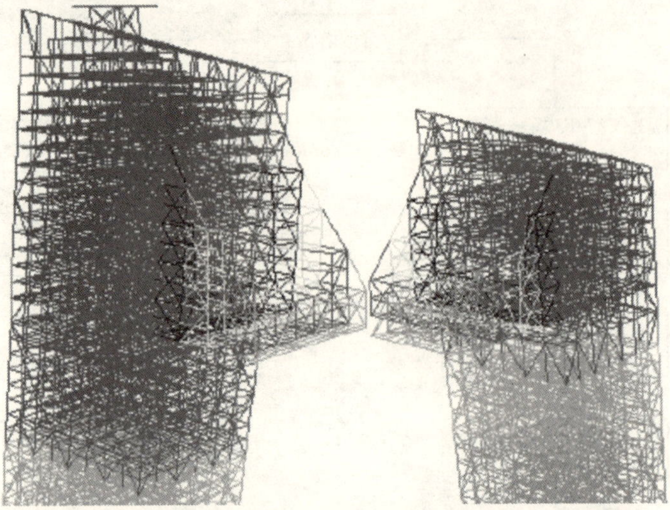

图 3-3-52 全过程模拟计算模型图

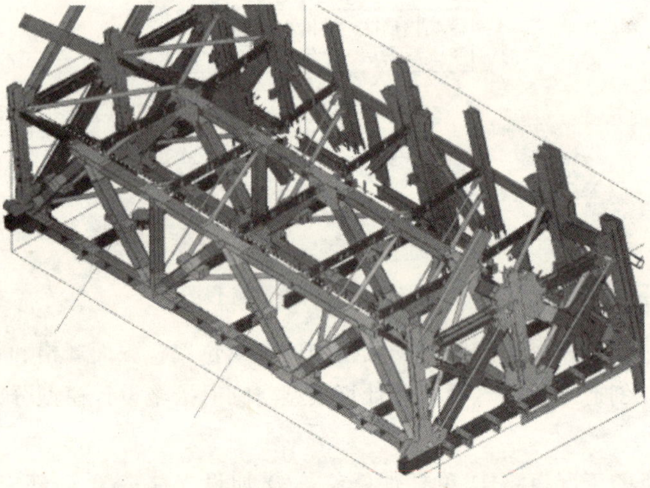

图 3-3-53 临时措施（局部）设计模型图

(1) 悬挑钢梁安装定位

对于重达约 40t 的超大型钢构件的悬挑安装就位，至少需要 600kN 以上的外力才能确保构件的稳定，防止构件端部出现下挠，而采用传统的施工工艺进行安装就位有一定的局限性。为便于控制构件的平、立面空间位置，在水平方向上采用设有大吨位双向调节装置的钢管支撑和临时螺栓卡板定位，在竖向上采用高强钢拉杆、液压千斤顶装置和可调钢管支撑进行稳固与张拉校正。采用高精度全站仪进行三维坐标观测，充分利用塔式起重机的电脑自动控制起重量的功能，在塔式起重机、大吨位调节支撑和高强钢拉杆三者统一协调配合下进行测量校正，实现悬挑构件的精确定位，如图 3-3-54 所示。

图 3-3-54　悬挑钢梁安装定位示意图

1—高强钢拉杆；2—可调钢管支撑；3—大吨位双向调节支撑

所有水平、竖向刚性支撑与结构深化设计一同考虑，作业时预先设定好定位尺寸，以提高就位的精确性，提高作业工效。临时钢管支撑、钢拉杆与结构本体连接均采用高强销轴连接，便于装拆、周转使用。

安装前，在地面将作业操作架、安全防护以及相关稳固定位措施组装到构件上，随同构件一起吊装就位。

(2) 转换桁架安装定位

根据转换桁架的重量与外框构件的连接关系，对桁架进行合理分段，将下弦、腹杆和上弦杆进行适当分离或组合，以利于稳固措施设置和就位校正。

依次按照下弦杆、腹杆、上弦杆的顺序对转换桁架进行散件安装。安装之前，与转换桁架连接的外框构件和桁架下弦跨中的连系梁已安装焊接完成，并设置好高强钢拉杆稳固、校正系统和临时加固支撑，为转换桁架提供可靠的支承点。之后，安装跨越外框的40m 大型轨道式移动平台，此平台在悬臂施工中主要有三个功能：① 为转换桁架的安装提供操作平台和安全防护；② 为悬臂底部构件安装所需的安全防护的搭设提供支撑；③ 为悬臂底部的幕墙、防腐、防火涂装提供安全作业平台。最后按照先两侧后中间的顺序对桁架杆件进行安装。

根据结构分析模拟计算结果，需对桁架进行起拱，起拱值主要通过抬高跨中连系梁标高来实现，并利用高强钢拉杆与液压千斤顶协同作业来完成。转换桁架安装工况如图 3-3-55～图 3-3-57 所示。① 工况一：跨中连系梁与临时移动平台安装；② 工况二：桁架下弦安装；③ 工况三：桁架腹杆与上弦安装。

3. 合龙工艺

悬臂合龙是央视主楼最大的技术难题之一，其构件应力和位移控制是实现结构准确、安全合龙和完工质量目标的关键。受结构倾斜和悬臂延伸安装影响，部分悬臂构件在合龙前后的传力方向会发生改变，而且安装预调较大，结构变形与应力变化的不确定性因素较多，特别是温度、日照对构件变形影响较大，这些都需要模拟最不利工况，对悬臂合龙前后结构的安全性进行计算分析，制定可靠的合龙方式和相关技术措施，以确保悬臂顺利合龙。

图 3-3-55　转换桁架安装工况一

图 3-3-56　转换桁架安装工况二

图 3-3-57　转换桁架安装工况三

（1）合龙位置选择

经过多种方案比较，合龙位置选择悬臂转折区域，如图 3-3-58 所示。主要分三次由内侧向外侧依次完成底部转换层结构，每次合龙的位置如图 3-3-59～图 3-3-61 所示。具体如下：① 第一次合龙：外框与转换桁架下弦共七根构件相连；② 第二次合龙：补装第一次合龙区域的剩余构件；③ 第三次合龙：转换层最远端封闭连接完成。其中第一次合龙最关键，它是后续合龙的基础，第一次合龙点选择外框和桁架下弦处关键受力杆件，以下主要阐述第一次的合龙工艺。

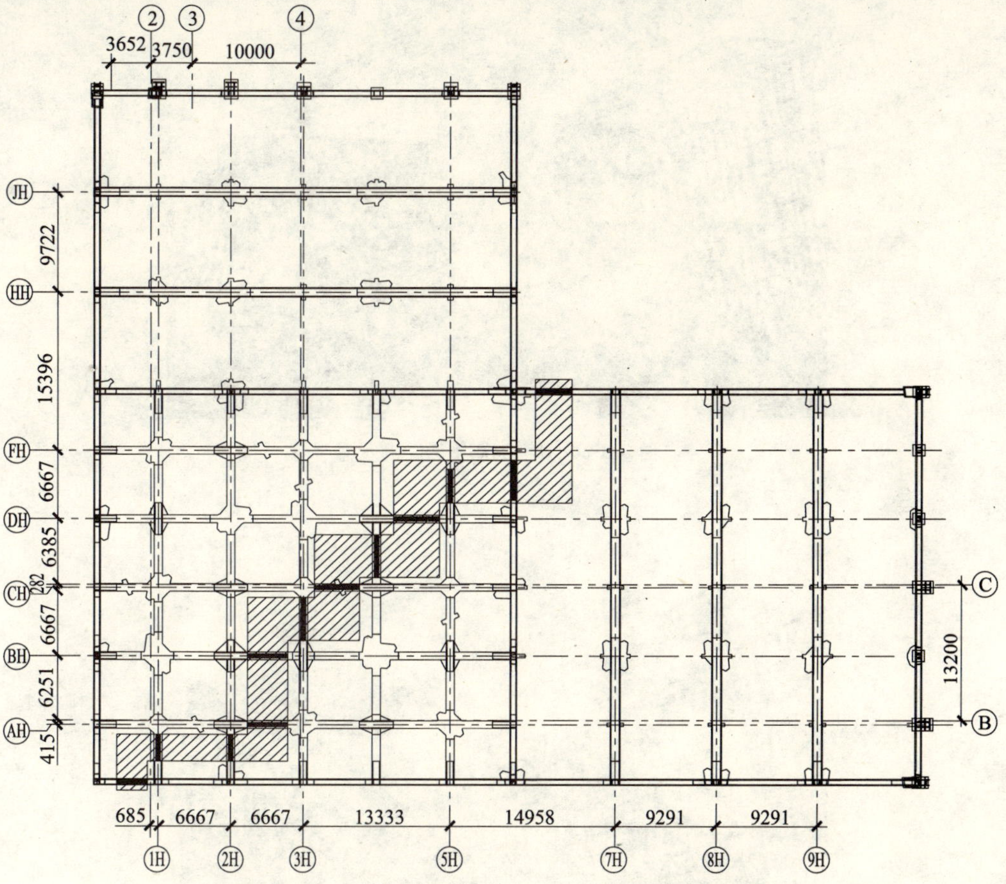

图 3-3-58　合龙区域平面图（图中阴影为合龙区域）

图 3-3-59　第一次合龙位置示意

图 3-3-60 第二次合龙位置示意

图 3-3-61 第三次合龙位置示意

(2) 合龙流程

合龙前后的安全性分析→选定初次合龙位置→设计临时合龙连接接头→合龙前结构变形和应力应变监测→确定合龙时间→安装合龙构件，固定一端→观察合龙间隙变化情况→合龙间隙达到要求，快速连接固定合龙构件的另一端→在测量实时监测下，对合龙构件进行焊接固定，先焊接一端，冷却后再焊接另一端。

(3) 临时合龙连接接头设计

由于悬臂合龙构件在合龙过程中，不利工况下内力最大达到 4975kN，而合龙构件为高强厚板全熔透焊接连接固定，焊接质量高、时间长，每个焊接点需要两名焊工至少连续焊接 16h 才能完成，构件两端受工艺限制，不能同时焊接。为了保证两段悬臂能在最短的时间内连接上，避免受日照、温度、风载等外界因素影响，需设计临时的合龙连接接头。经过计算，合龙构件端部两侧和下方设置 3 块高强销轴连接卡板，卡板材质为 Q345B，厚 70～120mm；销轴材质 40Cr，直径为 71～121mm。临时合龙连接接头设计形式如本章第二节图 3-2-7 所示。

(4) 合龙时间的选择

在合龙前，经模拟气候条件计算分析表明，悬臂合龙点的变形受日照和温度变化影响最大，在 25℃温差情况下，合龙点水平最大变形 25mm，竖向最大变形 5mm；在日照作用下，水平最大变形为 23mm，竖向最大变形 2mm。而实际施工正值 11 月下旬至 12 月初，大气温度在－4～8℃，温差变化最大为 10℃，这对合龙非常有利。

通过实际观测，合龙点间隙和标高昼夜变化量在 3～12mm 以内，特别是在早上 6：00～9：00 和夜间 21：00～00：00，合龙点间隙和标高变化相对稳定，变化量小。随着温度升高，合龙间隙减小；温度降低，合龙间隙增大。合龙间隙与大气温度之间的关系如图 3-3-62 所示。因此，通过气象预报资料，一周连续观察，选择阴天早上 6：00～9：00进行合龙，随着白天温度升高，合龙构件处于轴向受压状态，对临时合龙接头连接件受力和保证焊接质量有利。

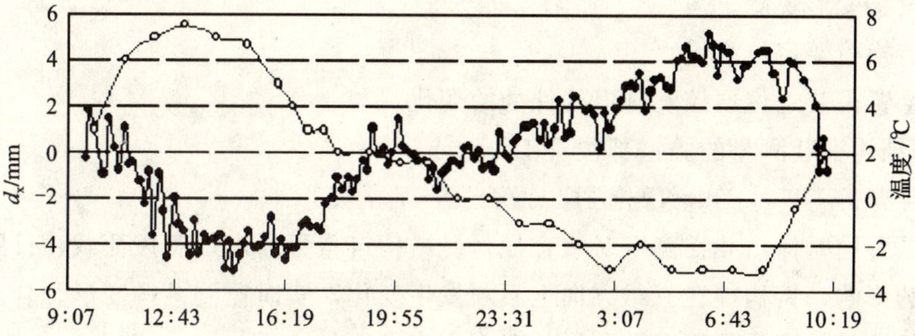

图 3-3-62　24h 连续观测的合龙间隙与大气温度之间关系

(5) 合龙技术要点

1) 悬臂外框和转换桁架必须按照安装预调值和安装步骤进行工厂预拼装，这是整个悬臂安装顺利和精度控制的前提。

2) 严格按照实际工况进行模拟计算分析，利用不同计算软件，相互校核，确保分析的准确性。

3) 悬臂安装严格按照计算分析的工况进行，在焊前、焊中、焊后实时监测构件变形和结构应力应变。

4) 采用高精度激光铅直仪从地面进行平面基准控制点位传递，用高精度全站仪进行高程传递，并采用 GPS 全球卫星定位技术进行基准点位的校核，保证悬臂结构的安装精度，确保快速、准确地合龙。

5) 采用具有自动捕捉跟踪功能的智能全站仪进行上一跨悬臂结构的变形监测，将实测结果与理论分析对照，确定下一跨结构的安装坐标，逐步消除累积误差。

6) 与气象台保持紧密联系，掌握 10d 之内的气候预测情况，合理安排好施工进度，在一周内对合龙点进行两次24h连续监测，找出合龙点间隙变化与温度的关系，并且在每天上午9：00和下午3：30对合龙点间隙、连接端面的三维坐标进行连续观测，以便在工厂对合龙构件的长度和断面接口角度进行及时修正，并根据现场实测数据，对临时合龙连接接头的卡板进行套模钻孔。

7）合龙过程持续的时间越短，对结构的安全就越有利，因此，为了保证在24h内完成合龙构件的最终焊接固定，必须提前将构件吊装就位，用高强销轴连接卡板固定构件一端，构件另一端处于自由状态，并观测焊缝间隙的变化情况；在第二天早上预定时间内，将所有合龙构件的另一端同时用销轴连接固定，并楔入连接销键使销轴与连接板连接紧密，防止焊接时焊缝受力。

8）在合龙构件焊接完成后，及时插入安装合龙区域的其他关键受力构件，减少合龙构件的受力，提高结构的安全度。

（六）测量校正与变形控制

1. 钢结构安装测量的主要工作内容

（1）平面和高程控制基准点的投测及测量控制体系的建立。

（2）钢柱倾斜放样及预控数据库的建立与实时更新。

（3）位移变形观测。

（4）转换桁架定位测量。

（5）悬臂吊装定位预控及延迟构件处的变化观测。

2. 钢结构安装测量的关键部位及工作重点

（1）悬臂的F37、F39和外筒柱以及合龙前后的变形。

两个悬臂同时伸出并在高空对接合拢，受结构自重不断增加和风荷载、日照和温差等天气变化的影响，钢构件在三维方向上不断发生变化，实时监测结构变形、合理进行测量监控、保证测量精度是悬臂安装测量的工作重点。

（2）悬臂标高控制：根据设计计算的悬臂底部转换桁架起拱预调值进行标高控制，避免在建筑恒荷载及活荷载作用下出现整体向下的挠度。

（3）为了使两栋塔楼在合龙时不至于产生轴线、高差错位现象，需要定期对两栋塔楼的控制点进行闭合检查。当施工到悬臂部位的高度时，两栋塔楼的轴线、标高控制点应统一，以利于悬臂安装的测量控制。

3. 悬臂测量控制点建立

在每侧塔楼伸出部位选用3个测量主控制基准点，共计6个测量主控制基准点，在F2顶面采用激光铅直仪投影到F37；分别从每座塔楼里面选用2个测量控制基准点，对测量主控制基准点联测校核。F37桁架下弦和外筒安装以三维坐标进行控制。悬臂测量控制点布置和引测分别见图3-3-63、图3-3-64所示。

4. 测量控制

主要是采用“内控”与“外控”相结合的方式进行测量控制，具体测量方法见本节前述“倾斜超重复杂节点钢结构安装与测量控制技术”和“主楼预调实施和变形控制技术”。

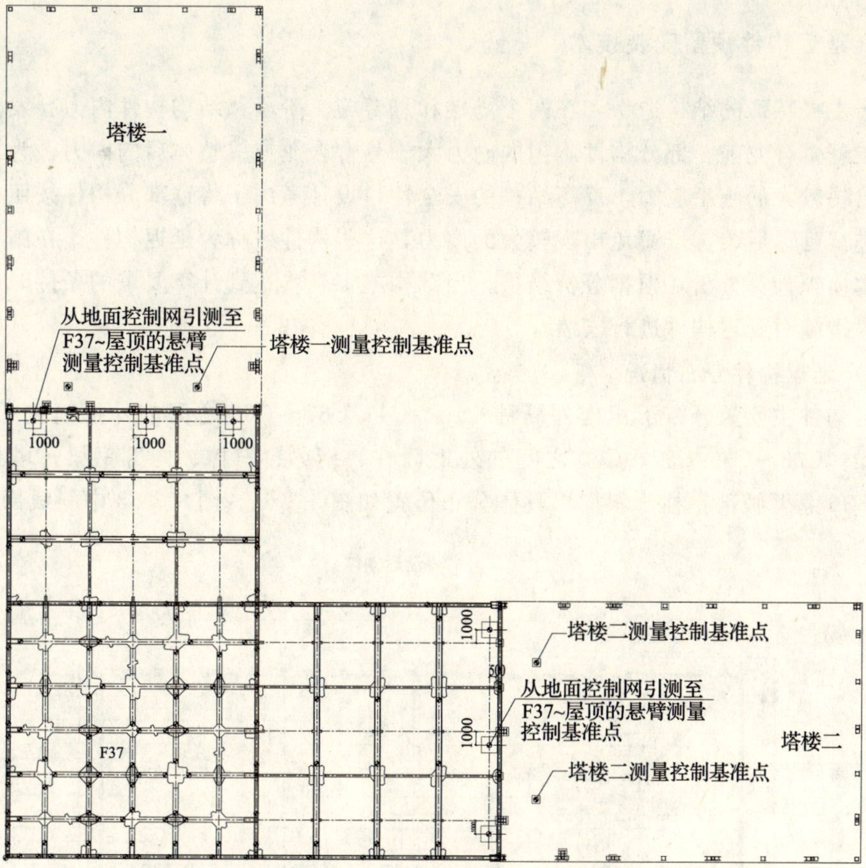

图 3-3-63　悬臂底部测量控制点布置图

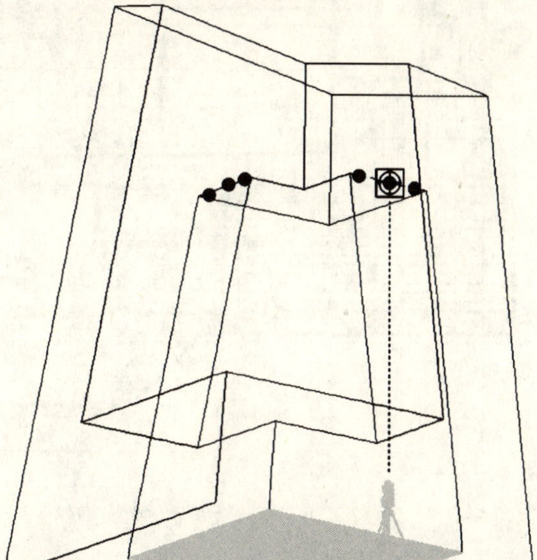

图 3-3-64　悬臂测量控制基准点引测图

七、延迟构件预留安装技术

由于主楼特殊的结构造型，在两个塔楼和悬臂施工阶段，结构构件内力会发生较大的变化。在悬臂合龙前，部分构件承担的内力大于悬臂合龙连成整体后的内力，为了减少这类构件出现较大的施工应力，提高结构的安全性，设计考虑了将这部分构件按照一定的施工工况进行延迟后装，以避免出现较大的内力，这些构件统称为延迟构件。在施工中需要进行结构模拟计算分析，根据分析结果，当结构施工基本达到计算要求的条件时，采取相应的技术措施对延迟构件进行安装。

（一）延迟构件分布情况

延迟构件主要为分布于裙楼外筒柱 C10～C11/C67～C68 之间的外框筒钢梁、斜撑、内部钢梁；C33～C36/C57～C60 之间的外框筒柱、钢梁、斜撑、内部钢梁；塔楼一、塔楼二的 F36 悬臂腋部钢柱、斜撑。具体分布位置如图 3-3-65～图 3-3-68 中斜线部分所示。

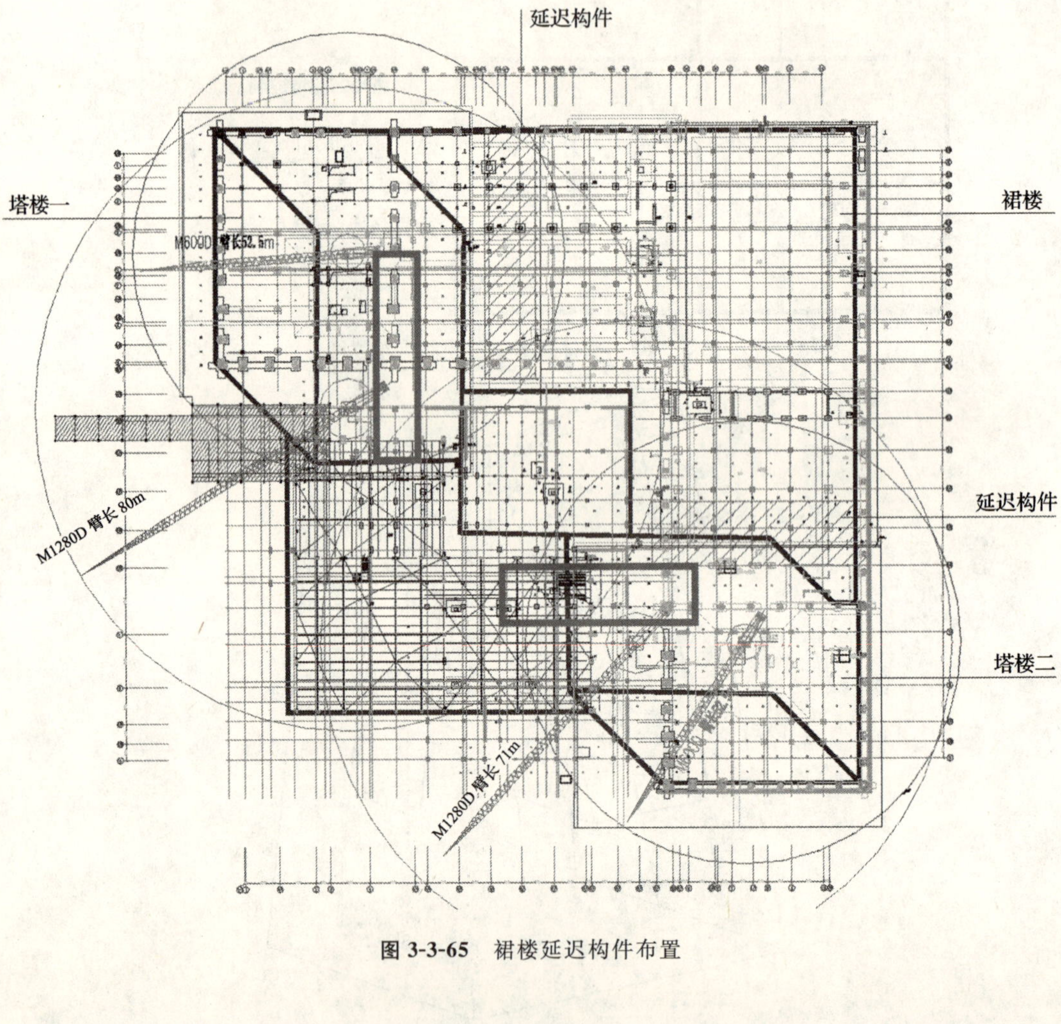

图 3-3-65　裙楼延迟构件布置

图 3-3-66　裙楼 C33～C36/C57～C60 间延迟连接部位

图 3-3-67　裙楼 C10～C11/C67～C68 间延迟连接部位

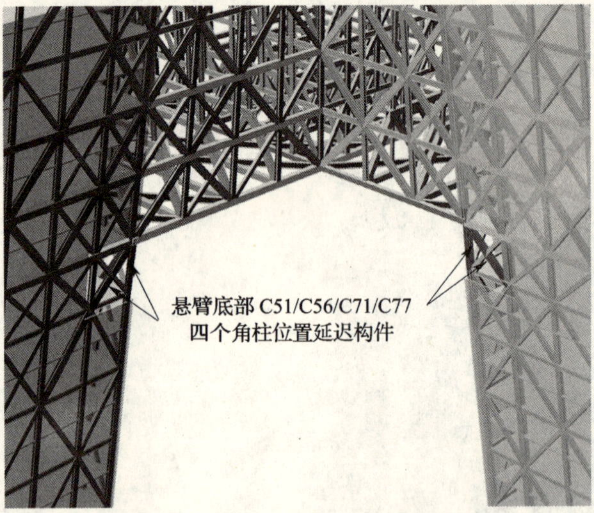

图 3-3-68 悬臂腋部延迟构件分布位置

根据设计要求，悬臂腋部延迟构件为整个悬臂结构施工完毕后介入，其他延迟构件安装时间为悬臂七点合龙后进行。

（二）延迟构件加工处理方式

由于结构变形的影响，按照设计尺寸加工的延迟构件是不能满足现场实际安装尺寸的，因此，在深化设计时，根据安装方法对延迟构件进行合理分段，以满足受力、吊装和人员操作方便。加工时，根据现场实测长度进行。

对于裙楼部位的延迟构件，实测两钢柱牛腿之间的尺寸和标高，通过与深化设计模型进行模拟比较，确定出主梁加工长度和次梁端面加工角度后进行工厂加工制作；对于预留的钢柱和次梁则按照设计尺寸进行加工。

对于悬臂腋部的延迟构件，主要是钢柱和斜撑，所处的位置又是构件节点复杂和结构承力的重要部位，受结构变形影响较大，考虑到上部结构安装需要有一定的支撑和延迟构件安装的便利，在深化设计时，将延迟构件进行细分处理，即在构件节点之间预留一段作为延迟构件。在悬臂安装前，实测延迟构件区域的净空尺寸，并结合悬臂安装完成后的变形计算结果确定延迟构件的加工长度（经过计算分析，悬臂完成后和悬臂安装前相比较，延迟构件区域的间隙减小约5mm）。

（三）延迟构件安装

裙楼的延迟构件位于裙楼与塔楼交界处，均在现场塔式起重机的覆盖范围内，采用已有的塔式起重机并充分利用现场的临时栈桥和周边混凝土基座顶板进行构件的吊装。

对于悬臂腋部的延迟构件，由于所处位置十分重要，受设计限制，不能提前安装，这样就使得上部钢柱在一定的时间内处于“悬空”状态，为了保证上部结构安装的连续和延迟构件上方钢柱安装有临时的支撑，因此，在延迟构件的下方钢柱顶上采用了临时加固胎架，确保上节柱安装定位与稳固；在悬臂关键部位——F37～F39转换结构合龙完成后，拆除胎架，利用已有的塔式起重机及时插入延迟构件安装，因悬臂结构还没有全部安装完成，延迟构件安装后只能焊接固定一端，待悬臂全部安装完成后，焊接固定另一端。

实际上，悬臂延迟构件安装的方法较为常规，但是，在延迟构件未安装的情况下，如何保障上部结构安全和延迟构件上方钢柱的定位安装，这是需要重点考虑的问题，主要体现在临时支撑胎架选型、安装和拆除时机的确定，从而使上部结构得到"支撑"，以下主要阐述这方面的内容。

（四）悬臂延迟构件区域的临时支撑胎架设置

根据悬臂延迟构件区域的结构特征和上部钢柱安装就位方法，延迟构件区域的胎架设置需要结合钢柱的截面形式和不同的施工工况进行受力分析确定。胎架主要采用板式结构，依附在钢柱顶两侧，为上部钢柱安装提供"支撑平台"，如图 3-3-69 所示。

图 3-3-69　悬臂延迟构件区域胎架设置形式

1. 施工工况分析

临时支撑胎架设计需要考虑不同工况下延迟构件区域的间隙和胎架受力，以最不利工况来设计胎架的结构和尺寸，主要选取在悬臂安装之前的两种工况进行分析。

(1) 工况一：塔楼内框筒安装到 F41，外框筒安装到 F39。

通过计算，结构的最大应力为 131.11MPa，悬臂延迟构件区域杆件最大应力为 5.73MPa，杆件的截面积为 230000mm^2，轴力为 1317.9kN，延迟构件区域的间隙缩小 3mm。

(2) 工况二：塔楼一和塔楼二封顶，悬臂安装第一跨。

通过计算，结构的最大应力为 192.84MPa，悬臂延迟构件区域杆件最大应力为 46.89MPa，杆件的截面积为 230000mm^2，轴力为 10784.7kN，延迟构件区域的间隙缩小 5mm。

综上所述，随着结构自重增加，延迟区域杆件应力逐渐加大，因此选择塔楼内框筒安装到 F41、外框筒安装到 F39 的施工工况为胎架设计和胎架卸载的依据。

2. 临时支撑胎架设计

采用厚 25mm 和 30mm 的 Q345B 钢板组装成板式结构胎架，如图 3-3-70～图 3-3-73 所示。

采用 ANSYS 有限元软件计算，用 SOLID45 三维结构实体单元，施加的活荷载为竖向荷载 1500kN 和胎架自重荷载，风荷载 0.5kN/m²，荷载组合 1.2×恒载＋1.4×活载。

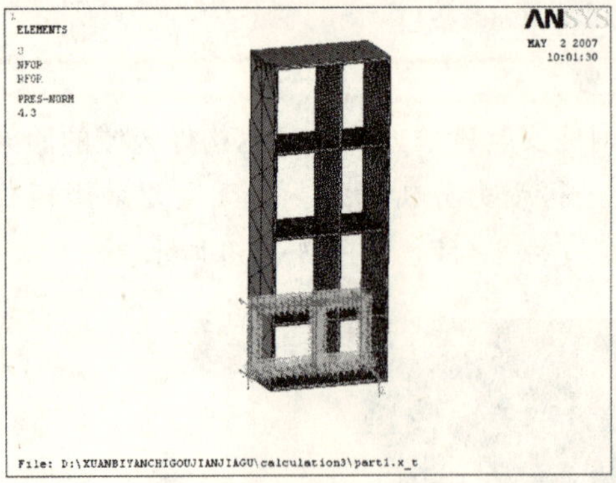

图 3-3-70　加固结构模型图

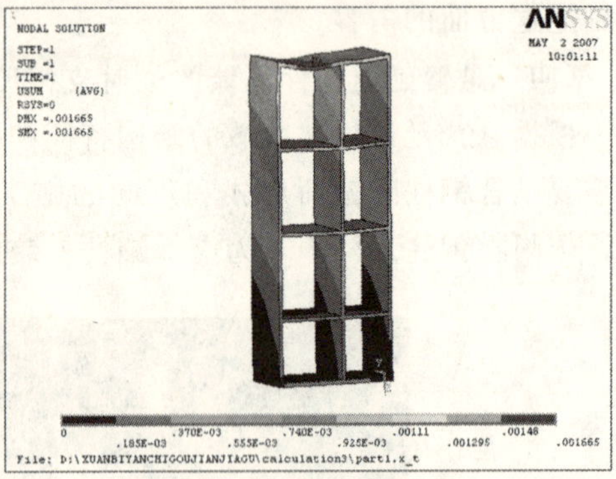

图 3-3-71　加固结构变形图

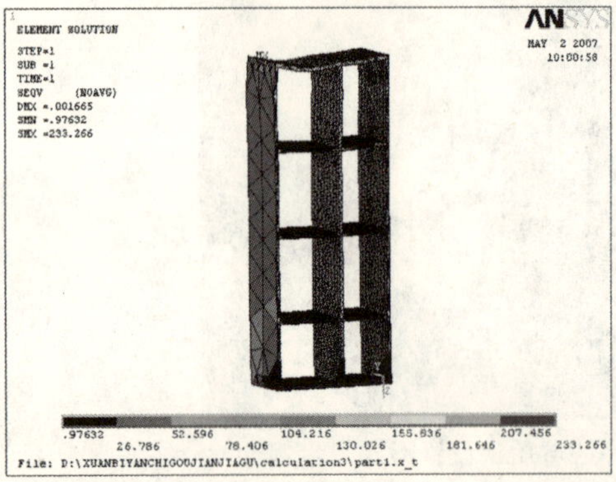

图 3-3-72　加固结构的 Von miss 应力图

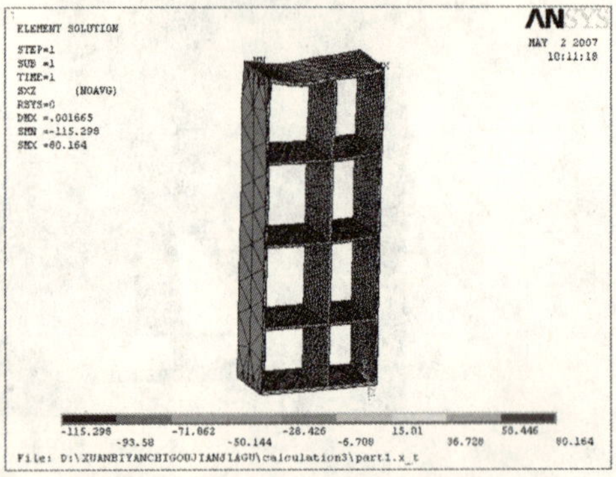

图 3-3-73　牛腿 XZ 方向的剪应力图

计算结果表明，延迟构件区域胎架的最大变形为 1mm。其最大应力为 207.46MPa＜295MPa，满足规范的要求。最大剪应力在 XZ 方向，其值为 80.17N/mm²，小于 Q345B 钢材的抗剪强度设计值 170N/mm²，满足规范的要求。

3. 临时支撑胎架安装

在地面将临时支撑胎架焊至钢柱上，随钢柱吊装就位，胎架顶部平台的凸出马凳应与上部柱底有 20～30mm 左右的间隙，并用钢垫板支垫，在胎架马凳两侧放置 6 台 32t 千斤顶，作为校正用。胎架就位后的状态如图 3-3-74 所示。

当标高、轴线位置校正到位后，用垫板塞紧，避免千斤顶受力。在安装完上部相关主要构件后，必须及时跟进关键承力构件的焊接，使结构本体与胎架尽早协同受力，确保胎架的安全性。

4. 胎架的变形和应力监测

胎架安装完毕后，在胎架顶和胎架上方柱底分别建立变形监测控制点，并分阶段进行

图 3-3-74　支撑胎架安装工况图

监测，确保胎架和结构本体的受力处于可控状态。

5. 胎架卸载与拆除

在塔楼外框筒施工至F39、内筒施工至F41时，拆掉胎架顶部与钢柱之间的垫板，使胎架与上部钢柱没有任何连接，从而完成卸载。然后在延迟构件安装前及时拆除胎架，拆除采用碳弧气刨刨掉胎架与结构构件之间的焊缝的方式，避免气割伤及母材。

八、防火涂料的施工应用技术

主楼室内部分钢结构主要采用厚型防火涂料，室外和屋顶部分采用超薄型防火涂料。

（一）防火涂料

工程中采用的厚型防火涂料主要为四国化研生产的厚型防火涂料，型号为NH（SKK），耐火极限分为2h和3h两种，与钢构件底漆之间采用SKK生产的丙烯酸乳液（SKK70号漆）中间漆。悬臂部分F37底部为悬空结构，其钢结构采用MK-6/HY钢结构防火涂料。采用的超薄型防火涂料为佑民生38091型防火涂料，耐火极限为1.5h，与钢构件底漆间采用了环氧云铁中间漆。钢结构节点及焊缝处补涂的防火涂料型号与原结构一致。

三种防火涂料的主要性能如表3-3-21所示。

防火涂料的主要性能　　表 3-3-21

型号	耐火极限	施工厚度	施工遍数	单遍厚度	平方用量	损耗
SKK	3.0h	25mm	3遍	10mm以内	16.00kg	5%
SKK	2.0h	18mm	2遍	10mm以内	12.00kg	5%
佑民生38091	1.5h	1030μm	4～6遍	500～530μm	1.85kg	5%
	2.0h	1920μm	8～10遍	500～900μm	3.46kg	5%

1. SKK 厚型涂料

施工可分为喷涂和抹涂，为保证钢构件表面平整度和致密性，本工程主要以抹涂的方式。

2. 佑民生 38091 超薄型涂料

该涂料呈均匀的液体，涂层外观平整，有很好的装饰性，且不易积灰。

3. 涂装厚度

结构各部位钢结构表面施工中间漆厚度和防火涂料厚度如表 3-3-22 所示。

结构各部位的涂装厚度　　　　**表 3-3-22**

钢结构涂装施工部位		中间漆厚度（μm）	防火时限（h）	防火涂料形式/厚度
外框筒	外框柱、支撑	100	3	厚型/25mm
	悬臂外框 F37、F39 梁	100	3	厚型/25mm
	外框钢梁	100	2	厚型/18mm
	屋顶构件	75	1.5	超薄型/1030μm
内部结构	内部钢柱	100	3	厚型/25mm
	竖向钢支撑	100	3	厚型/25mm
	转换桁架	100	3	厚型/25mm
	钢梁、桁架梁	100	2	厚型/18mm
	楼内水平撑	100	2	厚型/18mm
	F37、F39 结构钢板	100	2	厚型/18mm
	外露钢梁、水平撑	75	2	超薄型/1920μm
大堂	钢柱、支撑、桁架	100	3	厚型/25mm
	钢梁	100	2	超薄型/1920μm

（二）防火涂料施工准备及注意事项

1. 围护及操作平台搭设

（1）采用阻燃细目网加阻燃布封闭施工楼层，固定设备、地面、墙面应掩盖遮挡。

（2）在各施工楼层搭设一定数量的活动四轮操作平台，每套喷涂机组配一操作平台，施工时灵活方便；在飞檐等悬空部位搭设吊挂式平台架。

（3）机具准备：采用国产 UBJ-1.8G1 型挤压式灰浆泵；每台泵配 Z-0.29/T 型砂浆搅拌机 4 台、空气压缩机 4 台，配电箱 8 个。

2. 工序交接

防火喷涂施工前，所有钢构件要安装就位，钢结构的所有工序完成，与其相连的吊杆、走道、管架及其他相关构件要安装完毕，并经验收合格，防止因工序不当对防火涂层造成损坏。

3. 构件表面清理

施工前，钢构件表面应清洁干燥，不得有油渍、润滑剂、灰尘、混凝土残留物及其他影响黏着力的杂质，必要时需清理干净。

4. 构件缝隙处理

钢构连接处的缝隙（4～12mm）需要采用防火涂料或其他防火材料（如硅酸铝棉、防火堵料等）填补平后才能进行喷涂防火涂料，避免留下缺陷而成为防火的薄弱环节，降低了钢结构的耐火极限。

5. 封闭施工及保护措施

施工过程中，对不需要喷涂的设备、管道、墙面和门窗等，要用阻燃布进行遮蔽保护，否则被喷洒的涂料污染难以清洗干净。由于在实施防火喷涂施工时，整个结构为全通透，为防止喷涂时对结构其他部位和周围施工环境造成污染，在喷涂时对每层结构分节间施工，施工每个单独的节间时，对节间进行封闭，用彩条布将节间四周进行遮挡，一个节间施工完成后，再进入下一个节间。刚喷涂的涂层强度较低，应注意维护，避免在施工过程中被其他机械撞击而导致涂层脱落。现场采取了下列保护措施。

（1）操作架的包扎保护：靠近幕墙斜格构、玻璃单元板块施工防火涂料时，应将临近面的操作架边角用橡胶、海绵或软布包扎，以防止操作架直接碰撞、摩擦幕墙斜格构、玻璃单元板块。

（2）层间封堵：防火涂料施工前应尽可能先完成楼层之间的水平封堵，避免防火涂料涂抹时滴落造成跨层污染。

（3）遮挡措施：临近幕墙斜格构、玻璃单元板块涂抹防火涂料时，应预先对下方和侧边已安装部位进行遮挡，以防止防火涂料污染斜格构、幕墙单元板块；

（4）污染物处理：一旦出现防火涂料涂抹或滴落到幕墙斜格构、玻璃单元板块上的情况，应立即在防火涂料尚未固化前用抹布擦拭干净。

6. 施工条件

施工过程中和施工之后涂层干燥固化前，环境温度宜控制在5℃以上，相对湿度不宜大于90%，空气应流通。若是温度过低、湿度过大，或风速在5m/s（四级）以上，或钢构件表面有结露时，都不利于防火喷涂施工。特别是水性防火涂料，温度低会影响涂层干燥甚至不能成膜，风速大则会降低喷射的涂料压力，涂层黏结不牢。

（三）厚型防火涂料施工工艺

1. 施工前检验

根据国家规范规定，每使用500t或不足500t厚型钢结构防火涂料施工前应抽检一次粘结强度和抗压强度，并把复检报告存档备案。同时，检查其产品型号、出厂检验单、合格证、质量保证期。钢结构表面除锈、防腐处理应经过验收。

2. 施工要求

根据防火涂料的技术要求，施工环境最好在5～38℃之间。根据本地区气温变化，结合本工程实际情况，经过分析和现场做样板试验，结果当环境温度低于0℃时对工程质量有一定影响，此时停止钢结构防火涂料施工，当环境温度在0～5℃之间时，应加抗冻剂，并放入20℃的温水搅拌。

3. 主要技术指标

表干时间为2h，涂料密度701kg/m^3，粘结强度0.28MPa，抗压强度1.3MPa。涂层不起层、不脱落，根据地方标准规定耐火性能涂层厚度 25mm 的耐火极限 3h，涂层厚度 18mm 的耐火极限 2h。

4. 施工过程

(1) 根据工程特点，施工脚手架采用活动脚手架移动施工，搭长 3m、宽 2m，高由层高确定，下装 4 个万向轮移动施工。对其他已完工工程采用透明塑料薄膜遮盖保护的方法以防污染。材料运送采用平板车，材料用桶装，以防运送中滴漏污染。

(2) 喷涂前应检查钢结构表面防锈涂层是否完整，应去除油污、浮灰，要求表面洁净，增强附着力。

(3) 70 号中间漆的施工：在未涂防火涂料前，在钢构件底漆面层上涂 70 号中间漆，涂布量 0.1～0.13kg/m²，可以通过喷涂、滚涂、刷涂等方式进行涂装。涂膜初期呈乳蓝色，干燥后变为蓝色透明，此时开始涂装厚型防火涂料。底漆与主材的间隔时间不宜过长，因底漆涂刷成膜后其表面呈微黏性，漆膜过长时间暴露在空气中其表面会过多粘附空气中的浮灰，降低底漆表面黏性，不利于主材与底漆间的附着。实际施工中底漆的涂刷进度不宜过快，应与主材进度相配合。

(4) 防火涂料材料配比（涂料干料：水＝1：0.9～1：1)，在搅拌机中搅拌 3～5min 成厚浆状即可使用。根据施工情况决定搅拌材料的多少，搅拌好的材料要在 1h 内用完。已经硬化的材料不能进行稀释后再用，以免影响工程质量。施工采用手工涂抹，每次涂抹厚度为 8mm 左右，二次涂抹间隔时间一般为 16h，应根据环境温、湿度不同相应调整间隔时间，直至达到设计耐火极限厚度要求。

5. 成膜过程

厚型防火涂料的成膜过程是物理成膜机理：涂膜涂布在表面后，水分挥发涂膜黏度增大，水分挥发完毕后成膜。厚型防火涂料一旦涂布在钢材表面就进入成膜的第一阶段，即水分的蒸发，当水分蒸发完毕时，涂层中就仅留下集合物、填料和其他主要成分了。成膜的第二阶段是集合物胶粒的平整化和聚结过程。在这一阶段聚合物和填料将得到充分结合，并形成附着力良好和黏度很大的涂膜。

6. 干燥养护

(1) 防火材料的自然养护周期夏天需要 3 周，涂层完全干燥后防火涂料通常是不怕雨淋的。

(2) 对突发事件及不利自然因素应采取对应处置措施，如表 3-3-23 所示。

防火涂料施工的对应措施 **表 3-3-23**

序号	情况	措施	理由
1	下雨	根据天气预报，提前用塑料薄膜做好遮盖工作，必要时暂停施工工作	雨量较多对露天钢结构施工有影响
2	湿度过高	暂停，改做准备工作	空气湿度超过 90%时对涂层有影响
3	温度过高	控制好表面的湿度	做好因失水过快而影响粘结强度

续表

序号	情况	措施	理由
4	温度过低	涂料中加防冻剂	气温高于 0～5℃以下时施工质量有一定的影响
5	交叉施工	调整计划及派专人监督	交叉施工应在计划控制中

（四）超薄型施工工艺

1. 施工前检验

施工前根据国家规范规定，每使用 100t 或不足 100t 超薄型钢结构防火涂料应抽检一次粘结强度，并把复检报告存档备案。同时检查其产品型号、出厂检验单、合格证、质量保证期。钢结构表面除锈、防腐处理应经过验收。

2. 主要技术指标

表干时间为 2h，粘结强度 1.0MPa。涂层不起层，不脱落。防火涂料涂层厚度为 1030μm 时，耐火极限为 1.5h；涂层厚度为 1920μm 时，耐火极限为 2.0h。钢结构防火涂料涂层完全干燥后也不宜在露天环境下暴露时间过长，否则对涂层的质量会产生影响。

3. 施工要求

(1) 涂料在施工前必须搅拌均匀。该涂料以涂刷/滚涂为主，也可视实际情况采用喷涂等其他方法施工。如果采用喷涂，涂料太稠，可用专用稀释剂调配至适合喷涂的黏稠度施工。

(2) 封闭层涂刷：涂刷环氧云铁封闭层 Permacor2706/EG，用量 0.22kg/m^2（1 遍），干膜厚度 75μm（±5%误差）。

(3) 防火涂料涂刷：中间界涂料干透约 12h 后可涂刷佑民生 38091 防火涂料，耐火极限为 2.0 时，干膜厚度 1920μm（+5%误差），手刷（8～10 遍）每遍用量为 0.6～0.9kg/m^2；当耐火极限为 1.5h，干膜厚度 1030μm 时，手刷（4～6 遍）每遍用量为 0.6～0.9kg/m^2，每遍涂刷间隔根据面层风干程度而定，约 3～12h。涂层表面应平整，无流坠、乳突、裂痕等现象。

(4) 施工完毕后工作：搅拌未用完的涂料应严密封存，以备再用。施工工具放还到规定的位置。现场剩余的涂料入库保存，库管员做好记录，并清扫现场。

(5) 突发事件及不利自然因素的对应处置措施如前表 3-3-23 所示。

（五）悬壁 F37 底部钢结构

悬臂底部采用耐火极限为 3h 的 MK-6/HY 防火涂料，喷涂 1～2 遍，间隔 10～15min 喷涂第二遍，厚度为 27mm。在前一遍基本干燥后再喷后一遍，喷涂遍数与喷涂厚度根据设计要求施工。现场操作人员随身携带测厚针检测喷涂的厚度，直到符合规定要求的厚度要求方停止喷涂；通过随时检测，使涂层厚度均匀，并可避免喷涂太厚，浪费材料。

MK-6/HY 防火涂料需在施工现场加水调配，应严格按产品说明书规定配制，使稠度适宜。每包防火粉重约 22kg，加水约 28～32L 后在搅拌机内拌合，所有粉料均应完全湿润，并持续搅拌至拌料无结块为准。搅拌时间大约 1.5～2min。如涂料过稠，在管道中输送流动困难；涂料过稀，喷出后在基材上易发生流淌或下坠。拌好的涂料必须在一定时间内用完，否则会在容器中或管道中发生固化而堵塞，应边配边用。

现场喷涂对象主要为钢梁、钢梁桁架和楼面钢板。在施工中采用移动安全平台和吊架对以上部位进行施工，针对特殊部位，如钢梁上翼缘与钢板之间的空隙，采用特殊的有角度喷头进行喷涂，如空隙太小用喷枪不易喷涂的位置，可采用防火堵料进行添堵。

MK-6/HY 防火涂料采用压送式喷涂机具或挤压泵，配备能自动调压的 0.62～0.9m^3/min 的空气压缩机，喷枪口直径为 6～10mm，空气压力为 0.4～0.6MPa。

塔楼一和塔楼二的 F37、F39 及悬臂 F39 的组合楼板为钢板组合楼板，防火涂料采用 SKK 厚型防火涂料，耐火极限为 2h，厚度为 18mm。

参考文献

[1] 鲍广鑑. 钢结构施工技术及实例 [M]. 北京：中国建筑工业出版社，2005.

[2] 建筑施工手册（第四版）[M]. 北京：中国建筑工业出版社，2003.

[3] 崔佳，魏明钟. 钢结构设计规范理解与应用 [M]. 北京：中国建筑工业出版社，2004.

[4] 史佩栋. 实用桩基础工程手册 [M]. 北京：中国建筑工业出版社，1999.

[5] 陈禄如. 中央电视台新台址主楼钢结构用钢特点 [J]. 钢结构，2007，22（1）：1－4.

[6] 郭彦林，刘学武. CCTV 新台址主楼钢结构施工变形预调值计算的分阶段综合迭代法 [J]. 工业建筑，2007，37（9）.

[7] 田广宇，郭彦林. CCTV 新台址主楼地基与基础的建模及参数取值研究 [J]. 工业建筑，2007，37（9）.

[8] 许立山，刘梅. CCTV 主楼底板 HRB400 直径 50mm 钢筋施工技术 [J]. 施工技术，2006（7）.

[9] 彭明祥，等. CCTV 主楼底板复杂钢筋与特殊钢结构交叉施工技术 [J]. 施工技术，2006（9）.

[10] 肖南等. CCTV 底板超厚大体积混凝土施工技术 [J]. 施工技术，2006（8）.

[11] 欧阳超，等. 超重、倾斜埋入式钢柱脚安装施工技术 [J]. 施工技术，2006（9）.

[12] 张琨，等. 钢柱脚大直径高强度预应力锚栓验收标准研究 [J]. 施工技术，2006（9）.

[13] 王宏，等. 中央电视台新台址 CCTV 主楼钢结构施工技术 [J]. 施工技术，2006（12）.

[14] 方军，等. 大型动臂式塔式起重机安装就位 [J]. 施工技术，2007（7）.

[15] 张琨，等. 高强钢超长超厚板斜立焊缝现场焊接技术 [J]. 施工技术，2007（6）.

[16] 陈韬，等. 央视新台址主楼悬臂钢结构安装技术 [J]. 施工技术，2008（5）.

[17] 杨晓毅，等. 双向倾斜独立式液压爬架应用 [J]. 施工技术，2008（7）

[18] 张琨，陈振明. CCTV 主楼大型塔吊应用阶段的结构分析及加固技术 [J]. 施工技术，2008（7）.

[19] 陈振明，等. 国产高强钢及厚板在央视新台址主楼建设中的应用 [J]. 钢结构，2009，24（2）：34－38.

尊敬的读者：

感谢您选购我社图书！建工版图书按图书销售分类在卖场上架，共设22个一级分类及43个二级分类，根据图书销售分类选购建筑类图书会节省您的大量时间。现将建工版图书销售分类及与我社联系方式介绍给您，欢迎随时与我们联系。

★建工版图书销售分类表（见下表）。

★欢迎登陆中国建筑工业出版社网站www.cabp.com.cn，本网站为您提供建工版图书信息查询，网上留言、购书服务，并邀请您加入网上读者俱乐部。

★中国建筑工业出版社总编室　电　话：010—58934845　传　真：010—68321361

★中国建筑工业出版社发行部　电　话：010—58933865　传　真：010—68325420

E-mail：hbw@cabp.com.cn

建工版图书销售分类表

一级分类名称（代码）	二级分类名称（代码）	一级分类名称（代码）	二级分类名称（代码）
建筑学（A）	建筑历史与理论（A10）	园林景观（G）	园林史与园林景观理论（G10）
	建筑设计（A20）		园林景观规划与设计（G20）
	建筑技术（A30）		环境艺术设计（G30）
	建筑表现·建筑制图（A40）		园林景观施工（G40）
	建筑艺术（A50）		园林植物与应用（G50）
建筑设备·建筑材料（F）	暖通空调（F10）	城乡建设·市政工程·环境工程（B）	城镇与乡（村）建设（B10）
	建筑给水排水（F20）		道路桥梁工程（B20）
	建筑电气与建筑智能化技术（F30）		市政给水排水工程（B30）
	建筑节能·建筑防火（F40）		市政供热、供燃气工程（B40）
	建筑材料（F50）		环境工程（B50）
城市规划·城市设计（P）	城市史与城市规划理论（P10）	建筑结构与岩土工程（S）	建筑结构（S10）
	城市规划与城市设计（P20）		岩土工程（S20）
室内设计·装饰装修（D）	室内设计与表现（D10）	建筑施工·设备安装技术（C）	施工技术（C10）
	家具与装饰（D20）		设备安装技术（C20）
	装修材料与施工（D30）		工程质量与安全（C30）
建筑工程经济与管理（M）	施工管理（M10）	房地产开发管理（E）	房地产开发与经营（E10）
	工程管理（M20）		物业管理（E20）
	工程监理（M30）	辞典·连续出版物（Z）	辞典（Z10）
	工程经济与造价（M40）		连续出版物（Z20）
艺术·设计（K）	艺术（K10）	旅游·其他（Q）	旅游（Q10）
	工业设计（K20）		其他（Q20）
	平面设计（K30）	土木建筑计算机应用系列（J）	
执业资格考试用书（R）		法律法规与标准规范单行本（T）	
高校教材（V）		法律法规与标准规范汇编/大全（U）	
高职高专教材（X）		培训教材（Y）	
中职中专教材（W）		电子出版物（H）	

注：建工版图书销售分类已标注于图书封底。